Photoshop + Firefly
从入门到精通

王依洪　编著

人民邮电出版社

北　京

图书在版编目（CIP）数据

Photoshop+Firefly 从入门到精通 / 王依洪编著. 北京 ： 人民邮电出版社, 2024. 10. -- ISBN 978-7-115 -64528-9

I. TP391.413

中国国家版本馆 CIP 数据核字第 2024QC7810 号

内 容 提 要

本书以 Photoshop 2023 为基础，并结合 Firefly 的人工智能技术，全面讲解了 Photoshop 的各项重要功能和设计相关知识。

全书主要内容包括 Photoshop 的基本操作，以及照片编辑、人像修图、图像合成、调色、抠图等专业技术，并结合典型的实战案例进行深度讲解，案例涵盖海报设计、包装设计、电商设计、Logo 设计、UI 设计、摄影后期和创意合成等方面，可以帮助读者快速掌握相关工作技能和实战技巧。此外，本书还介绍了 Firefly 的主要功能和操作方法，以及如何使用 Firefly 做设计，旨在帮助读者利用人工智能工具来提高设计效率。

本书附赠丰富的学习资源，包括全部案例训练、学后训练、综合训练、综合设计实训的素材文件、效果文件和教学视频，重要工具和技术的演示视频，59 个综合训练和 6 个综合设计实训的步骤详解电子书，以及 10 软件学习类电子书。另外，为了方便教师教学使用，本书还特别附赠 16 章的 PPT 课件。

本书非常适合 Photoshop 初学者，以及从事设计和创意工作的相关人员阅读，也适合作为艺术教育培训机构及院校相关专业的教材。

◆ 编　　著　王依洪
　　责任编辑　张丹阳
　　责任印制　陈　犇
◆ 人民邮电出版社出版发行　　北京市丰台区成寿寺路 11 号
　　邮编　100164　　电子邮件　315@ptpress.com.cn
　　网址　https://www.ptpress.com.cn
　　雅迪云印（天津）科技有限公司印刷
◆ 开本：880×1092　1/16
　　印张：25　　　　　　　　　　　2024 年 10 月第 1 版
　　字数：908 千字　　　　　　　　2024 年 10 月天津第 1 次印刷

定价：119.80 元

读者服务热线：(010)81055410　印装质量热线：(010)81055316
反盗版热线：(010)81055315
广告经营许可证：京东市监广登字 20170147 号

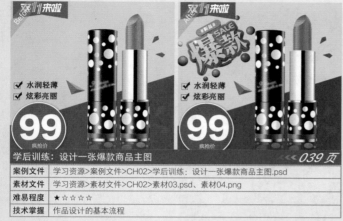

学后训练：设计一张爆款商品主图　　　**039 页**

案例文件	学习资源>案例文件>CH02>学后训练：设计一张爆款商品主图.psd
素材文件	学习资源>素材文件>CH02>素材03.psd、素材04.png
难易程度	★☆☆☆☆
技术掌握	作品设计的基本流程

案例训练：栅格化文字并设计海鲜特卖Banner　　　**051 页**

案例文件	学习资源>案例文件>CH02>案例训练：栅格化文字并设计海鲜特卖Banner.psd
素材文件	学习资源>素材文件>CH02>素材05.psd
难易程度	★☆☆☆☆
技术掌握	将文字栅格化并对其进行填色

学后训练：栅格化文字并设计海洋保护海报　　　**052 页**

案例文件	学习资源>案例文件>CH02>学后训练：栅格化文字并设计海洋保护海报.psd
素材文件	学习资源>素材文件>CH02>素材06.jpg、素材07.png
难易程度	★☆☆☆☆
技术掌握	栅格化文字并为其添加滤镜

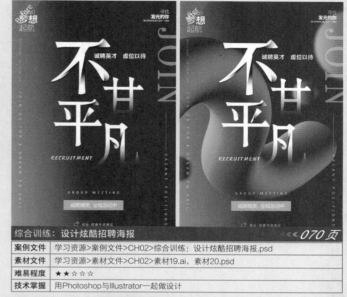

综合训练：设计炫酷招聘海报　　　**070 页**

案例文件	学习资源>案例文件>CH02>综合训练：设计炫酷招聘海报.psd
素材文件	学习资源>素材文件>CH02>素材19.ai、素材20.psd
难易程度	★★☆☆☆
技术掌握	用Photoshop与Illustrator一起做设计

案例训练：用图框设计美食宣传单　　　**102 页**

案例文件	学习资源>案例文件>CH03>案例训练：用图框设计美食宣传单.psd
素材文件	学习资源>素材文件>CH03>素材16.psd、素材17.jpg~素材20.jpg
难易程度	★☆☆☆☆
技术掌握	用"图框工具"进行排版

学后训练：用"色彩范围"命令抠图并换天空　　　**125 页**

案例文件	学习资源>案例文件>CH04>学后训练：用"色彩范围"命令抠图并换天空.psd
素材文件	学习资源>素材文件>CH04>素材05.jpg、素材06.jpg
难易程度	★☆☆☆☆
技术掌握	用"色彩范围"命令抠图并进行简单合成

精彩案例展示

案例训练：用通道抠图法抠凌乱的发丝		139 页
案例文件	学习资源>案例文件>CH04>案例训练：用通道抠图法抠凌乱的发丝.psd	
素材文件	学习资源>素材文件>CH04>素材16.jpg	
难易程度	★★★☆☆	
技术掌握	用通道抠图法抠发丝；对通道抠图法和主体修边抠图法进行对比；发丝边缘杂色的处理方法	

学后训练：用通道抠图法抠背景复杂的透明酒杯		141 页
案例文件	学习资源>案例文件>CH04>学后训练：用通道抠图法抠背景复杂的透明酒杯.psd	
素材文件	学习资源>素材文件>CH04>素材17.jpg、素材18.jpg	
难易程度	★★☆☆☆	
技术掌握	用通道抠图法抠透明酒杯并保留高光与暗部	

综合训练：抠取电商模特		142 页
案例文件	学习资源>案例文件>CH04>综合训练：抠取电商模特.psd	
素材文件	学习资源>素材文件>CH04>素材21.jpg	
难易程度	★★★☆☆	
技术掌握	选择主体对象；用"选择并遮住"功能修边	

案例训练：用渐变设计一组时尚风格的UI启动页		154 页
案例文件	学习资源>案例文件>CH05>案例训练：用渐变设计一组时尚风格的UI启动页.psd	
素材文件	学习资源>素材文件>CH05>素材01.jpg~素材04.jpg、素材05.png	
难易程度	★★★★☆	
技术掌握	"渐变"填充图层、"渐变叠加"图层样式、光晕渐变	

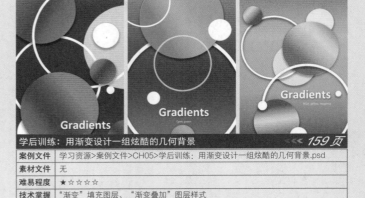

学后训练：用渐变设计一组炫酷的几何背景		159 页
案例文件	学习资源>案例文件>CH05>学后训练：用渐变设计一组炫酷的几何背景.psd	
素材文件	无	
难易程度	★☆☆☆☆	
技术掌握	"渐变"填充图层、"渐变叠加"图层样式	

学后训练：用画笔设计一张撞色照片		172 页
案例文件	学习资源>案例文件>CH06>学后训练：用画笔设计一张撞色照片.psd	
素材文件	学习资源>素材文件>CH06>素材02.jpg	
难易程度	★☆☆☆☆	
技术掌握	用"画笔工具"绘制红蓝撞色	

精彩案例展示

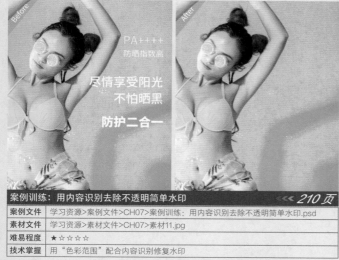

案例训练：	用内容识别去除不透明简单水印	<<< 210 页
案例文件	学习资源>案例文件>CH07>案例训练：用内容识别去除不透明简单水印.psd	
素材文件	学习资源>素材文件>CH07>素材11.jpg	
难易程度	★☆☆☆☆	
技术掌握	用"色彩范围"配合内容识别修复水印	

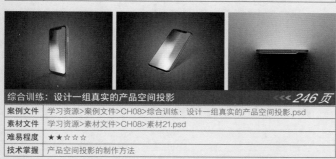

综合训练：	设计一组真实的产品空间投影	<<< 246 页
案例文件	学习资源>案例文件>CH08>综合训练：设计一组真实的产品空间投影.psd	
素材文件	学习资源>素材文件>CH08>素材21.psd	
难易程度	★★☆☆☆	
技术掌握	产品空间投影的制作方法	

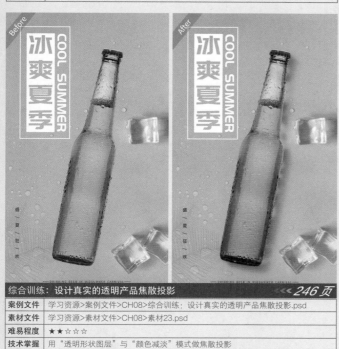

综合训练：	设计真实的透明产品焦散投影	<<< 246 页
案例文件	学习资源>案例文件>CH08>综合训练：设计真实的透明产品焦散投影.psd	
素材文件	学习资源>素材文件>CH08>素材23.psd	
难易程度	★★☆☆☆	
技术掌握	用"透明形状图层"与"颜色减淡"模式做焦散投影	

案例训练：	用图层蒙版合成大象走出手机	<<< 253 页
案例文件	学习资源>案例文件>CH09>案例训练：用图层蒙版合成大象走出手机.psd	
素材文件	学习资源>素材文件>CH09>素材01.jpg、素材02.png、素材03.jpg	
难易程度	★★☆☆☆	
技术掌握	图层蒙版在合成中的基本用法	

学后训练：	用图层蒙版合成乡间小路	<<< 255 页
案例文件	学习资源>案例文件>CH09>学后训练：用图层蒙版合成乡间小路.psd	
素材文件	学习资源>素材文件>CH09>素材04.jpg~素材06.jpg	
难易程度	★★★☆☆	
技术掌握	蒙版合成技法	

精彩案例展示

综合训练：梦幻森林创意合成 «« *258 页*

案例文件	学习资源>案例文件>CH09>综合训练：梦幻森林创意合成.psd
素材文件	学习资源>素材文件>CH09>素材11.jpg、素材12.jpg、素材13.png~素材15.png、素材16.jpg、素材17.jpg
难易程度	★★★★☆
技术掌握	用图层蒙版、画笔和混合模式等做合成

综合训练：超现实云端城市创意合成 «« *258 页*

案例文件	学习资源>案例文件>CH09>综合训练：超现实云端城市创意合成.psd
素材文件	学习资源>素材文件>CH09>素材18.jpg、素材19.png、素材20.jpg~素材22.jpg、素材23.png、素材24.psd~素材26.psd
难易程度	★★★★★
技术掌握	用图层蒙版、画笔、混合模式和调色功能等做合成

案例训练：书法字体设计之江湖系列 «« *303 页*

案例文件	学习资源>案例文件>CH11>案例训练：书法字体设计之江湖系列
素材文件	学习资源>素材文件>CH11>素材01.psd、素材02.jpg~素材06.jpg
难易程度	★★★☆☆
技术掌握	用笔画拼接法设计书法字

案例训练：用Lab通道快速调出蓝调和橙调 «« *312 页*

案例文件	学习资源>案例文件>CH12>案例训练：用Lab通道快速调出蓝调和橙调.psd
素材文件	学习资源>素材文件>CH12>素材01.jpg
难易程度	★☆☆☆☆
技术掌握	用通道调整图像

精彩案例展示

学后训练：用Lab通道调出黑白色调　　《《 *313 页*

案例文件	学习资源>案例文件>CH12>学后训练：用Lab通道调出黑白色调.psd
素材文件	学习资源>素材文件>CH12>素材02.jpg
难易程度	★☆☆☆☆
技术掌握	用通道制作特殊效果

综合训练：制作燃烧的玫瑰　　《《 *318 页*

案例文件	学习资源>案例文件>CH12>综合训练：制作燃烧的玫瑰.psd
素材文件	学习资源>素材文件>CH12>素材05.jpg、素材06.jpg
难易程度	★★☆☆☆
技术掌握	用通道调整图像

学后训练：用曲线调出甜美风　　《《 *331 页*

案例文件	学习资源>案例文件>CH13>学后训练：用曲线调出甜美风.psd
素材文件	学习资源>素材文件>CH13>素材02.jpg
难易程度	★☆☆☆☆
技术掌握	用曲线调整色彩和光影

学后训练：用可选颜色调出小清新色调　　《《 *339 页*

案例文件	学习资源>案例文件>CH13>学后训练：用可选颜色调出小清新色调.psd
素材文件	学习资源>素材文件>CH13>素材06.jpg
难易程度	★★☆☆☆
技术掌握	用"可选颜色"命令调色

学后训练：用Camera Raw滤镜调出复古港风色调　　《《 *351 页*

案例文件	学习资源>案例文件>CH13>学后训练：用Camera Raw滤镜调出复古港风色调.psd
素材文件	学习资源>素材文件>CH13>素材11.jpg
难易程度	★★☆☆☆
技术掌握	用Camera Raw滤镜调色

综合训练：制作冰冻手臂　　《《 *366 页*

案例文件	学习资源>案例文件>CH14>综合训练：制作冰冻手臂.psd
素材文件	学习资源>素材文件>CH14>素材11.jpg、素材12.png
难易程度	★★★☆☆
技术掌握	"滤镜库"的使用方法

综合训练：制作故障风特效　　《《 *366 页*

案例文件	学习资源>案例文件>CH14>综合训练：制作故障风特效.psd
素材文件	学习资源>素材文件>CH14>素材13.jpg
难易程度	★★☆☆☆
技术掌握	用风格化滤镜做特效

案例训练：用创意图像制作笔记本封面 《《《 **376 页**

案例文件	学习资源>案例文件>CH15>案例训练：用创意图像制作笔记本封面.psd
素材文件	学习资源>素材文件>CH15>素材01.psd
难易程度	★☆☆☆☆
技术掌握	文字生成图像的应用

学后训练：用生成式填充给女生换装扮 《《《 **386 页**

案例文件	无
素材文件	学习资源>素材文件>CH15>素材04.jpg
难易程度	★★☆☆☆
技术掌握	生成式填充的应用

学后训练：用创意字体制作童趣海报 《《《 **390 页**

案例文件	学习资源>案例文件>CH15>学后训练：用创意字体制作童趣海报.psd
素材文件	无
难易程度	★★☆☆☆
技术掌握	添加文字效果的应用

AURORA CONCERT
音乐盛宴 · 心灵之旅
（对于神秘和未知的向往）

SPIRITUAL
JOURNEY

×

AUDIOVISUAL
FEAST

极光音乐会

· 2023.9.21 ·
19:00~21:00

地址：XX市XX路XX号
电话：XXX-XXXX XXXX

涵盖古典、流行、民族等多种音乐类型，直接触动你的心灵

16.2 海报设计：极光音乐会 《《《 **396 页**

案例文件	学习资源>案例文件>CH16>海报设计：极光音乐会.psd
素材文件	学习资源>素材文件>CH16>素材04.png、素材05.jpg
难易程度	★★☆☆☆
技术掌握	海报的制作方法

前　言

Photoshop是Adobe公司旗下一款知名的图像处理软件，也是世界上用户群体庞大的平面设计软件之一。其功能非常强大，主要用来处理由像素构成的数字图像，可应用于字体特效、海报设计、电商设计、UI设计、创意合成和绘画等领域。随着Adobe公司推出的一款AI工具Firefly的上线，Photoshop与Firefly强强联合，设计师和创作者能在提高设计工作效率的同时发挥无限的创意。

本书特色

6个综合设计实训：本书最后一章安排了6个综合实例，包括电商设计、海报设计、Logo设计、包装设计、UI设计和创意合成，旨在帮助读者灵活应用所学内容。

184个技巧+经验分享：本书通过"知识课堂""疑难问答"和"技巧提示"3个板块，将软件操作、设计常识和技巧呈现给读者，希望帮助读者快速掌握Photoshop的使用方法及设计经验。

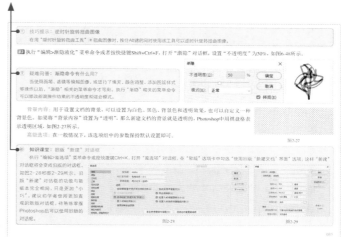

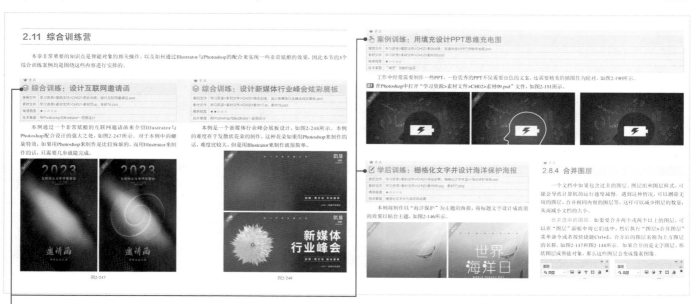

177个案例训练+学后训练+综合训练：本书是一本实战型教程，案例步骤讲解详细。读者通过大量的实战演练，可以快速熟悉Photoshop的使用方法。学后训练和综合训练则有助于读者巩固所学的知识点，并提升综合能力。

1906分钟教学视频： 本书所有案例训练、学后训练、综合训练和综合设计实训均配备了高清语音讲解视频，总时长1471分钟。此外，还提供了重要工具和技术的演示视频，总时长435分钟。读者可以结合视频进行学习，更快、更好地掌握所学的知识点。

内容安排

第1章： 讲解Photoshop的应用领域、基础功能，以及相关的辅助设置。

第2章： 讲解设计常识、Photoshop的基础操作，以及图层的相关内容。

第3章： 讲解图像和画布尺寸的修改、画布的裁剪与旋转、图像的变换与变形，以及排版工具的运用。

第4章： 讲解创建选区和抠图的多种方法。

第5章： 讲解Photoshop中3种经典的填充方式。

第6章： 讲解绘画类工具、擦除类工具和润饰类工具的使用方法，以及画笔的相关设置和自定义笔尖的方法。

第7章： 讲解修图的相关工具及方法。

第8章： 讲解图层混合模式与样式的使用方法。

第9章： 讲解Photoshop中的蒙版和图像合成。

第10章： 讲解矢量图形的绘制方法，以及UI设计相关内容。

第11章： 讲解文字类工具的使用方法，以及创建多种类型文本的方法。

第12章： 讲解通道的基础知识及Photoshop中的三大通道。

第13章： 讲解色彩相关知识，以及调整图像色彩和色调的方法。

第14章： 讲解滤镜的使用原则和技巧，以及多种滤镜的功能和特点。

第15章： 讲解AIGC技术与Firefly的用法，以及使用Photoshop和Firefly共同做设计的方法。

第16章： 结合之前学习的内容，进行电商设计、海报设计、Logo设计、包装设计、UI设计和创意合成。

附赠资源

为方便读者学习，随书附赠全部案例的素材文件、效果文件和在线教学视频，以及重要工具和技术的演示视频。

本书所有学习资源均可在线获取。扫描封底或资源与支持页中的二维码，关注"数艺设"的微信公众号，即可得到学习资源的获取方式。

由于编者水平有限，书中难免会有一些疏漏之处，欢迎读者批评指正。

编者

2024年6月

资源与支持

本书由"数艺设"出品，"数艺设"社区平台（www.shuyishe.com）为您提供后续服务。

学习资源

配套资源

183个案例的素材文件、效果文件和在线教学视频
128个重要工具和技术的演示视频
16章PPT教学课件
59个综合训练的步骤详解电子文档
6个综合设计实训的步骤详解电子文档
10个软件学习类电子文档

资源获取请扫码

提示：
（微信扫描二维码关注公众号后，输入51页左下角的5位数字，获得资源获取帮助。）

"数艺设"社区平台，为艺术设计从业者提供专业的教育产品。

与我们联系

我们的联系邮箱是 szys@ptpress.com.cn。如果您对本书有任何疑问或建议，请您发邮件给我们，并请在邮件标题中注明本书书名及ISBN，以便我们更高效地做出反馈。

如果您有兴趣出版图书、录制教学课程，或者参与技术审校等工作，可以发邮件给我们。如果学校、培训机构或企业想批量购买本书或"数艺设"出版的其他图书，也可以发邮件联系我们。

关于"数艺设"

人民邮电出版社有限公司旗下品牌"数艺设"，专注于专业艺术设计类图书出版，为艺术设计从业者提供专业的图书、视频电子书、课程等教育产品。出版领域涉及平面、三维、影视、摄影与后期等数字艺术门类，字体设计、品牌设计、色彩设计等设计理论与应用门类，UI设计、电商设计、新媒体设计、游戏设计、交互设计、原型设计等互联网设计门类，环艺设计手绘、插画设计手绘、工业设计手绘等设计手绘门类。更多服务请访问"数艺设"社区平台www.shuyishe.com。我们将提供及时、准确、专业的学习服务。

目录

Ps

第 **1** 章

为什么学习 Photoshop

本章主要介绍Photoshop的应用领域及基础功能。在正式学习Photoshop之前，需要认识Photoshop的工作界面，以及相关的辅助设置。

学习重点　🔍

1.1 Photoshop可以用来做什么

Photoshop是Adobe公司旗下一款知名的图像处理软件，也是世界上用户群体庞大的平面设计软件之一，其功能非常强大，在大多数的设计中都能看到Photoshop的身影。Photoshop除了可以用来处理数码照片，还可以应用于平面设计、UI设计、创意设计和三维设计等领域。

照片处理：Photoshop作为专业的照片处理软件，拥有一套相当强大的照片处理功能。例如，它可以去除数码照片上的瑕疵、为人像美白或瘦身、为照片调色，或是添加装饰元素等，如图1-1~图1-3所示。

图1-1

图1-2

图1-3

平面设计：平面设计是Photoshop应用非常广泛的领域，无论是封面设计、海报设计、招贴设计、包装设计，还是VI设计，基本上都会用到Photoshop，如图1-4所示。

UI设计：随着互联网的不断发展，UI设计已经成为设计领域的一个庞大分支。无论是图标设计，还是界面设计，Photoshop都有一套专业的工具供设计师选择，如图1-5所示。

电商设计：随手打开微信朋友圈或电商App就可以看到各种各样的产品详情页，而这些详情页基本都是用Photoshop来设计的，如图1-6所示。

图1-4　　　　　　图1-5　　　　　　图1-6

网页设计：随着互联网的发展，人们对网页的视觉要求越来越高，而使用Photoshop可以轻松美化网页的视觉效果，如图1-7所示。

字体设计：一款优秀的字体设计作品能够给观者留下深刻的印象。无论是字形设计还是字体特效设计，Photoshop都可以制作出令人耳目一新的效果，如图1-8所示。

图1-7　　　　　　　　　　　　　　图1-8

创意设计：创意设计具有非常明确的商业目的，Photoshop的合成功能可以为设计师提供无限的设计空间。只要你能想到，Photoshop就可以做到，如图1-9所示。

插画设计：Photoshop拥有一套完整的绘画工具，我们可以使用Photoshop绘制出各种各样的精美插画，如图1-10所示。

图1-9　　　　　　　　　　　　　　图1-10

建筑设计：Photoshop在室内设计和建筑设计中主要用于对效果图进行后期修饰，包括配景的搭配及色调的调整等，如图1-11所示。除此之外，Photoshop还可以用来设计各式各样的高清精美贴图。

产品设计：产品设计虽然主要依赖高精度的三维软件（如Rhino）来完成，但是绘制概念图及后期处理方面仍然需要依靠Photoshop来完成，如图1-12所示。

图1-11　　　　　　　　　　　　　　图1-12

> ① 技巧提示：Photoshop的其他应用领域
>
> 除了上述应用领域，Photoshop还经常被应用于服装设计、景观设计、游戏设计和动画设计等领域。

1.2 人人都要学Photoshop

在学习Photoshop之前，我们要清楚自己为什么要学Photoshop。如果你想成为设计师，那么Photoshop就是必学软件；如果你不做设计师，那还要不要学Photoshop呢？设计行业流行这么一句话："学会PS，走遍天涯也饿不死。"虽然这句话有夸张的成分，但是Photoshop确实"无处不在"。当我们看到一些不可思议的照片时，往往会问一句："这是P的吗？"

1.2.1 摄影师与修图师必学Photoshop

对于一些独立摄影师而言，他们既要摄影，也要修图，而修图主要靠的就是Photoshop。如果你想成为一名专业的修图师，那么Photoshop就是你"吃饭的家伙"，你必须熟练掌握Photoshop的各种修图技巧。图1-13所示为一种复古的修图效果。

图1-13

> ① 技巧提示：本书所讲的修图知识
>
> 本书所讲的修图知识不仅包含修饰照片（如修脏、修补、修形和去污等），还包含照片的调色方法（包含如何使用Camera Raw滤镜）及照片合成技术。

1.2.2 设计师必学Photoshop

设计的门类非常多，除了目前很火爆的UI设计和电商设计，还有平面设计（包括海报设计、图书装帧设计、标志设计、包装设计、字体设计、卡片设计和广告设计等细分领域）、产品设计、插画设计、动画设计、服装设计、景观设计、游戏设计和建筑设计等。如果你想成为这些领域的设计师，那么Photoshop就是必学软件，只是学习的侧重点有所不同。下面对一些设计领域的学习要点进行归纳，如表1-1所示。

表1-1

Photoshop功能	设计师门类									
	平面设计师	UI设计师	电商设计师	产品设计师	插画设计师	动画设计师	服装设计师	景观设计师	游戏设计师	建筑设计师
抠图	★★★★★	★★★★★	★★★★★	★★★☆☆	★★☆☆☆	★★☆☆☆	★☆☆☆☆	★★★☆☆	★★★☆☆	★★★★☆
修图	★★★★★	★★★★★	★★★★★	★★★★☆	★★☆☆☆	★★☆☆☆	★☆☆☆☆	★★★☆☆	★★★☆☆	★★★★☆
合成	★★★★★	★★★★★	★★★★★	★★★☆☆	★★☆☆☆	★★☆☆☆	★☆☆☆☆	★★★☆☆	★★★☆☆	★★★★☆
调色	★★★★★	★★★★★	★★★★★	★★★★☆	★★☆☆☆	★★☆☆☆	★★★☆☆	★★★★☆	★★★☆☆	★★★★☆
板绘	★★☆☆☆	★★☆☆☆	★★☆☆☆	★★★★☆	★★★★★	★★★★★	★★★★★	★☆☆☆☆	★★★★★	★☆☆☆☆

> ② 疑难问答：设计师还需要掌握其他软件吗？
>
> 要想成为一名优秀的设计师，除了需要重点学习Photoshop，还需要学习一些其他设计软件，如Illustrator（简称AI）、InDesign（简称ID）和CorelDRAW（简称CDR）。Illustrator和InDesign均为Adobe公司的产品，学会Photoshop之后，再学习这两款软件就会变得很容易，因为很多功能都是相通的。虽然CorelDRAW不是Adobe公司的产品，但是其功能也与Photoshop有很多相似之处，只是操作方法略有不同。

1.2.3 非设计师也要学Photoshop

Q：我不想成为设计师，难道也要学Photoshop吗？

A：Photoshop绝非一款专门为修图和设计而生的软件，它已经广泛渗透到各行各业。如果你想从事文员、行政、秘书或某些行业的前台工作，很多公司的招聘要求中都会注明"会PS者优先"。因为这些职位可能涉及"PPT报告"的设计，哪位上司不想要一份"专业且让人有面子"的报告呢？当然，这些职位并不像设计师一样要求所有技术样样精通，只需要掌握基本的图片处理技术（入门级的抠图技术与修图技术）即可。

如果你是一位爱美的女孩，学会Photoshop就可以做到"P图"不求人，自己想怎样"秀"就怎么"修"。虽然现在很多美化照片的移动端应用程序也可以在一定程度上达到美化的效果，但是这些应用程序毕竟功能有限，只能实现千篇一律的滤镜效果。如果你希望获得独特的修图效果，并达到脱颖而出的目的，那么Photoshop就可以帮你实现愿望。

1.3 开始学习Photoshop

Photoshop的工作界面设计得十分人性化，使用时可以根据自己的喜好自定义工作区的布局。

1.3.1 Photoshop的功能模块

启动Photoshop后，默认进入主页，单击左侧的"打开"按钮 打开 ，在弹出的"打开"对话框中选择一张图像，然后单击"打开"按钮 打开(O) ，打开选择的图像，如图1-14所示。打开图像后，可以看到Photoshop完整的工作界面。Photoshop的工作界面包含菜单栏、文档窗口、工具箱、选项栏、状态栏及多个面板，如图1-15所示。

图1-14

图1-15

☞ 菜单栏

菜单栏是执行菜单命令的地方。Photoshop的菜单栏包含12个菜单，分别是文件、编辑、图像、图层、文字、选择、滤镜、3D、视图、增效工具、窗口和帮助，如图1-16所示。单击相应的菜单名称，即可将其打开。如果菜单命令后面带有▶图标，则表示该命令含有子菜单；部分菜单命令右侧显示了该命令的快捷键，如图1-17所示。

图1-17

文件(F) 编辑(E) 图像(I) 图层(L) 文字(Y) 选择(S) 滤镜(T) 3D(D) 视图(V) 增效工具 窗口(W) 帮助(H)

图1-16

ⓘ 知识链接：为菜单命令设置快捷键

使用快捷键可以提高工作效率，但Photoshop中的某些常用命令没有快捷键。如果想要提前了解快捷键的设置方法，可以参阅"1.3.3 为常用命令设置快捷键"中的相关内容。

☞ 文档窗口

文档窗口是显示和处理图像的区域。打开图像以后，Photoshop会自动创建一个文档窗口。文档窗口左上角的窗口标题中会显示该图像的名称、格式、缩放比例及颜色模式，如图1-18所示。

图1-18

文档窗口默认以选项卡的方式显示。如果只打开了一张图像，那么只显示一个文档窗口，如图1-19所示。如果同时打开了多张图像，则选项卡会依次排列，如图1-20所示。单击一个文档窗口的选项卡即可将其设置为当前工作窗口。

图1-19

图1-20

◉ 知识课堂：文档窗口的浮动/停放状态

在默认情况下，打开的所有文件都会以选项卡的形式停放在一起。按住鼠标左键并拖曳文档窗口的选项卡，可以将其设置为浮动的文档窗口，如图1-21所示；按住鼠标左键将浮动文档窗口的标题栏拖曳到选项卡处，文档窗口就会停放为选项卡形式，如图1-22所示。

图1-21

图1-22

👉 工具箱与选项栏----------

工具箱中集结了各种重要的工具，如抠图工具、修图工具、文字工具、矢量工具和填色工具等，如图1-23所示。单击一个工具按钮，即可选择该工具，如果工具按钮的右下角带有三角形图标◢，则表示这是一个工具组，在工具组按钮上单击鼠标右键或者长按鼠标左键，即可显示工具组中的所有工具，如图1-24所示。工具箱可以展开或折叠，单击工具箱顶部的 ≫ 按钮，可以将其展开为双栏，同时 ≫ 按钮会变成 ≪ 按钮，再次单击，可以将其还原为单栏。

可以发现，大多数工具名称后面会有一个英文字母，它是该工具的快捷键。对于同一个工具组中的多个工具，其快捷键大多相同。对于快捷键相同的多个工具，可以同时按住Shift键和相应字母键在它们之间进行切换。

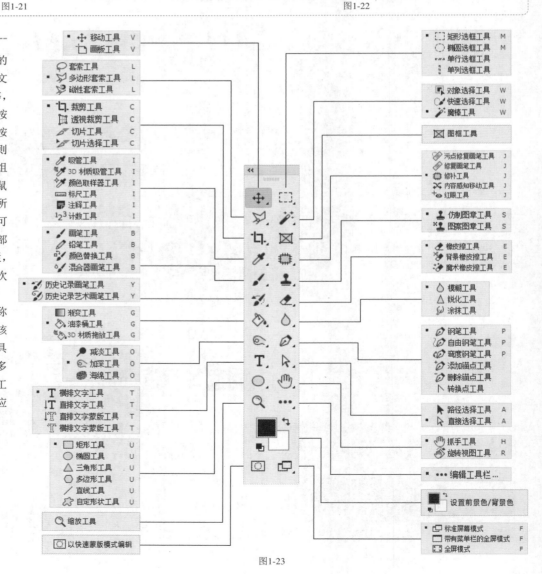

图1-23

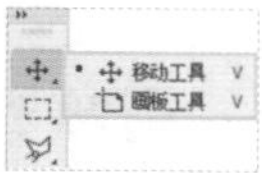

图1-24

> (!) 技巧提示：关于工具的参数选项
>
> 工具箱中的工具在实际工作中几乎都会用到，后面会对这些工具的用法与技巧进行详细介绍。

选项栏主要用来设置工具的参数选项，不同工具的选项栏各不相同。例如，当选择"矩形选框工具" ▢ 时，其选项栏如图1-25所示。关于工具的参数选项，后面讲解工具用法时一并进行介绍。

图1-25

☞ 状态栏

状态栏位于软件界面的左下角，通过设置可以显示当前文档的大小、文档尺寸、测量比例和当前工具等信息。单击状态栏中的 〉按钮，可以设置要显示的内容，如图1-26所示。

图1-26

☞ 面板

Photoshop中的面板非常多，这些面板主要用于配合编辑图像、控制操作及设置参数等。执行"窗口"菜单中的命令可以打开面板。例如，执行"窗口>颜色"菜单命令，使"颜色"命令处于勾选状态，那么软件界面中就会显示"颜色"面板，如图1-27所示。

> 🔗 知识链接：自定义整洁又高效的工作区
>
> 面板可以打开、关闭、拆分和组合。由于Photoshop的面板非常多，如果将其全部显示在软件界面中，会占用很大的空间。因此，自定义一个整洁又高效的工作区是很有必要的，关于自定义方法请参阅"1.3.2 自定义整洁又高效的工作区"中的相关内容。

图1-27

1.3.2 自定义整洁又高效的工作区

Photoshop提供了适合不同任务的预设工作区，如若需要用绘画功能，可以切换到"绘画"工作区，这样就会显示与绘画功能相关的面板。

☞ 预设工作区

Photoshop提供了6种预设工作区。单击界面右上角"设置工作区"按钮 ▣ 右侧的 ∨ 图标，或执行"窗口>工作区"子菜单中的命令，可以选择预设的工作区。这些预设的工作区分别是"基本功能"、3D、"图形和Web""动感""绘画"和"摄影"，如图1-28和图1-29所示。

图1-28

图1-29

☞ 自定义工作区

拥有一个干净、整洁的工作区，可以让工作更加顺心、舒畅。在实际工作中，可以根据自己的工作内容来定制一个适合自己的工作区。

当工作界面中的面板太多时，可能会严重影响操作空间，如图1-30所示。我们可以关闭不常用的面板，只保留必要的面板。在实际工作中，一般需要保留"图层"面板、"路径"面板、"通道"面板、"调整"面板、"属性"面板、"字符"面板和"段落"面板（其他面板可以根据工作需要再调出来），然后可以对面板进行组合排列，并将其放在界面的右侧，如图1-31所示。

图1-30

图1-31

排列好面板以后，执行"窗口>工作区>新建工作区"菜单命令，在弹出的"新建工作区"对话框中为工作区输入一个名称，然后单击"存储"按钮 存储 存储工作区，如图1-32所示。存储工作区后，在"窗口>工作区"子菜单中就可以选择自定义的工作区，如图1-33所示。

⑦ 疑难问答：如何删除自定义的工作区？

删除自定义的工作区很简单，只需要执行"窗口>工作区>删除工作区"菜单命令，在弹出的"删除工作区"对话框中选择要删除的工作区，单击"删除"按钮 删除(D) 即可。注意，在删除某个工作区之前，必须确保这个工作区处于未工作状态（先切换到其他工作区），否则无法将其删除。

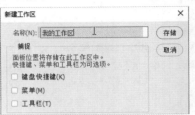

图1-32

图1-33

👑 重点

1.3.3 为常用命令设置快捷键

在Photoshop中，可以对默认的快捷键进行更改，也可以为没有设置快捷键的常用命令和工具设置快捷键，这样可以大大提高工作效率。Photoshop中的快捷键有很多，工具的快捷键基本上是单键，命令的快捷键则多由两个或两个以上的键组成。例如，存储文件的快捷键为Ctrl+S，即同时按Ctrl键和S键即可存储文件，如图1-34和图1-35所示。

! 技巧提示：本书的快捷键书写规范

为了规范书写，本书将快捷键的表示方式规定如下。

单键：将单个快捷键书写为*键。例如，"按V键选择'移动工具' ⊕"。

多键：将两个键组成的快捷键书写为"快捷键*+*"，3个键组成的快捷键书写为"快捷键*+*+*"，以此类推。例如，"按快捷键Ctrl+M执行'曲线'命令，打开'曲线'对话框"。

图1-34

同时按Ctrl键和S键便可存储文件

图1-35

在Photoshop中，"可选颜色"命令在默认情况下是没有设置快捷键的，而这个命令在修图时又经常用到，因此为其设置一个快捷键是有必要的。下面就以"可选颜色"命令为例来讲解设置快捷键的方法。

第1步：执行"编辑>键盘快捷键"菜单命令或者按快捷键Alt+Shift+Ctrl+K，打开"键盘快捷键和菜单"对话框，在"键盘快捷键"选项卡中设置"快捷键用于"为"应用程序菜单"，然后在"图像>调整"菜单组中选择"可选颜色"命令，此时会出现一个用于输入快捷键的文本框，如图1-36所示。

第2步：设置快捷键Ctrl+.为"可选颜色"命令的快捷键。同时按Ctrl键和.键，此时快捷键文本框中就会出现快捷键组合，即Ctrl+.，单击"接受"按钮 接受 和"确定"按钮 确定 完成操作，如图1-37所示。操作完成后可以查看"可选颜色"命令的快捷键，如图1-38所示。

图1-36

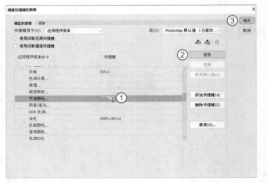

图1-37

图1-38

⑦ 疑难问答：需要硬记快捷键吗？

快捷键无须硬记，只要经常操作Photoshop，自然就会记住大部分的快捷键。可以花两三个月的时间来学习本书，学完以后，相信大部分快捷键都会熟记于心。

1.4 Photoshop首选项与运行优化设置

在实际工作中，经常会遇到保存文件时提示内存不足，或是操作过程中越来越卡的情况。我们除了可以通过提高计算机的硬件配置来解决这些问题，还可以通过优化软件设置来解决。这些设置是在Photoshop的"首选项"中完成的，如图1-39所示。Photoshop的"首选项"中有很多选项，但是大部分都不常用，下面针对常用的一些设置进行讲解。

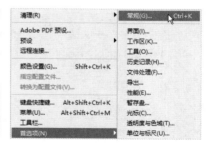

图1-39

> ⑦ 疑难问答："首选项"有什么用处？
> Photoshop的"首选项"相当于人脑的记忆功能。当设置好以后，每次启动Photoshop都会按照该设置来运行。

1.4.1 设置操作习惯

执行"编辑>首选项>常规"菜单命令或者按快捷键Ctrl+K，打开"首选项"对话框。在"首选项"对话框的"常规"选项卡中，"使用旧版'新建文档'界面"、"置入时跳过变换"和"使用旧版自由变换"这3个选项比较重要，会关乎大家的操作习惯，习惯旧版本的读者可以将其勾选，而完全没有用过Photoshop的读者保持默认设置即可，如图1-40所示。

图1-40

1.4.2 设置界面颜色与界面字体大小

在"首选项"对话框中单击"界面"选项卡，这里可以设置界面的颜色方案及界面的字体大小等。Photoshop默认的界面颜色为黑色，本书为了利于印刷以便读者阅读，特意选用最浅的灰色作为界面颜色。如果是大尺寸或高分辨率的显示器，建议将"用户界面字体大小"调整为"大"，同时将"UI缩放"调整为200%，这样更利于观看，如图1-41所示。

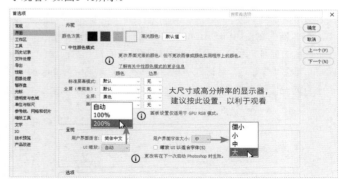

图1-41

1.4.3 设置自动保存时间

相信大家都遇到过因停电、软件或计算机崩溃等特殊情况，导致所做的工作前功尽弃的问题。为了解决这个问题，Photoshop提供了一个自动存储的功能。在"首选项"对话框中单击"文件处理"选项卡，通过设置"自动存储恢复信息的间隔"的分钟数，可以在一定程度上减少损失。如果制作的文件很重要，可以将分钟数设置得低一点（不能设置得太低，否则会降低软件的运行性能），如图1-42所示。

图1-42

> ① 技巧提示：养成随时手动保存和不乱放设计文件的好习惯
> 这里再介绍两种避免突发情况造成文件损失的方法。
> 第1种：随时手动保存文件。手动保存文件的快捷键为Ctrl+S，可以每操作几分钟就按一次快捷键Ctrl+S。
> 第2种：谨慎放置文件于系统盘。建议不要将重要的设计文件放在系统盘（包含桌面）上，因为如果计算机系统崩溃并需要重新安装系统，那么系统盘中的所有文件都将被清空。

1.4.4 为Photoshop分配合适的运行内存

Photoshop对运行内存的需求很大，如果用户不能更换性能更好的计算机，那么可以在"性能"选项卡中将"让Photoshop使用"选项的数值设置得高一些，但是不要超过"理想范围"的最大值，否则可能会导致其他软件卡顿甚至无法启动，如图1-43所示。

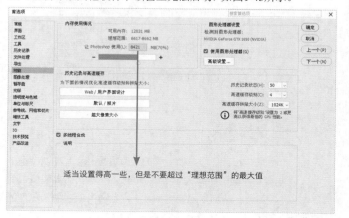

图1-43

1.4.6 为Photoshop选择合适的暂存盘

很多新手在使用Photoshop时，会出现"不能完成要求，因为暂存盘已满"的提示，这是由于为Photoshop选择的暂存盘的空间过小。此时，可以在"首选项"对话框中单击"性能"选项卡，为Photoshop选择一个空间较大的盘作为暂存盘，甚至可以选择多个盘，如图1-45所示。

1.4.5 设置历史记录保存次数

在"性能"选项卡中还可以设置操作的历史记录次数，即因操作失误可返回的操作次数。对于Photoshop新手而言，可以将"历史记录状态"选项的数值设置得高一些（数值越高，消耗的内存越多），如图1-44所示。

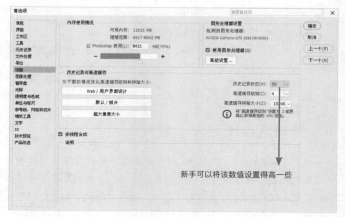

图1-44

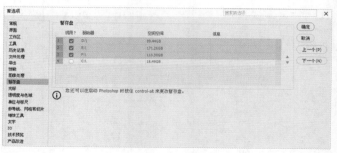

图1-45

1.5 内存清理

在做设计的过程中，如果发现Photoshop的运行速度变慢，可以通过执行"编辑>清理"子菜单中的命令来清理剪贴板记录和历史记录，也可以选择全部清除或清理视频高速缓存，如图1-46所示。清理完内存以后，Photoshop运行起来会流畅一些。但是，要彻底解决该问题，最好的办法还是提高计算机的配置。

图1-46

> ① 技巧提示：清理内存须谨慎
>
> 注意，清理内存是一个不可逆转的操作。例如，执行"编辑>清理>历史记录"菜单命令，系统会提示用户"这个操作不能还原。要继续吗？"，如图1-47所示。建议在确保设计作品无误时，或是快要完成制作时再执行清理操作。

图1-47

第 2 章 设计常识与基础操作

本章主要介绍设计常识、Photoshop的基础操作，以及图层的相关知识，只有熟练掌握这些基础知识，才能更加熟练地使用Photoshop做设计。

学习重点 🔍

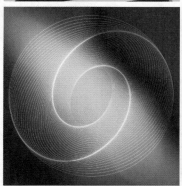

2.1 不可不知的设计常识

无论想成为什么设计师,都必须掌握图像的一些基础知识,如像素、图像尺寸、输出分辨率、位图与矢量图等。只有弄清楚这些知识,做设计时才不会出现一些常识性的错误。

2.1.1 像素是构成位图的基本单位

像素(pixel,px)是构成位图的基本单位。把一张位图图像放大n倍,会发现图像是由许多色彩相近的小方块组成的,这些小方块就是构成位图的最小单位——像素。我们来看一张尺寸为400像素×400像素的渐变位图图像,如图2-1所示,将其放大显示比例至6400%,可以发现出现了很多小方块,这些小方块就是像素,一个小方块就是1像素,而整张图像就是由400×400=160000个像素构成的,如图2-2所示。

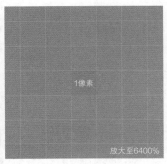

图2-1　　　　　　图2-2

2.1.2 图像尺寸与输出分辨率

在平时工作中,新手设计师常常会分不清图像尺寸与输出分辨率。

图像尺寸是指屏幕上显示的像素个数,以水平(宽度)和垂直(高度)像素个数来衡量。例如,图像尺寸是1600像素×1200像素,意思就是说图像水平方向的像素个数为1600,垂直方向的像素个数为1200。在屏幕尺寸一样的情况下,图像尺寸越大,图片显示的效果就越精细。

输出分辨率指的是各类输出设备每英寸可产生的点数,如显示器、喷墨打印机、激光打印机和绘图仪的分辨率。设计中提到的分辨率,通常指的是输出分辨率。分辨率最终影响的是图像输出的清晰程度,分辨率越高,图像就越清晰。在Photoshop中,默认的分辨率单位是像素/英寸(pixel per inch,ppi),如果切换成像素/厘米,在分辨率数值不变的情况下,单位越小,图片越清晰,同时,文件占用的内存也会更大。我们通常所说的分辨率72和300等,都是基于"像素/英寸"这个单位而言的。

下面来看两张尺寸完全相同的芒果块图片。图2-3所示的图片分辨率是300ppi,芒果块的棱角很清晰,高光区域也很明显,看着就有食欲;图2-4所示的图片分辨率是72ppi,芒果块的棱角和高光区域都很模糊,如果用这张图来设计海报或电商的详情页,相信其

销售效果会大打折扣。通过这个对比可以看出,在做设计时,一定要根据设计需求选择合适的分辨率。

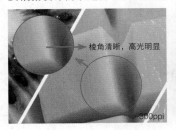
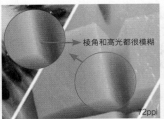

图2-3　　　　　　　　　　图2-4

> **知识课堂:查看图像的尺寸和分辨率**
>
> 图像的分辨率和尺寸共同决定文件的大小及输出质量。一般情况下,分辨率和尺寸越大,文件占用的空间也就越大。在Photoshop中,可以通过执行"图像>图像大小"菜单命令或按快捷键Alt+Ctrl+I打开"图像大小"对话框,在该对话框中就可以查看图像的尺寸与分辨率,如图2-5所示。
>
>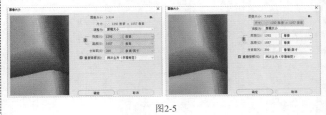
>
> 图2-5

2.1.3 位图与矢量图的优缺点

位图,也叫点阵图像或栅格图像,是由像素组成的。这些像素可以进行不同的排列和染色以构成图样。当放大位图时,可以看到图像上的像素块,图2-6所示为将一张位图放大显示比例至6400%的效果。用数码相机拍摄的照片、扫描仪扫描的图片、计算机或手机等移动设备截出来的图片等大多数图片都属于位图,在Photoshop中处理图片,其实就是处理位图。位图的特点是可以表现色彩的细微变化和颜色的细微过渡,产生逼真的效果,缺点是在保存时需要记录每一个像素的位置和颜色值,因此会占用较大的存储空间。此外,位图图像与分辨率有关,也就是说,位图包含固定数量的像素。缩放位图尺寸会使原图失真,因为这是通过减少或增加像素来使整个图像变小或变大的。因此,如果以高缩放比例对位图进行缩放,或以低于创建时的分辨率来打印位图,则会丢失其中的细节,并且会出现锯齿。

图2-6

矢量图，也叫面向对象的图像或绘图图像，在数学上被定义为一系列由线连接的点。矢量文件中的图形元素被称为"对象"。每个对象都是一个自成一体的实体，它具有颜色、形状、轮廓、大小和屏幕位置等属性。矢量图是根据几何特性来绘制的，矢量可以是一个点或一条线。矢量图只能靠软件生成，文件占用内存空间较小，因为这种类型的图像文件包含独立的分离图像，可以自由且无限制地重新组合。它的特点是放大后图像不会失真，与分辨率无关。任意放大或缩小图形，不会影响图像的清晰度，图2-7所示为将一张矢量图放大显示比例至6400%的效果，图像依然很清晰，不会出现位图中的像素块。但是矢量图有个很大的缺点，就是难以表现色彩层次丰富的逼真图像。常见的矢量软件有Illustrator和CorelDRAW，这两款软件经常用来做图形设计、版式设计、字体设计和标志设计等。

图2-7

> ◎ 知识课堂：位图和矢量图的使用误区
>
> 在了解了位图与矢量图的区别之后，我们可以根据设计内容来选择使用不同的设计软件对图片进行编辑。在进行杂志排版、标志设计和图纸绘制等操作时，最好使用矢量图形软件进行编辑。
>
> 虽然很多新手设计师对位图和矢量图的概念十分了解，但在实际使用的过程中仍会存在一些误区。
>
> 误区1：在矢量软件中导出的图片也是矢量图。
>
> 在矢量软件中导出的图片通常是以JPEG、PNG或GIF等格式进行存储的，这些格式都是位图格式，对图片进行放大后会出现失真的情况。换句话说，矢量图是指导出图之前在软件中编辑的图形，其存储格式以.ai、.eps、.cdt和.svg等为扩展名，需要使用特定的矢量软件才能打开。
>
> 误区2：将位图导入矢量软件之后，就可以随意对图像进行放大。
>
> 位图在生成之后，其像素排列的形式已经确定，并不是导入矢量图形软件中就可以改变其像素的大小。只有用矢量软件创建的图形才具备矢量图的特点。
>
> 在了解了以上概念之后，我们还需要知道它们在实际工作中的指导意义。使用位图软件进行设计时，设计图的尺寸不能小于实际印刷的尺寸，否则放大图片之后会出现失真的情况；在使用矢量软件进行设计时，无论图片的尺寸有多小，都可以进行放大。所以，在用矢量软件制作大图的时候，不需要在开始就设置成实际印刷的尺寸，否则会影响软件的运行速度，可以先设置成等比例的小尺寸，设计完成后再对图片进行放大。

2.2 设计时如何选择颜色模式

在Photoshop中，颜色模式有位图模式、灰度模式、双色调模式、索引颜色模式、RGB颜色模式、CMYK颜色模式、Lab颜色模式和多通道模式。要设置图像的颜色模式，可以执行"图像>模式"子菜单的命令，选择相应的颜色模式，如图2-8所示。在设计中，我们提到的颜色模式通常是指RGB与CMYK颜色模式。

图2-8

👑 重点

2.2.1 RGB和CMYK颜色模式在设计中的用法

RGB颜色模式是一种发光模式，也叫加色模式。R、G、B分别代表Red（红色）、Green（绿色）和Blue（蓝色），在"通道"面板中可以查看3种颜色通道的状态信息。RGB颜色模式下的图像只有在发光体上才能显示出来，如手机、显示器、电视机等显示设备中，该模式所包括的颜色信息（色域）有1670多万种，是一种真彩色颜色模式，不存在于印刷品中。

CMYK颜色模式是一种印刷模式，也叫减色模式，是应用于印刷品的颜色模式。CMYK颜色模式包含的颜色总数比RGB颜色模式少很多，所以在显示器上看到的图像要比印刷出来的图像亮丽一些。C、M、Y是3种印刷油墨名称的首字母，C代表Cyan（青色），M代表Magenta（洋红），Y代表Yellow（黄色），而K代表Black（黑色），这是为了避免与Blue（蓝色）混淆。

简单来说，要将用于电子显示屏的图片设置成RGB颜色模式，用于印刷的图片设置成CMYK颜色模式，如图2-9所示。

用于电子显示屏的图片设置成RGB颜色模式

用于印刷的图片设置成CMYK颜色模式

图2-9

2.2.2 RGB和CMYK颜色模式的互相转换可能会出现的问题

我们来做一个演示。图2-10所示为一张RGB颜色模式的图片，画面明亮，色彩炫酷。执行"图像>模式>CMYK"菜单命令，将其转换成CMYK颜色模式，可以发现不仅画面变暗，色彩也丢失了不少，如图2-11所示。这是怎么回事呢？

图2-10

图2-11

> ① **技巧提示：请在学习资源中查看图片的色彩对比**
>
> 因为图书印刷所用的颜色模式是CMYK，所以可能观察不出图2-10和图2-11的区别，为了方便看清楚这两张图的差异，请大家在"学习资源>素材文件>CH02>2.2"文件夹中进行查看。

为了解释上述问题，我们需要参考一张色域图，如图2-12所示。其中，红框内是RGB色域（电子显示屏应用的色彩空间），蓝框内是CMYK色域（印刷应用的色彩空间）。

我们可以用明显的色块区分一下，用红色块表示RGB色域，用蓝色块表示CMYK色域，如图2-13所示。可以看到RGB和CMYK有很大一部分的重合空间，也就是说绝大部分的CMYK色值都落在RGB色域内。因此，在将CMYK图像转换为RGB图像时，颜色几乎都可以落在RGB可显示的色域范围内；但是在将RGB图像转为CMYK图像时，就很有可能丢失大量的颜色信息。

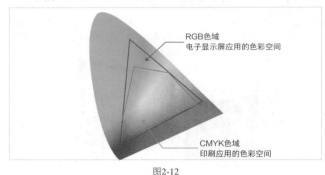
图2-12

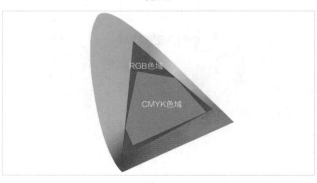
图2-13

了解上述知识后，相信大家已经大概清楚RGB颜色模式和CMYK颜色模式的区别了。在做设计时，一定要根据自己设计的作品用途选择恰当的颜色模式。

2.3 设计前须知

在设计作品前，一定要搞清楚应该选择什么设计单位及输出分辨率，同时还要掌握出血的设置与版心的设计原则。

👑重点
2.3.1 设计单位与输出分辨率

在开始设计之前，需要明确设计作品的单位与尺寸。表示屏幕尺寸的单位是像素（px），表示实际尺寸的单位是厘米（cm）和毫米（mm）。在设计网页和手机界面等应用于电子显示屏的作品时，采用的单位是像素（px）；在设计海报和图书等需要实际印刷的作品时，采用的单位是厘米（cm）或毫米（mm）。

在使用位图设计软件Photoshop时，如果文件尺寸的单位设置错了就会比较麻烦。例如，所需文件的尺寸为20cm×20cm，但设置成了20mm×20mm，那么文件可能无法使用了。所以，设置尺寸时一定要确保单位正确。另外，在行业内还有一个不成文的规定，在报尺寸时，通常先报宽度，后报高度。例如，80cm×120cm，就是说作品的宽为80cm，高为120cm，与客户沟通的时候一定要阐述清楚。

这里重点讲一下输出分辨率应该如何设置。很多初学者会有一个误区：为了让成品很清晰，会把输出分辨率设置得很大。例如，设计一张易拉宝，普通写真喷绘机的输出分辨率是72dpi，而有些高清写真喷绘机的输出分辨率可以达到150dpi~200dpi，如果我们将设计作品的分辨率设置为300ppi，就会有很大一部分超出喷绘机的打印分辨率，这意味着超出的部分是没有用的，如图2-14所示。当然，如果非要将分辨率设置得很高，也是可以的，但这样会使文件变得很大，同时会让Photoshop的运行速度变慢。

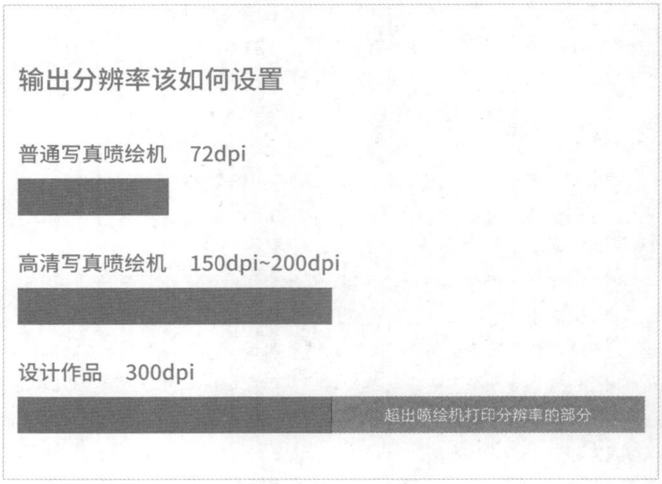

输出分辨率该如何设置

普通写真喷绘机　72dpi

高清写真喷绘机　150dpi~200dpi

设计作品　300dpi
超出喷绘机打印分辨率的部分

图2-14

这里将常见设计类型的文档单位、输出分辨率和颜色模式整理成一个表格，供大家做设计时参考，如表2-1所示。

表2-1

设计类型	单位	分辨率	颜色模式
海报	厘米或毫米	72ppi~150ppi	CMYK
易拉宝	厘米或毫米	72ppi~150ppi	CMYK
户外喷绘	厘米或毫米	25ppi~60ppi（尺寸越大，值越低）	CMYK
传单	厘米或毫米	300ppi	CMYK
图书/画册	厘米或毫米	300ppi	CMYK
名片	厘米或毫米	300ppi	CMYK
电子显示屏图像（图标、UI、网页、Banner和详情页等）	像素	72ppi	RGB

👑 重点

2.3.2 设计出血与版心设置

我们看到的图书边缘都是平齐的，这是因为在印刷、装订后需要"切书"，此操作可以切掉图书纸张多余的边缘。因此设计时为了避免出现重要的文字或图像被切掉的情况，通常会在实际尺寸的基础上为上下左右4个方向再预留出3mm的出血位（简称"出血"）。例如，设计一份A4（210mm×297mm）尺寸的宣传单时，设计尺寸就应该是（210+3+3）mm×（297+3+3）mm，即216mm×303mm。任何重要的文字或图像都不应该出现在出血位。不是说一定要将出血留白，也可以填充背景颜色或放不重要的背景图像，但不能出现重要的信息。

版心是页面中主要内容所在的区域，即每页版面正中的位置。版心是设计重要内容的区域，如产品、卖点、电话、Logo、微信号、二维码及重要的设计元素等都应该放在版心区域内。版心之外的区域可以填充背景色、放背景图像，或是放一些不重要的设计元素。图2-15和图2-16所示为两幅设计作品，都遵循了版心设计原则。

图2-15

图2-16

对于印刷类作品，需要预留3mm的出血，如图2-17所示；而如果是设计电子显示类的作品，则不用预留出血位，如图2-18所示。

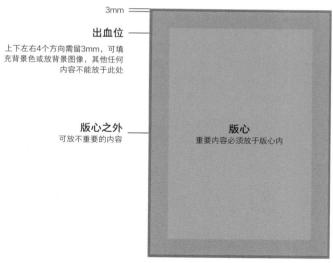

图2-17

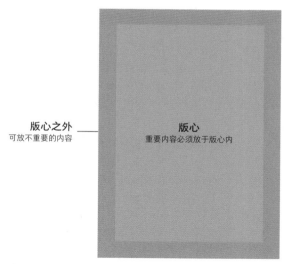

图2-18

① 技巧提示：关于更多的设计常识

本章2.1~2.3节的内容参考了侯维静老师出版的设计书《平面设计基础与实战 小白的进阶学习之路》，如图2-19所示，在此对侯老师表示衷心的感谢。这本书对设计基础和商业案例应用作了详细的介绍，同时对设计师在工作中的沟通技巧、设计思维与项目经验进行了详细的总结，非常实用。对于即将踏入设计行业的读者来说，这是一本值得参考的设计书。

图2-19

2.4 一个简单作品的设计流程

图2-20所示为一个简单的设计作品需要经过的大致流程。根据设计规范，我们可以以打开已有的图像开始设计，或是新建一个空白的文档开始设计。然后根据客户需求或绘制图像，或置入素材进行修图、抠图、调色、合成等一系列调整。在完善设计后，将文件存储为PSD格式文档，同时导出便于浏览的图像格式，如JPEG格式或PDF格式。最后关闭设计文档和Photoshop，完成最终的设计。

> ① 技巧提示：关于PSD格式
> 一般情况下，PSD格式是Photoshop最常用的存储格式，也是默认的存储格式。PSD格式可以保存设计文档中的图层、蒙版、通道和路径等信息，以方便随时修改。另外，TIFF和PSB格式也可以保存很多设计信息，只是这两种格式的文件会占用较大的存储空间。

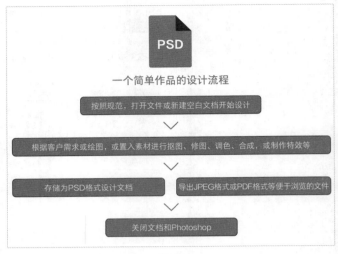

图2-20

2.4.1 打开文件或新建空白文档开始设计

开始做新的设计，需要根据两种不同的情况来定。如果是对一张图像进行修改，那么只需要打开这张图像，然后对其进行调整即可；如果从头到尾进行设计，那么需要根据设计需求新建一个空白文档开始设计。

☞ 打开已有的文件做设计

菜单栏： 文件>打开　　**快捷键：Ctrl+O**

执行"文件>打开"菜单命令或者按快捷键Ctrl+O，在弹出的"打开"对话框中选择需要打开的文件，单击"打开"按钮 或者双击文件即可在Photoshop中打开该文件，如图2-21所示。

> ② 疑难问答：为什么在打开文件时找不到需要的文件？
> 如果发生这种现象，可能有以下两个原因。
> 第1个：Photoshop不支持这个文件的格式。
> 第2个："文件类型"没有设置正确，如设置"文件类型"为JPEG格式，那么在"打开"对话框中就只能显示这种格式的图像文件，这时可以设置"文件类型"为"所有格式"，就可以看到相应的文件（前提是计算机中存在该文件）。

另外，还可以通过以下3种方法快速打开已有的图像文件。

第1种： 选择一个需要打开的文件，然后将其拖曳至Photoshop的快捷方式图标上，如图2-22所示。

第2种： 选择一个需要打开的文件，然后单击鼠标右键，在弹出的菜单中选择"打开方式>Adobe Photoshop 2023"命令，如图2-23所示。

第3种： 如果已经运行了Photoshop，可以直接将需要打开的文件拖曳至Photoshop的文档窗口中，如图2-24所示。

图2-21

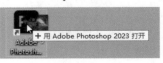

图2-22

图2-23

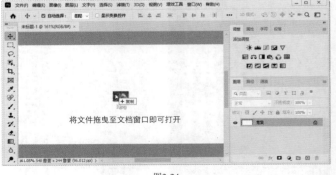

图2-24

> ② 疑难问答：找不到Adobe Photoshop 2023选项怎么办？
> 如果在"打开方式"菜单中找不到Adobe Photoshop 2023选项，可以选择"选择其他应用"命令，在弹出的列表中选择Adobe Photoshop 2023。

☞ 新建空白文档做设计--

菜单栏: 文件>新建　　**快捷键:** Ctrl+N

在新建文档前,需要考虑设计作品的单位、分辨率及颜色模式。如果是印刷品,如杂志和图书等,应该将单位设置为传统长度单位(毫米或厘米),并且要根据印刷品的类型设置相应的分辨率,同时必须将颜色模式设置为CMYK;如果将设计作品用于手机、计算机或是投影机等电子显示设备上,则需要将单位设置为"像素",分辨率设置为72ppi(像素/英寸),颜色模式设置为RGB颜色模式。

执行"文件>新建"菜单命令或者按快捷键Ctrl+N,打开"新建文档"对话框,如图2-25所示。在"新建文档"对话框中不仅可以设置文档的名称、尺寸、分辨率和颜色模式等信息,还可以根据设计作品的类型选择相应的设计模板。

模板: 根据设计作品的类型,选择与之对应的模板。例如,要设计一款UI界面,只需要在"移动设备"选项卡中选择相应的模板即可,如图2-26所示。对于初学者而言,模板是一项很实用的功能,因为它包含尺寸、分辨率等相关信息,无须设置其他参数。

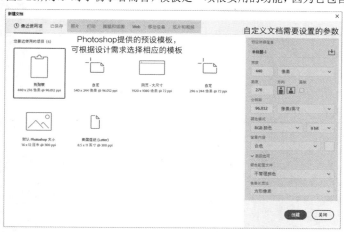

图2-25

图2-26

未标题-1: 设置文档的名称。设置好文档参数后,单击其右侧的 ⬇ 按钮可以将其保存为预设模板。

宽度/高度/方向/画板: "宽度"和"高度"用于设置文档的尺寸; 📱 按钮用于将文档设置为竖向, 📱 按钮用于将文档设置为横向;勾选"画板"选项,可以创建画板文档。

> 🖉 **知识链接:** 画板工具
>
> 画板是一项很实用的功能,常用于设计电商详情页、UI和网页等。关于"画板工具" ⬜ 的具体用法请参阅第10章"10.5.1 UI设计中离不开的画板"中的相关内容。

分辨率: 在手动创建文档时,根据作品文档的不同用途设置文档的分辨率,单位有"像素/英寸"和"像素/厘米"两个选项。

颜色模式: 根据作品文档的用途设置作品的颜色模式和位深度。

背景内容: 用于设置文档的背景,可以设置为白色、黑色、背景色和透明效果,也可以自定义一种背景色。如果将"背景内容"设置为"透明",那么新建文档的背景就是透明的,Photoshop中用棋盘格表示透明区域,如图2-27所示。

高级选项: 在一般情况下,该选项组中的参数保持默认设置即可。

图2-27

> ◎ **知识课堂:** 旧版"新建"对话框
>
> 执行"编辑>首选项"菜单命令或按快捷键Ctrl+K,打开"首选项"对话框,在"常规"选项卡中勾选"使用旧版'新建文档'界面"选项,这样"新建"对话框将会变成旧版的对话框,如图2-28和图2-29所示。旧版"新建"对话框的功能与新版本完全相同,只是更加"小巧",建议初学者使用更加直观的新版对话框,待熟练掌握Photoshop后可以使用旧版的对话框。

图2-28

图2-29

2.4.2 根据客户需求做设计

根据客户需求做设计是制作作品非常重要的环节,图2-30所示为该环节的流程细节。在这个环节中,设计师需要根据客户的需求做一些前期准备工作,如对客户提供的文案进行梳理并提炼重点,然后展开头脑风暴,寻找参考资料,搜集设计素材等。做好前期准备后,开始设计,这是一个非常烦琐的过程,一般需要设计出2~3种方案供客户选择。在客户选定方案后,还可能会修改细节,最终才能定稿。

2.4.3 存储并关闭文档结束设计

设计完作品后,需要对文档进行保存。这步操作看似简单,却是初学者十分容易忽略的。

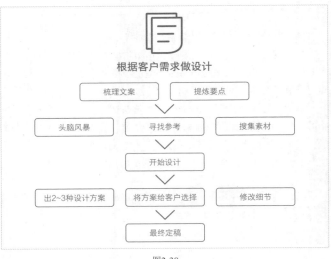

图2-30

☞ **存储设计文档**---

菜单栏: 文件>存储 **快捷键:** Ctrl+S

设计好作品后,需要将新文档存储起来,可以执行"文件>存储"菜单命令或者按快捷键Ctrl+S。但是执行"文件>存储"菜单命令存储新文档时会遇到以下两种情况。

第1种: 存储已有的图像。打开一张已有的图像,调整完图像后,如果"图层"面板中只有"背景"图层,执行"存储"命令会直接覆盖原来的图像,如图2-31所示。如果打开的是已经存在的PSD格式文档,执行"存储"命令也会直接覆盖原来的PSD格式文档。

第2种: 存储新建的文档。如果对新建的文档执行"存储"命令,会弹出"存储为"对话框,在该对话框中可以设置文档的存储名称及保存类型,如图2-32所示。

图2-31

图2-32

◎ **知识课堂:** 常用的文件格式

文件格式就是存储图像数据的方式,它决定了图像的压缩方法,以及支持Photoshop的哪些功能等。在"存储为"对话框中,可以选择多种存储格式,如图2-33所示。虽然可以存储的格式类型有很多,但是在工作中常用的往往只有几种。

PSD: 这是Photoshop的默认存储格式。PSD格式能够保存图层、蒙版、通道、路径、未栅格化的文字和图层样式等。在一般情况下,存储文件都采用这种格式,以便随时进行修改。PSD格式文件可以直接置入Illustrator、InDesign、Premiere和After Effects等Adobe软件中。

PSB: 这是一种大型文档格式,只能在Photoshop中打开。PSB格式可以支持宽度或高度最高达300000像素的超大图像文件,且支持Photoshop所有的功能,可以保存图像的通道、图层样式和滤镜效果等。

图2-33

GIF：该格式被广泛应用于网络，支持透明背景和动画效果。

JPEG：这是最常用的图像格式之一，也称JPG，该格式的文件具有文件小、易传输和易保存等优点。在向客户展示设计方案时，建议选用JPEG格式。

PNG：这种格式对于设计师来说很常用。该格式的文件不仅具有文件小和背景透明等优点，还可以实现无损压缩，因此一些背景透明且很重要的素材常采用这种格式保存，以便再次使用。

TIFF：这是一种通用的文件格式，可以保留Photoshop的图层和通道等，且几乎所有的绘画软件、图像处理软件和排版软件都支持该格式，而且几乎所有的扫描仪都可以生成TIFF格式图像。

☞ 将设计文档另存一份

菜单栏： 文件>存储为　　**快捷键：** Shift+Ctrl+S

如果需要将设计文档存储到计算机的另一个位置或者使用另一文件名进行保存，可以执行"文件>存储为"菜单命令或者按快捷键Shift+Ctrl+S来完成操作，如图2-34所示。

① **技巧提示：本书所讲的修图知识**

存储好设计作品后，如果不再需要使用Photoshop做设计，建议将Photoshop关闭，因为只要Photoshop处于开启状态，就会耗费计算机的内存。要关闭Photoshop，可以执行"文件>退出"菜单命令或者按快捷键Ctrl+Q，也可以直接单击Photoshop界面的右上角的"关闭"按钮 × 。

图2-34

☆ 重点

✋ 案例训练：设计你的第一幅作品

案例文件	学习资源>案例文件>CH02>案例训练：设计你的第一幅作品.psd
素材文件	学习资源>素材文件>CH02>素材01.jpg、素材02.png
难易程度	★ ☆ ☆ ☆ ☆
技术掌握	新建空白文档、置入图像、存储与关闭文档

学完上面的知识后，下面用一个非常简单的案例来讲解一下一幅作品的诞生过程。本例需要将一张尺寸为3556像素×2000像素的高清唯美插画修改为一张1920像素×1080像素的宽屏桌面壁纸，同时在画面中加入可爱的带翅膀的小孩的形象，如图2-35所示。

图2-35

01 新建一个空白文档。执行"文件>新建"菜单命令或者按快捷键Ctrl+N，打开"新建文档"对话框，然后将文档名称设置为"案例训练：设计你的第一幅作品"，"宽度"为1920像素，"高度"为1080像素，"分辨率"为72像素/英寸，"颜色模式"为"RGB颜色"，"背景内容"为"白色"，接着单击"创建"按钮 创建 ，如图2-36所示。新建的文档效果如图2-37所示。

图2-36

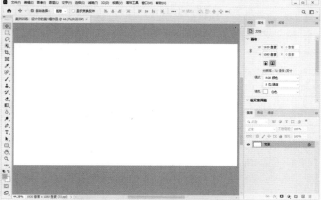

图2-37

02 开始设计。选择"学习资源>素材文件>CH02>素材01.jpg"文件，将其拖曳至画布中，如图2-38所示。

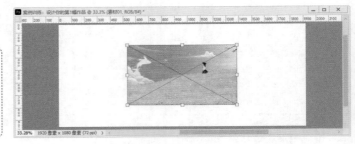

> 🔗 **知识链接：智能对象**
>
> 步骤02中的"素材01.jpg"文件是以智能对象的方式置入画布中的。智能对象是Photoshop中一个非常重要的功能，无论是做平面设计、UI设计还是电商设计，都离不开智能对象。关于智能对象的功能与用法，请参阅"2.10 用智能对象做设计的好处"中的相关内容。

图2-38

03 按住Alt键并向右下方拖曳右下角的控制点，使图像等比例缩放并填充整个画布，如图2-39和图2-40所示。完成后按Enter键确认操作。

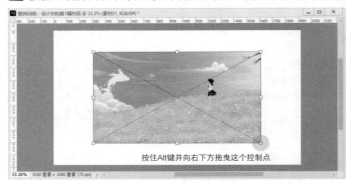

图2-39

图2-40

04 选择"素材02.png"文件，将其拖曳至画布中，如图2-41所示。按住Alt键并向左上方拖曳右下角的控制点，使图像等比例缩放到合适的大小，如图2-42所示。完成后按Enter键确认操作。

图2-41

图2-42

05 在工具箱中选择"移动工具" ⊕，将"素材02.png"拖曳至图2-43所示的位置。至此，壁纸的设计基本上就完成了。

06 存储设计并将其应用到桌面。执行"文件>存储"菜单命令或者按快捷键Ctrl+S，将设计文档存储为PSD格式文件，然后执行"文件>导出>导出为"菜单命令或者按快捷键Alt+Shift+Ctrl+W，将设计文档导出为一张JPEG格式的图像，同时将这张图像设置为桌面的壁纸，效果如图2-44所示。

图2-43

图2-44

👑 重点

✏️ 学后训练：设计一张爆款商品主图

案例文件	学习资源>案例文件>CH02>学后训练：设计一张爆款商品主图.psd
素材文件	学习资源>素材文件>CH02>素材03.psd、素材04.png
难易程度	★☆☆☆☆
技术掌握	作品设计的基本流程

我们在做电商设计时，大部分情况下会先做好大概的设计，然后置入现成的一些促销图标，这样可以节省很多设计时间。通过本例可以学会如何活用现成的爆款图标，同时强化训练前面所学的设计流程，如图2-45所示。

图2-45

2.5 操作失误的解决办法

设计过程中经常会出现操作失误的情况，不要惊慌，因为Photoshop有一套针对操作失误的还原方法，如图2-46所示。

图2-46

还原操作失误：执行一次"编辑>还原"菜单命令或者按一次快捷键Ctrl+Z，可以还原一步失误的操作；多次按快捷键Ctrl+Z，可以还原多步失误的操作。

恢复撤销的操作：如果还原（撤销）的次数过多，导致正确的操作也被还原了，可以执行"编辑>重做"菜单命令或者按快捷键Shift+Alt+Z，恢复撤销的操作。

ⓘ 技巧提示：操作失误的其他解决办法

在工作中，"还原"命令和"重做"命令足以解决操作失误带来的困扰。除了这两种方法，还可以通过执行"文件>恢复"菜单命令（将文档恢复到最后一次存储时的状态），或者使用"历史记录"面板来还原或重做失误的操作。

2.6 用好辅助工具

本节对设计中的一些常用辅助工具进行介绍。这些工具可以帮助我们精确定位对象、对齐对象及快速查看图像细节等。掌握了这些辅助工具的操作方法，可以提高设计效率。

2.6.1 用参考线精确定位对象

使用参考线可以精确定位对象，从而方便设计。例如，我们要抠出一张篮球的图像，可以使用参考线将篮球的4个边缘定位好，如图2-47所示，然后用"椭圆选框工具" ○.将篮球框选出来，如图2-48所示，最后删掉白色背景，如图2-49所示。

图2-47

图2-48

图2-49

☞ 从标尺处拖出参考线--

菜单栏： 视图>标尺　　**快捷键：** Ctrl+R

执行"视图>标尺"菜单命令或者按快捷键Ctrl+R，画布左侧和顶部会显示标尺。按住鼠标左键，从标尺左侧向右拖曳，可以拖曳出参考线，如图2-50所示。按住鼠标左键，从标尺顶部向下拖曳，也可以拖曳出参考线，如图2-51所示。如果想继续拖曳出参考线，只需要重复相同的操作即可，如图2-52和图2-53所示。如果想让参考线对齐标尺的刻度，可以在拖曳参考线时按住Shift键，这样参考线就会自动吸附到标尺刻度上。

图2-50

图2-51

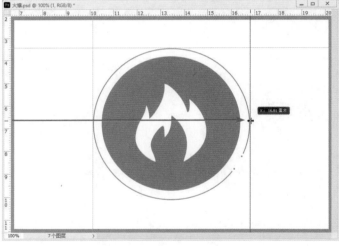

图2-52

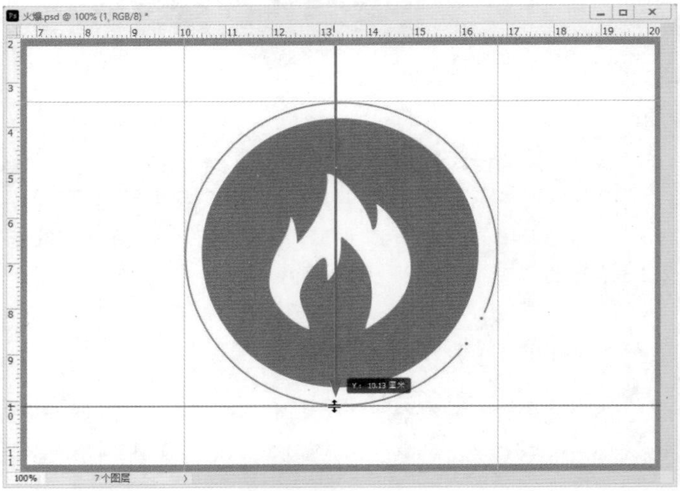

图2-53

◎　**知识课堂：** 参考线的锁定/清除与显示/隐藏

如果要锁定画布中的参考线，可以执行"视图>锁定参考线"菜单命令或者按快捷键Alt+Ctrl+;。

如果要清除某条参考线，可以将其拖曳至画布之外；如果要删除画布中所有的参考线，可以执行"视图>清除参考线"菜单命令。

如果要显示或隐藏参考线，可以执行"视图>显示>参考线"菜单命令或按快捷键Ctrl+;。另外，也可以执行"视图>显示额外内容"菜单命令或者按快捷键Ctrl+H来显示或隐藏参考线，不过这种方法会显示或隐藏选区与路径。

☞ 建立精确的参考线--

菜单栏： 视图>参考线>新建参考线

如果要建立很精确的参考线，需要用到"新建参考线"命令。我们来看一幅500像素×500像素的图像，如图2-54所示。现在要在上下左右方向各建立一条离边缘100像素的参考线。操作方法是先执行"视图>参考线>新建参考线"菜单命令，在水平方向建一条距顶边100像素的参考线，然后继续执行"视图>参考线>新建参考线"命令，在水平方向建一条距顶边400像素的参考线，如图2-55和图2-56所示。垂直方向上的参考线的创建方法与水平方向相同，只需将"取向"设置为"垂直"即可，如图2-57和图2-58所示。

图2-54　　　　　　　图2-55　　　　　　　图2-56

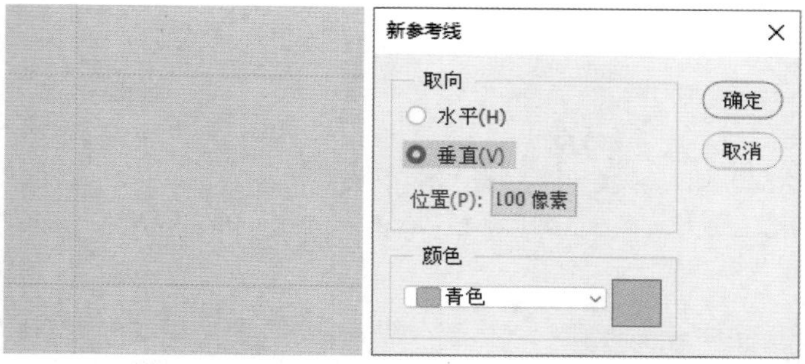

图2-57 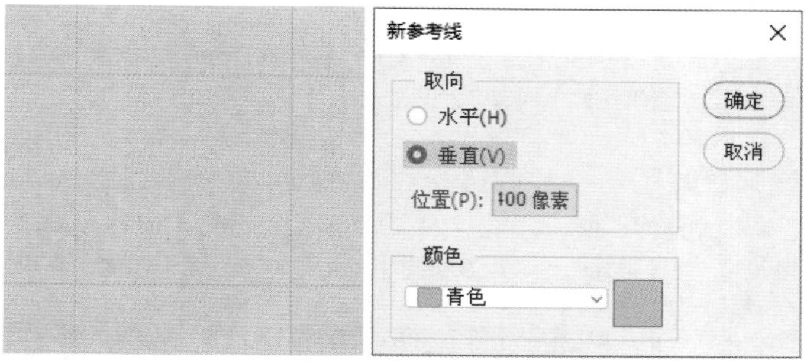　　　　　　　　　图2-58

知识课堂：更改混乱的设计单位

我们在做设计时，经常会遇到输入框中的单位不是自己想要的单位的情况。例如，我们新建一个单位为"厘米"的文档，而在用Photoshop做设计时，很多输入框中的单位却是"像素"。要解决这个问题，可以采用以下两种方法。

第1种：在输入框中单击鼠标右键，在弹出的菜单中选择想要的单位，如图2-59所示。

第2种：在输入框中手动输入数值和单位。

注意，以上两种方法并不是每个带单位的输入框都适用。例如，在工具箱中选择"矩形选框工具"（快捷键为M），然后在选项栏中可以设置选区的"羽化"值，无论在输入框中单击鼠标右键还是手动输入，都不能修改其单位，如图2-60和图2-61所示。

图2-59　　　　　　　图2-60　　　　　　　图2-61

2.6.2 轻松对齐对象

菜单栏： 视图>对齐　　**快捷键：** Shift+Ctrl+;

在做设计时，经常需要对齐对象，如图层对齐到图层、参考线对齐到图层和参考线对齐到选区等。要实现这些对齐功能，只需要在"视图>对齐到"的子菜单中勾选想要对齐的选项，同时勾选"对齐"选项（或按快捷键Shift+Ctrl+;）即可。注意，只有勾选"对齐"选项，才能正常使用"对齐到"子菜单中的功能，如图2-62所示。

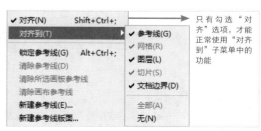

图2-62

👑 重点

2.6.3 查看图像局部细节

工具箱:"缩放工具" 🔍 **快捷键: Z**

工具箱:"抓手工具" ✋ **快捷键: H**

"缩放工具" 🔍 与"抓手工具" ✋ 在工作中的使用频率相当高,都属于查看图像细节的工具,图2-63所示为这两个工具的使用技巧。"缩放工具" 🔍 可以放大或缩小图像的显示比例;将图像的显示比例放大且超出满屏显示后,可以使用"抓手工具" ✋ 来平移画面,查看图像不同部分的细节。

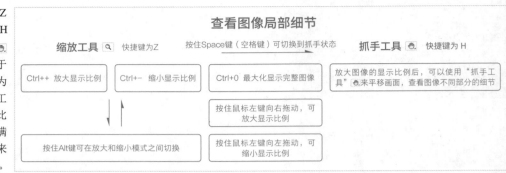

图2-63

我们先打开一张高清图像,然后按Z键切换到"缩放工具" 🔍,如图2-64所示。

放大🔍/**缩小**🔍:单击"放大"按钮🔍(快捷键为Ctrl++),在画布中单击鼠标可以放大图像的显示比例,如图2-65所示。单击"缩小"按钮🔍(快捷键为Ctrl+−),在画布中单击鼠标可以缩小图像的显示比例,如图2-66所示。

图2-64

图2-65

图2-66

① **技巧提示:按住Alt键可快速切换缩放模式**

在使用"放大"模式🔍缩放图像时,按住Alt键可以切换到缩小模式;在使用"缩小"模式🔍缩放图像时,按住Alt键可以切换到放大模式。

调整窗口大小以满屏显示:在缩放窗口的同时自动调整窗口的大小。

缩放所有窗口:同时缩放所有打开的文档窗口。

细微缩放:勾选该选项,在画面中单击并向左侧或右侧拖曳鼠标,能够以平滑的方式快速缩小或放大窗口。

100% `100%`:单击该按钮,图像将以实际像素(100%)的比例进行显示,如图2-67所示。

适合屏幕 `适合屏幕`:单击该按钮或者按快捷键Ctrl+0,可以在窗口中最大化显示完整的图像,如图2-68所示。

填充屏幕 `填充屏幕`:单击该按钮,可以在整个屏幕范围内最大化显示完整的图像。

用"缩放工具" 🔍 将图像的显示比例放大且超出满屏显示,如图2-69所示。用"抓手工具" ✋ 平移画面,可以查看图像局部的细节,如图2-70所示。在使用"缩放工具" 🔍 或其他工具时,按住Space键(空格键)可以切换到抓手状态,以便随时查看图像的细节。

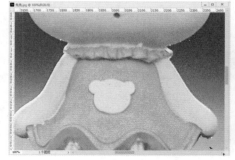
图2-67

图2-68

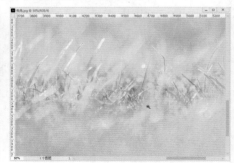
图2-69

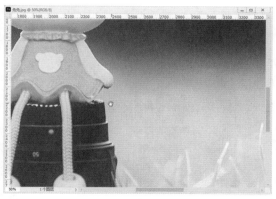

图2-70

① 技巧提示："缩放工具"与"抓手工具"的右键菜单

　　除了前面所讲的操作技巧，"缩放工具" 🔍 与"抓手工具" 🖐 都有非常实用的右键菜单，用户可以从中选择相应的命令执行一些常用的操作。图2-71和图2-72所示分别为"缩放工具" 🔍 和"抓手工具" 🖐 的右键菜单。

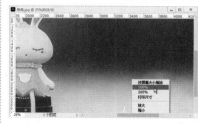

图2-71

图2-72

2.6.4 单独放大查看图层细节

　　我们先来看一个文档，如图2-73所示。这个文档中有3个图层，一个"背景"图层、一个"小可爱1"图层和一个"小可爱2"图层。

　　按住Alt键并单击"小可爱1"图层的缩览图，文档窗口会放大显示该图层的内容，如图2-74所示。同理，对"小可爱2"图层或"背景"图层执行相同的操作，也可以放大显示对应的图层内容。对于做设计来说，这是一个非常实用的功能，无须使用"缩放工具" 🔍 与"抓手工具" 🖐 就可以快速查看想要查看的图层细节。

按住Alt键并单击"小可爱1"图层的缩览图

图2-73

图2-74

2.7 两种对比设计的方法

　　在做设计时，可能会突然想到另一种思路，并且实现后想与当前设计进行对比。下面就介绍两种比较实用的对比设计的方法。

2.7.1 文档复制法

　　菜单栏：图像>复制　　窗口>排列>双联垂直

　　执行"图像>复制"菜单命令，将当前的设计文档复制一份，然后执行"窗口>排列>双联垂直"菜单命令，使两个设计文档并排显示。在对复制出来的文档进行操作时，原始文档不会受到任何影响，如图2-75所示。

图2-75

2.7.2 新建窗口法

菜单栏：窗口>排列>为"***"新建窗口 窗口>排列>双联垂直

执行"窗口>排列>为'***'新建窗口"菜单命令，为当前设计文档新建一个文档窗口，然后执行"窗口>排列>双联垂直"菜单命令，使两个设计文档并排显示。在对复制出来的文档或原始文档进行操作时，另外一个文档也会随之发生变化，如图2-76所示。

图2-76

2.8 动手学图层

对于任何一位想学Photoshop的读者来说，图层的操作都是必学内容，因为涉及图像的操作几乎都是针对图层的。可以移动、删除、锁定和关闭图层，还可以调整堆叠顺序、设置不透明度、添加特效（图层样式）等。

本节会用一个简单的形象墙设计作品来讲解图层的各项基础操作，这个作品包含4个图层，一个背景、一个矩形、一个Logo和一个文字图层，如图2-77和图2-78所示。这个形象墙的PSD格式文件位于本书"学习资源>素材文件>CH02>2.8"文件夹中。在开始下面的操作之前，请先打开"形象墙设计.psd"文件。

图2-77   图2-78

我们先来看这个形象墙作品的图层概念图，如图2-79所示。图a为形象墙在"图层"面板中的堆叠顺序，按照"背景→矩形→Logo→文字"这个顺序排列，图b为最终呈现在屏幕上的平面图，图c为这4个图层的堆叠透视图。从透视图中我们可以发现，图层就像一张张透明的纸，在这些纸上可以画画，画出来的内容就呈现在每个图层上，而没有内容的区域就是透明的，经过图层之间的堆叠，最终就呈现出来图b中的平面效果。

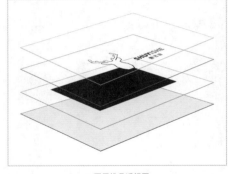

a 图层堆叠顺序   b 图层堆叠平面图   c 图层堆叠透视图

图2-79

为了方便理解，我们再来看一张概念图，如图2-80所示。在"图层"面板中将矩形与Logo的堆叠顺序互换一下（图a），可以发现Logo消失了，而黑色矩形完全呈现了出来（图b）。这是因为Logo位于矩形的下方，且Logo的内容区域被矩形完全挡住。

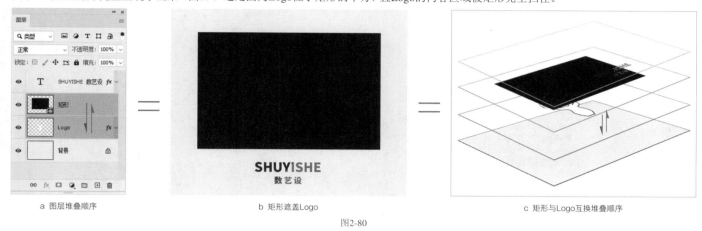

a 图层堆叠顺序　　　　　　　　　　　b 矩形遮盖Logo　　　　　　　　　　　c 矩形与Logo互换堆叠顺序

图2-80

☀ 重点

2.8.1 认识"图层"面板

要想掌握图层的操作方法，首先要认识"图层"面板（Photoshop中十分重要的面板）的功能。在"图层"面板中，可以新建图层、删除图层、锁定图层，还可以为图层添加蒙版和样式，以及修改图层的不透明度等，如图2-81所示。

选取滤镜类型：当文档中的图层较多时，可以在该下拉列表中选择一种过滤类型，以减少图层的显示。下拉列表右侧的一排按钮用于过滤不同的图层类型，如单击"文字图层过滤器"按钮 T，那么"图层"面板中就只显示文字图层，如图2-82所示。

打开或关闭图层过滤 ●：用于开启或关闭图层的过滤功能。

设置图层的混合模式：用于设置当前图层的混合模式，以指定其与下方图层的混合方式。

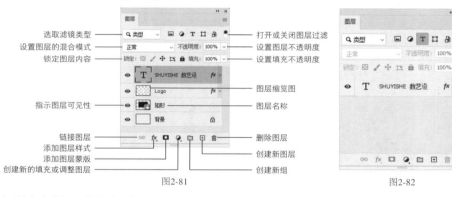

图2-81　　　　　　　　　　图2-82

锁定图层内容 锁定：图 / ✛ 🜲 🔒：这一排按钮用于锁定当前图层的某种属性，使其不可编辑。

设置图层不透明度：设置当前图层的不透明度。

设置填充不透明度：设置当前图层填充的不透明度。

🔗 知识链接：图层的"不透明度"与"填充"

图层的"不透明度"与"填充"很容易让人混淆，它们都可以用来设置图层的透明效果，但是它们之间存在很大的区别。关于这两个功能的具体介绍请参阅"2.8.7 调整图层不透明度与填充"中的相关内容。

图层缩览图：显示图层中所包含的图像内容。其中棋盘格区域表示图像的透明区域，非棋盘格区域表示像素区域（有图像的区域）。

◎ 知识课堂：更改图层缩览图的大小

在默认情况下，缩览图的显示方式为小缩览图。如果要更改图层缩览图的显示大小，可以在图层缩览图上单击鼠标右键，在弹出的菜单中选择不同的显示方式，如图2-83和图2-84所示。

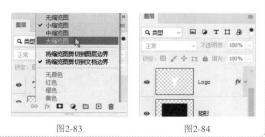

图2-83　　　　　　图2-84

另外，还可以单击"图层"面板右上角的≡按钮，在弹出的面板菜单中选择"面板选项"命令，在弹出的"图层面板选项"对话框中选择图层缩览图的显示大小，如图2-85和图2-86所示。

图2-85　　　　　图2-86

指示图层可见性 👁：用于隐藏或显示图层。例如，单击"矩形"图层前面的👁，可以隐藏该图层，如图2-87所示。如果要显示图层，单击该图层前面的□，使其变成👁即可。

图2-87

图层名称：双击图层名称，可以修改图层的名称。

链接图层 ∞：用来链接当前选择的多个图层。

添加图层样式 fx：单击该按钮，在弹出的菜单中选择一种样式，可以为当前选定图层添加样式。

添加图层蒙版 □：单击该按钮，可以为当前选定图层添加蒙版。

创建新的填充或调整图层 ◑：单击该按钮，在弹出的菜单中选择相应的命令即可创建填充图层或调整图层。

创建新组 □：单击该按钮，可以新建一个图层组。

创建新图层 □：单击该按钮，可以新建一个图层。

删除图层 🗑：单击该按钮，可以删除当前选择的图层或图层组。

👑 重点

2.8.2 一练就会的图层基本操作

下面将针对图层的基本操作进行详细讲解，如图层的选择、新建、删除和复制等。对于初学者而言，这些内容必须掌握。

👉 选择与取消选择图层

要想对某个图层进行操作，就必须先选中这个图层。在Photoshop中，可以选择单个图层，也可以选择多个连续的或非连续的图层。

选择图层的方法主要有以下4种。

第1种：选择单个图层。在"图层"面板中单击图层，即可将其选中。

第2种：选择多个连续图层。先选择位于连续图层顶端或底端的图层，如图2-88所示，然后按住Shift键并单击位于连续图层底端或顶端的图层，即可选择这些连续的图层，如图2-89所示。

第3种：选择多个非连续图层。先选择其中一个图层，如图2-90所示，然后按住Ctrl键并单击其他图层的名称，如图2-91所示。

图2-88　　　　　图2-89

图2-90　　　　　图2-91

① 技巧提示：按住Ctrl键选择多个图层时的注意事项

按住Ctrl键选择多个图层，只能单击图层的名称。如果单击图层的缩览图，则会载入图层的选区，如图2-92所示。

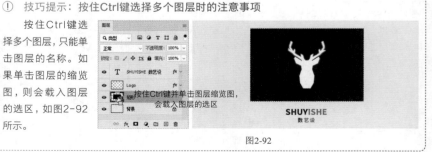

图2-92

第4种： 全选图层。执行"选择>所有图层"菜单命令或者按快捷键Alt+Ctrl+A，可以选择"背景"图层之外的所有图层。

◎ **知识课堂：** 自动选择图层/图层组

"移动工具" ⊕ 的选项栏中有一个"自动选择"选项，在其下拉列表中可以设置自动选择图层或图层组，如图2-93所示。勾选该选项并设置"自动选择"类型为"图层"，使用"移动工具" ⊕ 在画布中单击图像，即可选中与图像所对应的图层。在一些大型设计项目中，图层少则几十个，多则几百个，要在这么多的图层中找到想要的图层，使用"自动选择"功能可以节省很多时间。

图2-93

如果不想选择任何图层，可以采用以下3种方法。

第1种： 执行"选择>取消选择图层"菜单命令。

第2种： 在"图层"面板最下面的空白处单击，即可取消选择所有图层，如图2-94和图2-95所示。

第3种： 按住Ctrl键并单击图层名称，可以取消选择所有图层。

图2-94   图2-95

☞ 新建空白图层与删除图层

新建空白图层的方法主要有以下两种。

第1种： 在"图层"面板底部单击"创建新图层"按钮 ⊡，即可在当前图层的上一层新建一个空白图层，如图2-96和图2-97所示。如果想在当前选定图层的下一层新建一个空白图层，可以按住Ctrl键并单击"创建新图层"按钮 ⊡。

第2种： 执行"图层>新建>图层"菜单命令或者按快捷键Shift+Ctrl+N，打开"新建图层"对话框。在该对话框中可以设置图层的名称、颜色、混合模式和不透明度等，如图2-98所示。按住Alt键并单击"创建新图层"按钮 ⊡，也可以打开"新建图层"对话框。

如果要删除一个或多个图层，可以先将其选中，然后通过以下两种方法来完成操作。

第1种： 选定图层后，单击"删除图层"按钮 🗑（也可以直接按Delete键），或将选定的图层拖曳至"删除图层"按钮 🗑 上将其删除。

第2种： 执行"图层>删除>图层"菜单命令，即可将其删除。如果执行"图层>删除>隐藏图层"菜单命令，则可以删除所有隐藏的图层。

图2-96   图2-97   图2-98

☞ 修改图层的名称与颜色

在一个包含较多图层的文档中，修改图层名称及其颜色有助于快速找到相应的图层。

如果要修改某个图层的名称，执行"图层>重命名图层"菜单命令，或双击图层名称激活名称输入框，如图2-99所示。在其中输入新名称即可，如图2-100所示。

如果要修改图层的颜色，先选择该图层，然后在图层缩览图或图层名称上单击鼠标右键，在弹出的菜单中选择相应的颜色即可，如图2-101和图2-102所示。

图2-99   图2-100   图2-101   图2-102

☞ 调整图层顺序--

　　图层的顺序会影响设计效果，因为上方图层会"遮住"下方图层。例如，将Logo图层拖曳至"矩形"图层的下方，如图2-103和图2-104所示，矩形就会遮住Logo，如图2-105所示。

　　"图层>排列"子菜单中有一组调整图层顺序的命令，执行这些命令或按这些命令的快捷键可以快速调整图层的顺序，如图2-106所示。

按快捷键Shift+Ctrl+]，可以将选定图层置为顶层；按快捷键Ctrl+]，可以将选定图层向上移一层；按快捷键Ctrl+[，可以将选定图层向下移一层；按快捷键Shift+Ctrl+[，可以将选定图层置为底层。

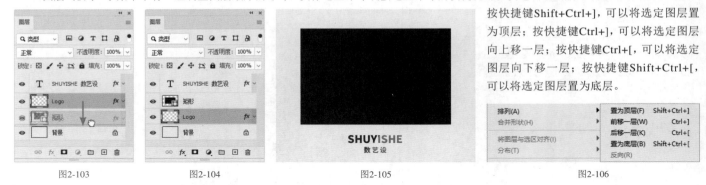

图2-103　　　　　　图2-104　　　　　　　　　　图2-105　　　　　　　　　　　　图2-106

☞ 复制图层--

　　复制图层有多种方法，可以通过命令复制图层，也可以通过快捷键进行复制。

　　第1种： 选择一个图层，如图2-107所示。执行"图层>复制图层"菜单命令，打开"复制图层"对话框，然后单击"确定"按钮 即可，如图2-108和图2-109所示。

图2-107　　　　　　　　　　　　　　图2-108　　　　　　　　　　　　　　图2-109

　　第2种： 直接将图层拖曳至"创建新图层"按钮 上，即可复制出该图层的副本。

　　第3种： 选择一个图层，执行"图层>新建>通过拷贝的图层"菜单命令或者按快捷键Ctrl+J，可以将当前图层复制一份。如果当前图像中存在选区，如图2-110所示，执行"通过拷贝的图层"命令可以将选区中的图像复制到一个新的图层中，如图2-111所示。

图2-110　　　　　　　　　　　　　　　　　　　图2-111

背景图层的转换

"背景"图层位于"图层"面板的底层，默认处于锁定状态，可以在"背景"图层上绘画、填色、应用滤镜或调色等，但是不能移动它，也不能调整不透明度、添加图层样式或调整混合模式等。例如，用"移动工具"⊕ 拖曳"形象墙设计"文档中的"背景"图层，Photoshop会提示该图层已锁定，不能使用移动工具，如图2-112所示。

如果要移动"背景"图层，就需要将其转换为普通图层。将"背景"图层转换为普通图层的方法有以下3种。

第1种： 单击"背景"图层右侧的 🔒 图标，即可将其转换为普通图层，如图2-113和图2-114所示。

第2种： 执行"图层>新建>背景图层"菜单命令，或在"背景"图层的名称上单击鼠标右键，在弹出的菜单中选择"背景图层"命令，在弹出的"新建图层"对话框中单击"确定"按钮 确定 。

图2-112　　　　　　　　图2-113　　　　　　　　图2-114

第3种： 在"背景"图层的缩览图上双击，在弹出的"新建图层"对话框中单击"确定"按钮 确定 。另外，也可以按住Alt键并双击"背景"图层的缩览图，这样可以快速将"背景"图层转换为普通图层。

如果要将普通图层转换为"背景"图层，可以执行"图层>新建>图层背景"菜单命令。但是如果文档中已经有"背景"图层，则必须先将"背景"图层转换为普通图层，才能将其他图层转换为"背景"图层。

快速隐藏多个图层

图层缩览图左侧的 👁 图标可以控制图层的可见性。有该图标的图层为可见图层，没有该图标的图层为隐藏图层。单击 👁 图标可以切换图层的显示或隐藏状态。单击一次 👁 图标，只能隐藏一个图层。

如果要隐藏多个图层，先选择这些图层，如图2-115所示，执行"图层>隐藏图层"菜单命令，可以将选定的图层隐藏起来，如图2-116所示。

如果希望画布中只显示一个图层，如显示"矩形"图层，可以按住Alt键并单击该图层的 👁 图标，这样可以快速隐藏该图层之外的所有图层，如图2-117和图2-118所示。按住Alt键再次单击，可以显示被隐藏的图层。

图2-115　　　　　　图2-116　　　　　　图2-117　　　　　　图2-118

链接与取消链接图层

如果要同时处理多个图层中的内容（如移动或应用变换等），可以将这些图层链接在一起。例如，要同时移动"形象墙设计"文档中的两个文字图层，可以先将这两个图层选中，如图2-119所示，然后执行"图层>链接图层"菜单命令或者单击"图层"面板下方的"链接图层"按钮 ∞ ，如图2-120所示。链接图层后，用"移动工具"⊕ 移动其中任何一个图层，另外一个图层也会随之移动，如图2-121所示。

图2-119　　　　　　图2-120　　　　　　图2-121

如果要取消图层的链接，可以执行"图层>取消图层链接"菜单命令或者单击"图层"面板下方的"链接图层"按钮∞。

☞ 锁定图层--

"图层"面板的上方有一排锁定按钮，主要用来锁定图层的透明像素、图像像素和位置等，如图2-122所示。利用这些按钮可以很好地保护图层内容，以免因操作失误对图层的内容造成破坏。

锁定透明像素⊠：单击该按钮，可以将编辑范围限定在图层的不透明区域，而透明区域会受到保护。例如，锁定Logo图层的透明像素，使用"画笔工具"✐在图层上进行绘制，只能在包含图像的区域进行绘制，如图2-123所示。

锁定图像像素✐：单击该按钮，只能对图层进行移动或变换操作，如图2-124所示。不能在图层上进行绘画、擦除内容或应用滤镜等操作，如图2-125所示。

图2-122

图2-123

图2-124

图2-125

⚠ 技巧提示：某些图层不能锁定透明像素和图像像素

文字图层、形状图层和智能对象是无法锁定透明像素和图像像素的，如图2-126所示。只有将其栅格化以后才能进行锁定。

图2-126

锁定位置✢：单击该按钮，图层将不能被移动，如图2-127所示。

锁定全部🔒：单击该按钮，不能对图层进行任何操作。

防止在画板和画框内外自动嵌套⊠：单击该按钮，当使用"移动工具"✢将画板内的图层或图层组移出画板的边缘时，被移动的图层或图层组不会脱离画板。

图2-127

❓ 疑难问答：为何锁有空心的和实心的？

当图层被完全锁定之后，图层名称的右侧会出现一个实心锁的图标🔒；当图层只有部分属性被锁定时，图层名称的右侧会出现一个空心锁的图标🔓，如图2-128所示。

图2-128

⬆ 重点

2.8.3 栅格化图层

对于文字图层、形状图层或智能对象等包含矢量数据的图层，不能直接对其进行编辑，需要先将其栅格化（转换为像素图像），才能进行相应的操作。例如，选择"矩形"图层（这是一个形状图层），用"画笔工具"✐在图层上进行绘制，Photoshop会提示该图层的内容不能直接编辑，如图2-129所示。

要将图层栅格化，可以在"图层>栅格化"子菜单中选择相应的命令，如图2-130所示。另外，也可以在图层名称上单击鼠标右键，在弹出的菜单中选择"栅格化图层"命令，如图2-131所示。

栅格化图层后，图层会变成像素图像，此时就可以用"画笔工具"✐在图层上进行绘制了，如图2-132所示。

图2-129

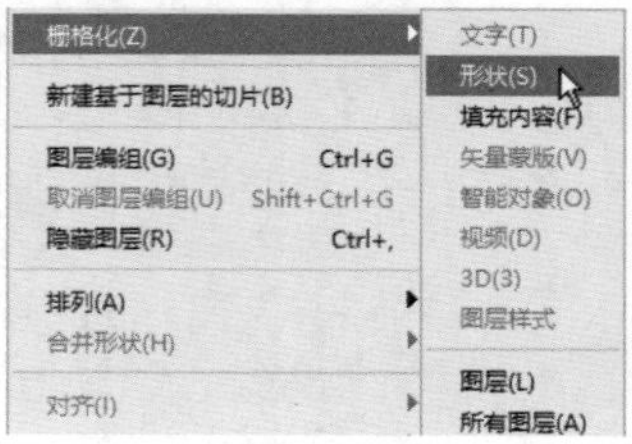

图2-130

图2-131

图2-132

♛ 重点

🖐 案例训练：栅格化文字并设计海鲜特卖Banner

案例文件	学习资源>案例文件>CH02>案例训练：栅格化文字并设计海鲜特卖Banner.psd
素材文件	学习资源>素材文件>CH02>素材05.psd
难易程度	★ ☆ ☆ ☆ ☆
技术掌握	将文字栅格化并对其进行填色

本例是一款海鲜特卖的Banner设计，如图2-133所示。Banner设计需要突出商品与标题文案，因此本例标题的点缀色为与海鲜相似的颜色。

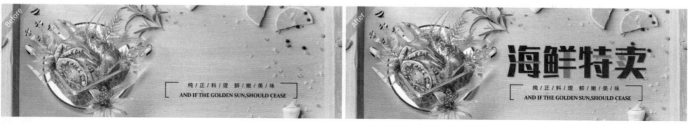

图2-133

01 在Photoshop中打开"学习资源>素材文件>CH02>素材05.psd"文件，如图2-134所示。

02 在工具箱中选择"横排文字工具" T.，在画布中输入"海鲜特卖"，在"字符"面板中选择一款苍劲有力的粗体字体（本例选择的字体为"阿里汉仪智能黑体"），以突出Banner的标题，将字体大小设置为200点，字体的颜色设置为（R:34, G:50, B:53），如图2-135所示。字体效果如图2-136所示。

图2-134

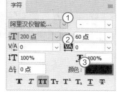

图2-135

图2-136

ⓘ 技巧提示：打开"字符"面板

如果"字符"面板没有打开，可以执行"窗口>字符"菜单命令将其调出来。

03 在工具箱中选择"矩形选框工具" □.，为"海"字的"横"笔画创建选区，如图2-137所示。在工具箱中单击"设置前景色"图标■，在弹出的"拾色器（前景色）"对话框中设置前景色为（R:221, G:88, B:43），如图2-138所示。按快捷键Alt+Delete，用前景色填充选区。可以发现用前景色填充选区后，选区并没有填充上颜色，这是因为文字还没有栅格化。

04 执行"图层>栅格化>文字"菜单命令，将文字栅格化，再次按快捷键Alt+Delete用前景色填充选区，可以发现前景色已填充选区，如图2-139所示。填充完选区后，按快捷键Ctrl+D取消选区。

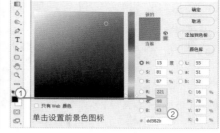

图2-137

图2-138

05 继续用步骤04的方法为"鲜"和"特"的相应笔画填充前景色，填充完成的效果如图2-140所示。

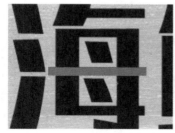

图2-139

图2-140

06 在工具箱中选择"多边形套索工具"（快捷键为L），将"卖"字的两个点勾出来，如图2-141所示。按快捷键Ctrl+J将选区内的图像复制到一个新的图层中，并将新图层命名为"两点"，如图2-142所示。

07 在"图层"面板中单击"锁定透明像素"按钮，锁定"两点"图层的透明像素，按快捷键Alt+Delete，用前景色填充"两点"图层，效果如图2-143所示。

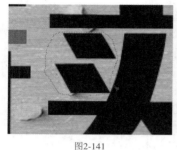

图2-141　　　　　　　　　　　图2-142　　　　　　　　　　　　　　　　图2-143

08 现在文字在画面中还有点"飘"，可以为其添加"投影"样式。执行"图层>图层样式>投影"菜单命令，打开"图层样式"对话框，设置"不透明度"为16%，"角度"为135度，"距离"为8像素，"大小"为3像素，如图2-144所示。最终效果如图2-145所示。

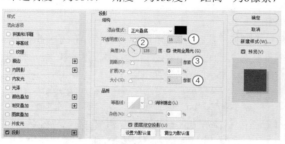

图2-144　　　　　　　　　　　　　　　　　　　　　　图2-145

👑重点
📝 学后训练：栅格化文字并设计海洋保护海报

案例文件	学习资源>案例文件>CH02>学后训练：栅格化文字并设计海洋保护海报.psd
素材文件	学习资源>素材文件>CH02>素材06.jpg、素材07.png
难易程度	★☆☆☆☆
技术掌握	栅格化文字并为其添加滤镜

本例将制作以"海洋保护"为主题的海报，将标题文字设计成波浪的效果以贴合主题，如图2-146所示。

图2-146

👑重点
2.8.4 合并图层

一个文档中如果包含过多的图层、图层组和图层样式，可能会导致计算机的运行速度减慢。遇到这种情况，可以删除无用的图层、合并相同内容的图层等，这样可以减少图层的数量，从而减小文档的大小。

合并选中的图层：如果要合并两个或两个以上的图层，可以在"图层"面板中将它们选中，然后执行"图层>合并图层"菜单命令或者按快捷键Ctrl+E，合并后的图层名称为上方图层的名称，如图2-147和图2-148所示。如果合并的是文字图层、形状图层或智能对象，那么这些图层会变成像素图像。

图2-147　　　　　　　　　　　图2-148

向下合并图层：如果要将一个图层与其下方的图层合并，可以选择该图层，执行"图层>向下合并"菜单命令或按者快捷键Ctrl+E，合并后的图层名称为下方图层的名称，如图2-149和图2-150所示。如果选定图层的下方是一个形状图层、文字图层或矢量对象，"向下合并"命令将不可用。

合并可见图层：如果要合并"图层"面板中所有的可见图层，可以执行"图层>合并可见图层"菜单命令或者按快捷键Ctrl+Shift+E，如图2-151和图2-152所示。

图2-149

图2-150

图2-151

图2-152

拼合图像：如果要将所有图层都拼合到"背景"图层中，可以执行"图层>拼合图像"菜单命令。注意，如果有隐藏的图层，则会弹出提示对话框，询问用户是否要扔掉隐藏的图层，如图2-153所示。

图2-153

📌 重点

2.8.5 盖印图层

"盖印"是一种合并图层的特殊方法。盖印可以将多个图层的内容合并到一个新的图层中，同时保持其他图层的内容不变。盖印在工作中经常用到，是一种很实用的合并图层的方法。

向下盖印图层：选择一个图层，如图2-154所示，按快捷键Ctrl+Alt+E，可以将该图层中的图像盖印到其下方的图层中，原始图层的内容保持不变，如图2-155所示。

盖印多个选定图层：同时选择多个图层，如图2-156所示，按快捷键Ctrl+Alt+E，可以将所选图层中的内容盖印到一个新的图层中，原图层的内容保持不变，如图2-157所示。

图2-154

图2-155

图2-156

图2-157

盖印可见图层：按快捷键Ctrl+Shift+Alt+E，可以将所有可见图层的内容盖印到一个新的图层中，如图2-158和图2-159所示。

图2-158　　　　图2-159

> ① 技巧提示：盖印图层组
> 选择需要盖印的图层组，按快捷键Ctrl+Alt+E，可以将图层组中所有图层的内容盖印到一个新的图层中，原图层组中的内容保持不变。

▲重点
2.8.6 图层的移动/移动复制/对齐与分布

工具箱："移动工具" ⊕　快捷键：V

"移动工具" ⊕是Photoshop中十分常用的工具，无论是移动图层、移动复制图层，还是图层的对齐与分布，都可以用"移动工具" ⊕来操作，如图2-160所示。

图2-160

👉 移动图层--

选择一个图层，用"移动工具" ⊕可以将选定图层移动到画布的任意位置，如图2-161所示。如果按住Shift键并用"移动工具" ⊕移动图层，则可以在水平方向、垂直方向或以45°角为基数的方向上进行移动，如图2-162所示。

任意移动图层　　　水平移动图层　　　垂直移动图层　　　朝45°角方向移动图层
图2-161　　　　　　　　　　图2-162

👉 移动复制图层--

选择一个图层，按住Alt键并用"移动工具" ⊕拖曳画布中的图像，可以将其移动并复制一份，如图2-163所示。如果按住快捷键Shift+Alt并用"移动工具" ⊕拖曳画布中的图像，则可以在水平方向、垂直方向或以45°角为基数的方向上进行移动，如图2-164所示。

任意复制图层　　　水平复制图层　　　垂直复制图层　　　在45°角方向复制图层
图2-163　　　　　　　　　　图2-164

对齐与分布图层

对齐与分布在排版设计中经常会用到。我们可以使用对齐与分布功能设计一些具有规律性的版面，如顶对齐、底对齐、左对齐、右对齐、居中对齐等，同时还可以让多个图层按照一定的间距均匀分布。在"图层>对齐"和"图层>分布"的子菜单中，有一些关于对齐和分布的命令，如图2-165和图2-166所示。另外，在做设计时，一般会直接用"移动工具" 来进行对齐和分布操作，在该工具的选项栏中单击"对齐和分布"按钮，可以调出所有的对齐和分布按钮，如图2-167所示。

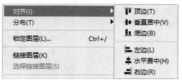

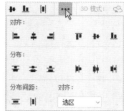

图2-165　　　　图2-166　　　　图2-167

为了直观地展示对齐与分布的效果，可以打开"学习资源>素材文件>CH02>2.8>早安梦想.psd"文件。下面以这个文件中的"早""安""梦""想"4个图层（同时选择这4个图层）为例，介绍不同的对齐和分布效果，如图2-168和图2-169所示。

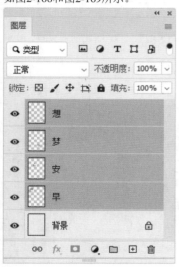

原始效果

图2-168

左对齐　　　水平居中对齐　　　右对齐

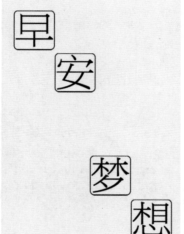
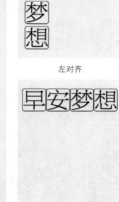
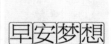

顶对齐　　　垂直居中对齐　　　底对齐

图2-169

◎ **知识课堂：** 以某个图层为基准对齐图层

如果要以某个图层为基准来对齐图层，首先链接好需要对齐的图层，如图2-170所示，然后选择需要作为基准的图层，如图2-171所示，最后执行相应的对齐命令即可。图2-172所示为以"梦"图层为基准的左对齐效果。

图2-170　　　　图2-171　　　　图2-172

👑 重点

👆 案例训练：用移动复制和分布设计工作证照片

案例文件	学习资源>案例文件>CH02>案例训练：用移动复制和分布设计工作证照片.psd
素材文件	学习资源>素材文件>CH02>素材08.jpg
难易程度	★ ☆ ☆ ☆ ☆
技术掌握	移动复制功能与图层的分布功能

对于设计师而言，在设计生涯中几乎都会有设计证件照的经历，如图2-173所示。将照片应用到工作证样机上的效果如图2-174所示。证件照有严格的设计规范，因为照片要进行打印或印刷，所以对设计尺寸、分辨率、颜色模式都有相应的要求。

图2-173

图2-174

01 按快捷键Ctrl+N打开"新建文档"对话框，设置"宽度"为2.5厘米，"高度"为3.5厘米。由于是需要印刷的照片，因此需要设置"分辨率"为300像素/英寸，"颜色模式"为"CMYK颜色"，单击"创建"按钮，如图2-175所示。

02 将"学习资源>素材文件>CH02>素材08.jpg"文件拖曳至新建的文档中，得到一个智能对象图层"素材11"，如图2-176所示。按住Alt键并拖曳右下角的控制点，将照片放大，如图2-177所示。缩放完成后按Enter键完成操作。

图2-175

图2-176

图2-177

03 按快捷键Ctrl+E向下合并图层，将"素材11"智能对象图层合并到"背景"图层中。执行"图像>画布大小"菜单命令或者按快捷键Alt+Ctrl+C，打开"画布大小"对话框，设置"宽度"和"高度"均为0.1厘米，勾选"相对"选项，设置"画布扩展颜色"为"白色"，单击"确定"按钮（确定），如图2-178所示。这样可以在照片的四周扩展出0.1厘米的出血位，如图2-179所示。

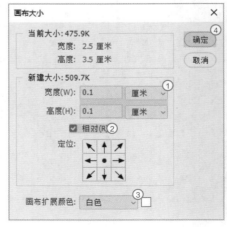
图2-178

图2-179

04 按快捷键Ctrl+N打开"新建文档"对话框,设置"宽度"为10.4厘米,"高度"为7.2厘米,"分辨率"为300像素/英寸,"颜色模式"为"CMYK颜色",单击"创建"按钮,如图2-180所示。使用"移动工具" ⊕,将前面处理好的工作照拖曳至新建的文档中(得到一个新的"图层1"),并置于文档的左上角,同时将照片的边缘与文档的边缘进行对齐,如图2-181所示。

> ① **技巧提示:智能对齐**
>
> 在使用"移动工具" ⊕.拖曳图层时,Photoshop会自动识别图层的边缘与文档的边缘。例如,将照片向文档左上角边缘拖曳时,Photoshop会显示出智能参考线(即图2-181中洋红色的线条),同时会自动吸附并进行对齐。

图2-180   图2-181

05 按住快捷键Shift+Alt并使用"移动工具" ⊕.向右拖曳照片进行复制,如图2-182所示。继续向右拖曳并复制出两张照片,如图2-183所示。

按住快捷键Shift+Alt并向右拖曳照片进行复制

图2-182   图2-183

06 将最后复制出来的照片边缘与文档右侧和上方的边缘进行对齐,如图2-184所示,在"图层"面板中同时选择所有的照片图层(按住Ctrl键并单击图层名称可以选择多个图层),如图2-185所示,在"移动工具" ⊕.的选项栏中单击"水平分布"按钮,使所选照片水平均匀分布,如图2-186所示。

图2-184   图2-185   图2-186

07 同时选择所有的照片图层,按住快捷键Shift+Alt并用"移动工具" ⊕.向下拖曳照片进行复制,使照片底部边缘与文档的底部对齐,最终效果如图2-187所示。设计完成后,可以将照片放在设计样机上查看效果,如图2-188所示。

图2-187   图2-188

👑 重点
2.8.7 调整图层不透明度与填充

"图层"面板中有两个控制图层不透明度效果的选项，即"不透明度"和"填充"。这两个选项有共同之处，也有不同之处。

这里以Logo图层（该图层带有"描边"样式）和"矩形"图层为例来介绍"不透明度"与"填充"的区别。将Logo图层的"不透明度"和"填充"分别设置为100%、50%和0%，如图2-189所示。当设置两者为100%时（图a和图d），Logo图层完全不透明，不会混合到下面的矩形中；当设置两者为50%时（图b和图e），白色区域都呈半透明效果，都混合到了矩形中，但是图b降低的是整体不透明度，而图e只降低了白色区域（即像素的填充区域）的不透明度，描边效果并没有改变；当设置"不透明度"为0%时（图c），Logo完全消失了，而当设置"填充"为0%时（图f），虽然Logo的白色区域也完全消失了，但是描边效果还存在。以上就是"不透明度"与"填充"的区别。

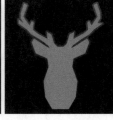

a 不透明度=100%　　b 不透明度=50%　　c 不透明度=0%　　d 填充=100%　　e 填充=50%　　f 填充=0%

图2-189

总体而言，"不透明度"与"填充"选项（设置数值为1%~99%时）都可以参与图层之间的混合，但是"不透明度"选项控制的是图层的整体不透明度，包括图层中的形状、像素及图层样式，而"填充"只控制像素区域的不透明度，图层样式不会随着"填充"值的降低而改变。大家在做设计时，可以利用两者之间的区别做一些特殊的效果。

这里给大家介绍一种调整图层"不透明度"的快捷方法，按键盘上的数字键即可快速修改图层的"不透明度"。例如，按一次6键，"不透明度"会变为60%；连续按两次6键，"不透明度"会变为66%；按一次0键，"不透明度"会变为100%；连续按两次0键，"不透明度"会变为0%。

👑 重点
🖱 案例训练：用填充设计PPT思维充电图

案例文件	学习资源>案例文件>CH02>案例训练：用填充设计PPT思维充电图.psd
素材文件	学习资源>素材文件>CH02>素材09.psd
难易程度	★☆☆☆☆
技术掌握	"填充"功能的运用

工作中经常需要制作一些PPT，一份优秀的PPT不仅需要出色的文案，还需要精美的插图作为陪衬，如图2-190所示。

01 在Photoshop中打开"学习资源>素材文件>CH02>素材09.psd"文件，如图2-191所示。

图2-190　　　　　　　　　　　　　　　　　　图2-191

02 选择"大脑"图层，执行"图层>图层样式>描边"菜单命令，打开"图层样式"对话框，设置"大小"为20像素，"位置"为"内部"，"填充类型"为"颜色"，"颜色"为白色，如图2-192所示。描边效果如图2-193所示。

03 在"图层"面板中设置"大脑"图层的"填充"为0%，如图2-194所示。这样可以只保留大脑图像的描边效果，最终效果如图2-195所示。

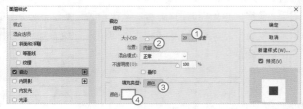

图2-192

图2-193   图2-194   图2-195

👑重点

📝 学后训练：用填充设计PPT灯泡思维图

案例文件	学习资源>案例文件>CH02>学后训练：用填充设计PPT灯泡思维图.psd
素材文件	学习资源>素材文件>CH02>素材10.psd
难易程度	★ ☆ ☆ ☆ ☆
技术掌握	"填充"功能的运用

本例针对"填充"功能进行训练，设计的是办公PPT的插图，如图2-196所示。

图2-196

2.8.8 用图层组管理图层

随着设计的不断深入，图层的数量会越来越多，少则几个，多则几十个，甚至几百个。要在如此多的图层中找到需要的图层，会变得非常麻烦。如果使用图层组来管理同一类内容或者同一区域的图层，就可以使"图层"面板中的图层结构更加有条理，寻找起来也更加方便。图层组不仅方便管理图层，还具有很多图层的属性，如可以修改图层组的名称、锁定图层组、为图层组添加图层蒙版、为图层组添加图层样式等。

👉 创建/删除/解散图层组--

选择一个或多个图层，如图2-197所示，执行"图层>图层编组"菜单命令或者按快捷键Ctrl+G，可以为选定的图层创建一个组，即选定的图层隶属于该组，如图2-198所示。如果执行"图层>新建>组"菜单命令或者单击"图层"面板下方的"创建新组"按钮▢，可以创建一个空图层组。

如果要删除图层组，可以选择图层组，执行"图层>删除>组"菜单命令，或者直接按Delete键。另外，将图层组拖曳至"图层"面板底部的"删除图层"按钮🗑上，也可以删除图层组。

如果要解散图层组，可以选择图层组，执行"图层>取消图层编组"菜单命令或者按快捷键Shift+Ctrl+G。

图2-197   图2-198

☞ 将图层移入/移出图层组--

　　选择一个或多个图层，将其拖曳至图层组内，就可以将其移到该组中，如图2-199和图2-200所示。将图层组中的图层拖曳至图层组外，就可以将其从图层组中移出。

图2-199　　　　　　图2-200

◎ 知识课堂：图层组的锁定与复制

　　锁定图层组属性：选择图层组，执行"图层>锁定组内的所有图层"菜单命令，打开"锁定组内的所有图层"对话框，在该对话框中可以选择需要锁定的属性，如图2-201所示。

　　复制图层组：选择图层组，执行"图层>复制组"菜单命令，或者将图层组拖曳至"图层"面板底部的"创建新图层"按钮 ▣ 上，可以将图层组复制一份。如果将图层组拖曳至"创建新组"按钮 ▣ 上，则可以为当前图层组再创建一个图层组，即"组中组"。

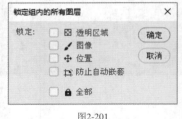

图2-201

2.9　从PSD文件中获取漂亮的素材

　　在下载素材时，经常会遇到PSD格式的素材。虽然PSD格式文件利于保存，但是不方便浏览，也不利于在做设计时调用。为了解决这两个问题，可以将PSD格式中的分层素材进行导出，下面讲解如何从PSD格式文件中获取想要的素材文件。打开"学习资源>素材文件>CH02>2.9>光效文字.psd"文件，如图2-202所示。

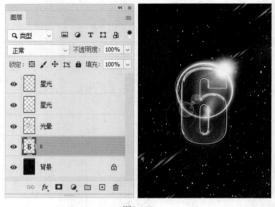

图2-202

2.9.1　单独获取某张素材

菜单栏： 图层>快速导出为PNG
快捷键： Shift+Ctrl+'

　　如果想要单独获取某张喜欢的素材，如文件中的"6"图层，可以先将其选中，然后执行"图层>快速导出为PNG"菜单命令或者按快捷键Shift+Ctrl+'，将其存储为PNG格式的文件，如图2-203所示。

6.png

图2-203

2.9.2　批量获取所有素材

菜单栏： 文件>导出>将图层导出到文件

　　如果想要将文件中的所有图层作为单个文件进行导出，可以执行"文件>导出>将图层导出到文件"菜单命令，在弹出的"将图层导出到文件"对话框中设置保存路径和文件类型等。这里一定要注意两点，一是文件的保存类型，建议选择PNG格式进行保存；二是如果要获取高质量的PNG格式图像，需要设置"文件类型"为PNG-24，如图2-204所示。导出的素材效果如图2-205所示。

图2-204

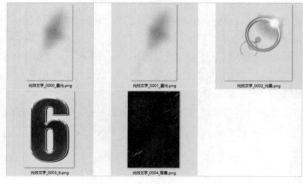

图2-205

2.10 用智能对象做设计的好处

不会用智能对象,你可能会做出优秀的设计作品;熟练使用智能对象,你不仅可能会做出优秀的设计作品,而且还可以节省很多设计时间。

智能对象之所以"智能",是因为它具有许多优点。例如,可以进行非破坏性变换、可以很方便地管理杂乱的图层、可以记忆变换参数、可以同步链接文件、可以自动更新副本、可以保留滤镜及部分调色参数,以及保留矢量属性等。如果图层缩览图的左下角有 图图标,则表示该图层是一个智能对象图层,如图2-206所示。

下面通过一个PSD格式文件、一个PNG格式文件和一个AI格式文件来详细介绍智能对象的用法与使用技巧,如图2-207所示。这3个文件位于"学习资源>素材文件>CH02>2.10"文件夹中,先打开"海报.psd"文件,准备下面的操作。

用智能对象做设计的好处

图2-206

PSD格式文件　　　PNG格式文件　　　AI格式文件

图2-207

☀重点

2.10.1 创建智能对象的方法

智能对象的创建方法有很多,不同的创建方法适用于不同的场合。智能对象可以嵌入Photoshop中,也可以链接到Photoshop中,甚至可以将Illustrator中的图形复制并粘贴到Photoshop中作为智能对象。

☞ 将文件打开为智能对象--

执行"文件>打开为智能对象"菜单命令,在弹出的"打开"对话框中选择"手.png"文件。打开文件后,可以发现"图层"面板中的

"手"图层是一个智能对象图层,如图2-208所示。用"移动工具"将"手"图层拖曳至"海报.psd"文档中,"手"图层依然是一个智能对象图层,如图2-209所示。

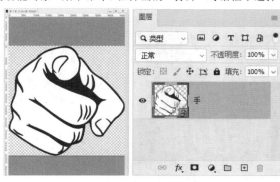

图2-208

图2-209

☞ 置入智能对象--

置入智能对象的方法主要有以下两种。

第1种: 执行"文件>置入嵌入对象"菜单命令,置入"手.png"文件。通过这种方法置入的智能对象,就像是将智能对象保存在"海报.psd"文档中一样,只要不删除计算机中的"海报.psd"文件,智能对象就永远存储在"海报.psd"文件中。在工作中,为了提高工作效率,一般都是直接将"手.png"文件拖曳至"海报.psd"文档窗口中创建智能对象。

第2种: 执行"文件>置入链接的智能对象"菜单命令,置入"手.png"文件。通过这种方法置入的智能对象的图标会变成 状,如图2-210所示。如果将计算机中的"手.png"文件删除,或是将其换个位置存储,或是为其换个名称, 图标就会变成 状,表示该智能对象发生了变化,需要重新链接,如图2-211所示。因为链接的智能对象并不是真正存储在"海报.psd"文件中,而是"链接"在"海报.psd"文件中。在设计图片较多的作品时,如设计画册,可以采用"置入链接的智能对象"方法来设计,因为这样不仅可以减轻Photoshop的运行负担,而且不会占用太大的存储空间。

为了防止链接的智能对象出现问题，可以采用以下几种方法。

第1种： 执行"文件>打包"菜单命令，将设计文档与智能对象素材打包在一个文件夹中。

第2种： 执行"图层>智能对象>嵌入链接的智能对象"菜单命令，将链接的智能对象嵌入文档中。如果执行"图层>智能对象>嵌入所有链接的智能对象"菜单命令，则会将所有链接的智能对象嵌入文档中。

第3种： 执行"图层>智能对象>转换为图层"菜单命令或者执行"图层>智能对象>栅格化"菜单命令，可以将智能对象转换为普通图层，并将其"保存"到文档中。

另外，如果要更换链接的智能对象，可以执行"图层>智能对象>重新链接到文件"菜单命令，重新选择一个文件进行链接即可。

图2-210　　　　　　　　　图2-211

将普通图层转换为智能对象

对普通图层执行"图层>智能对象>转换为智能对象"菜单命令，可以将普通图层转换为智能对象。另外，为了节省操作时间，可以直接在"图层"面板中的图层名称上单击鼠标右键，在弹出的菜单中选择"转换为智能对象"命令，如图2-212所示。

> ⓘ **技巧提示：将智能对象转换为普通图层**
> 如果要将智能对象转换为普通图层，可以执行"图层>栅格化>智能对象"菜单命令。

图2-212

将Illustrator图形粘贴为智能对象

Photoshop和Illustrator都是Adobe公司旗下的软件，这两款软件不仅在操作上比较相似，而且还可以相互弥补对方的不足之处。Illustrator图形文件（AI格式文件）可以直接置入Photoshop中作为智能对象，也可以先打开AI格式文件，然后将图形复制并粘贴到Photoshop中。例如，用Illustrator打开"手.ai"文件，选择图形并按快捷键Ctrl+C复制图形，然后切换到Photoshop，按快捷键Ctrl+V粘贴图形，在弹出的"粘贴"对话框中选择粘贴为"智能对象"，如图2-213所示。

按快捷键Ctrl+C复制图形　　　　按快捷键Ctrl+V粘贴图形，选择粘贴为"智能对象"　　　　智能对象的粘贴效果

图2-213

👑重点

2.10.2 用智能对象做高清设计

在做设计时，经常会涉及图像的变换，如图像的放大、缩小、旋转、斜切和变形等。变换操作往往会严重破坏图像的品质，但是如果对智能对象进行变换，只要不超过100%的原始大小，图像就会保持清晰的边缘。

这里做一个实验，如图2-214所示。我们将普通的PNG格式图像（普通图层）从100%的原始大小（图a）缩小到10%的大小（图b），然后将缩小后的图像放大到合适大小（图c），可以发现图像的边缘变得非常模糊；将PNG格式图像作为智能对象从100%的原始大小（图d）缩小到10%的大小（图e），然后将缩小后的智能对象放大到合适大小（图f），可以发现图像的边缘依然是清晰的；将AI格式文件作为智能对象从100%的原始大小（图g）缩小到10%的大小（图h），然后将缩小后的AI格式的智能对象放大到合适大小（图i），可以发现图像的边缘也还是很清晰的。

同样是对原始图像进行"缩小→放大"的操作，为什么图c边缘会模糊，而图f和图i的边缘是清晰的呢？这是因为每对普通像素图像进行一次变换，Photoshop都会对现有图像的像素进行采样并生成新的像素，也就是说将图a缩小成图b，Photoshop会对图a进行采样并生成新的像素，从图b放大到图c，Photoshop又对图b进行采样并生成新的像素。而对智能对象进行相同的操作时，Photoshop只需要进行一次采样并生成新的像素，也就是说将图d缩小成图e，Photoshop会对图d进行采样并生成新的像素，从图e放大到图f，Photoshop还是对图d进行采样并生成新的像素。明白了智能对象与普通像素图像的变换原理后，请大家记住：在对图像进行变换之前，最好将图像转换为智能对象。

a 100%原始大小　　　　　b 将原始图像缩小到10%　　　　　c 将缩小后的图像放大到合适大小

d 100%原始大小　　　　　e 将原始智能对象缩小到10%　　　　f 将缩小后的智能对象放大到合适大小

g 100%原始大小　　　　　h 将原始智能对象缩小到10%　　　　i 将缩小后的智能对象放大到合适大小

图2-214

我们再来做一个实验，如图2-215所示。将PNG格式图像作为智能对象从100%的原始大小（图a）放大到500%的大小（图b），可以发现图像的边缘会变得非常模糊；同样，将AI格式文件作为智能对象从100%的原始大小（图c）放大到500%的大小（图d），图像的边缘会很清晰。这又是为什么呢？这是因为PNG格式图像虽然作为智能对象置入文档中，但它始终是位图，只要图像的大小超过了100%的大小，图像就会变模糊；而AI格式文件是矢量文件，哪怕是置入Photoshop的文档中，也会保留矢量信息。从理论上来讲，无论将AI格式矢量文件放大多少倍，图像还是清晰的。因此，在做高清设计时，只要原始图像是高清的就行，但是如果要做超高清设计，可能就需要用Illustrator配合Photoshop一起来完成。

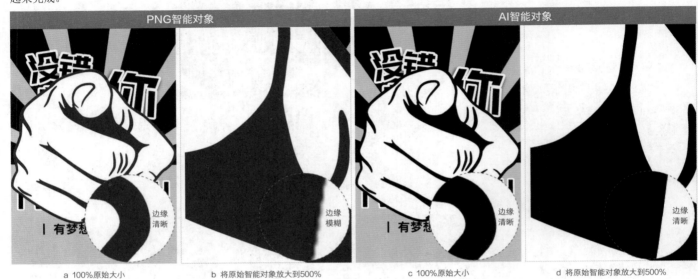

图2-215

另外，在对智能对象进行变换时，Photoshop会基于智能对象的原始大小记忆变换参数，这对于我们做高清设计是非常有帮助的。图2-216所示为将智能对象从原始100%大小（图a）缩小到60%大小（图b），按快捷键Ctrl+T进入自由变换模式，在选项栏中可以看到变换的参数，即W（宽）和H（高）为60%（表示原始大小的60%）。同样，将智能对象放大到130%（图c），在自由变换的选项栏中也可以看到变换的参数，即W（宽）和H（高）为130%（表示原始大小的130%）。根据智能对象的这个优点，我们在对其进行变换时，可以做出这个判断，即将智能对象"无限缩小"不会影响图像的清晰度；可以将智能对象在原始大小的基础上"适度放大"，只要不影响图像的清晰度就行。

图2-216

2.10.3 用智能对象做无限设计

用智能对象做的设计文件非常容易修改,甚至可以被"无限"次修改。例如,我们设计好了海报,但是觉得"手"图像的颜色不合适,想将其改为黑色,可以按照图2-217所示的步骤进行操作。

第1步: 双击"手"图层的缩览图(图a),将智能对象在一个新的文档中打开(图b)。

第2步: 将黑色手图像拖曳至文档中,并删掉原来的蓝色手图像(图c)。

第3步: 按快捷键Ctrl+S保存修改,返回海报设计文档,智能对象会自动更新为黑色手的效果(图d)。

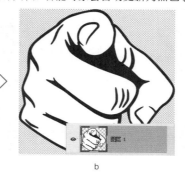
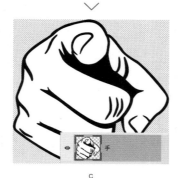

a

b

c

d

图2-217

根据智能对象的这个功能,我们可以根据设计需求对设计文件进行两次、3次、4次,甚至是"无限"次修改。下面用一个非常实用的样机案例来深入学习智能对象的"无限"设计。

案例训练:用样机中的智能对象快速设计立体书

案例文件	学习资源>案例文件>CH02>案例训练:用样机中的智能对象快速设计立体书.psd
素材文件	学习资源>素材文件>CH02>素材11.pdf、素材12.psd
难易程度	★☆☆☆☆
技术掌握	智能对象的替换与保存

很多初学者对网店的立体书效果感兴趣,却不知道如何制作。其实,立体书的制作方法很简单,平时可以搜集一些好看的PSD书模样机(样机可以无限重复使用),对其中的智能对象进行修改就可以快速制作出好看的立体书效果。在此将侯维静老师出版的《平面设计基础与实战 小白的进阶学习之路》一书的封面平面图作为素材,介绍如何用智能对象样机快速制作立体书效果,如图2-218所示。

图2-218

01 将"学习资源>素材文件>CH02>素材11.pdf"文件拖曳至Photoshop中，在弹出的"导入PDF"对话框中单击"确定"按钮 确定 ，如图2-219所示。打开效果如图2-220所示。

图2-219 图2-220

> ⑦ **疑难问答：如何打开PDF文件？**
>
> PDF是一种封装格式，可以将文字、颜色、图形和图像等封装在文件中，它类似于视频中的MKV格式（可以封装视频、音频和字幕）。PDF格式的文件广泛应用于电子图书、产品说明和公司广告等领域。要查看PDF文件，可以用Adobe Reader或Adobe Acrobat等软件。

02 按快捷键Ctrl+R调出标尺，用参考线将封面、书脊和封底区域定位出来，如图2-221所示。在工具箱中选择"矩形选框工具" [] ，将封面（蓝色区域）框选出来，如图2-222所示。

图2-221 图2-222

03 打开"学习资源>素材文件>CH02>素材12.psd"文件，该文件是立体书的样机模型，如图2-223所示。在"图层"面板中双击"封面"图层缩览图，将"封面"智能对象在一个新的文档中打开，如图2-224和图2-225所示。

04 切换到封面的平面图文档窗口，用"移动工具" [+] 将选区内的封面图像拖曳至新打开的智能对象文档中，将得到的"图层1"放在"图层0"的上一层，并将其转换为智能对象（因为要对其进行缩放，为了保证图像品质，最好用智能对象进行缩放），如图2-226所示，效果如图2-227所示。

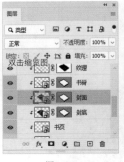

图2-223 图2-224 图2-225 图2-226 图2-227

05 按快捷键Ctrl+T进入自由变换模式，按住Shift键并将图像调整到与画布一样的大小，如图2-228所示。缩放完成后按Enter键完成操作，同时按快捷键Ctrl+S保存对智能对象的修改，切换到立体书文档窗口查看效果，如图2-229所示。

06 切换到封面的智能对象文档窗口，执行"编辑>变换>水平翻转"菜单命令，效果如图2-230所示。按快捷键Ctrl+S保存对智能对象的修改，然后切换到立体书文档窗口查看效果，可以发现方向正常了，如图2-231所示。完成封面的制作后，可以关闭封面的智能对象文档窗口。

图2-228

图2-229

图2-230

图2-231

> ① **技巧提示：记得保存对智能对象的修改**
> 在智能对象的文档窗口中对智能对象进行修改后，一定要记得按快捷键Ctrl+S对其进行保存，否则智能对象的修改效果将无法生效。

07 用相同的方法将书脊的智能对象处理好，完成后的效果如图2-232所示。

08 现在来处理封底。在"图层"面板中双击"封底"图层的缩览图，将封底智能对象在一个新的文档中打开，然后选择"图层0"，设置前景色为白色，按快捷键Alt+Delete为其填充白色，接着按快捷键Ctrl+S保存对智能对象的修改，切换到立体书文档窗口查看效果，最终效果如图2-233所示。

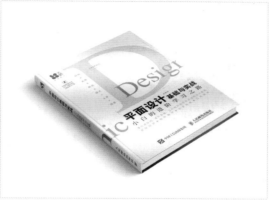

图2-232

图2-233

🔺 重点

✍ 学后训练：快速更换手提袋样机中的智能对象贴图

案例文件	学习资源>案例文件>CH02>学后训练：快速更换手提袋样机中的智能对象贴图.psd
素材文件	学习资源>素材文件>CH02>素材13.psd、素材14.png
难易程度	★ ☆ ☆ ☆ ☆
技术掌握	智能对象的替换与保存

样机是设计师必不可少的素材，设计好作品后，我们可以直接将作品应用到样机中，以查看实际的应用效果，如图2-234所示。

图2-234

2.10.4 妙用智能对象管理杂乱的图层

不仅可以将一个图层转换为智能对象，还可以将多个图层，甚至多个图层组一起转换为智能对象。选择要转换的图层与图层组，如图2-235所示，执行"图层>智能对象>转换为智能对象"菜单命令，就可以将所选图层和图层组转换为智能对象，如图2-236所示。用这种方法可以瞬间简化"图层"面板，双击智能对象图层的缩览图，也可以在一个新的文档窗口进行打开，待调整完成后按快捷键Ctrl+S进行保存即可。

如果要将多个图层和图层组转换得到的智能对象恢复成普通图层和图层组，可以执行"图层>智能对象>转换为图层"菜单命令。

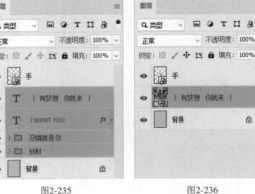

图2-235　　　　图2-236

2.10.5 用智能对象保留调色与滤镜参数

在对智能对象应用滤镜和部分调色命令时，滤镜参数与调色参数会转换为"智能滤镜"，这些参数可以"无限"修改。智能滤镜属于"非破坏性滤镜"，可以对其进行隐藏、移除等操作，甚至还可以调整智能滤镜应用到图像的范围。请注意，智能滤镜是一个非常重要的功能，当我们在做一些非常重要的设计，且一时半会无法定稿时，可以用智能滤镜保留参数，以便再次进行修改，直到最终定稿。

下面进行一个演示。选择"手"智能对象图层，执行"滤镜>风格化>拼贴"菜单命令（参数随意设置），在"手"图层下方会出现一个

"智能滤镜"蒙版，同时在"智能滤镜"蒙版的下方会出现"拼贴"滤镜，如图2-237所示。继续执行"图像>调整>色相/饱和度"菜单命令，随意拖曳"色相"滑块，此时"拼贴"滤镜上方会出现"色相/饱和度"命令，如图2-238所示。

图2-237　　　　图2-238

"智能滤镜"的结构如图2-239所示。

在面板中显示图层效果：单击可以折叠或展开智能滤镜列表。

切换所有智能滤镜可见性：控制所有智能滤镜的可见性，即控制"拼贴"滤镜和"色相/饱和度"命令的可见性。

滤镜效果蒙版缩览图：这个蒙版与图层蒙版类似，可以用"画笔工具" 在蒙版中进行涂抹，以控制所有智能滤镜对图层的作用范围，如图2-240所示。

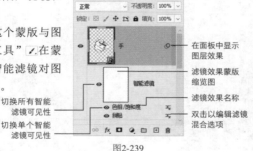

图2-239　　　　图2-240

知识链接：图层蒙版的操作方法

图层蒙版非常重要，关于其操作方法请参阅"9.2 图层蒙版"中的相关内容。

滤镜效果名称：双击滤镜的名称，可以打开调整滤镜参数的对话框，在该对话框中可以对滤镜的效果进行重新调整。上下拖曳滤镜效果名称，可以调整智能滤镜的排列顺序。

双击以编辑滤镜混合选项：双击可以打开"混合选项"对话框，如图2-241所示。在该对话框中可以设置滤镜的"模式"和"不透明度"。

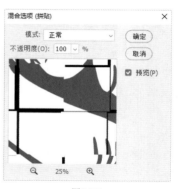

图2-241

> ① 技巧提示：保留调色参数的其他方法
>
> 除了可以用智能滤镜保留调色参数，还可以用调整图层保留调色参数。这里给大家一个建议，在对智能对象应用调色命令时，可以使用调整图层，因为对智能对象应用太多的调色命令，可能会严重拖慢Photoshop的运行速度。

2.10.6 如何解除智能对象的关联性

将智能对象复制后，在任何一个智能对象的文档中修改后，其他的智能对象也会随之改变。将"手"图像复制两份并置于图2-242所示的位置。打开其中一个智能对象的文档窗口，然后为"手"加一种渐变色，如图2-243所示，按快捷键Ctrl+S进行保存，另外两个智能对象也会变成渐变效果，如图2-244所示。这是因为正常复制出来的智能对象相互之间是关联的。

图2-242

图2-243

图2-244

如果要解除智能对象之间的关联性，可以通过以下两种方法来实现。

第1种： 先用"锁定全部"按钮🔒对不需要进行同步修改的智能对象进行完全锁定，如图2-245所示，然后对需要调整的智能对象进行编辑，这样就不会影响其他智能对象，如图2-246所示。

第2种： 在复制智能对象时，不要用快捷键Ctrl+J（"图层>新建>通过拷贝的图层"菜单命令）进行复制，而要用"图层>智能对象>通过拷贝新建智能对象"菜单命令进行复制。

图2-245

图2-246

2.11 综合训练营

本章非常重要的知识点是智能对象的相关操作，以及如何通过Illustrator与Photoshop的配合来实现一些非常炫酷的效果，因此本节的3个综合训练案例均是围绕这些内容进行安排的。

👑 重点

◈ 综合训练：设计互联网邀请函

案例文件	学习资源>案例文件>CH02>综合训练：设计互联网邀请函.psd
素材文件	学习资源>素材文件>CH02>素材15.ai、素材16.psd
难易程度	★☆☆☆☆
技术掌握	用Photoshop与Illustrator一起做设计

本例通过一个非常炫酷的互联网邀请函来介绍Illustrator与Photoshop配合设计的强大之处，如图2-247所示。对于本例中的螺旋特效，如果用Photoshop来制作是比较麻烦的，而用Illustrator来制作的话，只需要几步就能完成。

图2-247

👑 重点

◈ 综合训练：设计炫酷招聘海报

案例文件	学习资源>案例文件>CH02>综合训练：设计炫酷招聘海报.psd
素材文件	学习资源>素材文件>CH02>素材19.ai、素材20.psd
难易程度	★★☆☆☆
技术掌握	用Photoshop与Illustrator一起做设计

本例是一个非常炫酷的招聘海报设计，如图2-249所示。本例的难点是流体状图形的制作，这种图形用Illustrator来制作非常简单。

👑 重点

◈ 综合训练：设计新媒体行业峰会炫彩展板

案例文件	学习资源>案例文件>CH02>综合训练：设计新媒体行业峰会炫彩展板.psd
素材文件	学习资源>素材文件>CH02>素材17.ai、素材18.psd
难易程度	★★☆☆☆
技术掌握	用Photoshop与Illustrator一起做设计

本例是一个新媒体行业峰会展板设计，如图2-248所示。本例的难度在于发散状花朵的制作，这种花朵如果用Photoshop来制作的话，难度比较大，但是用Illustrator来制作就很简单。

图2-248

图2-249

🔗 知识链接：综合训练营步骤详解

大家可以参考视频制作案例。如果还有不清楚的知识点，可以查阅"学习资源>附赠PDF>综合训练营步骤详解（一）.pdf"中的相关内容，其中包含本书第2~5章综合训练营中案例的详细步骤。

第 **3** 章 图像编辑基础与变换

本章主要介绍图像编辑操作基础知识，内容包括图像和画布尺寸的修改、画布的裁剪与旋转、图像的变换与变形，以及排版工具的运用。

学习重点　🔍

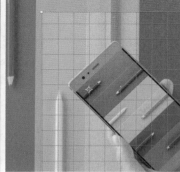

3.1 别乱改图像大小

菜单栏： 图像>图像大小　　**快捷键：** Alt+Ctrl+I

BOSS： 一款新产品要赶紧上线，你快点设计淘宝、天猫和京东的详情页。

刚入行的电商设计师： BOSS，那我是不是要设计3张呀？

BOSS： 是！赶紧！

刚入行的电商设计师： ……

BOSS要求你设计3张详情页，你难道真的要设计3张吗？其实，每张详情页的内容都是一样的，只是详情页的宽度有所不同。遇到这种情况，我们只需要设计一张宽为790像素的天猫详情页，然后通过Photoshop的"图像大小"命令将其宽度修改成750像素，就可以得到淘宝和京东的详情页，如图3-1所示。

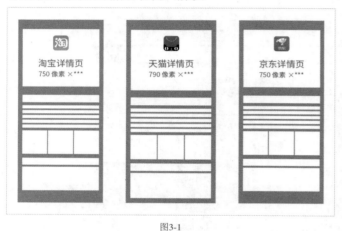

图3-1

> ① **技巧提示：电商详情页的尺寸**
>
> 在大多数电商平台中，详情页的宽度以750像素和790像素居多，高度一般不受限制。不过要特别注意，一些电商平台可能会根据自身的情况和需求对宽度进行实时调整。

为什么我们选择做790像素宽的详情页而不选择做750像素宽的呢？这是因为在调整图像大小时，我们需要遵循一些规则，如"改小不改大"，如图3-2所示。

图3-2

要掌握Photoshop的"图像大小"功能，我们得先熟悉"图像大小"对话框中各个参数选项的真实含义。打开"学习资源>素材文件>CH03>3.1>详情页.psd"文件，执行"图像>图像大小"菜单命令或者按快捷键Alt+Ctrl+I，打开"图像大小"对话框，如图3-3所示。

"图像大小"对话框中的参数选项可能会让初学者觉得不好区分，尤其是"尺寸"选项与"宽度"和"高度"选项的区别，以及"分辨率"和"重新采样"选项的含义。

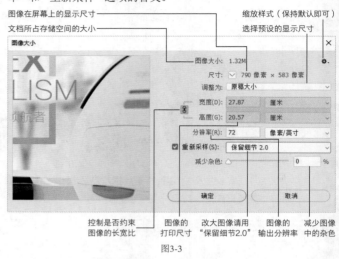

图3-3

"尺寸"选项与"宽度"和"高度"选项的区别如图3-4所示。这里的"尺寸"是指图像在显示器等显示设备上的显示尺寸，也就是说该选项是应用于显示设备上的，"尺寸"选项的两个数值相乘就是图像的像素总数，即790×583=460570个像素；而"宽度"和"高度"是指图像的打印尺寸，用于打印或印刷。

图像的"尺寸"即在显示器上的显示尺寸　　图像的"宽度"和"高度"即打印尺寸

图3-4

★ 重点

3.1.1 认识重新采样

掌握了"尺寸"选项与"宽度"和"高度"选项的区别后，我们来认识另外一个非常重要的选项，即"重新采样"。

☞ **不重新采样**

取消勾选"重新采样"选项，将"宽度"数值调整为100英寸，可以发现图像的显示尺寸还是790像素×583像素，但是图像的"分辨率"从72像素/英寸降低到了7.9像素/英寸，如图3-5所示。将"宽度"数值调整为5英寸，可以发现图像的显示尺寸还是没有变化，但是图像的"分辨率"增大到了158像素/英寸，如图3-6所示。将"分辨率"调整为300像素/英寸，可以发现图像的显示尺寸没有变化，但是"宽度"数值和"高度"数值都降低了，如图3-7所示。将"分辨率"调整为30像素/英寸，可以发现图像的显示尺寸也没有变化，但是"宽度"数值和"高度"数值都增大了，如图3-8所示。

因此，在取消勾选"重新采样"选项时，无论是调整"宽度""高度"还是"分辨率"的数值，图像的显示尺寸都不会发生变化，即图像的像素总数保持不变，也就是说图像的清晰度并不会受到影响。

☞ **重新采样**--

现在勾选"重新采样"选项。将"宽度"数值增大到100英寸，可以发现显示尺寸也会随之增大，但是"分辨率"不会变，如图3-9所示。将"宽度"数值降低到5英寸，可以发现显示尺寸也会随之减小，但是"分辨率"不会变，如图3-10所示。

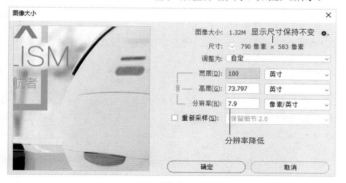

图3-5

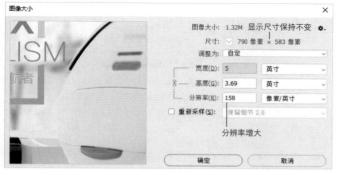

图3-6

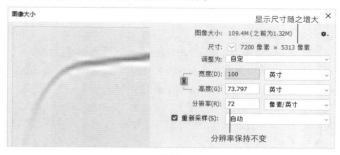

图3-9

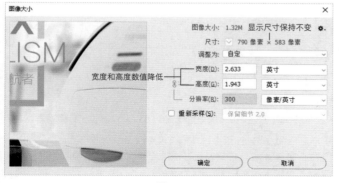

图3-7

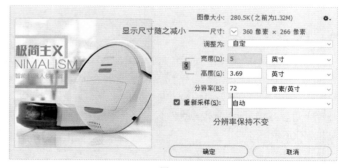

图3-10

在减小图像的"宽度"或"高度"时，Photoshop会对图像进行重新采样，即减少像素使图像变小，图像的清晰度也会受损，只是我们的肉眼察觉不到这种变化。

保持对"重新采样"选项的勾选。将"分辨率"数值增大到300像素/英寸，可以发现显示尺寸也会随之增大，但是"宽度"和"高度"的数值保持不变（打印尺寸保持不变），如图3-11所示。将"分辨率"数值减小到30像素/英寸，可以发现显示尺寸也会随之减小，但是"宽度"和"高度"的数值还是保持不变（打印尺寸保持不变），如图3-12所示。

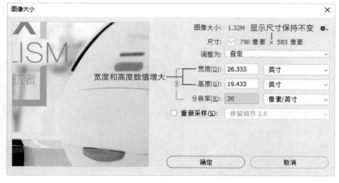

图3-8

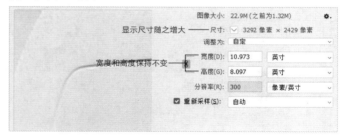

图3-11

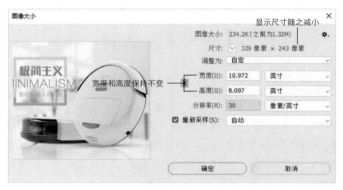

图3-12

在减小图像的"分辨率"时，Photoshop会对图像进行重新采样，每英寸内减少图像像素会导致图像的像素总数减少，从而使图像的显示尺寸变小，当然图像的清晰度也会变得很差。

通过上述内容我们可以得出一个结论，在对图像进行重新采样时，无论是调整打印尺寸（"宽度"和"高度"）还是"分辨率"，都会影响图像的清晰度。那么，如果我们在做设计时确实需要改变图像的大小，又该怎么办呢？这就需要引出下面的知识点。

3.1.2 改小不改大

经过前面的讲解，相信大家应该很容易理解为什么要遵循"改小不改大"的原则。例如，在勾选"重新采样"选项的同时，将"宽度"数值分别修改为3000像素和500像素，然后在100%的显示比例下进行对比，可以发现改大图像很容易导致图像变得不清晰，如图3-13所示。

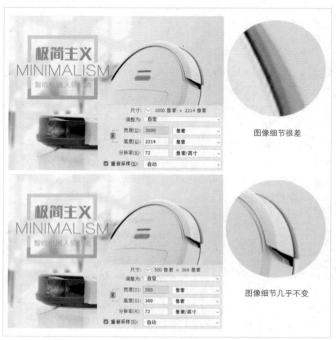

图3-13

▲重点
3.1.3 非要改大请用"保留细节2.0"采样方法

在做设计时，我们一般都强调做"高清设计"，但有时就是找不到合适的高清素材。遇到这种情况，我们就需要将图像变大。Photoshop的"重新采样"下拉列表中有8种采样方法，如图3-14所示。

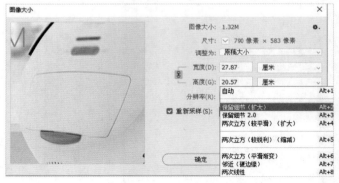

图3-14

> (?) 疑难问答：为什么找不到"保留细节2.0"采样方法？
>
> 如果在"重新采样"下拉列表中找不到"保留细节2.0"选项，可以执行"编辑>首选项>技术预览"菜单命令或者按快捷键Ctrl+K，打开"首选项"对话框，勾选"启用保留细节2.0放大"选项，如图3-15所示。关闭对话框即可生效。

图3-15

8种采样方法中，"保留细节2.0"采样方法的效果最佳（适用于改大或改小图像）。将图像的"宽度"增大到7900像素，将"保留细节2.0"采样方法与其他采样方法进行对比，可以明显看出"保留细节2.0"采样方法要优于其他采样方法，并且该采样方法还可以控制"减少杂色"的百分比，如图3-16所示。

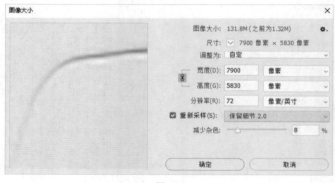

图3-16

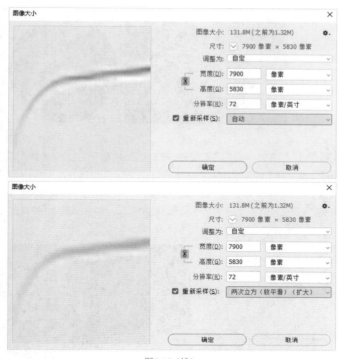

图3-16（续）

知识课堂：使用"超级缩放"滤镜放大图像

使用Neural Filters滤镜库中的"超级缩放"滤镜也可以较为清晰地放大图像。执行"滤镜>Neural Filters"菜单命令，在打开的Neural Filters面板中选择"超级缩放"滤镜，设置"缩放图像"为5x，"降噪"为6，"锐化"为10，如图3-17所示。使用该滤镜将图像放大5倍，细节仍然很清晰，如图3-18所示。不过使用这个滤镜会占用大量的计算机内存，且缩放的进度较慢。

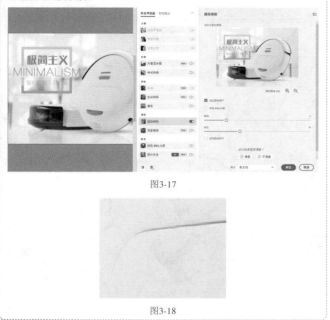

图3-17

图3-18

案例训练：翻新珍贵的老照片并上色

案例文件	学习资源>案例文件>CH03>案例训练：翻新珍贵的老照片并上色.psd
素材文件	学习资源>素材文件>CH03>素材01.jpg
难易程度	★☆☆☆☆
技术掌握	改大照片并保留细节；为照片简单上色

相信大家或多或少都保存有一些老照片，随着社会的发展，这些照片都将逐渐被封存于我们的记忆中。本例就来教大家如何更改老照片的尺寸，并为其简单上色，如图3-19所示。

图3-19

01 打开"学习资源>素材文件>CH03>素材01.jpg"文件，这是一张尺寸很小的黑白老照片，如图3-20所示。

图3-20

02 执行"图像>图像大小"菜单命令或者按快捷键Alt+Ctrl+I，打开"图像大小"对话框，勾选"重新采样"选项，并设置采样方法为"保留细节2.0"，设置"分辨率"为300像素/英寸（此时图像的显示尺寸会增大到2708像素×1825像素），"减少杂色"为16%，单击"确定"按钮，如图3-21所示，效果如图3-22所示。

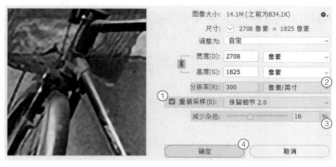

图3-21

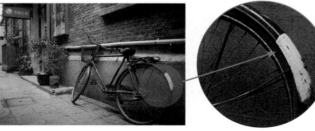

图3-22

03 下面进一步将照片变清晰。按快捷键Ctrl+J将"背景"图层复制一份，执行"滤镜>其他>高反差保留"菜单命令，在弹出的"高反差保留"对话框中设置"半径"为5.0像素，如图3-23所示。执行"滤镜>模糊>表面模糊"菜单命令，在弹出的"表面模糊"对话框中设置"半径"为4像素，如图3-24所示，效果如图3-25所示。

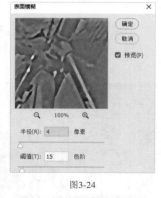

图3-24

图3-23　　　　　　图3-25

04 在"图层"面板中将混合模式修改为"叠加"，此时照片会立刻变得很清晰，如图3-26所示。

图3-26

05 执行"图层>新建调整图层>黑白"菜单命令，创建一个"黑白"调整图层，在"属性"面板中勾选"色调"选项（用默认颜色即可），如图3-27所示。最终效果如图3-28所示。

图3-27　　　　　　图3-28

👑 重点

📖 学后训练：翻新存留在记忆中的照片

案例文件	学习资源>案例文件>CH03>学后训练：翻新存留在记忆中的照片.psd
素材文件	学习资源>素材文件>CH03>素材02.jpg
难易程度	★☆☆☆☆
技术掌握	改大照片并保留细节；为照片简单上色

石磨、水车、小院等都是我们儿时的回忆，如果保存有这些照片，可以将其扫描成电子图像，然后进行翻新上色处理，如图3-29所示。

图3-29

3.1.4 改大线稿图并使其保持清晰

很多新手设计师在做设计时，经常弄错设计的尺寸、分辨率和颜色模式。可以想象一下，如果将原本尺寸为100cm×100cm的作品制作成了50cm×50cm，就算是将图像变大，图像也会变得非常模糊。当客户看到这样的设计作品时，相信是很难通过的，唯一的解决方法就是重做。因此，新手设计师在前期与客户进行沟通时，一定要问清楚相应的设计信息。

我们来看一张适合做设计的"手"图像，这张图片的尺寸只有300像素×300像素，稍微放大就会出现马赛克，无法满足我们做设计的尺寸需求。如果用正常的方法将其改大到3000像素×3000像素，边缘会产生严重的模糊效果，而采用特殊的方法将其改大，边缘就很清晰，完全能满足设计要求，如图3-30所示。

下面通过一个案例来教大家这种特殊的改大方法。请注意，这种方法仅适用于处理黑白线稿图像和颜色信息不丰富的线稿类图像。

图3-30

⭐重点

👆案例训练：将马赛克彩色插画变成高清插画

案例文件	学习资源>案例文件>CH03>案例训练：将马赛克彩色插画变成高清插画.psd
素材文件	学习资源>素材文件>CH03>素材03.jpg
难易程度	★☆☆☆☆
技术掌握	用"图像大小""高斯模糊"和"曲线"等命令将小尺寸彩色插画变成高清插画

　　无论是海报设计、电商设计、UI设计还是图书装帧设计，插画的身影随处可见。为了节省时间，设计师经常会寻找一些合适的素材来进行设计。如果实在找不到高清素材，可以通过一些简单的方法将其变成高清素材，如图3-31所示。

图3-31

01 打开"学习资源>素材文件>CH03>素材03.jpg"文件，这是一幅可爱风的女孩插画，按Z键使用"缩放工具" 🔍 将图像放大，可以看到图像上全是马赛克，如图3-32所示，这种素材由于尺寸太小，很难用于做一些尺寸较大的设计（如海报设计）。

02 按快捷键Ctrl+Alt+I打开"图像大小"对话框，可以发现图像的显示尺寸为150像素×237像素，如图3-33所示。将图像的"宽度"修改为1500像素，将采样方法设置为"保留细节2.0"，建议将"减少杂色"设置为30%~50%，如图3-34所示。

图3-32

图3-33

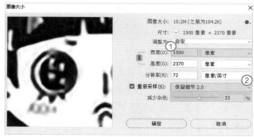

图3-34

03 现在来看画面，可以发现虽然杂色减少了，但还是有很多杂色，如图3-35所示。执行"滤镜>模糊>高斯模糊"菜单命令，打开"高斯模糊"对话框，拖曳"半径"滑块并观察模糊效果，直到杂色基本消失且图像的边缘变得比较平滑为止，如图3-36所示，效果如图3-37所示。

图3-35

图3-36

图3-37

04 按快捷键Ctrl+M打开"曲线"对话框，向右拖曳黑场滑块（黑色滑块），并向左拖曳白场滑块（白色滑块），拖曳滑块时要观察画面，直到杂色消失、图像的边缘变得清晰为止，如图3-38所示，效果如图3-39所示。

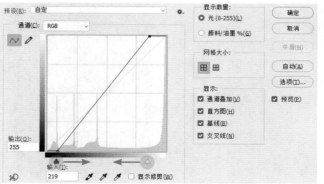

图3-38

图3-39

05 按快捷键Ctrl+U打开"色相/饱和度"对话框，选择"青色"通道，向右拖曳"饱和度"滑块，提高画面中青色的饱和度，这样可以在一定程度上还原素材的原始色彩，如图3-40所示。最终效果如图3-41所示。

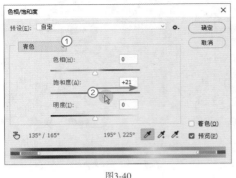

图3-40

图3-41

◎ 知识课堂：用Illustrator将简单的线稿位图变成矢量图

除了通过本例介绍的方法将小尺寸插画变成高清素材，还可以通过Illustrator将图像处理成矢量图。这个方法比较适合处理线稿比较简单的图像。

第1步：将"学习资源>素材文件>CH03>3.1"文件夹中的"头像.jpg"文件拖曳至Illustrator中，单击选项栏中的"嵌入"按钮 嵌入 ，将图像嵌入Illustrator，如图3-42所示。

第2步：单击选项栏中"图像描摹"选项后面的"描摹预设"按钮 ，在弹出的下拉菜单中选择描摹的方法，如图3-43所示。例如，选择"素描图稿"描摹法，然后单击"扩展"按钮 扩展 ，就可以得到效果很棒的素描矢量图形，而且可以随意改变图形的颜色等，如图3-44所示。

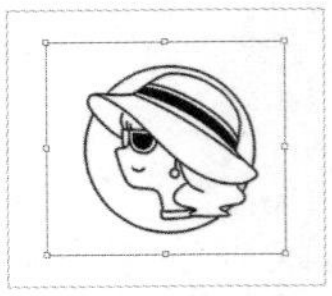

图3-42

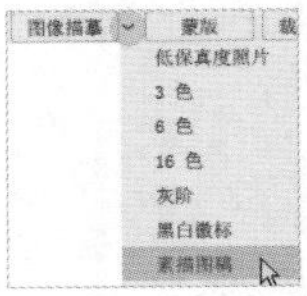

图3-43

图3-44

♛ 重点

✎ 学后训练：将马赛克黑白插画变成高清插画

案例文件	学习资源>案例文件>CH03>学后训练：将马赛克黑白插画变成高清插画.psd
素材文件	学习资源>素材文件>CH03>素材04.jpg
难易程度	★☆☆☆☆
技术掌握	用"图像大小""高斯模糊"和"曲线"命令将小尺寸黑白插画变成高清插画

前面的案例介绍了如何将马赛克彩色插画变成高清插画，那么，当遇到黑白马赛克插画的时候又该怎么办呢？黑白马赛克插画的处理方法更加简单，所使用的命令与处理彩色插画相同，如图3-45所示。

图3-45

3.2 修改画布

当画布的空间不足以满足设计需求时，就应该考虑扩展画布；当需要重点突出某个对象或某区域中的内容时，就需要裁剪画布。画布的修改可以精确到像素级和毫米级。

♛ 重点

3.2.1 精确修改画布

菜单栏：图像>画布大小　　快捷键：Alt+Ctrl+C

打开"学习资源>素材文件>CH03>3.2>音乐节.psd"文件，如图3-46所示。执行"图像>画布大小"菜单命令或者按快捷键Alt+Ctrl+C，打开"画布大小"对话框，在该对话框中可以对画布的"宽度"和"高度"进行精确调整，还可以设置画布扩展颜色等，如图3-47所示。"画布大小"对话框中的参数都很好理解，"当前大小"选项组用于显示当前画布的宽度和高度；"新建大小"选项组用于修改画布的大小；"画布扩展颜色"选项用于设置画布扩展后的颜色方案。下面重点介绍"新建大小"选项组。

图3-46

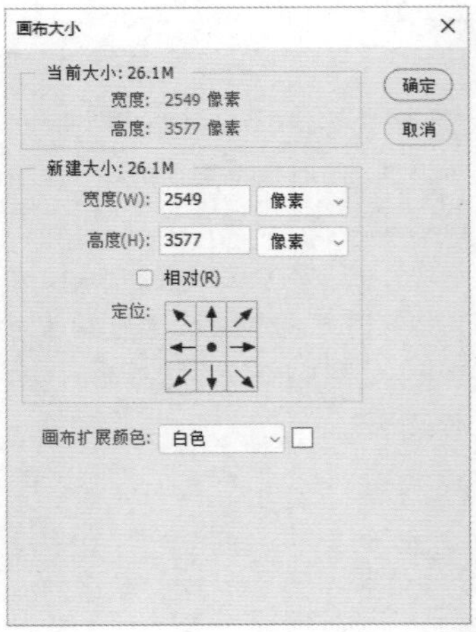

图3-47

☞ 绝对修改与相对修改--

画布的精确修改分为绝对修改和相对修改两种。

当取消勾选"相对"选项时，画布的修改方式为绝对修改，此时可以通过输入"宽度"和"高度"数值来直接指定画布的尺寸，也就是说当前输入的数值就表示画布的实际尺寸。例如，将"宽度"修改为3000像素，"高度"修改为4000像素，那么修改后画布的尺寸就是3000像素×4000像素，如图3-48所示。如果输入的数值小于当前画布的尺寸，那么将裁掉一部分图像，如将"宽度"修改为2000像素，"高度"修改为3000像素，那么修改后画布的尺寸就是2000像素×3000像素，有一部分图像会被裁掉（Photoshop会弹出提示对话框），如图3-49所示。

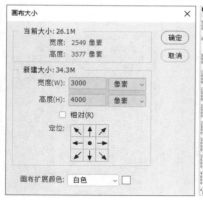

图3-48

图3-49

当勾选"相对"选项时，"宽度"和"高度"选项的数值会归零，此时可以通过输入数值来修改画布的尺寸。在输入正值时，如输入"宽度"和"高度"都为200像素，就表示在当前画布大小的基础上再扩展200像素，如图3-50所示。在输入负值时，如输入"宽度"和"高度"都为-600像素，就表示在当前画布大小的基础上裁剪600像素，如图3-51所示。

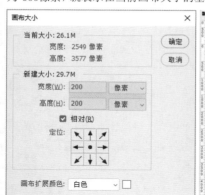

图3-50

图3-51

◎ **知识课堂：用相对修改法为作品添加出血**

很多新手设计师在设计印刷类作品时，经常会忘记加入出血。遇到这种情况，我们可以先勾选"相对"选项，然后设置单位为"毫米"，再设置"宽度"和"高度"为6毫米，这表示在上下左右各扩展3毫米，如图3-52所示。

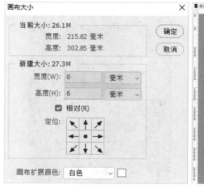

图3-52

☞ **画布定位**

画布的定位采用九宫格方式，圆点表示画布的定位点（定位点的画布不会被扩展或裁剪），单击某一个方格，这个方格就会变成定位点。例如，单击左上角的方格，那么定位点就在左上角，对画布的修改就针对右侧和底部，而左侧和顶部不会受到影响，如图3-53所示。

图3-53

☞ **画布扩展颜色**

当对画布进行扩展（非裁剪）时，可以选择画布扩展后的颜色方案。这些颜色方案可以是前景色或背景色，也可以是白色、黑色或灰色，还可以自定义一种颜色。但是如果文档中不存在"背景"图层，那么扩展后的画布将是透明的，如图3-54所示。

图3-54

◎ **知识课堂：修改画布区域外的颜色**

画布区域外是指画布周围的灰色区域，这个区域的颜色是可以修改的。在灰色区域单击鼠标右键，在弹出的菜单中可以选择想要的颜色，也可以自定义一种颜色，如图3-55所示。

图3-55

3.2.2 随意修改画布

随意修改画布可以通过"裁剪工具"来完成。在工具箱中单击"裁剪工具"或按C键，可以在画布中激活裁剪框，通过拖曳裁剪框上的控制点可以扩展或裁剪画布，如图3-56和图3-57所示。扩展画布的颜色由背景色决定。如果文档中没有"背景"图层，那么扩展后的画布背景呈透明效果。

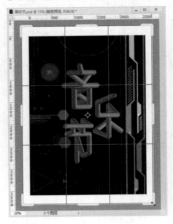

图3-56　　　　　　　　图3-57

🔗 **知识链接：裁剪工具**

"裁剪工具"是Photoshop中非常重要的工具，关于其具体用法请参阅"3.4 裁剪多余图像"中的相关内容。

3.2.3 旋转画布

菜单栏：图像>图像旋转

"图像>图像旋转"子菜单中有一些旋转或翻转画布的命令，如图3-58所示。执行这些命令可以旋转或翻转画布，图3-59和图3-60所示为执行"顺时针90度"命令和"垂直翻转画布"命令的效果。

图3-58

图3-59　　　　　　　　图3-60

执行"图像>图像旋转>任意角度"菜单命令，可以任意设置旋转的角度和方向，如图3-61所示。

图3-61

> **知识课堂：校正数码照片的方向**
>
> 在使用数码相机或手机拍摄照片时，很多时候都需要将相机或手机旋转之后进行拍摄，这可能导致数码照片的方向发生错误。校正数码照片的方向对于Photoshop来说是一件很容易的事情，只需要旋转或翻转照片的方向即可。例如，图3-62所示的狗狗照片方向错误，我们只需要执行"图像>图像旋转>垂直翻转画布"菜单命令就可以校正照片，如图3-63所示。

图3-62　　　　　　图3-63

3.3 解决网络图像偏色的问题

相信很多爱美的女孩会用Photoshop调整自己的照片，有时明明是很漂亮的照片，但是被发布到朋友圈后，照片就会无缘无故变色，要么饱和度下降，要么偏色特别严重，如图3-64所示。遇到这种情况，可以执行"编辑>颜色设置"菜单命令或者按快捷键Shift+Ctrl+K，打开"颜色设置"对话框，在"色彩管理方案"选项组中，分别将RGB、CMYK和"灰色"的管理方案改成"转换为工作中的RGB""转换为工作中的CMYK"和"转换为工作中的灰度"，如图3-65所示。

图3-64

图3-65

3.4 裁剪多余图像

无论你是什么设计师，图像裁剪是必须掌握的技能。

Q：为什么要裁剪图像呢？

A：当使用数码相机拍摄照片或者将老照片扫描成图像时，经常需要裁掉多余的内容，使画面的构图更加完美。在Photoshop中，裁剪图像的方法有很多种，但是我们只讲常用的3种，即"裁剪工具"、"裁剪"命令和"透视裁剪工具"，如图3-66所示。

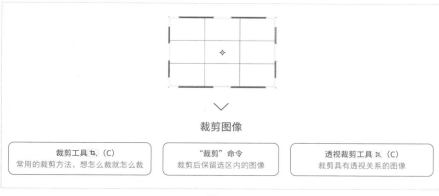

图3-66

👑 重点

3.4.1 随意裁剪图像

工具箱： "裁剪工具" 🗗 　　　　**快捷键：C**

用"裁剪工具" 🗗 裁剪图像是常用的方法之一，它可以轻松裁剪掉多余的图像，并重新定义画布的大小。打开"学习资源>素材文件>CH03>3.4>礁石上的少女.jpg"文件，下面用这张照片来演示"裁剪工具" 🗗 的具体用法。

在工具箱中选择"裁剪工具" 🗗 或者按C键，画布中会自动出现一个裁剪框，如图3-67所示。拖曳裁剪框上的边或角可以选择要保留的图像，如图3-68和图3-69所示。将鼠标指针置于裁剪框之外，当鼠标指针变成 ↲ 形状时，按住鼠标左键并拖曳可以旋转裁剪图像，如图3-70所示。在确定裁剪区域后，按Enter键或者双击即可完成裁剪。

图3-67

图3-68

图3-69

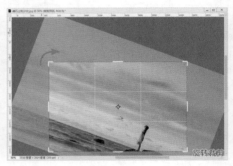

图3-70

---

① **技巧提示：等比例裁剪图像**

在裁剪图像时，按住Shift键并拖曳裁剪框，可以等比例缩放裁剪框；按住快捷键Shift+Alt并拖曳裁剪框，能以参考点◇为中心等比例缩放裁剪框。

在"裁剪工具" 🗗 的选项栏中可以选择裁剪的比例。例如，选择"1：1（方形）"比例，那么无论怎么拖曳裁剪框，图像的裁剪比例都是1：1，如图3-71所示。如果选择16：9的比例，就可以裁剪出宽屏壁纸和常见照片比例的效果，如图3-72所示。如果要清除比例的数值，可以单击选项栏中的"清除"按钮 清除 。

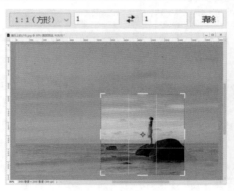

图3-71

图3-72

确定裁剪区域后，在选项栏中单击"拉直"按钮 ▱，在画面中拉出一条直线（也可以按住Ctrl键并拉出直线），那么裁剪出来的图像就会按这条直线的角度进行旋转，如图3-73所示。用这种方法可以很方便地校正倾斜的照片。

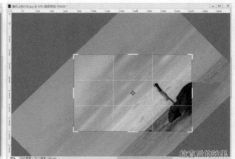

图3-73

在选项栏中单击"设置裁剪工具的叠加选项"按钮⊞，可以选择裁剪参考线的样式，其中常用的就是"三等分"样式。"三等分"样式基于三分原则，是摄影师拍摄时广泛使用的一种构图技巧。在画面中按照水平方向在1/3和2/3的位置建立两条水平线，按照垂直方向在1/3和2/3的位置建立两条垂直线，尽量将画面中重要的元素放在参考线的交点处，这样会产生非常舒服的视觉效果，如图3-74所示。

当裁剪框超出画布时就会扩展画布，扩展的区域会用背景色来填充，如图3-75所示。如果在选项栏中勾选"内容识别"选项，扩展的画布就会基于当前图像的最佳像素区域来补充缺失的画面，如图3-76所示。

图3-74

图3-75

图3-76

★ 重点

🖐 案例训练：用裁剪工具校正倾斜的照片

案例文件	学习资源>案例文件>CH03>案例训练：用裁剪工具校正倾斜的照片.psd
素材文件	学习资源>素材文件>CH03>素材05.jpg
难易程度	★☆☆☆☆
技术掌握	用"裁剪工具"校正倾斜的照片

在拍摄一些大场景时，相机稍微倾斜就会使照片倾斜，这时我们可以用"裁剪工具"◱的拉直功能对水平线进行校正，如图3-77所示。

01 在Photoshop中打开"学习资源>素材文件>CH03>素材05.jpg"文件，这是一张海边夕阳的照片。在工具箱中单击"裁剪工具"◱或者按C键激活裁剪框，可以发现水平线是倾斜的，如图3-78所示。

图3-77

图3-78

02 在选项栏中单击"拉直"按钮▭或者直接按住Ctrl键沿着水平线拖曳出一条直线，如图3-79所示。此时可以发现水平线已经被校正，如图3-80所示。确认裁剪区域后双击或者按Enter键完成裁剪，效果如图3-81所示。

图3-79

图3-80

图3-81

03 按快捷键Ctrl+Z还原操作，重新按C键激活裁剪框，并在选项栏中勾选"内容识别"选项，如图3-82所示。按Enter键完成裁剪，最终效果如图3-83所示。

图3-82

图3-83

知识课堂：用标尺工具校正倾斜的照片

用"标尺工具" ▬（快捷键为I）也可以校正倾斜的照片。在工具箱中选择"标尺工具" ▬，然后沿着水平线拖曳出一条直线，如图3-84所示，接着在选项栏中单击"拉直图层"按钮 ▬ 即可进行校正，但是"标尺工具" ▬ 没有内容识别功能，也就是说照片被校正后会丢失一部分内容（这部分内容可以用"裁剪工具" ▬ 裁掉），如图3-85所示。

图3-84

图3-85

👑 重点

☑ 学后训练：用裁剪工具构建完美摄影构图

案例文件	学习资源>案例文件>CH03>学后训练：用裁剪工具构建完美摄影构图.psd
素材文件	学习资源>素材文件>CH03>素材06.jpg
难易程度	★ ☆ ☆ ☆ ☆
技术掌握	根据三等分原则用"裁剪工具"构建完美构图

爱好摄影的读者经常会拍到一些非常美的照片，但是仔细查看后会发现构图可能存在缺陷，这时就可以用"裁剪工具" ▬ 的"三等分"参考线为照片进行二次构图，如图3-86所示。

图3-86

👑 重点

☑ 学后训练：用裁剪工具校正照片并重新构图

案例文件	学习资源>案例文件>CH03>学后训练：用裁剪工具校正照片并重新构图.psd
素材文件	学习资源>素材文件>CH03>素材07.jpg
难易程度	★ ☆ ☆ ☆ ☆
技术掌握	用"裁剪工具"校正倾斜角度并重新构图

通过之前的学习，相信大家已经掌握了"裁剪工具" ▬ 十分重要的两个功能，即校正倾斜和二次构图。本例通过一张既需要校正倾斜角度，又需要进行二次构图的照片来进行强化训练（大家也可以找一些自己拍摄的美景来进行练习），如图3-87所示。

图3-87

3.4.2 基于选区裁剪图像

菜单栏： 图像>裁剪

用选区工具（如"矩形选框工具" ▬）在画布中框选想要保留的图像，如图3-88所示，执行"图像>裁剪"菜单命令，可以裁掉选区之外的图像，如图3-89所示。

图3-88

图3-89

3.4.3 透视裁剪图像

工具箱: "透视裁剪工具" ▣ **快捷键: C**

"透视裁剪工具" ▣非常适合用于裁剪具有透视关系的图像,裁剪后会自动校正透视倾斜的角度。"透视裁剪工具" ▣的用法很简单,这里用一张透视图像来演示其具体操作方法。在Photoshop中打开"学习资源>素材文件>CH03>3.4>彩色铅笔.jpg"文件,在工具箱中选择"透视裁剪工具" ▣,然后在画布中画出想要保留的大概区域,如图3-90所示。接着通过拖曳控制点来精确定位图像的裁剪区域,如图3-91所示。双击画布或者按Enter键确认裁剪,裁剪完成的效果如图3-92所示。

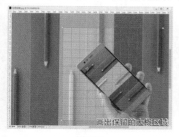

图3-90 　　　　　　　　　　图3-91 　　　　　　　　　　图3-92

3.5 图像变换、变形与自由变换

请大家注意,本节所讲的所有内容均是本书重中之重,无论是设计师还是想用Photoshop做一些简单办公设计的人,都必须掌握本节内容。另外,本节也会安排大量视觉效果非常突出的商业案例供大家学习。

图像变换分为变换和变形两种,其中变换又分为普通变换和智能对象变换两种,在实际工作中,基本上都可以用自由变换来代替这两种变换,如图3-93所示。普通变换和智能对象变换都包含定界框(智能对象变换的定界框有两条相交线,但功能与普通变换的定界框一样)、控制点和参考点3个组件,定界框用于包裹图像,控制点用于变换图像,参考点(参考点位置可以随意调整)用于定位图像变换的中心。变形包含变形网格和控制点两个组件,变形网格和控制点共同控制图像的变形效果。请大家记住一点,在对位图进行变换和变形前,一定要将图层转换为智能对象。

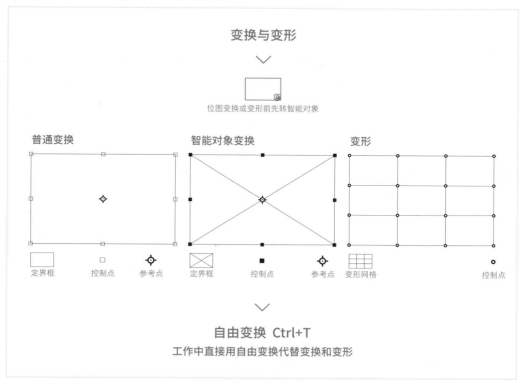

图3-93

📎 **知识链接: 智能对象记忆变换参数**

在对智能对象进行缩放、旋转等变换操作时,变换的参数会被记录在选项栏中。关于智能对象记忆变换参数的功能,请参阅"2.10.2 用智能对象做高清设计"中的相关内容。

打开"学习资源>素材文件>CH03>3.5>插画.psd"文件,该文件包含两个图层,下面用"狗狗"图层来进行练习,如图3-94所示。

图3-94

3.5.1 动手练变换与变形

"编辑>变换"子菜单中有一系列命令,其中有专门针对变换和变形的命令,也有直接变换(一次性达成效果)的命令,如图3-95所示。

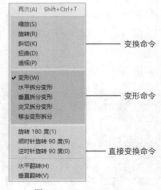

图3-95

☞ **图像的变换**

图像的变换包含缩放、旋转、斜切、扭曲和透视。

"缩放"命令的使用方法如图3-96所示。执行"编辑>变换>缩放"菜单命令,不按任何键,拖曳定界框或控制点,可以等比例缩放图像;按住Shift键并拖曳定界框或控制点,可以任意缩放图像;按住Alt键并拖曳定界框或控制点,可以基于变换参考点(以参考点为变换中心)等比例缩放图像。另外,在选项栏中可以设置缩放的百分比。

> ⑦ 疑难问答:为什么找不到参考点?
>
> 在默认情况下,Photoshop 2023的参考点处于隐藏状态。如果要将其调出来,可以执行"编辑>首选项>工具"菜单命令或者按快捷键Ctrl+K,在"工具"的选项卡中勾选"在使用'变换'时显示参考点"选项,如图3-97所示。关闭"首选项"对话框后,变换时就会显示参考点。
>
>
>
> 图3-97

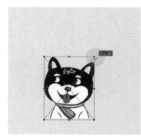

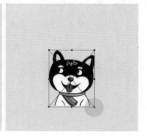

不按键,等比例缩放　　　　按住Shift键,任意缩放　　　　按住Alt键,基于变换参考点等比例缩放

图3-96

"旋转"命令的用法如图3-98所示。执行"编辑>变换>旋转"菜单命令,不按任何键,拖曳定界框或控制点,可以围绕参考点任意旋转图像;按住Shift键,可以以15°为基数旋转图像。另外,在选项栏中可以设置旋转的角度。

"斜切"命令、"扭曲"命令和"透视"命令都可以用于调整图像的透视,大家可以动手对这3个命令进行练习,配合相应的快捷键可以快速得到不同的变换效果,如图3-99所示。

不按键,任意缩放　　　　按住Shift键,以15°为基数旋转

图3-98

不按键斜切　　按住Alt键斜切　　按住Shift+Alt键斜切　　透视　　不按键扭曲　　按住Shift键扭曲　　按住Shift+Alt键扭曲

图3-99

☞ **图像的变形**

"变形"命令可以对图像的局部进行变形，常用于制作变形贴图或是对人体进行瘦身处理等。在图3-100中，执行该命令后，原始的定界框只有4条边框，拖曳图像会对图像进行整体变形（图a）；在选项栏中可以选择网格的其他预设，如3×3（图b）、4×4（图c）和5×5（图d），还可以自定网格的数量（图e）；在选项栏中还可以选择变形的预设效果（图f）；在选项栏中单击"交叉拆分变形"按钮⊞（图g）、"垂直拆分变形"按钮⊞（图h）和"水平拆分变形"按钮⊟（图i），可以在水平和垂直方向、垂直方向和水平方向对网格进行拆分。

| a 默认值 | b 3×3网格 | c 4×4网格 |

| d 5×5网格 | e 自定网格 | f 变形预设 |

| g 交叉拆分变形 | h 垂直拆分变形 | i 水平拆分变形 |

图3-100

⚠ **技巧提示：移去变形拆分**

在对网格进行拆分后，可以单独选择网格。选择拆分的某个网格，执行"编辑>变换>移去变形拆分"菜单命令，或者在网格上单击鼠标右键，在弹出的菜单中选择"移去变形拆分"命令，可以移去（删除）选中的网格，如图3-101所示。

图3-101

☞ **图像的直接变换**

"旋转180度"命令、"顺时针旋转90度"命令、"逆时针旋转90度"命令、"水平翻转"命令和"垂直翻转"命令都非常简单，直接执行命令就可以达到相应的效果，如图3-102所示。

| 旋转180度 | 顺时针旋转90度 | 逆时针旋转90度 |

| 水平翻转 | 垂直翻转 |

图3-102

👑 重点

👆 **案例训练：用扭曲和缩放设计时尚海报**

案例文件	学习资源>案例文件>CH03>案例训练：用扭曲和缩放设计时尚海报.psd
素材文件	无
难易程度	★☆☆☆☆
技术掌握	扭曲变换与缩放变换的用法

本例中的文字扭曲效果在近些年非常流行，如图3-103所示。这种类型的海报中主题文字的制作方法很简单，只需要使用变换中的"扭曲"命令就可以完成。

图3-103

01 按快捷键Ctrl+N新建一个文档，设置尺寸为60厘米×90厘米，"分辨率"为300像素/英寸，"颜色模式"为"CMYK颜色"，"背景内容"为"黑色"，如图3-104所示。

02 在工具箱中选择"横排文字工具" T.，在画布中输入文案in your world，在"字符"面板中选择一款又高又粗的字体（可任意选取），设置字体大小为398点，行距为346点，字距为-50，"颜色"为（C:15，M:5，Y:88，K:0)，并单击"全部大写字母"按钮 TT，将字母全部设置为大写，如图3-105所示。

图3-104　　　　　　图3-105

03 将文字图层转换为智能对象，执行"编辑>变换>扭曲"菜单命令，分别调整4个角上的控制点，将文字调整成图3-106所示的效果。调整完成后按Enter键确认操作。

04 执行"编辑>变换>缩放"菜单命令，将文字调整得大一些，如图3-107所示。调整完成后按Enter键确认操作。

图3-106　　　　　　图3-107

05 在工具箱中选择"矩形工具" □，在画布的右上角绘制一个黄色的矩形，如图3-108所示。输入相应的文案信息，如图3-109所示。

06 继续使用"横排文字工具" T.输入其他文案，完成海报的设计，最终效果如图3-110所示。

图3-108　　　　　图3-109　　　　　图3-110

👑 重点

3.5.2 加强版的自由变换

菜单栏： 编辑>自由变换　　**快捷键：** Ctrl+T

"自由变换"命令是"变换"命令的加强版，在实际工作中一般都会用该命令来进行持续变换，也就是说多个变换调整可以在自由变换模式下一次性调整完成，而不用每次变换都单独执行"变换"子菜单中的命令。例如，按快捷键Ctrl+T进入自由变换模式，可以先对图像进行缩放，然后在右键菜单中选择"透视"命令调整其透视，接着在右键菜单中选择"变形"命令调整其造型，如图3-111所示。

进入自由变换模式　　　　　缩放

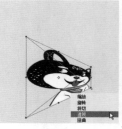

透视　　　　　　　　变形

图3-111

请大家注意，路径、路径上的锚点及选区也可以进行变换，如图3-112所示。如果选择的是路径，"自由变换"命令和"变换"命令将变成"自由变换路径"和"变换路径"命令；如果选择的是路径上的锚点，"自由变换"命令和"变换"命令将变成"自由变换点"和"变换点"命令；如果选择的是选区，执行"自由变换"命令或"变换"子菜单中的命令，会对选区及选区内的图像进行调整；如果想单独对选区进行变换，可以执行"选择>变换选区"菜单命令。

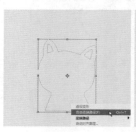

对路径进行变换　　　　　对路径上的锚点进行变换

对选区与选区内的图像进行变换　　　单独对选区进行变换

图3-112

◎ **知识课堂：用按键操控自由变换**

按快捷键Ctrl+T进入自由变换模式后，一般会使用按键来辅助进行各种变换操作。这些按键一般是Ctrl键、Shift键、Alt键或这3个键的组合，如表3-1所示（以矩形为例）。

表3-1

示例	快捷键	操作	变换效果
	无快捷键	拖曳定界框的任意边或任意控制点，可以等比例缩放图像	
		在定界框外拖曳可以自由旋转图像，精确至0.1°	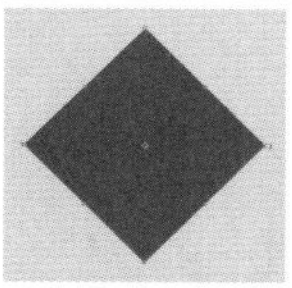
	按住Shift键	拖曳定界框的任意边或任意控制点，可以任意缩放图像	
		在定界框外拖曳可以以15°为基数旋转图像	
	按住Shift+Ctrl键	拖曳定界框4个角上的控制点，可以形成直角梯形	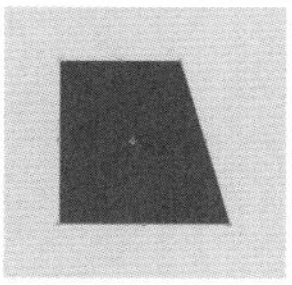
		拖曳定界框边上的控制点，可以形成固定高度或固定宽度的平行四边形	
	按住Shift+Alt键	拖曳定界框4个角上的控制点，可以将参考点作为中心点任意缩放图像	
		拖曳定界框的任意边或边上的控制点，可以将参考点作为中心点横向或纵向缩放矩形	
	按住Ctrl键	拖曳定界框4个角上的控制点，可以形成四边形	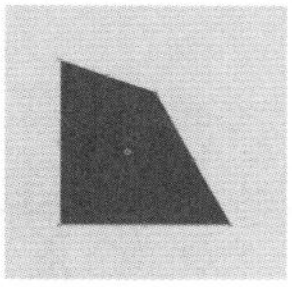
		拖曳定界框边上的控制点，可以形成平行四边形	

续表

示例	快捷键	操作	变换效果
	按住Ctrl+Alt键	拖曳定界框4个角上的控制点，可以将参考点作为中心点形成相邻两角位置不变的平行四边形	
		拖曳定界框边上的控制点，可以将参考点作为中心点形成平行四边形	
	按住Alt键	拖曳定界框的任意边或任意控制点，可以将参考点作为中心点等比例缩放图像	
	按住Shift+Ctrl+Alt键	拖曳定界框4个角上的控制点，可以形成等腰梯形	
		拖曳定界框边上的控制点，可以将参考点作为中心点形成等高或等宽的平行四边形	

通过以上变换效果，可以得出一个结论：Ctrl键可以使变换更加自由，Shift键可以用来控制方向、旋转角度等，Alt键主要用来控制变换中心。

👑 重点

🖐 案例训练：通过自由变换设计公路文字特效

案例文件	学习资源>案例文件>CH03>案例训练：通过自由变换设计公路文字特效.psd
素材文件	学习资源>素材文件>CH03>素材08.jpg、素材09.psd
难易程度	★★☆☆☆
技术掌握	通过"自由变换"命令调整透视与变形

在设计网站上，我们经常可以看到一些透视感很强的公路文字特效，用自由变换配合混合颜色带很容易就可以制作出这种文字特效，如图3-113所示。

01 按快捷键Ctrl+N新建一个尺寸为60厘米×90厘米、"分辨率"为150像素/英寸、"颜色模式"为"CMYK颜色"的文档，将"学习资源>素材文件>CH03>素材08.jpg"文件拖曳至画布中，如图3-114所示。通过拖曳控制点放大图像，使图像铺满画布，如图3-115所示。

图3-113

图3-114

图3-115

02 执行"滤镜>模糊>高斯模糊"菜单命令，在弹出的"高斯模糊"对话框中将"半径"设置为60像素，如图3-116所示，这样可以使图像产生大范围模糊的效果，效果如图3-117所示。

03 在工具箱中选择"矩形工具"，在画布中绘制一个大小合适的矩形，在选项栏中将"描边"的颜色设置为白色，描边的宽度设置为5像素，如图3-118所示。

04 选择"素材08"图层，按快捷键Ctrl+J将其复制一份，得到"素材08拷贝"图层，将其放在"矩形1"图层的上一层，单击并拖曳"智能滤镜"到"删除图层"按钮上，删除智能滤镜，如图3-119所示。按快捷键Alt+Ctrl+G将"素材08拷贝"图层设置为"矩形1"图层的剪贴蒙版，效果如图3-120所示。

图3-116

图3-117

图3-118

图3-119

图3-120

05 在工具箱中选择"横排文字工具"，在画布中输入Photoshop 2023，在"字符"面板中选择一款粗体字体（本例选择的字体为"方正兰亭特黑_GBK"），设置字体大小为200点，行距为250点，字距为5，字体颜色为白色，如图3-121所示。在"段落"面板中将文本的对齐方式设置为"居中对齐文本"，如图3-122所示。

06 在画布中双击文本图层，选择Photoshop文本，在"字符"面板中将字体大小修改为150点，如图3-123所示。

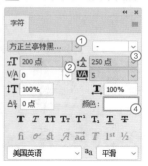
图3-121

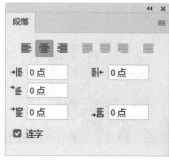
图3-122

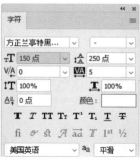
图3-123

07 将文本转换为智能对象，按快捷键Ctrl+T进入自由变换模式，按住Ctrl键并拖曳4个角上的控制点，将其调整成图3-124所示的透视效果。在画布中单击鼠标右键，在弹出的菜单中选择"变形"命令，如图3-125所示。轻轻向下拖曳变形网格的顶部，使Photoshop文本呈现一种凹的造型，如图3-126所示。变形完成后按Enter键确认操作，效果如图3-127所示。

图3-124

图3-125

图3-126

图3-127

08 执行"图层>图层样式>混合选项"菜单命令，打开"图层样式"对话框，在"混合颜色带"选项组中向右拖曳"下一图层"的黑色滑块，使文本与公路的颜色进行混合，如图3-128所示，效果如图3-129所示。

09 将"素材09.psd"文件拖曳至画布中，并将其放在画布的上部，最终效果如图3-130所示。

图3-128　　　　　　　　　　　　　　图3-129　　　　　　　　图3-130

> 🔗 **知识链接：混合颜色带**
> 关于"混合颜色带"的具体讲解请参阅"4.7.2 混合颜色带抠图法"中的相关内容。

👍 重点

📝 学后训练：通过自由变换将户外广告添加到样机上

案例文件	学习资源>案例文件>CH03>学后训练：通过自由变换将户外广告添加到样机上.psd
素材文件	学习资源>素材文件>CH03>素材10.psd、素材11.jpg
难易程度	★☆☆☆☆
技术掌握	自由变换用法的练习

设计师在设计好作品后，经常需要向客户展示效果。例如，本例需要设计一款车展广告，为了更真实地向客户展示广告的安装效果，设计师需要将作品放到样机上给客户看，如图3-131所示。

图3-131

👍 重点

3.5.3 再次变换与再制变换

菜单栏：编辑>变换>再次　　再次变换快捷键：Shift+Ctrl+T　　再制变换快捷键：Shift+Ctrl+Alt+T

再次变换和再制变换属于变换中的高级功能。请大家注意，这两个功能应用在智能对象上会出现一些预想不到的问题，因此最好对非智能对象应用这两个功能。

利用再次变换功能可以对变换的对象进行2次、3次，或者多次变换。先按快捷键Ctrl+T进入自由变换模式，然后将狗狗图像顺时针旋转30°，并按Enter键完成旋转变换，接着执行"编辑>变换>再次"菜单命令或者按快捷键Shift+Ctrl+T，可以按照刚进行的旋转操作再次旋转狗狗图像，如图3-132所示。如果继续按快捷键Shift+Ctrl+T，狗狗图像还会继续旋转。

进入自由变换模式　　　顺时针旋转30°　　　按Enter键完成旋转变换　　　按快捷键Shift+Ctrl+T再次变换

图3-132

再制变换是指再次变换的同时复制对象，这是一个非常重要的功能。先复制一个狗狗图像，并将参考点调整到右下角，同时缩小狗狗图像，然后继续将狗狗图像顺时针旋转15°，并按Enter键完成变换操作，接着按多次快捷键Shift+Ctrl+Alt+T，可以按照变换规律边变换边复制狗狗图像，形成一种规律性的螺旋特效，如图3-133所示。

复制一个狗狗，调整参考点并缩小图像 顺时针旋转15° 按Enter键完成变换操作 连续按多次快捷键Shift+Ctrl+Alt+T再次变换

图3-133

👑重点

✋ **案例训练：通过再制变换设计一组特效海报**

案例文件	学习资源>案例文件>CH03>案例训练：通过再制变换设计一组特效海报.psd
素材文件	无
难易程度	★★☆☆☆
技术掌握	巧用再制变换功能设计一些规律性很强的图形

下面用再制变换功能设计一组入门级特效海报，如图3-134所示。这组海报中的图形具有很强的规律性，巧用参考点配合再制变换功能就可以快速完成。

`01` 下面先设计第1幅海报。按快捷键Ctrl+N新建一个尺寸为19厘米×25厘米的画板（勾选"画板"选项），设置"分辨率"为300像素/英寸，"颜色模式"为"RGB颜色"，"背景内容"为"透明"，单击"创建"按钮，如图3-135所示。

  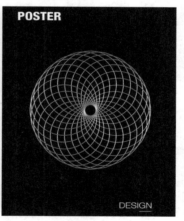

图3-134

图3-135

`02` 执行"图层>新建填充图层>纯色"菜单命令，在弹出的"拾色器（纯色）"对话框中设置填充色为（R:8，G:39，B:74），如图3-136所示。

① **技巧提示：颜色值不需要很精确**

本案例提供的颜色值均为参考，颜色值不需要很精确，大家可以选择自己喜欢的颜色进行制作。

图3-136

03 在工具箱中选择"矩形工具" ▢，在画布中绘制一个矩形，在选项栏中设置"填充"为无填充，"描边"为"渐变"，同时选择一种"淡蓝色→蓝色"的渐变，设置渐变类型为"线性"、渐变角度为-66°，设置描边宽度为9像素，如图3-137所示。

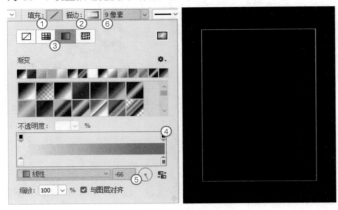

图3-137

04 按快捷键Ctrl+J将矩形复制一份，按快捷键Ctrl+T对复制的矩形进行自由变换。先将矩形缩小一点，如图3-138所示，然后将矩形逆时针旋转到图3-139所示的位置，变换完成后按Enter键确认操作。

图3-138　　　　　　　　图3-139

05 按若干次快捷键Shift+Ctrl+Alt+T（不要按太快），使矩形按照上一步的自由变换进行再制变换，效果如图3-140所示。继续按若干次快捷键Shift+Ctrl+Alt+T，再次进行再制变换，效果如图3-141所示。

图3-140　　　　　　　　图3-141

> ① 技巧提示：再制变换出错
> 　　在对图形进行再制变换时，按快捷键的速度不要太快，否则容易出错。如果在再制变换的过程中出现变换错误，可以按快捷键Ctrl+Z先还原操作，然后继续按快捷键Shift+Ctrl+Alt+T进行再制变换。

06 使用"横排文字工具" T 在画板中输入文案信息，完成第1幅海报的设计，最终效果如图3-142所示。

07 下面设计第2幅海报。在"图层"面板中选择"画板1"图层，如图3-143所示。按快捷键Ctrl+J复制一份画板，并将其命名为"画板2"，如图3-144所示。删除"画板2"图层中所有的图形，效果如图3-145所示。

图3-142　　　　　　　　图3-143

图3-144　　　　　　　　图3-145

08 在工具箱中选择"椭圆工具" ◯，按住Shift键并在画布中绘制一个圆形，在选项栏中设置"填充"为"渐变"，选择一种"淡蓝色→蓝色"的渐变，设置渐变类型为"径向"、渐变角度为90°，设置"描边"为无颜色，描边宽度为1像素，如图3-146所示。

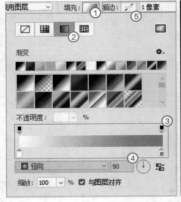 

图3-146

09 按快捷键Ctrl+J将圆形复制一份，并按快捷键Ctrl+T进入自由变换模式，先将参考点放在图3-147所示的位置，然后将圆形旋转一定的角度，如图3-148所示，接着将圆形缩小一点，并微调好位置，如图3-149所示。变换完成后按Enter键确认操作。

图3-147　　　　图3-148　　　　图3-149

10 按若干次快捷键Shift+Ctrl+Alt+T（不要按太快），使圆形按照上一步的自由变换进行再制变换，效果如图3-150所示。

11 选择所有的圆形，按快捷键Ctrl+E将其合并为一个形状图层，然后按快捷键Ctrl+J将形状图层复制一份，接着按快捷键Ctrl+T进入自由变换模式，将参考点拖曳至图3-151所示的位置，最后按住Shift键将形状顺时针旋转30°，如图3-152所示。变换完成后按Enter键确认操作。

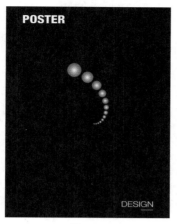

图3-150

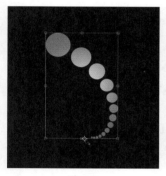

图3-151

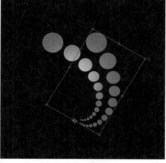

图3-152

12 按10次快捷键Shift+Ctrl+Alt+T（不要按太快），将图形按照上一步的自由变换进行再制变换，效果如图3-153所示。选择所有的图形，按快捷键Ctrl+E将其合并为一个形状图层，完成这幅海报的设计，最终效果如图3-154所示。

图3-153

图3-154

13 下面设计第3幅海报。在"图层"面板中选择"画板2"图层，按快捷键Ctrl+J复制一份画板，并将其命名为"画板3"，删除"画板3"图层中所有的图形。选择"椭圆工具"，按住Shift键并在画布中绘制一个圆形，在选项栏中设置"填充"为无填充，

"描边"为"渐变"，同时选择一种"淡蓝色→蓝色"的渐变，设置渐变类型为"对称的"、渐变角度为90°，设置描边宽度为9像素，如图3-155所示。

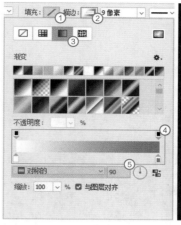

图3-155

14 按快捷键Ctrl+J将圆形复制一份，并按快捷键Ctrl+T进入自由变换模式，先将参考点放在图3-156所示的位置，然后按住Shift键将圆形旋转15°，如图3-157所示。变换完成后按Enter键确认操作。

15 按若干次快捷键Shift+Ctrl+Alt+T（不要按太快），将圆形按照上一步的自由变换进行再制变换，完成这幅海报的设计，最终效果如图3-158所示。

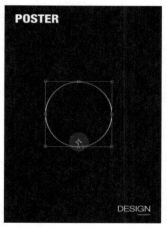

图3-156

图3-157

图3-158

👑 重点
📝 学后训练：通过再制变换设计商务剪影海报

案例文件	学习资源>案例文件>CH03>学后训练：通过再制变换设计商务剪影海报.psd
素材文件	学习资源>素材文件>CH03>素材12.psd、素材13.png
难易程度	★★☆☆☆
技术掌握	自由变换与再制变换的运用

本例是一款剪影风格的商务海报，如图3-159所示。本例的难点在于绘制用于再制变换的图形，只要绘制出图形，几步就可以完成设计。

图3-159

👑 重点
📝 学后训练：通过再制变换设计爱情艺术海报

案例文件	学习资源>案例文件>CH03>学后训练：通过再制变换设计爱情艺术海报.psd
素材文件	学习资源>素材文件>CH03>素材14.png
难易程度	★☆☆☆☆
技术掌握	巧用再制变换功能设计一些规律性很强的图形

本例是一款爱情艺术海报，继续对再制变换功能的用法进行强化训练，如图3-160所示。

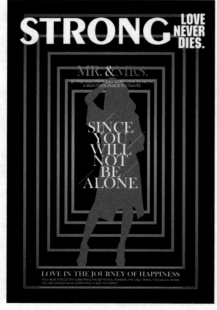

图3-160

3.6 高级变形

除了普通变换与变形，Photoshop还有一些高级变形功能，如透视变形、操控变形和内容识别缩放，如图3-161所示。

图3-161

3.6.1 透视畸变校正的两种实用方法

打开"学习资源>素材文件>CH03>3.6>建筑.jpg"文件，可以看到这张照片中的主体建筑有点倾斜，如图3-162所示。拍摄高大建筑时视角较低，由于竖直的线向消失点集中，因此会产生透视畸变。可以通过以下两种方法来校正透视畸变。

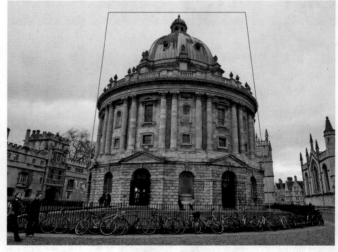

图3-162

👉 用透视变形校正---
菜单栏：编辑>透视变形

执行"编辑>透视变形"菜单命令，在照片上画一个透视网格，如图3-163所示。如果要对照片的整体透视进行调整，可以拖曳控制点调整透视网格的大小，使其覆盖整张照片，如图3-164所示，单击选项栏中的"变形"按钮 变形，将顶部的两个控制点向两侧拖曳，这样就可以校正整张照片的透视畸变（确定好透视关系后按Enter键完成操作），如图3-165所示。

图3-163

图3-164

图3-165

如果要对照片的局部进行调整，可以先将主体框出来，如图3-166所示，然后按照建筑当前的透视调整好控制点，如图3-167所示，接着单击选项栏中的"变形"按钮 ，再单击"自动拉直接近垂直的线段"按钮 ，这样就可以校正主体对象的透视畸变，如图3-168所示。需要注意的是，校正局部透视时很容易丢失部分图像，丢失的部分可以用"裁剪工具" 将其裁掉。

图3-166

图3-167

图3-168

☞ 用透视变换校正---

菜单栏：编辑>变换>透视

图像的变换中有一个"透视"功能，这个功能也可以用于校正图像的透视。单击"背景"图层右侧的 按钮，将"背景"图层解锁，执行"编辑>变换>透视"菜单命令，向右拖曳定界框右上角的控制点即可进行校正，如图3-169所示。注意，这种方法比较适合校正整幅图像的透视。

⭐ 重点

3.6.2 通过操控变形调整对象造型

菜单栏：编辑>操控变形

"操控变形"是一种变形网格，在网格上添加图钉，可以随意调整人物、动物及特定对象的造型。打开"学习资源>素材文件>CH03>3.6>火烈鸟.psd"文件，如图3-170所示。下面用该文件来介绍"操控变形"的操作方法。

图3-169

图3-170

选择"火烈鸟"图层，执行"编辑>操控变形"菜单命令，火烈鸟身上就会布满网格，如图3-171所示，在火烈鸟身上的关键位置添加图钉，如图3-172所示，拖曳图钉就可以修改火烈鸟的造型，如图3-173所示。

图3-171　　　　　　　　　　图3-172　　　　　　　　　　图3-173

> ⓘ **技巧提示：非破坏性操控变形**
> 操控变形与变换都会降低图像的品质。如果要以非破坏性的方式使对象变形，可以在变形之前将对象转换为智能对象。

在"操控变形"的选项栏中，"模式""密度"和"旋转"这3个选项比较重要。

操控变形的"模式"有3种。"刚性"模式的变形效果比较精确，但过渡效果不够柔和；"正常"模式的变形效果比较准确，过渡效果比较柔和，一般都用这种模式；"扭曲"模式可以在变形的同时创建透视效果，如图3-174所示。

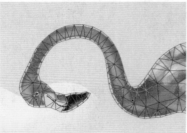

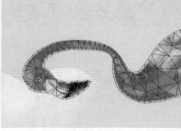

刚性模式　　　　　　　　　　正常模式　　　　　　　　　　扭曲模式

图3-174

"密度"是指网格的密度。在选择"较少点"选项时，网格点数量比较少，可添加的图钉数量也较少，并且图钉之间需要间隔较大的距离；在选择"正常"选项时，网格点数量适中；在选择"较多点"选项时，网格点非常细密，可添加的图钉数量也很多，如图3-175所示。

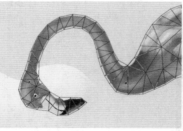
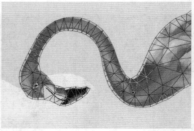
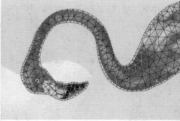

较少点　　　　　　　　　　正常　　　　　　　　　　较多点

图3-175

"旋转"选项用于旋转图钉。在选择"自动"选项时，可以通过拖曳图钉对图像进行变形，Photoshop会自动对图像进行旋转处理，如图3-176所示。在选择"固定"选项时，可以手动输入旋转的角度，如图3-177所示。按住Alt键并将鼠标指针放在图钉范围之外会显示旋转框，拖曳旋转框可以旋转图钉，如图3-178所示。

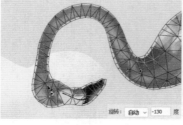
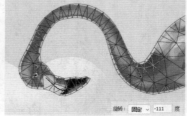
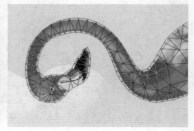

图3-176　　　　　　　　　　图3-177　　　　　　　　　　图3-178

3.6.3 通过内容识别缩放保护重要对象

菜单栏：编辑>内容识别缩放　**快捷键：**Alt+Shift+Ctrl+C

打开"学习资源>素材文件>CH03>3.6>人像.jpg"文件，并解锁"背景"图层。按快捷键Ctrl+T进入自由变换模式，对人像进行缩放，可以发现人像会被压扁，如图3-179所示。执行"编辑>内容识别缩放"菜单命令或者按快捷键Alt+Shift+Ctrl+C，对人像进行缩放，可以发现缩放时只会影响背景，而人像不会发生变化，如图3-180所示。这就是"内容识别缩放"命令的功能，即在缩放图像时保护重要的内容（如人物、建筑、动物等）。注意，"内容识别缩放"命令不能应用于智能对象。

图3-179　　　　　　图3-180

在"内容识别缩放"命令的选项栏中，"保护"选项与"保护肤色"按钮是比较重要的。

在默认情况下，"保护"选项的下拉列表中只有一个"无"选项，只有将选区存储为Alpha通道后才能选择其他选项。先用"套索工具"将人像勾出来，如图3-181所示，然后单击"通道"面板下方的"将选区存储为通道"按钮，将选区存储到Alpha1通道中，如图3-182所示，接着执行"编辑>内容识别缩放"菜单命令，在选项栏中设置"保护"选项为Alpha1，再对图像进行缩放。在缩放的过程中，Alpha1通道中的人像就会受到保护，如图3-183所示。

图3-181

图3-182　　　　　　图3-183

执行"编辑>内容识别缩放"菜单命令，在选项栏中单击"保护肤色"按钮，在缩放的过程中，Photoshop会自动保护肤色区域。

案例训练：通过内容识别缩放将竖幅照片改为横幅照片

案例文件	学习资源>案例文件>CH03>案例训练：通过内容识别缩放将竖幅照片改为横幅照片.psd
素材文件	学习资源>素材文件>CH03>素材15.jpg
难易程度	★☆☆☆☆
技术掌握	通过内容识别缩放修改人像与背景比较接近的照片

对于人像在画面中比较突出的照片，用"内容识别缩放"命令可以轻松达到想要的缩放效果。但是，当人像与背景比较接近时，常规的缩放方法就无法满足要求了。在本例中，我们将一张竖幅照片改为横幅照片，直接用"内容识别缩放"命令进行缩放无法完成缩放要求，即使用选区来保护人像，也需要两次才能完成缩放，如图3-184所示。

图3-184

01 按快捷键Ctrl+O打开"学习资源>素材文件>CH03>素材15.jpg"文件，这是一张女孩手持相机拍照的照片，如图3-185所示。

02 将"背景"图层解锁，执行"图像>画布大小"菜单命令或者按快捷键Alt+Ctrl+C，打开"画布大小"对话框，设置"宽度"为4300像素，如图3-186所示。画布效果如图3-187所示。

图3-185　　　　　　图3-186

图3-187

03 执行"编辑>内容识别缩放"菜单命令或者按快捷键Alt+Shift+Ctrl+C，然后按住快捷键Shift+Alt并向右拖曳定界框右侧的控制点，使照片与画布大小相同，可以发现人像发生了严重的变形，如图3-188所示。在选项栏中单击"保护肤色"按钮，激活人像皮肤的保护功能，可以发现人像发生了更为严重的变形，如图3-189所示。按Esc键取消操作。

图3-188　　　　　　　　图3-189

04 在工具箱中选择"套索工具"，将人像的大致区域勾画出来，如图3-190所示。在"通道"面板下方单击"将选区存储为通道"按钮，将选区存储到一个新的Alpha1通道中，如图3-191所示。选区存储完成后按快捷键Ctrl+D取消选区。

图3-190　　　　　　　　图3-191

05 按快捷键Alt+Shift+Ctrl+C执行"内容识别缩放"命令，在选项栏中将"保护"设置为Alpha1通道，同时单击"保护肤色"按钮，然后按住快捷键Shift+Alt并向右拖曳定界框右侧的控制点，在人像快要发生变形时停止缩放，如图3-192所示。缩放完成后按Enter键完成操作。

06 再次按快捷键Alt+Shift+Ctrl+C执行"内容识别缩放"命令，同样在选项栏中将"保护"设置为Alpha1通道，然后按住快捷键Shift+Alt向右拖曳定界框右侧的控制点，使照片铺满画布，如图3-193所示。缩放完成后按Enter键完成缩放操作。

图3-192

图3-193

3.7 用图框与剪贴蒙版排版

BOSS： 快做一张宣传单，这是照片和文案。
刚入行的设计师： 这么多照片啊？
BOSS： 速度！
刚入行的设计师： ……

BOSS要求设计一张图3-194所示的蛋糕宣传单。这张宣传单中有很多张蛋糕照片，难道我们需要单独将每张照片都处理成圆形和矩形吗？答案是否定的。用"图框工具"或剪贴蒙版可以快速排列这些照片，因为它们都可以通过一个对象（图框或某个图层）控制图像的显示范围，如图3-195所示。

图3-194

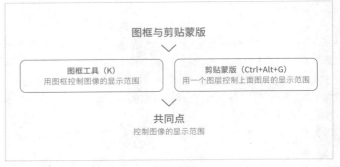

图3-195

打开"学习资源>素材文件>CH03>3.7"文件夹中的"平板.psd"和"壁纸.jpg"文件，如图3-196和图3-197所示。下面用这两个文件来介绍"图框工具"和剪贴蒙版的具体用法，选择"平板.psd"文件，准备下面的操作。

图3-196　　　　　　　　图3-197

👑重点

3.7.1 图框工具

工具箱:"图框工具" ☒   **快捷键:K**

在工具箱中选择"图框工具"☒或者按K键,在画布中绘制一个图框(默认为矩形图框),如图3-198所示,然后拖曳控制点将图框调整到与平板屏幕相同的大小,如图3-199所示,接着将"壁纸.jpg"文件拖曳至图框中,此时图框内就会显示壁纸,而图框外则不会显示,如图3-200所示。

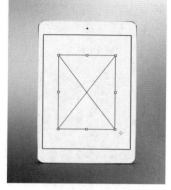

图3-198

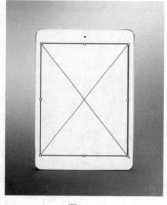

图3-199

图3-200

图框在"图层"面板中的结构如图3-201所示。图框分为图框与图层两个部分,图框用于控制图框的大小,图层则用于控制图像(拖曳图框中的图像会自动转换为智能对象)的大小,选择其中一个可以单独对其进行调整。例如,选择图框并对其进行缩小,图像的大小不会受到影响,如图3-202所示。选择图层并缩小它,图框也不会受到影响,如图3-203所示。选择图框,按住Shift键或Ctrl键并单击图层缩览图,可以加选图层并进行缩小,此时图框与图像都会被缩小,如图3-204所示。

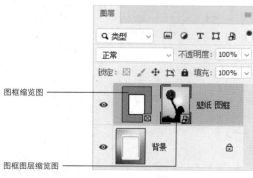

图框缩览图 ————

图框图层缩览图 ————

图3-201

图3-202

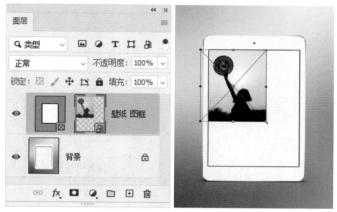

图3-203

图3-204

除了可以绘制矩形图框,还可以绘制椭圆图框。在选项栏中单击"使用鼠标创建新的椭圆图框"按钮☒,可以在画布中绘制椭圆图框,如图3-205所示。另外,也可以将普通图层和形状图层转换为图框。例如,用"自定形状工具"☒随意绘制一个形状,如图3-206所示,执行"图层>新建>转换为图框"菜单命令,可以将形状转换为图框(通过这种方法可以得到很多复杂的图框),如图3-207所示。

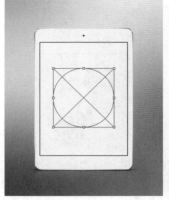

图3-205

图3-206

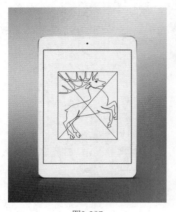

图3-207

01 按快捷键Ctrl+O打开"学习资源>素材文件>CH03>素材16.psd"文件，如图3-209所示。将"素材17.jpg"文件拖曳至画布中，并调整好其大小和位置，在画面中突出牛排，如图3-210所示。

图3-209

图3-210

02 按K键选择"图框工具"，在画布中绘制一个大小合适的矩形图框，如图3-211所示。在"属性"面板中，设置"描边"的颜色为白色，描边宽度为10像素，如图3-212所示。

> ① 技巧提示：在像素图层上绘制图框
>
> 在像素图像（智能对象、形状、"背景"图层除外）上绘制图框时，像素图像会自动嵌入图框中并成为智能对象。

图3-211

 重点

✍ 案例训练：用图框设计美食宣传单

案例文件	学习资源>案例文件>CH03>案例训练：用图框设计美食宣传单.psd
素材文件	学习资源>素材文件>CH03>素材16.psd、素材17.jpg~素材20.jpg
难易程度	★☆☆☆☆
技术掌握	用"图框工具"进行排版

本例需要设计一张牛排宣传单，如图3-208所示。美食类宣传单对插图的排版要求是比较高的，需要表现出食物的诱惑力。

图3-208

图3-212

03 按住快捷键Shift+Alt并使用"移动工具" ⊕ 向右拖曳图框，复制出两个图框，如图3-213所示。

04 将"素材18.jpg"文件拖曳至图框中，然后选择图层，调整好图片大小及其在图框中显示的区域，让食物在图框中突出显示，如图3-214所示。接着将其他素材也拖曳至相应的图框中，完成宣传单的设计，最终效果如图3-215所示。

图3-213

图3-214   图3-215

♛ 重点

✍ 学后训练：用图框设计饮品促销宣传单

案例文件	学习资源>案例文件>CH03>学后训练：用图框设计饮品促销宣传单.psd
素材文件	学习资源>素材文件>CH03>素材21.psd、素材22.jpg~素材24.jpg
难易程度	★☆☆☆☆
技术掌握	用"图框工具"排插图

本例需要设计一张饮品宣传单，可以继续强化训练"图框工具" ⊠ 的用法，如图3-216所示。

图3-216

♛ 重点

3.7.2 剪贴蒙版

菜单栏： 图层>创建剪贴蒙版　　**快捷键：** Alt+Ctrl+G

剪贴蒙版可以用一个图层中的内容来控制位于它上面的图像的显示范围，并且可以针对多个图像，常用于排版和调色。

先用"矩形工具" ▢ 绘制一个与平板屏幕大小相同的矩形（颜色随意），如图3-217所示，然后将"壁纸.jpg"文件拖曳至画布中，如图3-218所示，接着执行"图层>创建剪贴蒙版"菜单命令或者按快捷键Alt+Ctrl+G，可以发现壁纸的显示区域受到了矩形的影响，如图3-219所示。

图3-217　　　　　　图3-218　　　　　　图3-219

> ① **技巧提示：用快捷方式创建剪贴蒙版**
>
> 先按住Alt键，然后将鼠标指针放在"矩形1"图层和"壁纸"图层之间的分隔线上，待鼠标指针变成 ↓▢ 形状时单击，可以快速创建剪贴蒙版，如图3-220所示。

图3-220

剪贴蒙版的结构如图3-221所示。在一个剪贴蒙版组中，至少包含两个图层，处于最下面的图层为基底图层，位于其上面的图层统称为内容图层。在创建剪贴蒙版后，内容图层左侧会出现一个 ↓ 标记。其中基底图层负责控制内容图层的显示范围，如果对基底图层进行移动和变换等操作，那么上面的图像也会受到影响，如图3-222所示。内容图层可以是一个，也可以是多个，对内容图层的操作不会影响基底图层，但是在对内容图层进行移动和变换等操作时，其显示范围也会随之发生变化，如图3-223所示。

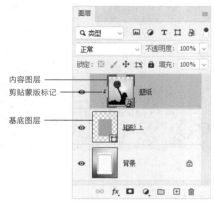

图3-221

图3-222　　　　　　　　　　图3-223

创建剪贴蒙版以后，如果要释放剪贴蒙版，可以执行"图层>释放剪贴蒙版"菜单命令或者按快捷键Alt+Ctrl+G；也可以先按住Alt键，然后将鼠标指针放置在两个图层之间的分隔线上，待鼠标指针变成 状时单击即可释放。

♛重点

案例训练：用剪贴蒙版设计城市旅游广告

案例文件	学习资源>案例文件>CH03>案例训练：用剪贴蒙版设计城市旅游广告.psd
素材文件	学习资源>素材文件>CH03>素材25.jpg~素材29.jpg
难易程度	★★☆☆☆
技术掌握	形状的风格及剪贴蒙版的用法

本例是一张创意风格的城市旅游广告设计作品（旅游广告要体现城市的特色，同时也要具有创意），在技术上用到了形状分割和剪贴蒙版技术，如图3-224所示。

01 按快捷键Ctrl+N新建一个尺寸为60厘米×90厘米、"分辨率"为150像素/英寸、"颜色模式"为"CMYK颜色"、"背景内容"为"白色"的文档，设置前景色为（C:96，M:98，Y:58，K:41），按快捷键Alt+Delete用前景色填充"背景"图层，如图3-225所示。

图3-224　　　　　　　　　　图3-225

02 使用"横排文字工具" 在画布中输入字母B（选择一款无衬线且较粗的字体），如图3-226所示。执行"文字>转换为形状"菜

单命令，将文字转换为矢量形状，按快捷键Ctrl+T进入自由变换模式，将文字形状在水平方向压扁一些，如图3-227所示。

图3-226　　　　　　　　图3-227

03 使用"矩形工具" 绘制一个图3-228所示的矩形，按住快捷键Shift+Alt并使用"移动工具" 向下拖曳，复制出4个矩形，如图3-229所示。

图3-228　　　　　　　　图3-229

04 将5个矩形的"不透明度"分别修改为90%、80%、70%、60%和50%，这样可以直观地看到下面的文字形状，如图3-230所示。选择所有的矩形，按快捷键Ctrl+T进入自由变换模式，按住Shift键将这些矩形逆时针旋转60°，如图3-231所示。

图3-230　　　　　　　　图3-231

05 将文字B形状也复制4层，同时选择一个矩形和一个B形状，执行"图层>合并形状>统一重叠处形状"菜单命令，这样可以将B形状的一块单独切割出来，如图3-232所示。用其他的B形状和矩形切割出其他的形状，如图3-233所示。

图3-232　　　　　　　　图3-233

06 将分割出来的形状的"不透明度"均改为100%，用"移动工具" ⊕ 分别调整各个形状的位置，按照图3-234所示的编号对形状图层进行命名。

07 将"学习资源>素材文件>CH03>素材25.jpg"文件拖曳至画布中，并将其置于1图层的下方并调整好大小和位置，如图3-235所示。执行"图层>创建剪贴蒙版"菜单命令或者按快捷键Alt+Ctrl+G，将"素材25"图层设置为1图层的剪贴蒙版，这样"素材25"图层的显示范围就会受到1图层的控制，如图3-236所示。

图3-234

图3-235

图3-236

08 将其他素材也拖曳至画布中，并调整好其大小与位置，同时将这些素材设置为与之对应的形状的剪贴蒙版，完成的效果如图3-237所示。

09 在画面中添加相应的装饰图案与文案信息，最终效果如图3-238所示。

图3-237

图3-238

☑ **学后训练：用剪贴蒙版设计电商详情页**

👑 重点

案例文件	学习资源>案例文件>CH03>学后训练：用剪贴蒙版设计电商详情页.psd
素材文件	学习资源>素材文件>CH03>素材30.psd
难易程度	★★★☆☆
技术掌握	简单详情页的设计；常见电商平台的详情页尺寸输出

相比于前面的案例，本例的设计难度稍微大一些，如图3-239所示。其中涉及的一些技术将在后面内容中详细讲解，不过都非常简单，如简单光效制作及简单蒙版的合成等。此外，本例并非一个完整的详情页设计，实际工作中的详情页设计可能比本例更复杂，不过制作思路和方法基本相同。

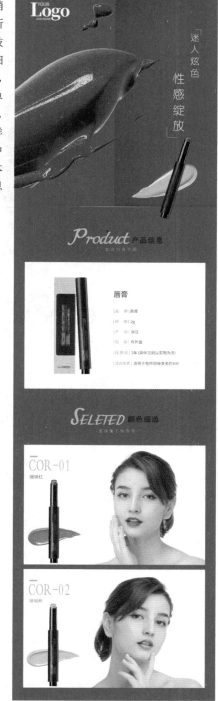

图3-239

3.8 综合训练营

本章最重要的内容是自由变换与剪贴蒙版，因此本节安排了3个针对自由变换的综合训练案例，以及一个针对剪贴蒙版的综合训练案例。

👑重点

🎞 综合训练：设计街舞培训展板

案例文件	学习资源>案例文件>CH03>综合训练：设计街舞培训展板.psd
素材文件	学习资源>素材文件>CH03>素材31.psd、素材32.png
难易程度	★★★☆☆
技术掌握	用操控变形功能修改人物动作并设计故障风特效

本例是一个很实用的案例，如在设计一幅户外海报时，如果人物手部、脚部等部位的动作不符合设计要求，就可以用"操控变形"功能修改其动作，如图3-240所示。

图3-240

👑重点

🎞 综合训练：设计时尚剪纸风海报

案例文件	学习资源>案例文件>CH03>综合训练：设计时尚剪纸风海报.psd
素材文件	无
难易程度	★★☆☆☆
技术掌握	自由变换并拷贝与再制变换

本例是一款时尚剪纸风格的海报，如图3-241所示。本例在技术上会用到前面提及多次的再制变换。

图3-241

👑重点

🎞 综合训练：设计时尚彩妆海报

案例文件	学习资源>案例文件>CH03>综合训练：设计时尚彩妆海报.psd
素材文件	学习资源>素材文件>CH03>素材33.jpg、素材34.png
难易程度	★★★☆☆
技术掌握	自由变换和画笔编辑蒙版技术

本例是一款时尚风格的彩妆海报，如图3-242所示。对于初学者来说，本例的制作难度有点大，除了自由变换技术，还涉及画笔编辑蒙版技术。

图3-242

👑重点

🎞 综合训练：设计大自然公益海报

案例文件	学习资源>案例文件>CH03>综合训练：设计大自然公益海报.psd
素材文件	学习资源>素材文件>CH03>素材35.jpg、素材36.png、素材37.jpg
难易程度	★★★★☆
技术掌握	将调整图层作为剪贴蒙版并对其进行调色；蒙版合成技术

本例是一幅难度颇大的大自然公益海报，如图3-243所示。本例除了用调整图层训练剪贴蒙版技术，还涉及比较复杂的蒙版合成技术，大家如果在制作过程中遇到困难，可以观看视频教学进行学习。

图3-243

Ps

第 4 章 选区与抠图专场

本章主要介绍创建选区和抠图的多种方法。在Photoshop中，创建选区和抠图是非常重要的技术。通过本章的学习，大家将深入了解创建选区和抠图的相关工具和命令等，组合使用这些功能可以创作出更加出色的作品。

学习重点 🔍

4.1 选区到底有什么用

在学习选区之前，请大家先回答一个问题。

Q： 在学前面3章内容时是不是觉得Photoshop很简单？

A： Photoshop不难啊，我一学就懂。

相信很多人都是这样回答。前面3章的内容只不过是入门Photoshop的垫脚石而已，本章的难度将呈直线上升，不仅考验你的学习态度与技术，还考验你的耐心。但也请大家放心，你一定能看懂，并能学会。

那么，选区到底有什么作用？我们用两个示例来解释这个问题。

示例1： 一张草原照片上的孤树色彩不够绿，要将其调绿一些，怎样操作呢？我们只需要选出树（为树创建选区），然后用调色命令在选区中加入些许绿色和黄色即可，如图4-1所示。

示例2： 这张草原照片太过于单调，要在画面中加入一只飞鸟来丰富画面，又该怎样操作呢？我们只需要找一张合适的飞鸟素材，为飞鸟创建选区，然后将其拖曳至草原照片中即可，如图4-2所示。

图4-1

图4-2

从上面两个示例，我们可以知道选区的主要作用：一是可以选择某个区域，二是可以抠图，如图4-3所示。这两个知识点很难，尤其是抠图，但如果你想成为设计师中的一员，那就必须学会，而且还得精通。

图4-3

4.2 创建简单选区

了解了选区的主要作用后，我们来看看创建选区的基本工具，如图4-4所示。虽然这些工具在工作中的实用性一般，但要学好选区，就必须掌握其用法。

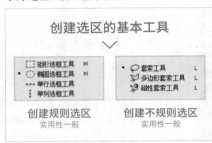

图4-4

4.2.1 创建规则选区

工具箱： "矩形选框工具" "椭圆选框工具" 。**快捷键：M**

规则选区的创建工具包含"矩形选框工具"和"椭圆选框工具"。使用"矩形选框工具"在画布中拖曳鼠标，可以随意创建一个矩形选区；按住Shift键拖曳鼠标，可以创建一个正方形选区。"椭圆选框工具"的使用方法是相同的，在画布中拖曳鼠标，可以随意创建一个椭圆选区；按住Shift键拖曳鼠标，可以创建一个圆形选区。这两个工具的主要作用就是选择一些矩形或椭圆形的对象。如图4-5所示。

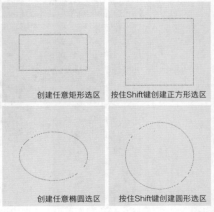

图4-5

在"矩形选框工具"和"椭圆选框工具"的选项栏中，"样式"选项是比较重要的。该选项用来控制矩形选区和椭圆选区的创建方法。这里就以"矩形选框工具"□ 为例来介绍该选项的用法。在"样式"下拉列表中可以选择"正常""固定比例""固定大小"3种样式。其中"正常"样式为默认设置;"固定比例"样式用于设置矩形选区的宽高比,如将"宽度"和"高度"比例设置为1∶1,无论如何绘制矩形选区,得到的都是一个正方形的选区;"固定大小"样式用于创建固定大小的矩形选区,如设置"宽度"为500像素、"高度"为300像素,那么绘制出来的矩形选区大小就是500像素×300像素。

> ① 技巧提示:单行/单列选框工具
> "单行选框工具"□ 和"单列选框工具"□ 也可以创建规则选区,即分别创建高度为1像素的行和宽度为1像素的列选区,这两个工具在工作中很少会用到。

4.2.2 创建不规则选区

工具箱:"套索工具"○ "多边形套索工具"☑ "磁性套索工具"☑ **快捷键:** L

能创建不规则选区的工具和命令其实非常多。打开"学习资源>素材文件>CH04>4.2>香蕉.jpg"文件,如图4-6所示。我们就用这张图像来练习如何使用"套索工具"○、"多边形套索工具"☑ 和"磁性套索工具"☑ 创建不规则选区。

选择"套索工具"○,在画布中拖曳鼠标即可绘制选区,松开鼠标左键后,选区会自动闭合,如图4-7所示。该工具可以非常自由地绘制形状不规则的选区。

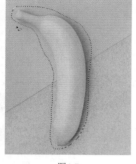

图4-6   图4-7

选择"多边形套索工具"☑,在画布中沿着香蕉轮廓多次单击绘制折线,如图4-8所示。在绘制完成后按Enter键可以形成选区,如图4-9所示。该工具适合创建一些边缘比较平直的选区。

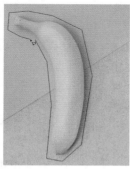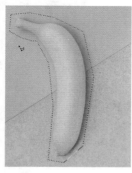

图4-8   图4-9

> ① 技巧提示:"套索工具"与"多边形套索工具"的使用技巧
> 当使用"套索工具"○ 绘制选区时,如果在绘制过程中按住Alt键再松开鼠标左键,"套索工具"○ 会临时切换为"多边形套索工具"☑。
> 在使用"多边形套索工具"☑ 绘制选区时,按住Shift键可以在水平方向、垂直方向或45°整数倍方向上绘制直线,按Delete键可以删除最近绘制的直线。

选择"磁性套索工具"☑,在香蕉边缘单击,确定一个起点,然后沿着香蕉边缘移动鼠标指针,Photoshop会在关键处创建锚点,如图4-10所示。在绘制完成后按Enter键可以闭合边缘线并形成选区,如图4-11所示。由此可见,该工具可以自动识别对象的边界,适合快速选择与背景对比强烈且边缘不规则的对象。

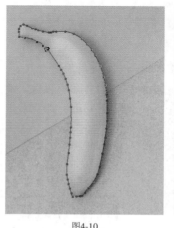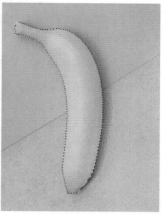

图4-10   图4-11

4.3 动手练选区操作

选区的操作就像图层的操作一样,只要动手练一两次就能学会,掌握了这些操作,才能深入学习抠图技能,如图4-12所示。

图4-12

打开"学习资源>素材文件>CH04>4.3>饮料包装.psd"文件,我们就用这个文件来练习选区操作,如图4-13所示。

图4-13

4.3.1 一练就会的选区基本操作

选区的基本操作包含移动选区与移动选区内的图像、全选与反选选区、取消选择与重新选择选区、隐藏与显示选区和变换选区与变换选区图像等。

☞ 移动选区与移动选区内的图像--------------------------

用"椭圆选框工具" ◯ 在画布中绘制一个椭圆选区,如图4-14所示。将鼠标指针放在选区内,拖曳鼠标即可移动选区,如图4-15所示。请大家特别注意,移动选区时必须确保当前选择的工具是选框类工具、套索类工具或魔棒类工具。

图4-14   图4-15

> ⑦ 疑难问答:如何精确移动选区?
>
> 精确移动选区与移动图像一样,都可以用方向键来完成。例如,按一次↑键,可以将选区向上移动1像素;按住Shift键并按一次↑键,则可以将选区向上移动10像素。

创建选区后,按V键选择"移动工具" ⊕,将鼠标指针放在选区内,拖曳鼠标即可移动选区内的图像,如图4-16所示。注意,如果是将鼠标指针放在选区外,移动的将是整个图层中的图像。

图4-16

☞ 全选与反选选区--------------------------------------

执行"选择>全部"菜单命令或者按快捷键Ctrl+A,可以选择当前图层上文档边界内的所有图像。这个操作在一般工作中很少会用到,但是对于设计师而言就必须掌握了,因为经常需要用这个功能将Photoshop中的图像复制并粘贴到Illustrator中。如果当前文档有很多个图层,将全选后的选区图像复制并粘贴到Illustrator中时,复制的图像就是当前图层上的图像,如图4-17所示;如果当前文档只有一个图层,将全选后的选区图像复制并粘贴到Illustrator中时,复制的图像就是整个文档中的图像,如图4-18所示。

图4-17

图4-18

创建选区后,执行"选择>反选"菜单命令或者按快捷键Shift+Ctrl+I,可以反选选区,如图4-19和图4-20所示。注意,反选选区这个功能在工作中使用频率相当高。

图4-19   图4-20

☞ 取消选择与重新选择------------------------

创建选区后，执行"选择>取消选择"菜单命令或者按快捷键Ctrl+D，又或者在选区外单击，可以取消选区；如果要恢复被取消的选区，可以执行"选择>重新选择"菜单命令或者按快捷键Shift+Ctrl+D，也可以执行"编辑>还原取消选择"菜单命令或者按快捷键Ctrl+Z。

☞ 隐藏与显示选区------------------------

创建选区后，可以通过执行"视图>显示>选区边缘"菜单命令来隐藏选区，也可以通过执行"视图>显示额外内容"菜单命令或者按快捷键Ctrl+H来隐藏选区；如果要将隐藏的选区显示出来，可以再次执行"视图>显示>选区边缘"菜单命令，也可以执行"视图>显示额外内容"菜单命令或者按快捷键Ctrl+H。

☞ 变换选区与变换选区图像------------------------

创建好选区后，如图4-21所示，执行"选择>变换选区"菜单命令或者按快捷键Alt+S+T，单击鼠标右键，在弹出的菜单中选择命令，可以对选区进行相应的变换，如图4-22所示。注意，这种操作只是变换选区，而非变换选区内的图像。

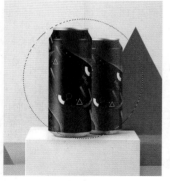

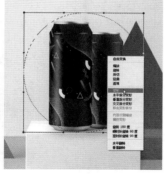

图4-21　　　　　　　　图4-22

> **◉ 知识课堂：** Photoshop的两种快捷键
>
> 这里大家可能会发现一个问题：按快捷键Alt+S+T可以对选区进行自由变换，但"变换选区"命令后面却没有这个快捷键。这是因为Photoshop的命令太多了，所以只为常用的命令和工具配置了快捷键，但其实大部分命令都是有另一种快捷键的。对于没有定义快捷键的大部分命令，Photoshop用Alt键作为主键，再配合主菜单（及子菜单）和命令的首字母（在名称后，外加圆括号）来配置快捷键。例如，"选择"主菜单后有"（S）"，"变换选区"命令后面有"（T）"，如图4-23所示，那么Alt+S+T就是"变换选区"命令的快捷键。要熟练掌握这些快捷键，就需要大家牢记这些命令所在菜单及英文首字母。

图4-23

先创建选区，然后执行"编辑>自由变换"菜单命令或者按快捷键Ctrl+T，可以自由变换选区内的图像，如图4-24和图4-25所示。

图4-24　　　　　　　　图4-25

> **🔗 知识链接：** 选区与选区图像的变换方法
>
> 关于选区与选区图像的变换方法，请参阅"3.5 图像变换、变形与自由变换"中的相关内容。

👑 重点

4.3.2 载入与存储选区

菜单栏： 选择>载入选区　　选择>存储选区

选择"饮料瓶1"图层，执行"选择>载入选区"菜单命令，在弹出的"载入选区"对话框中单击"确定"按钮，如图4-26所示，可以载入"饮料瓶1"图层的选区，如图4-27所示。请大家注意，在工作中一般不会用这么麻烦的操作来载入图层选区，而是按住Ctrl键并单击"图层"面板中的图层缩览图来载入图层选区，如图4-28所示。

图4-26　　　　　　　　图4-27

创建或载入图层选区后，单击"通道"面板下方的"将选区存储为通道"按钮，可以将选区存储为Alpha通道，如图4-29所示。

图4-28　　　　　　　　图4-29

👑重点
4.3.3 选区的运算

选区的运算分为新选区的运算与图层之间的选区运算两种情况。用选区运算功能可以快速得到一些很复杂的选区。

☞ **新选区的运算**

在选框类工具、套索类工具、"对象选择工具" 和 "魔棒工具" 的选项栏中，有一组选区运算按钮，除了直接创建选区的按钮，其他3个按钮都有对应的功能键，如图4-30所示。

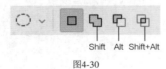

图4-30

新选区 ：单击该按钮后，可以直接创建新选区，如图4-31所示。如果已经存在选区，那么新创建的选区将替代原来的选区。

添加到选区 ：在已经存在选区的情况下，单击该按钮后创建选区，或者按住Shift键并创建选区，可以将当前创建的选区添加到原来的选区中，如图4-32和图4-33所示。

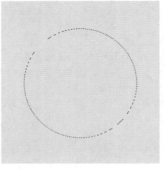

图4-31

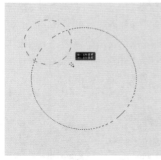

图4-32

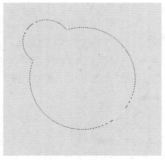

图4-33

从选区减去 ：在已经存在选区的情况下，单击该按钮后创建选区，或者按住Alt键并创建选区，可以将当前创建的选区从原来的选区中减去，如图4-34和图4-35所示。

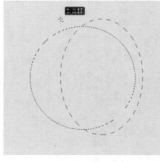

图4-34

图4-35

与选区交叉 ：在已经存在选区的情况下，单击该按钮后创建选

区，或者按住Shift+Alt键并创建选区，可以得到两个选区相交的部分，如图4-36和图4-37所示。

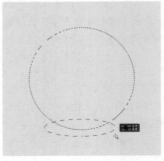

图4-36

图4-37

☞ **图层之间的选区运算**

图层之间的选区运算也包含"添加到选区""从选区减去""与选区交叉"3种方式，如图4-38所示。下面就以"饮料瓶1"与"饮料瓶2"两个图层为例来讲解操作方法。先按住Ctrl键并单击"图层"面板中的"饮料瓶1"图层的缩览图，载入该图层的选区，如图4-39所示。

添加到选区：按住Ctrl+Shift键并单击"图层"面板中的"饮料瓶2"图层的缩览图，可以将"饮料瓶2"图层的选区添加到"饮料瓶1"图层的选区中，如图4-40所示。

图4-38

图4-39

图4-40

从选区减去：按住Ctrl+Alt键并单击"图层"面板中的"饮料瓶2"图层的缩览图，可以从"饮料瓶1"图层的选区中减去与"饮料瓶2"图层的选区相交的部分，如图4-41所示。

与选区交叉：按住Ctrl+Shift+Alt键并单击"图层"面板中的"饮料瓶2"图层的缩览图，可以得到"饮料瓶1"图层的选区与"饮料瓶2"图层的选区相交的部分，如图4-42所示。

图4-41 　　　　　　　　　图4-42

4.3.4 复制与剪切选区内容

菜单栏： 图层>新建>通过拷贝的图层　　**快捷键：** Ctrl+J
菜单栏： 图层>新建>通过剪切的图层　　**快捷键：** Shift+Ctrl+J

在创建选区后，如图4-43所示，执行"图层>新建>通过拷贝的图层"菜单命令或者按快捷键Ctrl+J，可以将选区内的图像复制到一个新的图层中，原始图层的内容保持不变，将新图层图像移开原位置以观察效果，如图4-44所示；执行"图层>新建>通过剪切的图层"菜单命令或者按快捷键Shift+Ctrl+J，可以将选区内的图像剪切到一个新的图层中，将新图层图像移开原位置以观察效果，如图4-45所示。

图4-43 　　　　　图4-44 　　　　　图4-45

4.3.5 扩展与收缩选区

菜单栏： 选择>修改>扩展　　选择>修改>收缩

在创建选区后，如图4-46所示，执行"选择>修改>扩展"菜单命令，在弹出的"扩展选区"对话框中设置"扩展量"为50像素，可以将选区向外扩展50像素，如图4-47所示。

图4-46 　　　　　　　　　图4-47

如果要向内收缩选区，可以执行"编辑>修改>收缩"菜单命令，在弹出的"收缩选区"对话框中设置"收缩量"即可，如图4-48所示。

> 🔗 **知识链接：扩展选区与去水印**
> 扩展选区对于去除图片上的水印非常有用。关于水印的去除方法，请参阅"7.3 去水印与大面积瑕疵"中的相关内容。

图4-48

⭐ 重点

4.3.6 羽化选区

菜单栏： 选择>修改>羽化　　**快捷键：** Shift+F6

羽化是Photoshop中一个非常实用的功能，可以让图像的边缘变得非常柔和。使用"横排文字蒙版工具" 🔲 在画布中创建一个文字选区，如图4-49所示。执行"选择>修改>羽化"菜单命令或者按快捷键Shift+F6，打开"羽化选区"对话框，修改"羽化半径"数值，如图4-50所示，单击"确定"按钮 后，按快捷键Alt+Delete随意用一种颜色填充选区，可以发现填充效果是比较柔和的，如图4-51所示，这就是羽化的作用。

图4-49 　　　　　　　　　图4-50

图4-51

> ❗ **技巧提示：羽化半径过大**
> 如果选区较小，而"羽化半径"又设置得过大，Photoshop会弹出一个警告对话框，如图4-52所示。单击"确定"按钮 后，表示应用当前设置的羽化半径，选区边界可能会看不到，但是选区仍然存在。
>
> Adobe Photoshop
> ⚠ 警告：任何像素都不大于 50% 选择。选区边界将不可见。
> 确定

图4-52

4.3.7 选区描边

菜单栏：编辑>描边　快捷键：Alt+E+S

用"描边"命令描边是最简单的描边法，其最大好处就是可为选区描边。虽然用该命令也可以为图像描边，但在工作中一般不会这样做，因为其描绘的边缘不方便进行二次修改。在工作中要为图像或形状进行描边，一般会用图层样式中的"描边"样式与形状本身的描边功能（会在后面的章节中作为重点进行讲解），这两种描边方法不仅方便修改，还可以应用图案和渐变色。

在创建选区后，如图4-53所示，执行"编辑>描边"菜单命令，在弹出的"描边"对话框中可以设置选区描边的"宽度""位置""模式""不透明度"等，如图4-54所示。

图4-53

图4-54

4.3.8 选区填色

前景色填充快捷键：Alt+Delete　背景色填充快捷键：Ctrl+Delete

在创建选区后，按快捷键Alt+Delete可以用前景色填充选区，按快捷键Ctrl+Delete可以用背景色填充选区，如图4-55所示。

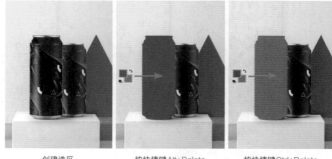

创建选区　　按快捷键Alt+Delete　按快捷键Ctrl+Delete
　　　　　　可以用前景色填充选区　可以用背景色填充选区

图4-55

除了用快捷键直接为选区填色，还可以执行"编辑>填充"菜单命令或者按快捷键Shift+F5，打开"填充"对话框，然后从"内容"下拉列表中选择要填充的内容，如图4-56所示。"内容"下拉列表中有一个"内容识别"选项，该选项比较重要，经常用于修图（在后面的章节中会进行讲解），如去水印。

图4-56

4.4 色差抠图法

色差抠图法是指利用对象与背景的色差进行抠图，背景色与对象的颜色差异越大，抠取对象的难度越低。Photoshop最基本的色差抠图工具有"对象选择工具"、"快速选择工具"和"魔棒工具"，其中第一个在工作中的实用性比较高，如图4-57所示。

图4-57

在Photoshop中同时打开"学习资源>素材文件>CH04>4.4"文件夹中的"橙子1.jpg"文件、"橙子2.jpg"文件和"橙子3.jpg"文件，我们就用这3张抠图对象相同而背景有明显差异的图像来讲解色差抠图法，如图4-58所示。

橙子1：背景色稍显复杂，　橙子2：背景色单一，　橙子3：背景色单一，
但橙子边缘较为清晰　　　且与橙子色差很大　　　但与橙子色差较小

图4-58

4.4.1 对象选择工具

工具箱:"对象选择工具" ☑ **快捷键:W**

"对象选择工具" ☑ 的使用方法很简单,但抠图能力比较强大。使用"对象选择工具" ☑(选项栏中有"矩形"选择模式与"套索"选择模式两种,用法分别与"矩形选框工具" ☐ 和"套索工具" ☑ 一样)框出要抠取的对象,Photoshop会自动探测对象的边缘并生成选区,然后按快捷键Ctrl+J将选区内的图像复制到一个新的图层中,为了方便观察抠图效果,可以在抠取的对象下面加一个蓝色图层作为观察图层,如图4-59所示。

框出要抠取　　Photoshop会自动探测　　在下面加一个蓝色图层
的对象　　　　对象的边缘并生成选区　　作为观察图层

图4-59

① 技巧提示:对象查找程序

"对象选择工具" ☑ 的选项栏中有一个"对象查找程序"选项。当勾选该选项时,Photoshop会根据鼠标指针悬停位置分析主体对象,并对其叠加颜色,如图4-60所示。单击可以为其创建选区。

图4-60

现在我们来看看3张橙子图片的抠图效果,如图4-61所示。可以发现"橙子1"和"橙子2"的边缘是很清晰的,而"橙子3"的边缘产生了明显的锯齿。从对比效果我们可以得出一个结论:虽然"橙子3"的边缘比较清晰,但橙子边缘的颜色与背景色比较接近,从而导致"对象选择工具" ☑ 无法精确识别边缘,所以该工具适合抠取边缘比较清晰且与背景的色差较大的对象。

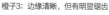

橙子1:边缘清晰　　橙子2:边缘清晰　　橙子3:边缘清晰,但有明显锯齿

图4-61

在前面讲选区的运算时提到了"对象选择工具" ☑,这里再讲一下如何使用该工具进行加选和减选。例如,"橙子3"的部分边缘未被选中,我们可以按住Shift键并在已有选区的基础上拖曳出一个矩形框框出未被选中的边缘,Photoshop会再次识别橙子的边缘并重新生成选区,如图4-62所示。如果要减选选区,可以按住Alt键进行操作。

部分边缘未被选中

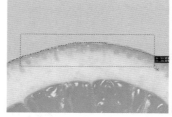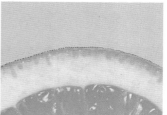

按住Shift键并拖曳出矩形框进行加选　　新生成的选区边缘

图4-62

4.4.2 快速选择工具

工具箱:"快速选择工具" ☑ **快捷键:W**

"快速选择工具" ☑ 其实一点都不快,因为该工具需要像绘画一样手动绘出选区,Photoshop才会智能探测对象的边缘。先用"快速选择工具" ☑ 在背景上绘制想要选择的区域,然后继续绘制其他想要选择的区域,直到选中所有要选择的区域,如图4-63所示。

先绘制部分选区

继续绘制选区　　　　最终绘制的选区

图4-63

现在我们来看看3张橙子图片的抠图效果（由于选择的是背景，需要按快捷键Shift+Ctrl+I反选选区），如图4-64所示。可以发现"橙子1""橙子2""橙子3"的边缘都产生了锯齿，"橙子3"边缘的锯齿是最明显的。从对比效果我们可以得出一个结论："快速选择工具" 的抠图能力比"对象选择工具" 稍微差一些，也适合抠取边缘比较清晰且与背景的色差较大的对象。

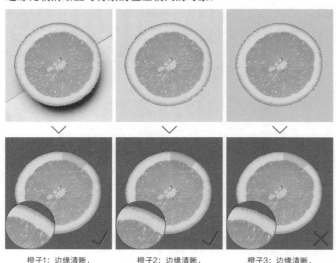

橙子1：边缘清晰，只有些许锯齿 　橙子2：边缘清晰，只有些许锯齿 　橙子3：边缘清晰，但有明显锯齿

图4-64

知识链接：抠图修边

大部分抠取出来的对象边缘都不是完整的，或缺失部分图像，或有白边等，这些问题都是可以解决的。关于解决方法，请参阅"4.5.2 用'选择并遮住'功能修边"中的相关内容。

4.4.3 魔棒工具

工具箱："魔棒工具" 　**快捷键：W**

"魔棒工具" 受到很多初学者的喜爱，但这个工具的效果却是令人无奈的。原因很简单，虽然该工具的使用方法相当简单，但是在大部分时候抠取的图都达不到设计要求。使用"魔棒工具" 单击背景，即可选中"容差"值范围内的背景，然后按住Shift键并单击其他未选中的区域可以将其加选，继续加选多次，最终得到图4-65所示的选区效果。在这里用了5次加选操作，最终还是没有成功选中所有的背景。

在背景上单击以选择大面积背景 　按住Shift键继续单击背景的其他区域 　经过多次加选后得到的选区效果

图4-65

在选项栏中将"容差"值从默认的32修改为50后，再进行同样的操作，最终得到的选区效果如图4-66所示。这一次成功选中了所有的背景，而且橙子边缘的选区还恰到好处，这是为什么呢？因为"魔棒工具" 是靠"容差"值来控制选择范围的，该值越小，每次所选中的区域越小，反之越大（最高可设置为255），所以将"容差"值增大到50后，自然很快就能选中背景。

在背景上单击以选择大面积背景 　按住Shift键继续单击背景的其他区域 　经过多次加选后得到的选区效果

图4-66

疑难问答：魔棒的"容差"值设置得越大越好吗？

当然不是。"容差"值控制选择的范围，当遇到抠取的对象与背景属于同一色系的图像时，很容易就会误选不应该选中的对象。例如，我们将"魔棒工具" 的"容差"值增大到100，结果选择淡黄色背景的时候连橙子外皮都被选中了，如图4-67所示。因此，在设置"容差"值时，要根据色差多试几次。

图4-67

现在我们来看看3张橙子图片的抠图效果（由于选择的是背景，需要按快捷键Shift+Ctrl+I反选选区），如图4-68所示。可以发现"橙子1""橙子2""橙子3"的边缘都很完美。从对比效果我们可以得出一个结论："魔棒工具" 的抠图能力"似乎"比"对象选择工具" 和"快速选择工具" 都强。

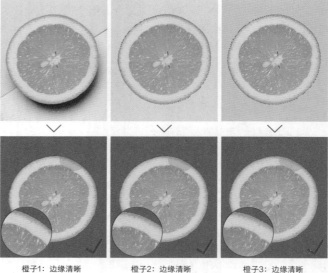

橙子1：边缘清晰 　橙子2：边缘清晰 　橙子3：边缘清晰

图4-68

打开"学习资源>素材文件>CH04>4.4>音箱.jpg"文件，这种照片在电商设计中经常遇到。现在分别用"对象选择工具" 、"快速选择工具" 和"魔棒工具" 进行抠图，最终得到的抠图效果如图4-69所示。可以发现前两个工具抠出音响的效果都不错，都可用于设计，但"魔棒工具" 抠取的效果就比较差了，有很多残留的边缘。

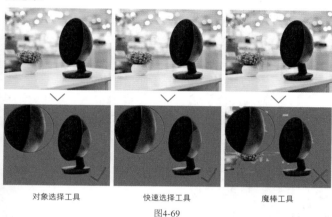

对象选择工具　　　　快速选择工具　　　　魔棒工具

图4-69

4.4.4 色差抠图法总结

经过前面的学习、比较，我们对色差抠图法的3个基本工具进行总结："对象选择工具" 和"快速选择工具" 用于工作实践是没有问题的（大多数情况下都要配合"选择并遮住"功能一起抠图），但"魔棒工具" 就差很多，因为工作中的抠图对象很多都有比较复杂的背景，鲜见背景色比较单一的抠图对象。请大家不要盲信"魔棒工具" 的"魔力"。

4.5 主体修边抠图法

菜单栏： 选择>主体
菜单栏： 选择>选择并遮住　　**快捷键：** Alt+Ctrl+R

主体修边抠图法（也属于色差抠图法）是本书也是工作中最重要的抠图法，这是一套抠图"组合拳"（选择主体对象+选择并遮住），能胜任70%以上的抠图工作，如图4-70所示。在电商设计和广告设计等设计门类中，抠图的频率相当高，尤其是电商行业，几乎大部分作品都需要抠图。只要大家掌握了主体修边抠图法，哪怕你不会其他的抠图方法，相信你做起设计来也不会遇到什么障碍。

图4-70

在抠图中，发丝类（毛发类）和透明类对象的抠图难度最高。在旧版本的Photoshop中，抠取发丝需要借助通道，但在Photoshop 2023中，可以用主体修边抠图法轻松完成，甚至连孔雀毛都可以抠出来。但主体修边抠图法不适合抠取某些透明类对象（如透明杯子和烟雾等），这些对象的抠取需要借助通道和图层蒙版。本节根据工作实践需求，选出了图4-71所示的3张难度不一而又具代表性的照片，其中"衬衫"和"VR产品"用主体修边抠图法的抠取难度并不高，直接以难度最高的"长发美女"为例进行讲解，懂了这张照片的抠取方法，要抠取另外两张照片中的对象就很轻松了。先打开"学习资源>素材文件>CH04>4.5>长发美女.jpg"文件，准备下面的操作。

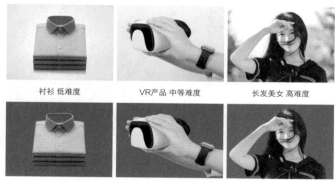

衬衫 低难度　　　　VR产品 中等难度　　　　长发美女 高难度

图4-71

★重点
4.5.1 选择主体对象

色差抠图工具的选项栏中有一个"选择主体"按钮 ，单击该按钮，或者执行"选择>主体"菜单命令，可以自动识别图像中主体对象的边缘，大概选中主体对象，如图4-72所示。

图4-72

★重点
4.5.2 用"选择并遮住"功能修边

创建好主体选区后，执行"选择>选择并遮住"菜单命令或者按快捷键Alt+Ctrl+R，又或者单击选项栏中的"选择并遮住"按钮 （所有的选区工具的选项栏中都有此按钮），此时Photoshop的工具箱会变成"迷你版"的小型工具箱，只保留几个调整选区及操作视图的工具，画布中没有被选中的图像区域会呈现为半透明的红色，同时界面的右侧会弹出"属性"面板，如图4-73所示。

快速选择
工具（W）

调整边缘
画笔工具（R）

画笔工具（B）

对象选择
工具（W）

套索工具（L）和
多边形套索工具（L）

抓手工具（H）

缩放工具（Z）

被蒙住的红色区域
表示未选中的区域

大多数情况下都
需要勾选该选项

设置净化颜色的
数量

将选定的图像输
出到带有图层蒙
版的新图层中

选区创建完成
后记得单击
"确定"按钮

图4-73

关于"选择并遮住"功能的操作要领，请大家注意以下3点。

第1点： 在"叠加"视图模式下，没有被选中的区域呈现为半透明的红色，而被选中的区域就是正常的显示效果，这种视图模式非常利于我们观察选区范围。另外，在"属性"面板"视图"下拉列表中可以选择其他的视图模式。

第2点： "快速选择工具" ☑（快捷键为W）和"对象选择工具" ☑（快捷键为W）用于微调选区范围，"调整边缘画笔工具" ☑（快捷键为R）可以修毛发边缘，"画笔工具" ☑（快捷键为B）可以修硬边。这些工具都可以通过按住Shift键或Alt键操作实现加选或减选。除了"对象选择工具" ☑，其他工具的画笔大小（按]键可以调大，按[键可以调小）等是可以在选项栏中进行调节的。

第3点： 在制作好选区后，输出时大多数情况下都需要勾选"净化颜色"选项，并将选区的输出方式设置为"新建带有图层蒙版的图层"。至于"属性"面板中的其他选项，工作中几乎不会用到，不用去深究。

下面我们来制作人像的选区，请大家注意看步骤与操作细节。

第1步： 按R键选择"调整边缘画笔工具" ☑，然后涂抹发丝边缘，如图4-74所示。先涂抹左侧发丝的边缘，将白色杂边涂掉，乱发也可以涂掉（不管能不能抠出来）。再涂抹右侧发丝的边缘，同样也将白色杂边涂掉；同时在蓝边上涂抹，尽可能多地涂掉蓝边。最后涂抹头顶的发丝边缘，左侧手背上方的白色杂边不能完全涂掉，就先不管它。注意，在涂抹时要随时调整画笔大小，按]键或[键可以调整画笔大小。如果操作失误，可以按快捷键Ctrl+Z还原操作。

涂抹左侧发丝边缘

涂抹右侧发丝边缘

涂抹头顶发丝边缘

图4-74

第2步：按B键选择"画笔工具" ，将缺失的手臂和手的边缘找回来，如图4-75所示。先涂抹手臂的边缘，在出现白色杂边时停止涂抹。再涂抹手的边缘，同样在出现白色杂边时停止涂抹。最后按住Alt键并仔细涂掉多余的白色杂边，注意要让手的姿态保持自然，不要出现锯齿现象。

<table>
<tr><td>找回缺失的手臂边缘</td><td>继续涂抹</td><td>涂掉多余的白色杂边</td></tr>
</table>

图4-75

第3步：仔细检查边缘细节，确认没有问题后勾选"净化颜色"选项（"数量"值保持默认即可），并将输出方式设置为"新建带有图层蒙版的图层"，图4-76所示为净化颜色前后的对比效果。

第4步：单击"确定"按钮 <确定>，"图层"面板中会新建一个带有图层蒙版的图层，在此图层下方新建一个蓝色填充图层作为观察图层，如图4-77所示。

净化颜色前　　　　　　净化颜色后　　　　　　　抠图效果　　　　　　创建蓝色观察图层

图4-76　　　　　　　　　　　　　　　　　　　　　　　图4-77

第5步：在图层蒙版中优化细节，如图4-78所示。选择抠图的图层蒙版，设置前景色为黑色，在工具箱中选择"画笔工具" ，先在选项栏中将画笔的"硬度"调节为100%，涂抹手边缘处的头发，再将"硬度"调整为0%，涂掉多余的乱发，使头发看起来更自然。

处理前　　　　　　　处理手边缘处的头发　　　　　　处理多余的乱发

图4-78

到此，人像抠图完成。大家可以用另外两张简单的素材来加深对主体修边抠图法的理解。在实际工作中，电商设计的抠图频率最高，因此下面的3个案例均是与电商抠图相关的。

☀重点

📖 案例训练：用主体修边抠图法抠电商产品

案例文件	学习资源>案例文件>CH04>案例训练：用主体修边抠图法抠电商产品.psd
素材文件	学习资源>素材文件>CH04>素材01.jpg
难易程度	★☆☆☆☆
技术掌握	选择主体对象；用"选择并遮住"功能修边

本例是一个简单的电商耳机抠图，如图4-79所示。这个耳机照片抠图看似简单，但是如果用"魔棒工具" 🪄 直接抠图的话，阴影部分会很难处理，不过用主体修边抠图法就很简单了。

图4-79

01 按快捷键Ctrl+O打开"学习资源>素材文件>CH04>素材01.jpg"文件，然后执行"选择>主体"菜单命令，选择耳机的主体，如图4-80所示。

02 执行"选择>选择并遮住"菜单命令，效果如图4-81所示。在右侧的"属性"面板中将"颜色"修改为任意对比较强的颜色（如绿色），这样可以清楚地查看到选择范围，如图4-82所示。

图4-80   图4-81   图4-82

03 按B键选择"画笔工具" 🖌，将耳机右侧没有被选中的区域加选进去，如图4-83所示。

04 按快捷键Ctrl++放大画面的显示比例，发现耳机右侧的底部有残留的杂边，如图4-84所示。按住Alt键并用"画笔工具" 🖌 仔细擦拭杂边，将其擦掉，如图4-85所示。

图4-83

图4-84   图4-85

05 仔细检查边缘细节，确认没有问题后勾选"净化颜色"选项，并将输出方式设置为"新建带有图层蒙版的图层"，然后单击"确定"按钮 确定 ，效果如图4-86所示。接着在抠出来的耳机下方创建一个观察图层，最终效果如图4-87所示。

图4-86   图4-87

☀重点

📝 学后训练：用主体修边抠图法抠运动鞋

案例文件	学习资源>案例文件>CH04>学后训练：用主体修边抠图法抠运动鞋.psd
素材文件	学习资源>素材文件>CH04>素材02.jpg
难易程度	★★☆☆☆
技术掌握	选择主体对象；用"选择并遮住"功能修边

通过前面的案例训练，相信大家已经掌握了主体修边抠图法的要领。因此，这个训练我们选了一个抠图难度稍微大一些的运动鞋供大家进行抠图练习，如图4-88所示。

图4-88

☀重点

📝 学后训练：用主体修边抠图法抠长发美女

案例文件	学习资源>案例文件>CH04>学后训练：用主体修边抠图法抠长发美女.psd
素材文件	学习资源>素材文件>CH04>素材03.jpg
难易程度	★★★☆☆
技术掌握	选择主体对象；用"选择并遮住"功能修边

本例是一个长发美女电商购物图像的抠图训练，如图4-89所示。图中的发丝边缘的修边处理并不难，难点在于眼镜与背景的颜色比较接近，在抠取时很容易出现"破图"现象。

图4-89

4.5.3 主体修边抠图法总结

现在我们对主体修边抠图法进行以下两点总结。

第1点： 主体修边抠图法是一种特殊的色差抠图法，能满足实际工作中大部分对象的抠图需要，尤其适合电商抠图。大家如果想做一名合格的设计师，就必须精通该抠图法。

第2点： 主体修边抠图法的流程为：选择主体对象→用"选择并遮住"功能对抠图对象进行修边→修边完成后在图层蒙版中优化细节。

4.6 色彩范围抠图法

菜单栏： 选择>色彩范围

"色彩范围"命令的工作原理与"魔棒工具" ✎ 的工作原理基本相同，但功能上有所区别。使用"色彩范围"命令可以一次性从图像中选择多种颜色，而使用"魔棒工具" ✎ 一次性只能选择一种颜色。从工作的角度来讲，"色彩范围"命令比"魔棒工具" ✎ 要实用得多。"色彩范围"命令适合用来大范围抠图和大范围调色，前提是抠图对象的颜色比较统一，且与背景色相差较大，如图4-90所示。

图4-90

"学习资源>素材文件>CH04>4.6"文件夹中有两张照片，"暖冬花开.jpg"是一张天空灰蒙蒙的废片，"蓝天.jpg"是一张澄澈的天空素材，我们要用"色彩范围"命令将树和石头等前景对象抠出来，将背景换成准备好的天空素材，如图4-91所示。先打开"暖冬花开.jpg"文件，准备下面的操作。

"暖冬花开"照片 底片　　　　　"蓝天"照片 素材　　　　　抠取树和石头等　　　　　加入天空 成大片

图4-91

♛ 重点

4.6.1 用"色彩范围"命令制作选区

要更换天空，我们需要先将天空以外的前景对象全部抠出来。执行"选择>色彩范围"菜单命令，打开"色彩范围"对话框，然后在对话框右侧单击"吸管工具" ✎，接着在"选择范围"预览图的左上角单击吸取颜色，如图4-92所示。

在"色彩范围"对话框中，我们需要理解以下4点。

第1点： "选择范围"预览图用于显示选择的范围，白色区域表示完全选择，黑色区域表示完全不选择，灰度区域表示部分选择。

第2点： "吸管工具" ✎、"添加到取样" ✎ 和"从取样中减去" ✎ 用于选区运算。使用"吸管工具" ✎ 在"选择范围"预览图或画布图

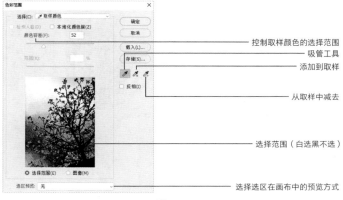

控制取样颜色的选择范围
吸管工具
添加到取样

从取样中减去

选择范围（白选黑不选）

选择选区在画布中的预览方式

图4-92

像上单击,可以吸取一种颜色进行取样,按住Shift键并单击(也可以使用"添加到取样" ✐ 单击)其他区域进行取样可以进行加选,按住Alt键并单击(也可以使用"从取样中减去" ✐ 单击)其他区域进行取样可以进行减选。

第3点:"颜色容差"用于控制取样颜色的选择范围,值越小,选择范围越小,反之则越大。在一般情况下,取样时应该实时调整"颜色容差"值以查看选择范围。待选择范围确定后,如果要反选选择范围,可以勾选"反相"选项。

第4点:确认选择范围后,先不要单击"确定"按钮 确定 。在"选区预览"下拉列表中选择一种预览方式,在画布中查看选择的范围,待确定无误后再单击"确定"按钮 确定 。

现在我们来制作选区。通过下面的几个步骤,大家可以在一定程度上熟练"色彩范围"命令的用法。

第1步:按住Shift键并用"吸管工具" ✐ 在"选择范围"预览图的其他较黑的天空区域单击,将颜色添加到取样,如图4-93~图4-95所示。如果选择错误,可以按住Alt键并用"吸管工具" ✐ 单击选错的区域进行减选。

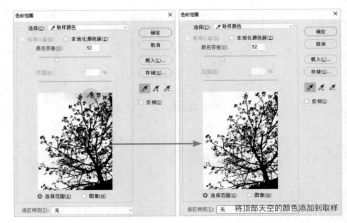

图4-95

第2步:制作好颜色取样后,向右拖曳"颜色容差"滑块,直到让天空区域变成纯白为止,如图4-96所示。

图4-96

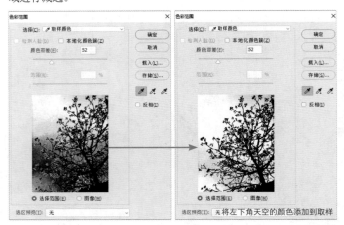

图4-93

图4-94

第3步:在"选区预览"下拉列表中选择"灰度"预览模式,在画布中查看选择效果,可以发现右下角的石头呈现灰色状态,说明石头也在一定程度上被选中了,如图4-97所示。可以在图层蒙版中修改被选中的石头。

图4-97

第4步:由于我们最终要保留的是树和石头,因此需要勾选"反相"选项,将所选范围进行反选处理,如图4-98所示。确认选择范围后单击"确定"按钮 确定 ,这样就制作好了选区,如图4-99所示。

图4-98

图4-99

☝ 重点

🖐 案例训练：用"色彩范围"命令抠取大片绿地并调色

案例文件	学习资源>案例文件>CH04>案例训练：用"色彩范围"命令抠取大片绿地并调色.psd
素材文件	学习资源>素材文件>CH04>素材04.jpg
难易程度	★★☆☆☆
技术掌握	用"色彩范围"命令抠图并调色

本例的原片是一张唯美人像，我们需要用"色彩范围"命令将画面中所有的绿色抠出来，并将其调成紫色，如图4-105所示。

图4-105

01 按快捷键Ctrl+O打开"学习资源>素材文件>CH04>素材04.jpg"文件，然后执行"选择>色彩范围"菜单命令，用"吸管工具" 🖊 在画布中左侧绿地上单击以取样颜色，如图4-106所示。由于人像与背景的色差比较大，可以将"颜色容差"调整得小一些（50左右），如图4-107所示。

图4-106

图4-107

02 单击"添加到取样"按钮 🖊，然后单击画布中右侧树上的绿色，将颜色添加到取样，如图4-108所示。接着单击画布中左下角的深绿色，将其添加到取样，如图4-109所示。

图4-108

☝ 重点

4.6.2 抠图并优化细节

制作好选区后，单击"图层"面板下方的"添加图层蒙版"按钮 ▢，为选区图像添加一个图层蒙版，这样就把树和石头抠出来了，如图4-100所示。选择图层蒙版，设置前景色为白色，使用"画笔工具" 🖊 在石头上涂抹，使被隐藏的图像显示出来，如图4-101所示。到此，抠图正式完成。

抠完图后，要换天空就很方便了，将"蓝天.jpg"拖曳至画布中，放在树的后方即可，如图4-102所示。

图4-100

图4-101

图4-102

👁 知识课堂：用"天空替换"命令替换天空

当想替换照片中的天空时，执行"编辑>天空替换"菜单命令，可以在打开的"天空替换"对话框中选择预设的天空样式进行替换。Photoshop中自带了多种天空效果，如图4-103所示。单击想要的天空效果，即可在画布中实时预览，如图4-104所示。要想获得更好的效果，还可以在对话框的"天空调整"选项组中放大天空图像，或者对其进行色彩校正。

图4-103

图4-104

03 在"色彩范围"对话框中观察"选择范围"预览图，脖子前方有灰色的草地区域。在画布中相应区域单击，将颜色添加到取样，如图4-110所示。

图4-109 图4-110

04 在"色彩范围"对话框中将"选区预览"修改为"快速蒙版"，然后在画布中观察选择范围，可以发现绿地上还有些许颜色未被选中，如图4-111所示。

05 继续单击未被选中的绿地颜色，将其添加到取样，完成后的效果如图4-112所示。

图4-111 图4-112

> ① 技巧提示："快速蒙版"选区预览方式
>
> "快速蒙版"选区预览方式是用半透明的红色表示未被选中的区域，用正常颜色表示已被选中的区域。

06 仔细检查选择范围，确认无误后单击"确定"按钮（ 确定 ），选区效果如图4-113所示。

07 单击在"图层"面板下方的"添加图层蒙版"按钮 ▢，为"背景"
图层添加一个图层蒙版，此时"背景"图层会自动转换为普通图层
"图层0"，这样就抠出了画面的绿色区域，如图4-114所示。按快捷键
Ctrl+J将"图层0"复制一层，得到"图层0 拷贝"。然后选择"图层0"，
执行"图层>图层蒙版>删除"菜单命令，删除图层蒙版，这样就将人
像完美地补了回来。

图4-113 图4-114

08 执行"图层>新建调整图层>色相/饱和度"菜单命令，创建一个"色相/饱和度"调整图层，并将其置于顶层，然后按快捷键Alt+Ctrl+G将
其创建为"图层0 拷贝"的剪贴蒙版，接着在"属性"面板中设置"色相"为-171，如图4-115所示。

09 执行"图层>新建调整图层>曲线"菜单命令，创建一个"曲线"调整图层，然后按快捷键Alt+Ctrl+G将其创建为"图层0 拷贝"的剪贴蒙
版，接着在"属性"面板中曲线上添加两个控制点，将曲线调整成图4-116所示的形状，这样可以提高画面的对比度，最终效果如图4-117所示。

图4-115 图4-116 图4-117

♛ 重点

学后训练：用"色彩范围"命令抠图并换天空

案例文件	学习资源>案例文件>CH04>学后训练：用"色彩范围"命令抠图并换天空.psd
素材文件	学习资源>素材文件>CH04>素材05.jpg、素材06.jpg
难易程度	★☆☆☆☆
技术掌握	用"色彩范围"命令抠图并进行简单合成

相信大家都拍过一些灰蒙蒙的照片，如本例的原片，本来银杏拍得很美，可偏偏天空影响了画面的美感，这时我们就可以通过"色彩范围"命令将天空给换掉，将"废片"拯救成"大片"，如图4-118所示。

图4-118

4.6.3 色彩范围抠图法总结

现在我们对色彩范围抠图法进行以下4点总结。

第1点： 该抠图法对选图的要求比较高。如果要抠取的对象与背景的色差比较小，抠图难度就比较大。

第2点： 该抠图法对于摄影师、摄影爱好者和修图师而言是很实用的，可以大范围抠图或是大范围调色。

第3点： 该抠图法的要领在于颜色的取样及"颜色容差"值的设定，需要实时观察选择范围进行调节，这样才能做出精确的选区。

第4点： 一些不影响抠图大局的局部区域，可以在图层蒙版中进行优化。

4.7 4种特殊抠图法

本节我们来学习4种特殊的抠图法，即钢笔精确抠图法、混合颜色带抠图法、蒙版抠图法和通道抠图法，如图4-119所示。这些抠图法主要用来抠取前面所讲的抠图法难以抠取的对象。其中，钢笔精确抠图法主要用来抠取边缘非常精确的对象，在工作中大多数时候主要起到辅助作用；混合颜色带抠图法主要用来抠取火焰、烟花、云彩和闪电等对象；蒙版抠图法主要用来快速抠取烟雾、冰块和水花等透明类的对象；通道抠图法较难，在Photoshop之前的版本中是一种很重要的抠图方法，但是在Photoshop 2023中的实用性并没有想象中那么高，主要用来抠取发丝（抠取发丝建议用主体修边抠图法）和树木等边缘比较复杂的对象，也可以用来抠取婚纱和透明杯子等透明类的对象。

4种特殊抠图法
抠常规抠图法抠不了的对象

钢笔精确抠图法	混合颜色带抠图法	蒙版抠图法	通道抠图法
抠取边缘非常精确的对象	抠取火焰、烟花、云彩、闪电等	抠取烟雾、冰块、水花等	抠取发丝、树木、婚纱、透明杯子等
实用性：主要起辅助作用	实用性：★★★★☆	实用性：★★★★★	实用性：★★★★★

图4-119

4.7.1 钢笔精确抠图法

工具箱："钢笔工具" ✎   **快捷键：P**

钢笔精确抠图法在几年前是比较流行的，但是随着人工智能技术（如主体修边抠图法用到的"选择主体"功能等）不断置入Photoshop中，钢笔精确抠图法就没那么重要了。到现在，钢笔精确抠图法主要用来抠取边缘非常精确的对象，或者抠取主体修边抠图法无法精确识别的对象（如图像颜色很多而无法识别主体对象），以及抠取一些边缘不明显的对象。

使用"钢笔工具" 抠图是一个绘制路径，并将路径转换为选区的过程，如图4-120所示。钢笔精确抠图法虽然看似简单，但实际操作起来却是很烦琐的，而且属于无聊的机械操作。在这里我们不讲"钢笔工具" 的具体用法，就以案例的方式教大家如何用该工具进行抠图。

图4-120

> 知识链接：用"钢笔工具"绘制路径的技巧
> 大家如果想提前学习用"钢笔工具" 绘制路径的相关技巧，可以参阅"10.3 用钢笔类工具绘图"中的相关内容。

♛ 重点

✋ 案例训练：用"钢笔工具"抠边缘模糊的糕点

案例文件	学习资源>案例文件>CH04>案例训练：用"钢笔工具"抠边缘模糊的糕点.psd
素材文件	学习资源>素材文件>CH04>素材07.jpg
难易程度	★★☆☆☆
技术掌握	钢笔精确抠图法

食物、水果是很常见的抠图对象，由于要突出主体对象，背景往往有一定的景深效果，就像本例的糕点一样，这种照片如果用主体修边抠图法是比较难抠的，而用"钢笔工具" 来抠就比较容易了，如图4-121所示。

图4-121

01 按快捷键Ctrl+O打开"学习资源>素材文件>CH04>素材07.jpg"文件，如图4-122所示。仔细观察图像，要将盘子抠出来，需要清楚地分辨盘子的边缘，因此我们需要用特殊方法使盘子边缘清晰一些。执行"图层>新建调整图层>色阶"菜单命令，创建一个"色阶"调整图层，然后在"属性"面板中向右拖曳中间调滑块，将图像调暗一些，如图4-123所示。

图4-122

图4-123

02 先绘制大概的路径。按P键选择"钢笔工具" ，在选项栏中设置绘图模式为"路径"，然后单击"设置其他钢笔和路径选项"按钮，在弹出的面板中勾选"橡皮带"选项，如图4-124所示。在盘子边缘单击，确定路径的第1个锚点（该锚点为起点），如图4-125所示。

图4-124

> 技巧提示：橡皮带
> 勾选"橡皮带"选项后，在绘制路径时，可以预先看到要创建的路径段，直观地看清路径的走向。

图4-125

03 在右侧边缘按住鼠标左键，确定第2个点锚点。不要松开鼠标左键并向右拖曳，可以拖曳出该锚点的方向线，并调整方向线的方向，如图4-126所示。

04 继续沿着盘子边缘绘制路径，锚点之间的距离可以大一些。在绘制到水果处时，只需要单击即可，因为该锚点不需要拖曳出方向线，如图4-127所示。

图4-126　　　　图4-127

05 在水果顶部向左拖曳鼠标，并调整方向线的方向，让路径紧贴水果的边缘，如图4-128所示。接着在水果与盘子的左侧相交处单击确定一个锚点，该锚点不需要拖曳出方向线，如图4-129所示。

图4-128　　　　　　图4-129

06 继续绘制路径。在确定到水果块处的锚点时，不需要拖曳出方向线，如图4-130所示。在绘制水果块上的路径时，不需要拖曳出这些锚点的方向线，如图4-131所示。

图4-130　　　　　　图4-131

07 继续绘制路径。在快要结束时，将鼠标指针放在路径的起点上，待鼠标指针变成状时单击闭合路径，如图4-132所示。现在绘制好的路径整体效果如图4-133所示。

图4-132　　　　　　图4-133

08 在工具箱中选择"直接选择工具"（快捷键为A，按快捷键Shift+A可以快速选到该工具），单击锚点后可以对其单侧的方向线进行微调。如果需要增加锚点，可以在需要添加锚点的路径处单击鼠标右键，在弹出的菜单中选择"添加锚点"命令，如图4-134所示。微调完成后，在"图层"面板中隐藏"色阶"调整图层，效果如图4-135所示。

图4-134

图4-135

> ① 技巧提示：水果块上的锚点
> 水果块上的锚点不用调整得很精细，如图4-136所示，具体的微调可以在图层蒙版中进行。

图4-136

09 按快捷键Ctrl+Enter将路径转换为选区，如图4-137所示。单击"图层"面板中的"添加图层蒙版"按钮，用图层蒙版将背景隐藏起来，效果如图4-138所示。

图4-137　　　　　　图4-138

10 在"图层"蒙版中盘子下方创建一个蓝色观察图层。然后选择"画笔工具"，在选项栏中将画笔的"大小"设置为20像素左右，将"硬度"设置为100%。选择图层蒙版，设置前景色为黑色，用画笔细致地修饰水果块的边缘，将其修得自然一些，如图4-139所示。最终的抠图效果如图4-140所示。

图4-139　　　　　　图4-140

👑 重点

📝 学后训练：用"钢笔工具"抠边缘模糊的电器

案例文件	学习资源>案例文件>CH04>学后训练：用"钢笔工具"抠边缘模糊的电器.psd
素材文件	学习资源>素材文件>CH04>素材08.jpg
难易程度	★★☆☆☆
技术掌握	钢笔精确抠图法

本例是抠一个电商设计中很常见的电饭煲，比前面一个案例的难度要大一些，需要绘制3条路径来完成抠图，如图4-141所示。

图4-141

👑 重点

4.7.2 混合颜色带抠图法

菜单栏： 图层>图层样式>混合选项

混合颜色带是"混合选项"命令中的一个功能，通过该功能可以快速抠出火焰、烟花、云彩、闪电等色调与背景之间有很大差异的对象。混合颜色带抠图法不同于其他抠图法，我们必须对其原理进行详细解析，大家在工作中才知道到底应该如何操作。打开"学习资源>素材文件>CH04>4.7>黑白渐变.psd"文件，这个文件中包含两个图层，"背景"图层是一张颜色非常丰富的喷溅图像，"黑白渐变"图层是一个从左到右的黑白渐变图像，如图4-142所示。

选择"黑白渐变"图层，执行"图层>图层样式>混合选项"菜单命令，打开"图层样式"对话框，在对话框"混合选项"选项卡的下方就是"混合颜色带"选项组，如图4-143所示。要理解混合颜色带抠图法，就必须掌握"混合颜色带"选项组中参数的含义。

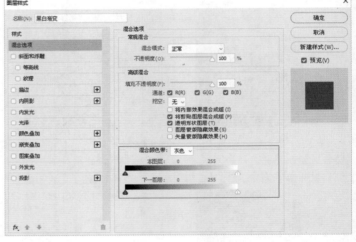

图4-142   图4-143

☞ 参数的含义 --

"混合颜色带"下拉列表中是控制混合效果的颜色通道，RGB图像有4个通道（灰色、红、绿、蓝），CMYK图像有5个通道（灰色、青色、洋红、黄色、黑色）。选择"灰色"通道，表示使用所有的颜色通道来控制混合效果，而不是使用灰度颜色来控制混合效果，请大家务必注意这一点。选择其他的通道，表示用该通道来单独控制混合效果。在一般情况下，都是使用"灰色"通道来控制混合效果，单独用某个通道的情况很少见。

"本图层"和"下一图层"用来控制当前选定图层和下面图层在最终的图像上显示的像素。通过拖曳混合滑块，可以根据图像的亮度范围快速创建透明区域。"本图层"是指当前选定的图层，拖曳"本图层"滑块可以隐藏当前选定图层中的图像的较暗或较亮的像素。将左侧的黑色滑块向右侧拖曳时，当前选定图层中较暗的像素会逐渐变为透明，如图4-144所示；将右侧的白色滑块向左侧拖曳时，当前选定图层中较亮的像素会逐渐变为透明，如图4-145所示。

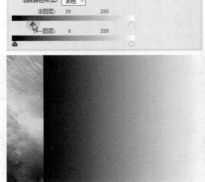

图4-144   图4-145

"下一图层"指的是位于当前选定图层下方的那一个图层。拖曳"下一图层"滑块可以显示下方图层中的图像的较暗或较亮的像素。将左侧的黑色滑块向右侧拖曳时，可以逐渐显示下面图层中较暗的像素，如图4-146所示；将右侧的白色滑块向左侧拖曳时，可以逐渐显示下面图层中较亮的像素，如图4-147所示。

图4-146

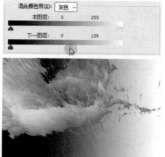
图4-147

按住Alt键并单击滑块，可以将其一分为二。拉开分离后的两个滑块的距离可以在透明区域与非透明区域之间创建平滑的过渡效果，如图4-148所示。

通过"本图层"和"下一图层"的示例，我们可以得出一个结论："本图层"负责隐藏（不是删除图像），而"下一图层"负责显示。

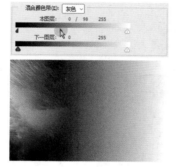
图4-148

数字的含义

"本图层"和"下一图层"都包含一个渐变条，它们分别代表当前图层中的图像和下面图层中的图像的亮度范围，从0（黑）到255（白）。在默认状态下，黑色滑块位于渐变条的左端，表示数字为0，白色滑块位于渐变条的右端，表示数字为255，如图4-149所示。

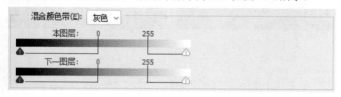
图4-149

拖曳黑色滑块可设置亮度范围的最低值，拖曳白色滑块可设置亮度范围的最高值。在拖曳某一滑块时，该滑块上方的数字就会发生改变，通过观察数字可以准确地判断出图像中有哪些像素参与了混合，哪些像素被排除在混合效果之外。

将"本图层"的黑色滑块拖曳至100，表示所有亮度值低于100的像素都会变为透明区域，如图4-150所示；将白色滑块拖曳至100处，表示所有亮度值大于100的像素都会变为透明区域，如图4-151所示。再如，将"下一图层"中的黑色滑块拖曳至100，表示下一图层中亮度值低于100的像素会透过当前选定图层显示出来，

如图4-152所示；将白色滑块拖曳至100，表示下一图层中亮度值高于100的像素会透过当前选定图层显示出来，如图4-153所示。

图4-150

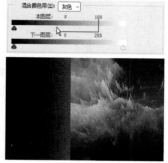
图4-151

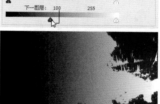
图4-152

图4-153

按住Alt键并拖曳滑块的左右两半，也可以将其一分为二。如果滑块被分开，则被分开的两半滑块上方会出现与之对应的数字，它们代表了部分混合的像素范围，如图4-154所示。也就是说，Photoshop会在分开后的两个滑块之间的像素上创建半透明区域，从而产生柔和的过渡效果。

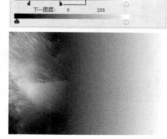
图4-154

总结

通过上面的示例和解析可以得出结论：混合颜色带抠图法只是将部分像素隐藏，并未真正将其删除；要恢复被隐藏的像素，只需要将相应的滑块还原即可。这种方式可以保留原始图像的信息，可以随时修改。通过该抠图法得到的图像选区依然是未抠图之前的选区，因为没有真正地删除图像，如图4-155所示。要想得到抠图后的选区，需要将相应的图层转换为智能对象，如图4-156所示。

图4-155

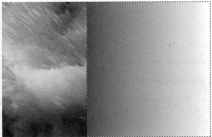

图4-156

重点

案例训练：用混合颜色带抠图法抠烟花

案例文件	学习资源>案例文件>CH04>案例训练：用混合颜色带抠图法抠烟花.psd
素材文件	学习资源>素材文件>CH04>素材09.jpg、素材10.jpg
难易程度	★☆☆☆☆
技术掌握	混合颜色带抠图法

烟花是设计师常用的素材种类之一，如果这种素材的背景是黑色，可以直接用"图层样式"对话框"混合选项"选项卡"常规混合"下拉列表中的"滤色"或"变亮"等混合模式进行过滤，但如果是其他的深色，用这些混合模式就比较难办了，这时可以用混合颜色带抠图法。例如，本例的烟花原片，背景从上向下是深蓝色到蓝色的渐变色，这种效果的烟花就可以用混合颜色带抠取，如图4-157所示。

图4-157

01 按快捷键Ctrl+O打开"学习资源>素材文件>CH04>素材09.jpg"文件，如图4-158所示，然后将"素材10.jpg"文件拖曳到画布中，如图4-159所示。

图4-158　　　　　　　图4-159

02 执行"图层>图层样式>混合选项"菜单命令，打开"图层样式"对话框，按住Alt键并向右拖曳"本图层"的黑色滑块的右半并实时观察画面，直到烟花的上部背景消失为止，如图4-160所示。接着向右拖曳左半黑色滑块，直到烟花的下部背景消失为止，如图4-161所示。

图4-160　　　　　　　图4-161

03 单击"添加图层蒙版"按钮 ▢ 为"素材10"图层添加一个图层蒙版，然后设置前景色为黑色，接着使用"画笔工具" ✎ 在蒙版中涂掉下部多余的烟花，使烟花与背景的过渡自然一些，如图4-162所示。

04 按快捷键Ctrl++放大画布，可以发现烟花的边缘还有一些深色的杂边，如图4-163所示。为了解决这个问题，可以设置"素材10"图层的混合模式为"变亮"，杂边就会消失，如图4-164所示。

05 为了增强烟花的视觉效果，可以按两次快捷键Ctrl+J复制两层"素材10"图层，最终效果如图4-165所示。

图4-162　　　　　　　图4-163

图4-164　　　　　　　图4-165

重点

学后训练：用混合颜色带抠图法抠闪电

案例文件	学习资源>案例文件>CH04>学后训练：用混合颜色带抠图法抠闪电.psd
素材文件	学习资源>素材文件>CH04>素材11.jpg、素材12.jpg
难易程度	★★☆☆☆
技术掌握	混合颜色带抠图法

本例是用混合颜色带抠取背景为非黑色的闪电，在设计过程中需要对抠出来的闪电进行多次复制和变换，并用蒙版对画面进行融合，如图4-166所示。

图4-166

图4-166（续）

♔重点

4.7.3 蒙版抠图法

"图层"面板："添加图层蒙版" ▫

蒙版抠图法适合抠取烟雾、冰块、水花等半透明的对象。该抠图法是依据图层蒙版的"黑透、白不透、灰半透"的原理（图层蒙版内的图像只有黑、白、灰3种颜色）。打开"学习资源>素材文件>CH04>4.7>烟雾.jpg"文件，我们就用这张灰蓝底的烟雾图片来介绍蒙版抠图法。

我们先来看看图层蒙版的原理，如图4-167所示。在"图层"面板中单击"添加图层蒙版"按钮 ▫，此时图层蒙版是白色的，烟雾会完全显示，即"白不透"；将前景色修改为灰色，然后按快捷键Alt+Delete填充图层蒙版，烟雾会半透明显示，即"灰半透"；将前景色修改为黑色，然后按快捷键Alt+Delete填充图层蒙版，烟雾会完全不显示，即"黑透"。

白色蒙版 烟雾完全显示　　灰色蒙版 烟雾半透明显示　　黑色蒙版 烟雾完全不显示

图4-167

基于图层蒙版的原理，要抠出烟雾，就需要在图层蒙版中将烟雾区域显示为白色，而将背景区域显示为黑色。

第1步：执行"选择>全选"菜单命令或者按快捷键Ctrl+A全选画布，并按快捷键Ctrl+C复制画布图像。然后在"图层"面板下方单击"添加图层蒙版"按钮 ▫，为"背景"图层添加一个图层蒙版，"背景"图层会转换为"图层0"，如图4-168所示。

图4-168

第2步：按住Alt键并单击蒙版缩览图，进入蒙版内部，如图4-169所示。然后按快捷键Ctrl+V将复制的图像粘贴进蒙版，图像会自动变成灰度图像，如图4-170所示。

按住Alt键并单击蒙版缩览图

图4-169

图4-170

第3步：按住Alt键并单击蒙版缩览图，退出蒙版内部，按快捷键Ctrl+D取消选区，如图4-171所示。

图4-171

第4步：在"图层0"的下方创建一个红色观察图层，可以发现烟雾背景并没有抠干净，如图4-172所示。

第5步：再次按住Alt键并单击"图层0"的蒙版，进入蒙版内部，观察蒙版中的图像可以发现，其背景并非纯黑，还有灰色和浅灰色，如图4-173所示。

图4-172

图4-172（续）　　　　　　　　图4-173

第6步： 执行"图像>调整>色阶"菜单命令或者按快捷键Ctrl+L，打开"色阶"对话框，向右拖曳阴影滑块和中间调滑块，将背景压暗，直至烟雾细节即将丢失时停止，如图4-174所示。

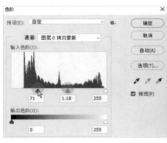

图4-174

第7步： 在工具箱中选择"加深工具"，并在选项栏中将"范围"设置为"阴影"，然后在背景上仔细轻涂，将背景涂成全黑，如图4-175所示。

第8步： 按住Alt键并单击"图层0"的蒙版，退出蒙版内部，通过观察可以发现烟雾抠取得比较完美，如图4-176所示。

图4-175　　　　　　　　　　图4-176

通过上面的示例，相信大家已经大概了解蒙版抠图法的强大之处。作为对比，大家可以试试用前面所讲的其他抠图方法来抠取烟雾，基本上是不能完美抠出来的。

👑 重点

🖐 案例训练：用蒙版抠图法快速抠取透明冰块

案例文件	学习资源>案例文件>CH04>案例训练：用蒙版抠图法快速抠取透明冰块.psd
素材文件	学习资源>素材文件>CH04>素材13.jpg
难易程度	★★☆☆☆
技术掌握	透明冰块的两种抠法；冰块折射效果的制作方法

本例会给大家讲解冰块的两种抠取方法，即白色透明冰块与灰蓝色透明冰块（保留原始冰块颜色）的抠取方法，同时还会教大家如

何制作冰块的折射效果，如图4-177所示。这两种类型的冰块，在一些饮料类设计作品中都很常见。

图4-177

01 按快捷键Ctrl+O打开"学习资源>素材文件>CH04>素材13.jpg"文件，如图4-178所示。用"钢笔工具"将冰块的轮廓勾画出来，3个冰块之间的白色区域也要勾画出来，如图4-179所示。

图4-178　　　　　　　　　图4-179

◎ **知识课堂：修改路径颜色**

在绘制路径时，如果对象的边缘与路径的默认颜色接近，则很难看清路径的走向。遇到这种情况时，可以单击"钢笔工具"选项栏中的"设置其他钢笔和路径选项"按钮，在下拉面板中设置路径的"粗细"和"颜色"，如图4-180所示。

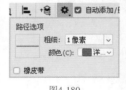

图4-180

02 按快捷键Ctrl+Enter将路径转换为选区，如图4-181所示。按快捷键Ctrl+J将选区内的冰块复制到一个新图层中并命名为"冰块"，然后隐藏"背景"图层，效果如图4-182所示。

图4-181　　　　　　　　　图4-182

03 在"冰块"图层的下方创建一个双色的观察图层，可以观察到冰块不是透明的，如图4-183所示。

04 下面先制作白色透明冰块。选择"冰块"图层，按快捷键Ctrl+J复制一层并命名为"白色冰块"，然后将其转换为智能对象，同时隐藏"冰块"图层作为备用，如图4-184所示。

图4-183　　　　　　　图4-184

05 选择"白色冰块"图层，按快捷键Ctrl+A全选冰块图像，然后按快捷键Ctrl+C复制图像。单击"图层"面板下方的"添加图层蒙版"按钮口为"白色冰块"图层添加一个图层蒙版，接着按住Alt键并单击图层蒙版缩览图进入蒙版内部，最后按快捷键Ctrl+V将冰块图像粘贴进蒙版，按快捷键Ctrl+D取消选区，如图4-185所示。

06 按住Alt并键单击蒙版缩览图退出蒙版内部，通过观察可以发现冰块已经变透明了，如图4-186所示。按快捷键Ctrl+U打开"色相/饱和度"对话框，然后向右拖曳"明度"滑块，将冰块的明度调到最大，效果如图4-187所示。到此，白色透明冰块制作完成。

图4-185

图4-186　　　　　　　图4-187

07 隐藏"白色冰块"图层，下面制作保留原始冰块颜色的透明冰块。选择"冰块"图层，按Ctrl+J将其复制一层将其显示出来，然后将其置于顶层并命名为"冰块暗部"，同时设置混合模式为"正片叠底"，这样冰块会呈现为透明状态，就用这个图层作为冰块的暗部，如图4-188所示。

图4-188

08 将"冰块"图层复制一层，将其显示出来，然后将其置于顶层并命名为"冰块亮部"，接着按快捷键Shift+Ctrl+U对其去色，如图4-189所示。

图4-189

09 按快捷键Ctrl+Alt+2创建去色冰块的高光选区，如图4-190所示。按快捷键Ctrl+J将选区内的图像复制到一个新图层中，隐藏"冰块亮部"图层，然后设置混合模式为"滤色"并命名为"冰块高光"，现在冰块就有透明质感了，如图4-191所示。

图4-190

图4-191

---

① **技巧提示：调取高光**

快捷键Ctrl+Alt+2在工作中非常重要，因为这个快捷键可以调取复合通道（RGB通道或CMYK通道）的高光选区。无论是产品修图还是抠图，该快捷键都经常用到。

---

10 执行"图层>图层样式>混合选项"菜单命令，打开"图层样式"对话框，按住Alt键并向右拖曳"本图层"的右半黑色滑块至右侧端点处，接着向右拖曳左半黑色滑块，直至高光变得通透为止，如图4-192所示。现在我们来看看原始灰蓝色冰块与抠出来的两个冰块之间的对比，如图4-193所示。可以发现抠出来的白色冰块非常通透，而抠出来的灰蓝色冰块不仅通透，还完美保留了原始冰块的颜色。

图4-192

原始灰蓝色冰块　　　抠图——白色冰块　　　抠图——灰蓝色冰块

图4-193

◎ **知识课堂：通过"置换"命令为玻璃类物体制作折射效果**

冰块制作到此还没有完，因为冰块是透明的，透过冰块看背景会产生折射效果，就像插在玻璃瓶中的吸管一样，如图4-194所示。对于设计师而言，日常生活中常见的反射和折射现象是需要了解的，这样才能设计出更加真实的作品。

图4-194

制作折射效果的步骤如下。

第1步：执行"图层>新建调整图层>色相/饱和度"菜单命令，在顶层创建一个"色相/饱和度"调整图层，然后在"属性"面板中将"饱和度"调整到最低，如图4-195所示。调整完成后按快捷键Alt+Ctrl+S将文档存储副本为"灰度.psd"，然后隐藏调整图层。

图4-195

第2步：选择观察图层，按快捷键Ctrl+J将其复制一层，执行"滤镜>扭曲>置换"菜单命令，然后在弹出的"置换"对话框中直接单击"确定"按钮，如图4-196所示。接着在弹出的对话框中选择上一步保存的PSD格式文件，单击"打开"按钮进行置换，如图4-197所示，置换后的效果与关闭冰块相关图层后的效果如图4-198所示。

图4-196

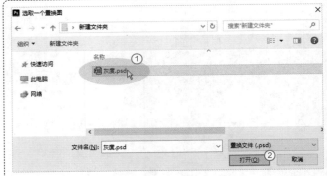

图4-197

图4-198

第3步：载入冰块的选区，然后单击"添加图层蒙版"按钮，为复制出的观察图层添加一个图层蒙版，这样可以隐藏掉选区外的置换效果，如图4-199所示。由于本例的背景是纯色的，因此这一步操作后的效果不明显，对于有复杂背景的图像，这一步的操作至关重要。

图4-199

再来看看冰块，现在效果不仅通透，而且还非常符合我们透过透明类对象看背景的效果，如图4-200所示。

图4-200

第1点： 通道抠图法的原理是"白选、黑不选、灰部分选"。这个原理与蒙版抠图法类似，通道中的白色区域表示被选中的区域，黑色区域表示没有被选中的区域，灰色区域表示被部分选中的区域（透明区域）。

第2点： 在"通道"面板中对颜色通道（红、绿、蓝）进行分析，选出对比最大的通道。但是不能直接在这个通道上进行操作，因为这样会破坏原始图像。正确的做法是将对比最大的通道复制出一个新的副本通道，即Alpha通道。在Alpha通道中操作不会破坏原始图像。

第3点： 通道抠图法的常用命令和工具是"色阶"命令（快捷键为Ctrl+L）、"画笔工具" ✐、"加深工具" ◔ 和"减淡工具" ✎。具体做法就是用这些命令和工具提升通道的黑白反差，将不需要的区域变黑，将需要的区域变白。

好了，先来分析下这张婚纱照片，我们的目的是抠取人像及婚纱，如图4-203所示。原片是一张人像和婚纱与背景对比比较明显的婚纱照，但是背景的色差比较大（图a）。根据通道抠图法的原理，人像、厚实的婚纱部分在Alpha通道中应该是纯白色的，背景部分应该是纯黑色的，而透明的婚纱部分应该是灰色的（请大家务必注意这点，这是抠婚纱等透明类对象的关键，如图b所示的蓝色圆形标记处）。制作好Alpha通道后，我们可以通过通道选区快速将人像和婚纱抠取出来（图c）。

  a 婚纱照原片   b 制作好的Alpha通道   c 最终抠图结果

图4-203

现在来分析红、绿、蓝这3个颜色通道（单独查看这些通道的快捷键分别为Ctrl+3、Ctrl+4和Ctrl+5），如图4-204所示。粗略一看，这3个通道的人像与背景之间的对比都差不多，但是仔细一看的话，就会发现"红"通道的婚纱透明区域要通透一些，也就是说用该通道抠出来的透明效果要比另外两个通道好。因此，我们选择"红"通道进行抠图。

  红通道   绿通道   蓝通道

图4-204

学后训练：用蒙版抠图法快速抠取透明烟雾

案例文件	学习资源>案例文件>CH04>学后训练：用蒙版抠图法快速抠取透明烟雾.psd
素材文件	学习资源>素材文件>CH04>素材14.jpg、素材15.jpg
难易程度	★☆☆☆☆
技术掌握	蒙版抠图法

本例是用蒙版抠图法抠取背景为非黑色的烟雾，如图4-201所示。在设计一些热饮类的作品时，经常需要在画面中加上一些烟雾效果来增强画面的动感。

图4-201

👑 重点

4.7.4 通道抠图法

设计小白： 前辈，通道抠图法完全搞不懂啊！

设计前辈： 因为你不清楚通道抠图法的原理，所以你觉得难。

设计小白： 那我懂了原理后，就简单了吗？

设计前辈： 懂了原理后，你会很烦！

设计小白： ……

没错，上面的对话就是设计师对使用通道抠图法的真实感受。在Photoshop以前的版本中，通道抠图法可以说是重中之重。从理论上来讲，几乎就没有用通道抠图法不能抠的对象。但是随着AI智能（如主体修边抠图法用到的"选择主体"功能等）的置入，通道抠图法的地位变得岌岌可危。究其原因，还是因为通道抠图法太难、太烦。

通道抠图法主要用于抠取边缘比较复杂的对象，如发丝、树木、婚纱、透明杯子、烟雾、冰块、水花等。对于初学者来说，如果不懂通道抠图法的原理，基本上无从下手。我们先来看看通道抠图法的原理及操作方法，如图4-202所示。

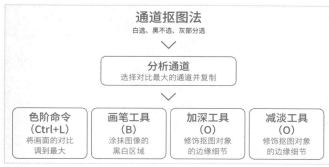

图4-202

打开"学习资源>素材文件>CH04>4.7>婚纱.jpg"文件，用这张照片来讲解通道抠图法的原理与方法。先来看看通道抠图法的3点要领。

下面我们来正式抠图，具体操作步骤和方法如下。

第1步： 执行"窗口>通道"菜单命令，打开"通道"面板，单击"红"通道将其单独选中，然后将其拖曳至"创建新通道"按钮□上，复制出一个"红 拷贝"通道，如图4-205所示。复制出的"红 拷贝"通道是一个单独的Alpha通道，虽然名称不是Alpha，但是它的属性就是Alpha通道。注意，这一步非常关键，即不能在原始通道进行修改，因为会破坏原始图像。

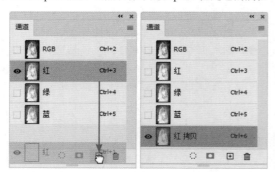

图4-205

---

⑦ **疑难问答：破坏原始通道到底有什么副作用？**

通道抠图法经常需要用画笔进行涂抹，如果用白色的"画笔工具" 在原始"红"通道上涂一下，那么涂抹的地方就会变成白色，如图4-206所示。切换到RGB复合通道查看效果，涂抹的地方就会变成红色，这会严重影响到抠图效果，如图4-207所示。至于为什么会产生这种效果，我们会在后面的章节中进行详细的讲解。

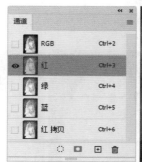

图4-206

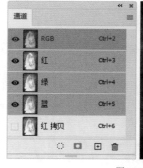

图4-207

第2步： 按快捷键Ctrl+L打开"色阶"对话框，然后向右拖曳阴影滑块并实时观察画面，直至右侧婚纱的透明区域快要丢失细节时停止（不要变得太灰），如图4-208所示。稍微向左拖曳高光滑块并实时观察画面，直至左侧婚纱边缘快要变成纯白时停止（如果变成纯白，这部分区域就会变成不透明效果），如图4-209所示。

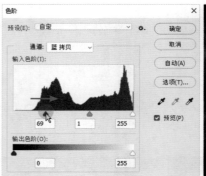

图4-208

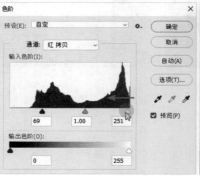

图4-209

第3步： 用"快速选择工具" 将左边的背景区域选出来，然后执行"选择>修改>羽化"菜单命令或者按快捷键Shift+F6，打开"羽化选区"对话框，将"羽化半径"设置为1像素，如图4-210所示，这样抠出来的婚纱边缘会柔和一些。接着将前景色设置为黑色，按快捷键Alt+Delete填充选区，并按快捷键Ctrl+D取消选区，如图4-211所示。继续用"快速选择工具" 将右边的背景区域也选出来，注意不要选到头部的右上部，因为会选到透明的婚纱区域，按快捷键Alt+Delete填充选区，并按快捷键Ctrl+D取消选区，如图4-212和图4-213所示。

图4-210　　　　　　　图4-211

图4-212　　　　　　　　　　　图4-213

图4-216　　　　　　　　　　　图4-217

第4步：选择"画笔工具"✎，在画布中单击鼠标右键，然后在弹出的面板中设置"大小"为70像素，"硬度"为95%，接着仔细涂抹头部的右上部，将其变成黑色，如图4-214所示。请大家特别注意这一步，"硬度"的数值不能设置得太低，否则抠出来的婚纱边缘会很模糊，一点边缘的感觉都没有。

第6步：从这一步开始，将严重考验大家的耐心。在"图层"面板中选中婚纱照图层，执行"图层>图层蒙版>删除"菜单命令，删除图层蒙版。在"通道"面板中重新单独选择"红 拷贝"通道。将前景色设置为白色，先用白色"画笔工具"✎（"不透明度"为100%，"硬度"为80%左右）将不透明的区域大致绘制出来，如图4-218和图4-219所示。

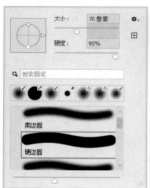

图4-214

图4-218　　　　　　　　　　　图4-219

第5步：我们现在来看看抠图的整体效果。按住Ctrl键并单击"红 拷贝"通道，载入该通道的选区，如图4-215所示。在"图层"面板中单击"添加图层蒙版"按钮▢，为图层添加一个图层蒙版，效果如图4-216所示。接着创建一个蓝色图层作为观察图层，观察整体效果，如图4-217所示。可以发现整体效果不错，但是右侧婚纱边缘的透明区域太透了。

第7步：继续用"硬度"为90%左右的白色"画笔工具"✎涂抹人像的腰部区域（不要涂到透明区域），头部区域大致涂抹即可（同样不要涂到透明区域），如图4-220所示。设置"硬度"为80%左右，仔细涂抹右边的胳膊区域（不要涂抹到边缘的透明区域），如图4-221所示。

第8步：设置"不透明度"和"硬度"为30%左右，按[键调小画笔，仔细轻涂边缘的透明区域，如图4-222所示。这样做的目的是让胳膊的边缘与透明区域的接触部分有一个柔和的过渡。

图4-215

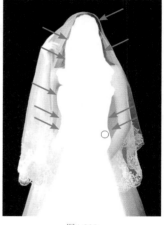

图4-220

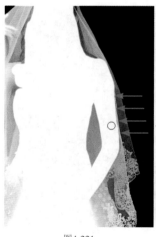
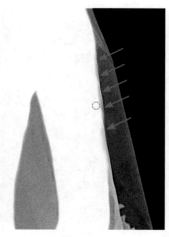

图4-221   图4-222

第9步： 设置"不透明度"为100%，"硬度"为80%左右，处理好头部、发丝边缘与透明婚纱之间的过渡，如图4-223所示。

第10步： 选择"减淡工具" （可以用[键和]键调节画笔大小），在左边的胳膊区域仔细涂抹，将其减淡成白色，如图4-224所示。注意，这种区域最好不要用画笔进行涂抹，因为这个区域不好分辨胳膊的轮廓，用"减淡工具" 容易掌控一些。

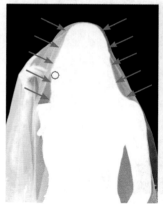

图4-223   图4-224

第11步： 按]键调大"减淡工具" 的笔尖，并设置"硬度"为0%，然后在透明区域涂抹，小幅度降低透明区域的灰度（变白一些），让透明区域与不透明区域的过渡更加自然一些，如图4-225所示。到此，通道处理完成。

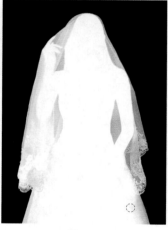

图4-225

第12步： 按住Ctrl键并单击"红拷贝"通道，载入该通道的选区，然后在"图层"面板中单击"添加图层蒙版"按钮 ，为图层添加一个图层蒙版，如图4-226所示。按快捷键Ctrl++放大画面的显示比例，看看抠图的细节是否完美，如果还有瑕疵，可以继续对通道进行调整，也可以用画笔在蒙版中进行仔细修饰。

图4-226

第13步： 为了验证婚纱的抠图效果，建议试试不同的观察图层颜色多查看一下是否有瑕疵（如白边和杂色等）。这里教大家一个技巧：在"图层"面板中选中观察图层，执行"图层>新建填充图层>纯色"菜单命令，创建一个"纯色"填充图层，会弹出"拾色器"对话框（如果关闭了，双击图层缩览图即可弹出），拖曳色谱滑块，即可用不同的颜色观察抠图效果，如图4-227所示。

图4-227

通道抠图法的原理与方法就讲到这里，相信大家通过这个示例已经明白了相关技巧。下面用几个具体的案例来讲解如何用通道抠图法抠取其他对象。

案例训练：用通道抠图法抠凌乱的发丝

案例文件	学习资源>案例文件>CH04>案例训练：用通道抠图法抠凌乱的发丝.psd
素材文件	学习资源>素材文件>CH04>素材16.jpg
难易程度	★★★☆☆
技术掌握	用通道抠图法抠发丝；对通道抠图法和主体修边抠图法进行对比；发丝边缘杂色的处理方法

用通道抠发丝是一件非常令人痛苦的事情，因为操作很烦琐。

本例的原片是一张发丝非常凌乱的人像照片，发丝边缘与背景颜色比较接近，但身体部分与头发对比明显，因此用通道抠图法进行抠图的难度比较大。而如果用主体修边抠图法进行抠取的话，不仅可以快速抠取发丝，而且效果几乎与通道抠图法抠取的发丝效果没有差别，图4-228所示为原片、通道抠图法抠图效果与主体修边抠图法抠图效果之间的对比。

图4-228

01 按快捷键Ctrl+O打开"学习资源>素材文件>CH04>素材16.jpg"文件，分别查看红、绿、蓝通道的对比，如图4-229所示。可以发现这3个通道都不好一次性将人像抠出来，因为头发与身体区域的对比也很大，所以我们要分两次进行抠图。

图4-229

02 按快捷键Ctrl+R调出标尺，然后从上方的标尺拉出一条横向的参考线，将头发区域与身体区域分割开，如图4-230所示。接着用"矩形选框工具"根据参考线将身体与头发分别复制到两个图层中，如图4-231所示。

图4-230　　　　图4-231

03 下面先抠身体部分。隐藏"头发"图层，然后分别查看红、绿、蓝通道的对比，如图4-232所示。可以发现"蓝"通道的对比最大，因此选择该通道进行抠图。

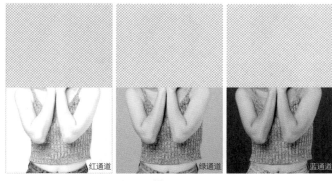

图4-232

04 在"通道"面板中将"蓝"通道复制出一份，然后按快捷键Ctrl+L打开"色阶"对话框，对阴影和高光滑块进行调整，将对比调到最大，如图4-233所示。接着用"画笔工具"和"减淡工具"将身体区域涂成白色（不用涂抹襟带），如图4-234所示。

图4-233

05 载入"蓝 拷贝"的选区，然后在"图层"面板中为"身体"图层添加一个蒙版，接着用"画笔工具" ✐在蒙版中将襻带和身体边缘修好。最后创建一个观察图层，观察抠图效果，如图4-235所示。

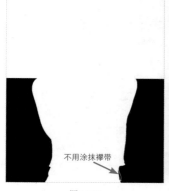
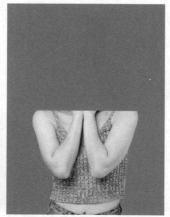

图4-234　　　　　　图4-235

06 下面抠头发部分。隐藏"身体"图层，显示"头发"图层，然后分别查看红、绿、蓝通道的对比，如图4-236所示。可以发现"红"通道的对比最大，因此选择该通道进行抠图。

红通道　　　　　　绿通道　　　　　　蓝通道

图4-236

07 在"通道"面板中将"红"通道复制出一份，按快捷键Ctrl+I将图像进行反相处理，效果如图4-237所示。按快捷键Ctrl+L打开"色阶"对话框，对阴影和高光滑块进行调整，将对比调到最大，如图4-238所示。

图4-237

图4-238

08 用白色的"画笔工具" ✐（"硬度"为90%左右）将人物的脸部、肩膀和头发的不透明区域涂成白色（不要涂到发丝边缘），如图4-239所示，然后用"减淡工具" ✐细致地涂抹发丝边缘，如图4-240所示。

图4-239　　　　　　图4-240

09 载入"红 拷贝"通道的选区，然后在"图层"面板中为"头发"图层添加一个蒙版，可以发现发丝的抠图效果还不错，如图4-241所示。

10 显示"身体"图层，整体效果如图4-242所示。

11 大家也可以试试用前面所学的主体修边抠图法抠这张人像，如图4-243所示，看看哪种抠图法更好、更方便。

图4-241

图4-242　　　　　　图4-243

◎ 知识课堂：处理发丝边缘的杂色

我们来看看发丝原片、用通道抠图法抠取的发丝和用主体修边抠图法抠取的发丝之间的对比，如图4-244所示。从对比我们可以发现，效果最好的还是原片；用通道抠图法抠取的发丝边缘比较锐利，丢失了原片的很多细节，如亮色区域；用主体修边抠图法抠取的发丝边缘比较柔和，保留了丰富的细节。就抠图速度而言，主体修边抠图法也要远快于通道抠图法。因此，要抠发丝，优先选用主体修边抠图法。

原片

通道抠图法 发丝边缘锐利、细节不足　主体修边抠图法 发丝边缘柔和、细节丰富

图4-244

我们再来看看用主体修边抠图法抠取的发丝边缘细节，可以发现发丝的颜色并不纯，有一些杂色，如图4-245所示。下面讲解一种快速处理发丝杂色的方法。

第1步：在抠出来的发丝图层的上一层新建一个空白图层，按快捷键Alt+Ctrl+G将其设置为发丝的剪贴蒙版，并将混合模式修改为"柔光"，如图4-246所示。

图4-245　　　　　图4-246

第2步：用"吸管工具"吸取发丝的颜色，如图4-247所示，然后用"画笔工具"（将"硬度"为0%，"不透明度"为60%左右）在杂色发丝上涂抹，这样就可以将杂色涂成发丝的颜色，如图4-248所示。

 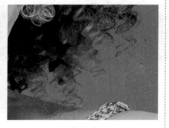

图4-247　　　　　图4-248

★重点

☑ 学后训练：用通道抠图法抠背景复杂的透明酒杯

案例文件	学习资源>案例文件>CH04>学后训练：用通道抠图法抠背景复杂的透明酒杯.psd
素材文件	学习资源>素材文件>CH04>素材17.jpg、素材18.jpg
难易程度	★★☆☆☆
技术掌握	用通道抠图法抠透明酒杯并保留高光与暗部

本例的抠图难度不大，只是在抠取酒杯时需要分别抠高光与暗部，如图4-249所示。

图4-249

★重点

☑ 学后训练：用通道抠图法抠透明婚纱

案例文件	学习资源>案例文件>CH04>学后训练：用通道抠图法抠透明婚纱.psd
素材文件	学习资源>素材文件>CH04>素材19.jpg
难易程度	★★★★☆
技术掌握	用通道抠图法抠发丝与透明婚纱

本例的原片背景很简单，但抠图难度并不小，额头前的发丝和婚纱需要单独抠图，如图4-250所示。

图4-250

4.8 综合训练营

抠图是工作中必不可少的，且图片的复杂性也是多种多样的，本节将安排8个案例来练习不同的抠图方法，将其融会贯通可以很好地提高工作效率。

👑重点

◈ 综合训练：抠取电商产品

案例文件	学习资源>案例文件>CH04>综合训练：抠取电商产品.psd
素材文件	学习资源>素材文件>CH04>素材20.jpg
难易程度	★ ☆ ☆ ☆ ☆
技术掌握	选择主体对象；用"选择并遮住"功能修边

本例是一个电商手拿包抠图案例，如图4-251所示。本例的难度稍微高一些，因为背景比较复杂，且手的部位有空隙。

图4-251

👑重点

◈ 综合训练：抠取电商模特

案例文件	学习资源>案例文件>CH04>综合训练：抠取电商模特.psd
素材文件	学习资源>素材文件>CH04>素材21.jpg
难易程度	★ ★ ★ ☆ ☆
技术掌握	选择主体对象；用"选择并遮住"功能修边

本例是一个电商模特抠图案例，如图4-252所示。相比于上一个案例，本例的难度更高。本例的难点不在于处理发丝的边缘，而是在于如何将手部缝隙与头发接触的区域处理得更自然。

图4-252

👑重点

◈ 综合训练：抠取火焰

案例文件	学习资源>案例文件>CH04>综合训练：抠取火焰.psd
素材文件	学习资源>素材文件>CH04>素材22.jpg、素材23.jpg、素材24.png
难易程度	★ ★ ☆ ☆ ☆
技术掌握	混合颜色带抠图法；用液化修饰火焰

火焰是设计师爱用的素材种类之一，用火焰设计出来的作品往往激情有力。本例除了需要将火焰抠出来，还需要用"液化"滤镜调整火焰的形态，如图4-253所示。

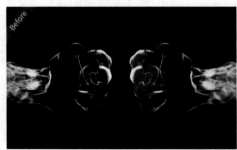

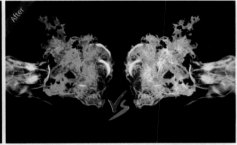

图4-253

> 🔗 知识链接："液化"滤镜
>
> 本例的步骤中会用到"液化"滤镜，该滤镜是工作中使用频率非常高的滤镜之一，主要用来修饰脸形和身形，也可以用来修饰各种各样的形态。关于该滤镜的具体使用方法，请参阅"7.2 磨皮与塑形"中的相关内容。

重点
⬚ 综合训练：抠取水花

案例文件	学习资源>案例文件>CH04>综合训练：抠取水花.psd
素材文件	学习资源>素材文件>CH04>素材25.psd、素材26.jpg
难易程度	★ ☆ ☆ ☆ ☆
技术掌握	蒙版抠图法

对于初学者来说，抠取水花是一件让人非常头痛的事情。很多初学者喜欢用"魔棒工具" 抠水花，其实用其根本无法抠出完美的水花，用蒙版抠图法进行抠取，只需要几步就可以完成，如图4-254所示。

图4-254

重点
⬚ 综合训练：抠取树木

案例文件	学习资源>案例文件>CH04>综合训练：抠取树木.psd
素材文件	学习资源>素材文件>CH04>素材27.jpg、素材28.jpg
难易程度	★ ☆ ☆ ☆ ☆
技术掌握	用通道抠图法抠边缘复杂的对象

在色彩范围抠图法中我们介绍了如何更换天空，本例也是一样，只不过抠图方法换成了通道抠图法，如图4-255所示。相比于色彩范围抠图法，用通道抠出来的对象边缘要更精确一些。

图4-255

重点
⬚ 综合训练：抠取烟雾

案例文件	学习资源>案例文件>CH04>综合训练：抠取烟雾.psd
素材文件	学习资源>素材文件>CH04>素材29.jpg、素材30.jpg
难易程度	★ ☆ ☆ ☆ ☆
技术掌握	用通道抠图法抠背景复杂的透明烟雾

本例的原片是一张背景非常复杂的透明彩色烟雾，这种烟雾用蒙版抠图法是很难抠出来的，但是用通道抠图法就很容易了，如图4-256所示。

图4-256

☟ 重点

⑧ 综合训练：抠取婚纱

案例文件	学习资源>案例文件>CH04>综合训练：抠取婚纱.psd
素材文件	学习资源>素材文件>CH04>素材31.jpg
难易程度	★★★★☆
技术掌握	用通道抠图法抠发丝与透明婚纱

本例的原片是一张背景相当复杂的婚纱照，地面上有明暗不一的鹅卵石，海面上也有波光粼粼的海水，抠图难度相当大，如图4-257所示。

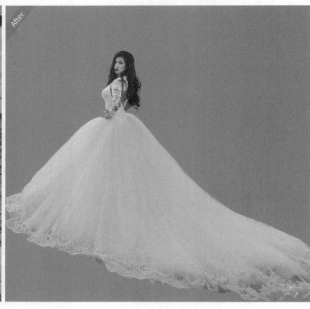

图4-257

☟ 重点

⑧ 综合训练：抠取酒杯

案例文件	学习资源>案例文件>CH04>综合训练：抠取酒杯.psd
素材文件	学习资源>素材文件>CH04>素材32.jpg、素材33.jpg
难易程度	★★★☆☆
技术掌握	用通道抠图法抠背景虚化的透明酒杯（保留高光与暗部）

本例的原片是一张背景虚化很严重的透明酒杯照片，如果要一次性抠出酒杯和手，难度是比较大的，所以要分别抠取酒杯和手，且在抠酒杯的时候，不仅要抠出高光，还要将暗部抠出来，如图4-258所示。

图4-258

第 **5** 章 提升设计效果的
三大填充方式

本章主要介绍Photoshop中3种经典的填充方式。合理使用这些填充方式，可以设计出效果丰富
多彩的作品。

学习重点 🔍

5.1 填充颜色的设置

工具箱底部有一组用于设置前景色与背景色的按钮，如图5-1所示。其中"切换前景色和背景色"按钮↰用于交换前景色和背景色（快捷键为X）；"默认前景色和背景色"按钮⇱用于将前景色和背景色恢复成默认效果（快捷键为D），默认的前景色为黑色，背景色为白色；单击"设置前景色"色块■或"设置背景色"色块□将打开"拾色器"对话框，在该对话框中可以选取想要的颜色（设置颜色几乎都要用到"拾色器"对话框）。

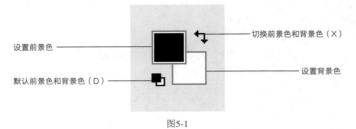

图5-1

我们来看看"拾色器"对话框的结构，如图5-2所示。本书一向不要求大家去硬记参数设置，但是这里就必须例外了，请大家记住以下3点。

图5-2

第1点：设置颜色时确保数值区的H选项处于选中状态，因为这是最常用的"色相"色谱（色谱条上就是红、橙、黄、绿、青、蓝、紫的渐变颜色）。HSB是一种颜色模式，H（Hues）表示色相，S（Saturation）表示饱和度，B（Brightness）表示明度或亮度，H有相应的色谱，S和B也有相应的色谱。当然，R、G、B、L、a、b也有对应的色谱，只不过这些色谱标准比较难懂，不必去深究。大家只要记住一点，在色域区选取颜色或是直接指定RGB和CMYK的数值时，一定要确保H选项处于选中状态，如图5-3所示。另外，在直接设置颜色值时，不是去设置H、S、B的数值，而是设置R、G、B或C、M、Y、K的值。

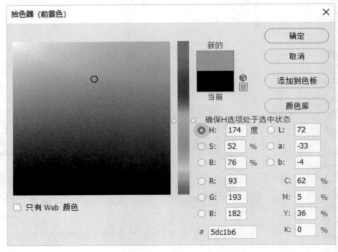

图5-3

第2点：如果做的是打印或印刷类设计，在色域区选取颜色或直接设置颜色数值时出现了▲图标，表示该颜色会打印（印刷）不准，此时我们就单击该图标，Photoshop会用一种接近于当前选定颜色的其他颜色来代替，以便正常打印，如图5-4和图5-5所示。同理，处理非Web安全色也是如此（单击◉图标）。

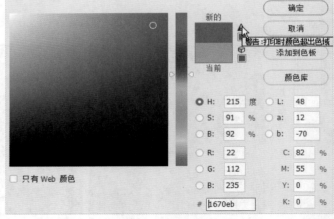

图5-4

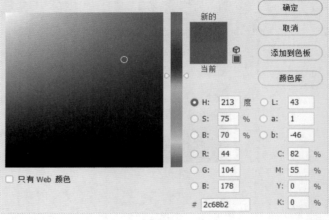

图5-5

第3点：拖曳色谱上的滑块，可以在色域区显示与色谱上对应的色域，如图5-6所示。在色域区中的任何区域单击，可选定相应的颜色。

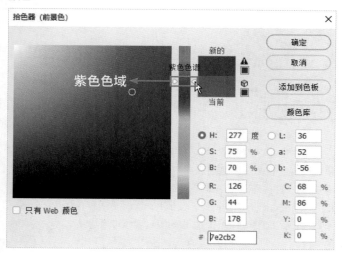

图5-6

掌握了颜色的设置方法后，我们来了解一下填充的类型。在Photoshop中，填充主要分为纯色填充、渐变填充、图案填充和内容识别填充4种，其中内容识别填充主要用于修图。填充可以针对整个文档的背景，也可以针对某个图层或选区，用好填充可以瞬间提升设计的档次。

填充的方法有很多，可以使用"填充"命令，也可以使用填充图层和图层样式，但是在工作中，几乎不会用"填充"命令（内容识别填充除外）来做设计，因为该命令的填充效果不利于修改，而填充图层和图层样式则不一样，不仅利于修改，功能也更加强大，如图5-7所示。

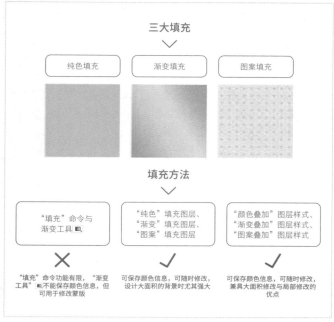

图5-7

打开"学习资源>素材文件>CH05>5.1>登录页.psd"文件，如图5-8所示。我们就用这个文件来讲解本章所有的填充功能。

图5-8

5.2 纯色填充

纯色填充的方法主要有3种，一种是直接在工具箱中设置前景色或背景色，然后填充相应的图层；一种是直接用"纯色"填充图层；另外一种是用"颜色叠加"图层样式。这3种方法都很常用。

◆ 重点

5.2.1 直接填充纯色

前景色填充快捷键： Alt+Delete

背景色填充快捷键： Ctrl+Delete

选择"背景"图层，随意设置一组前景色与背景色，按快捷键Alt+Delete可以用前景色填充"背景"图层，按快捷键Ctrl+Delete可以用背景色填充"背景"图层，如图5-9所示。

当画布中有选区时，按这两种快捷键，可对选区进行相应的填充。

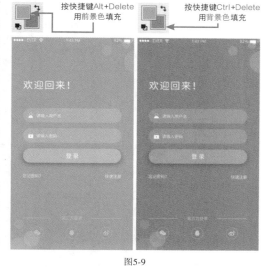

图5-9

> ① **技巧提示：仅填充图层中的像素区域（非透明区域）**
>
> 如果按住Shift键再按填充前景色或背景色的快捷键，可以填充图层中的像素区域，而不会影响透明区域。

除了可以在"拾色器"对话框中设置颜色,还可以用"吸管工具" ![吸管] (快捷键为I)设置前景色与背景色。使用"吸管工具" ![吸管] 在画布中的任何区域单击,吸取的颜色会作为前景色,如图5-10所示。按住Alt键并使用"吸管工具" ![吸管] 在画布中的任何区域单击,吸取的颜色会作为背景色,如图5-11所示。

图5-10　　　　　　　　　　　　图5-11

👑 重点

5.2.2 "纯色"填充图层

菜单栏: 图层>新建填充图层>纯色

"纯色"填充图层的创建方法主要有以下两种。

第1种: 执行"图层>新建填充图层>纯色"菜单命令,Photoshop会弹出"新建图层"对话框供大家设置图层的"名称""颜色""模式""不透明度"等,如图5-12所示。单击"确定"按钮 ![确定] 后会新建一个填充图层,同时弹出"拾色器"对话框供大家选择颜色,如图5-13所示。选择好颜色并单击"确定"按钮 ![确定] 后,便可创建一个"纯色"填充图层,如图5-14所示。

图5-12

第2种: 单击"图层"面板下方的"创建新的填充或调整图层"按钮 ![按钮],在弹出的菜单中选择"纯色"命令,如图5-15所示。这时会新建一个填充图层,同时弹出"拾色器"对话框,后续操作同第1种方法。

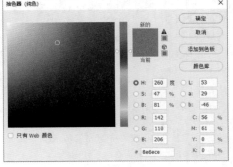

图5-13

图5-14　　　　　　　　　　　　图5-15

现在来看看"纯色"填充图层的结构,如图5-16所示。"纯色"填充图层包含图层缩览图和图层蒙版缩览图两个部分。双击图层缩览图,可以打开"拾色器"对话框,我们可以重新选择颜色进行填充,且在选择颜色的同时,画布中会实时显示颜色效果,非常便于做设计,如图5-17所示。自带的图层蒙版可以用来合成一些特殊的效果。

图层缩览图 ────　　　　　　　　　　　──── 图层蒙版缩览图

图5-16

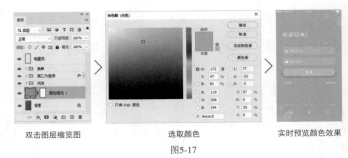

双击图层缩览图　　　　　选取颜色　　　　　实时预览颜色效果

图5-17

"纯色"填充图层与普通的像素图层一样,可以应用滤镜或添加图层样式,使用起来非常方便,尤其适合制作背景。直接创建的"纯色"填充图层会作用于整个画布,且无法用自由变换缩放填充图层的大小。因此,要修改"纯色"填充图层的显示范围,需要借助图层蒙版或剪贴蒙版。

👑 重点

5.2.3 "颜色叠加"图层样式

菜单栏: 图层>图层样式>颜色叠加

要对图层应用图层样式,首先要保证该图层不是"背景"图层,也就是说要先单击"背景"图层右侧的 ![锁] 图标将其解锁。执行"图层>图层样式>颜色叠加"菜单命令,或者单击"图层"面板下方的"添加图层样式"按钮 ![按钮],在弹出的菜单中选择"颜色叠加"命令,如图5-18所示。此时会打开"图层样式"对话框,修改叠加颜色就可以改变背景的颜色，同时还可以设置颜色叠加的"混合模式"和"不透明度"，如图5-19所示。

图5-18　　　　图5-19

那么，"颜色叠加"图层样式和"纯色"填充图层又有什么区别呢？其实它们之间最大的区别就在于作用范围。例如，如果要用"纯色"填充图层修改"图层"面板中的整个"表单"图层组的颜色，我们需要先创建一个"纯色"填充图层，然后按快捷键Alt+Ctrl+G将其设置为"表单"图层组的剪贴蒙版，才能修改"表单"图层组的颜色，如图5-20所示。对"表单"图层组应用"颜色叠加"图层样式，只需要修改叠加颜色即可改变整个图层组的颜色，如图5-21所示。也就是说，默认状态下的"纯色"填充图层的作用范围是整个文档，而"颜色叠加"图层样式是针对图层的像素区域（非透明区域），这对于修改某个图层的颜色是非常有用的。

图5-20

如果对"颜色叠加"图层样式的颜色不满意，可以双击"图层"面板中的"颜色叠加"图层样式，重新打开"图层样式"对话框，然后对叠加颜色进行修改即可，如图5-22所示。

图5-21　　　　图5-22

5.3 渐变填充

渐变是当下设计的主流，随处都可以见到非常炫酷的渐变作品，所以渐变填充也是本章所讲内容的重中之重。在Photoshop中，普通像素图层可以填充渐变，形状图层也可以填充渐变，甚至图层蒙版和通道都可以填充渐变。进行渐变填充可以使用"渐变工具"，也可以使用"渐变"填充图层和"渐变叠加"图层样式。

在讲如何进行渐变填充之前，我们先要知道控制渐变效果的三大基本要素，如图5-23所示，下面会详细介绍。

图5-23

5.3.1 渐变工具

工具箱："渐变工具"　**快捷键：G**

在工具箱中选择"渐变工具"，在选项栏中单击"点按可编辑渐变"按钮，打开"渐变编辑器"对话框，随意选择一种好看的渐变色，然后在画布中随意拉出渐变，如图5-24和图5-25所示。对比原始效果与渐变效果，是不是感觉作品的档次立刻提升了不少？

我们先来看看控制渐变效果的基本要素之一：渐变类型。在"渐变工具"的选项栏中可以选择不同的渐变类型，如图5-26所示。其中"模式"选项用于设置渐变的混合模式，"不透明度"选项用于设置渐变的不透明效果，"反向"选项用于控制是否反转渐变的填充方向，"仿色"选项和"透明区域"选项保持默认选中状态即可。这里着重介绍渐变填充的5种类型。

图5-24   图5-25

图5-26

　　先看看5种渐变类型的效果，如图5-27所示。"线性渐变" 是以直线方式创建从起点到终点的渐变；"径向渐变" 是以圆形方式创建从起点到终点的渐变；"角度渐变" 是以逆时针旋转从起点拖曳的射线的方式创建渐变；"对称渐变" 是在起点的两侧创建对称的线性渐变；"菱形渐变" 是以菱形方式从起点向外生成渐变，终点定位菱形的一个角。这些渐变类型的含义是比较难理解的，大家只要知道对应的渐变类型可以生成什么样的渐变效果即可。

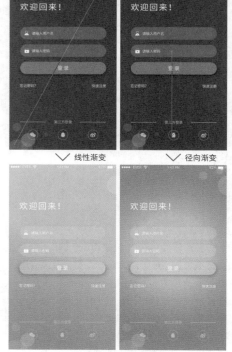

　　∨ 线性渐变　　　　∨ 径向渐变

图5-27

　　∨ 角度渐变　　∨ 对称渐变　　∨ 菱形渐变

图5-27（续）

　　下面我们来试试控制渐变效果的另外一个基本因素：渐变方向。对于"渐变工具" 而言，渐变的方向需要手动控制。我们就以"线性渐变" 为例，在画布中以不同的方向拉出渐变，可以发现拉出线段的长短与方向都会影响到渐变的效果，如图5-28所示。因此，在工作中，设置好渐变色且选好渐变类型后，要多试试不同的方向及拉出线段的长短。

图5-28

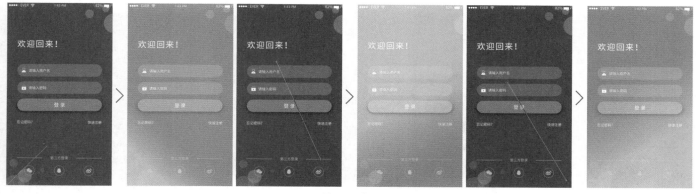

图5-28（续）

下面我们来看看控制渐变效果的最后一个基本要素，也是最重要的要素，即渐变色。在选项栏中单击"点按可编辑渐变"按钮▇▇▇▇，打开"渐变编辑器"对话框，可以在该对话框中编辑渐变色，也可以选择预设的渐变色，如图5-29所示。下面我们以一个非常简单而又很炫酷的渐变色为例来教大家如何调节渐变色，调节后的效果如图5-30所示。

第1步：选择一个预设的渐变色，如图5-31所示。

第2步：向渐变条外拖曳多余的色标，这样可以将其删除，如图5-32所示。删除后的效果如图5-33所示。继续删除多余的色标，只保留左中右3个色标，如图5-34所示。

图5-29　　　　　　　　　　　图5-30　　　　　　　　　　　图5-31

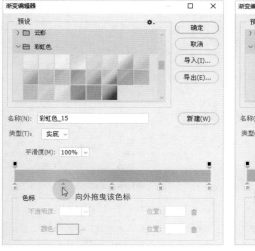
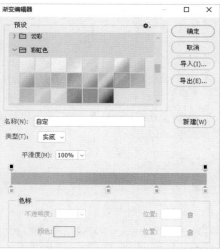
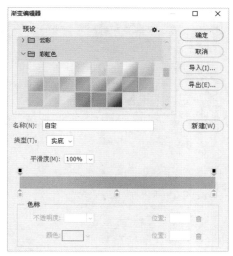

图5-32　　　　　　　　　　　图5-33　　　　　　　　　　　图5-34

第3步： 双击左端色标，打开"拾色器"对话框，选择淡粉色作为该色标的颜色，如图5-35所示。然后用相同的方法设置好另外两个色标的颜色，如图5-36所示。

 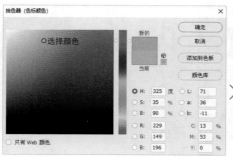  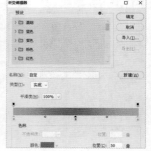

图5-35   图5-36

第4步： 按照图5-37所示的方向在画布中拉出渐变，效果如图5-38所示。

在渐变条上可以调整色标的位置，也可以添加新的色标和新的不透明度色标（控制色标的不透明度），同时还可以调整色标颜色中心的位置来控制该色标的影响范围。通过这一系列复杂的调整，可以获得更加炫酷的渐变效果，如图5-39所示。

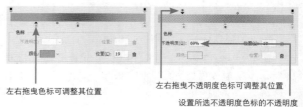

左右拖曳色标可调整其位置

左右拖曳不透明度色标可调整其位置

设置所选不透明度色标的不透明度

图5-37

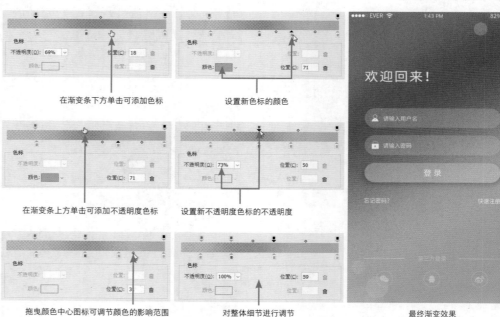

在渐变条下方单击可添加色标

设置新色标的颜色

在渐变条上方单击可添加不透明度色标

设置新不透明度色标的不透明度

拖曳颜色中心图标可调节颜色的影响范围

对整体细节进行调节

最终渐变效果

图5-39

图5-38

在"预设"列表中，向下滚动鼠标滚轮，可以找到很多归类好的预设渐变效果，如图5-40所示。

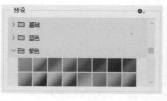

图5-40

"渐变编辑器"对话框中还有一种特殊的渐变类型，即"杂色"渐变，如图5-41所示。在"颜色模型"选项组中设置好颜色范围后，渐变条上就会根据颜色范围随机分布颜色；单击"选项"选项组中的"随机化"按钮 随机化(Z)

可以获得不同的杂色渐变；"粗糙度"选项用于控制渐变色过渡的柔和程度，值越小，渐变越柔和，反之渐变越锐利，如图5-42所示。

图5-41

图5-42

★重点

5.3.2 "渐变"填充图层

菜单栏：图层>新建填充图层>渐变

与"纯色"填充图层一样，"渐变"填充图层也可以通过菜单栏和"图层"面板进行创建。下面我们来创建一个"渐变"填充图层。

第1步：单击"图层"面板下方的"创建新的填充或调整图层"按钮，在弹出的菜单中选择"渐变"命令，打开"渐变填充"对话框，如图5-43所示。

第2步：在"渐变填充"对话框中单击"点按可编辑渐变"按钮，在弹出的"渐变编辑器"对话框中选择一种预设的渐变，如图5-44所示。

图5-43　　　　　图5-44

第3步：在"渐变填充"对话框中单击"确定"按钮，这样就可以创建一个"渐变"填充图层，如图5-45和图5-46所示。

图5-45　　　　　图5-46

？疑难问答："渐变"填充图层和"渐变工具"的区别是什么？

"渐变"填充图层十分便于修改。双击"图层"面板中的"渐变"填充图层的缩览图，重新打开"渐变填充"对话框，可以对参数进行调节，以获得不同的渐变效果。与"渐变工具"不同，"渐变"填充图层的渐变方向是通过"角度"选项来控制的，而渐变的起点与终点的距离是用"缩放"选项来控制的，如图5-47所示。

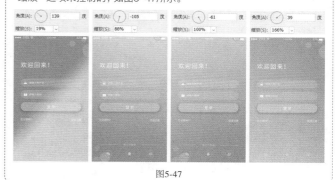

图5-47

★重点

5.3.3 "渐变叠加"图层样式

菜单栏：图层>图层样式>渐变叠加

将"背景"图层转换为普通图层，执行"图层>图层样式>渐变叠加"菜单命令，或者单击"图层"面板下方的"添加图层样式"按钮，在弹出的菜单中选择"渐变叠加"命令，打开"图层样式"对话框，然后修改渐变颜色即可为背景添加渐变效果，同时还可以设置"混合模式"和"不透明度"等，如图5-48所示。

图5-48

我们再来看看"渐变叠加"图层样式与"渐变"填充图层的区别。执行"图像>复制"菜单命令，将文档复制一份，选择"表单"图层组中的"用户登录框"图层，然后用"渐变"填充图层创建渐变效果（创建"渐变"填充图层，按快捷键Alt+Ctrl+G将其设置为"用户登录框"图层的剪贴蒙版），接着用"渐变叠加"图层样式为原文档中的"用户登录框"图层也添加相同的渐变色，如图5-49所示。可以发现，前者的渐变效果并没有完全呈现在登录框上，而后者就完美地将渐变效果呈现在了登录框上。产生这种差别的原因是，"渐变"填充图层的渐变效果作用于整个文档，而"渐变叠加"图层样式作用于图层的非透明区域。这里给大家一个建议：如果是做整个文档的渐变背景，"渐变"填充图层和"渐变叠加"图层样式两者选其一即可；如果是做文档中某个图层的渐变效果，最好选用"渐变叠加"图层样式，因为这样可以很方便地控制渐变色作用于图层的范围。

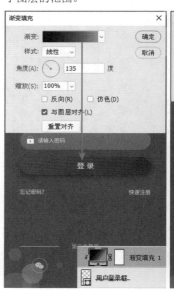

图5-49

知识课堂：提升设计档次的炫酷模糊渐变

大家应该在很多设计平台上都见过类似于图5-50所示的模糊背景。这种背景放在UI设计、Banner设计和海报设计中瞬间可以提升作品的档次。用Photoshop中的"渐变工具" ▣ 或"画笔工具" ✐ 来制作这种图像是比较复杂的，而如果用"高斯模糊"滤镜来制作，只需要两步就可以完成。

第1步：找一张高清的素材，颜色信息最好丰富一些，如图5-51所示。

图5-50　　　　　图5-51

第2步：执行"滤镜>模糊>高斯模糊"菜单命令，在弹出的"高斯模糊"对话框中勾选"预览"选项，然后拖曳滑块预览模糊效果，直到达到满意的效果为止，如图5-52所示。

图5-52

模糊完图像后，按快捷键Ctrl+U打开"色相/饱和度"对话框，拖曳"色相"滑块，可以得到很多好看的渐变效果，如图5-53~图5-55所示。

图5-53　　　　　图5-54　　　　　图5-55

👑 重点

👆 案例训练：用渐变设计一组时尚风格的UI启动页

案例文件	学习资源>案例文件>CH05>案例训练：用渐变设计一组时尚风格的UI启动页.psd
素材文件	学习资源>素材文件>CH05>素材01.jpg~素材04.jpg、素材05.png
难易程度	★★★★☆
技术掌握	"渐变"填充图层、"渐变叠加"图层样式、光晕渐变

本例是一组时尚人像风格的UI启动页，如图5-56所示。本例在技术上除了用到"渐变"填充图层和"渐变叠加"图层样式，还会教大家用画笔绘制光晕渐变。

图5-56

01 下面设计第1个启动页。按快捷键Ctrl+N打开"新建文档"对话框，在"移动设备"选项卡下选择"iPhone8/7/6 Plus"预设，创建一个文档。创建一个"纯色"填充图层，设置填充色为（R:8，G:16，B:44），如图5-57所示。

02 用"矩形工具"▢绘制4个大小不一的矩形，如图5-58所示，然后将"学习资源>素材文件>CH05>素材01.jpg"文件拖曳至画板中，放在"矩形1"图层的上一层，调整好人像的大小和位置，如图5-59所示。接着按快捷键Alt+Ctrl+G将人像设置为"矩形1"图层的剪贴蒙版，如图5-60所示。

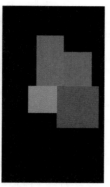

图5-57　　　　图5-58

图5-59　　　　图5-60

03 按快捷键Ctrl+J将人像复制一层，放在"矩形2"图层的上一层，然后按快捷键Alt+Ctrl+G将人像设置为"矩形2"图层的剪贴蒙版，接着适当调整人像的大小和位置，让人像形成一种错位的视觉感，如图5-61所示。用相同的方法在另外两个矩形上也制作出错位的人像，如图5-62所示。制作完成后选择所有的矩形与人像，按快捷键Ctrl+G将其编为一组并命名为"人像"。

04 按快捷键Shift+Ctrl+N新建一个名为"光晕"的空白图层，将前景色设置为（R:53，G:115，B:255），选择"画笔工具"✎，在选项栏中选择"柔边圆"画笔，并设置"大小"为600像素，"硬度"为0%，"不透明度"为100%，

图5-61　　　　图5-62

然后在画板中轻轻单击，绘制一个柔和的蓝色光晕，如图5-63所示。接着在其他位置绘制一些蓝色光晕，如图5-64所示。

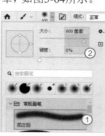

图5-63　　　　图5-64

05 将前景色设置为（R:245，G:116，B:250），用"画笔工具"✎在画板中绘制一些粉色光晕（可以按[键或]键调整画笔大小），如图5-65所示，然后设置"不透明度"为80%左右，绘制出右上部的粉色光晕，如图5-66所示。接着设置"不透明度"为20%左右，在其他位置绘制出淡粉色光晕，如图5-67所示。

图5-65　　　图5-66　　　图5-67

06 按快捷键Alt+Ctrl+G将"光晕"图层设置为"人像"图层组的剪贴蒙版，效果如图5-68所示。然后设置"光晕"图层的混合模式为"强光"，效果如图5-69所示。

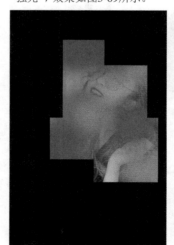

图5-68　　　　图5-69

07 按住Shift键并用"椭圆工具" ◯ 绘制一个图5-70所示的圆形，为圆形添加一个"渐变叠加"图层样式，然后调出一种"蓝色→粉色"的渐变色（注意蓝色色标的颜色中心的位置），接着设置"样式"为"线性"，"角度"为65度，具体参数设置如图5-71所示，效果如图5-72所示。

图5-70

(R:39,G:115,B:254)　　(R:255,G:117,B:252)

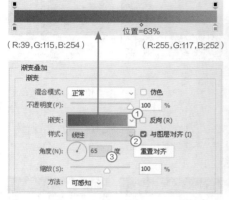

图5-71　　　　　　　图5-72

08 按快捷键Ctrl+J将"椭圆1"图层复制一层，得到"椭圆1 拷贝"图层，调整好其大小和位置，然后修改"渐变叠加"图层样式，将渐变色的蓝色色标的颜色中心的"位置"修改为50%，"角度"修改为90度，效果如图5-73所示。接着为"椭圆1 拷贝"图层添加一个蒙版，最后用黑色画笔在蒙版中涂去圆形的上部，效果如图5-74所示。

09 继续制作一些渐变矩形和白色圆形装饰画面，完成后的效果如图5-75所示。

图5-73　　　　图5-74　　　　图5-75

> **知识链接：拷贝并粘贴图层样式**
> 渐变矩形的渐变色可以通过拷贝并粘贴图层样式的方法进行制作。关于图层样式的拷贝与粘贴方法，请参阅"8.2.1 动手练图层样式基本操作"中的相关内容。

10 用"矩形工具" ▢ 在画板底部绘制一个图5-76所示的矩形（填充色随意），为其添加一个"渐变叠加"图层样式，然后调出一种"蓝色→粉色→蓝色→粉色→蓝色→粉色"的渐变色，接着将"样

式"设置为"线性"，"角度"设置为0度，具体参数设置如图5-77所示，效果如图5-78所示。将底部的渐变矩形复制出一个，移到顶部，如图5-79所示。

11 使用"横排文字工具" T 在画板中加入相应的文案，并使用"矩形工具" ▢ 给左下角文字绘制一个装饰框，完成第1个启动页的设计，效果如图5-80所示。

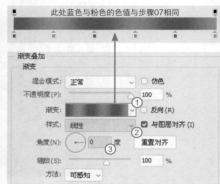

图5-76　　　　　　　图5-77

图5-78　　　　图5-79　　　　图5-80

12 下面设计第2个启动页。在"图层"面板中选择"画板1"，按快捷键Ctrl+J将其复制一份，命名为"画板2"，同时删掉该画板上所有的图层。执行"图层>新建填充图层>渐变"菜单命令，创建一个"渐变"填充图层，具体参数设置如图5-81所示，效果如图5-82所示。

(R:251,G:106,B:117)　　(R:63,G:235,B:255)

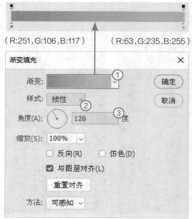

图5-81　　　　　　　图5-82

13 用"矩形工具"□在画板中绘制一个图5-83所示的矩形。然后将"素材02.jpg"文件拖曳至画板中，并调整好其大小和位置，如图5-84所示。接着按快捷键Alt+Ctrl+G将其设置为"矩形1"图层的剪贴蒙版，效果如图5-85所示。

图5-83   图5-84   图5-85

14 将"素材03.jpg"文件拖曳至画板中，并调整好其大小和位置，如图5-86所示，然后为"素材03"图层添加一个蒙版，接着使用黑色的画笔（"硬度"为60%左右，"不透明度"为100%）在蒙版中涂掉多余的区域，效果如图5-87所示。

图5-86   图5-87

15 按快捷键Ctrl+J将"素材03"图层复制一层，得到"素材03 拷贝"图层，执行"图层>图层蒙版>删除"菜单命令，删除图层蒙版，然后执行"选择>主体"菜单命令，创建热气球的选区，如图5-88所示。接着单击"添加图层蒙版"按钮□，为"素材03 拷贝"图层添加一个选区蒙版，效果如图5-89所示。最后使用黑色的画笔在蒙版中擦掉多余的热气球，如图5-90所示。

图5-88

图5-89   图5-90

16 将"素材03"图层再复制一层，得到"素材03 拷贝2"图层，删除图层蒙版，然后使用"快速选择工具"☑选出左侧的热气球，如图5-91所示。接着为"素材03 拷贝2"图层添加一个选区蒙版，效果如图5-92所示。

图5-91   图5-92

17 将"素材04.jpg"文件拖曳至画板中，并置于画板的右上角，调整好其大小，如图5-93所示。执行"选择>主体"菜单命令，创建热气球的选区，如图5-94所示。接着单击"添加图层蒙版"按钮□，为"素材04"图层添加一个选区蒙版，效果如图5-95所示。最后使用黑色的画笔在蒙版中擦掉多余的图像，如图5-96所示。

图5-93   图5-94

图5-95   图5-96

18 在"素材02"图层的上方新建一个"光晕"空白图层，设置前景色为青色（R:63，G:234，B:255），背景色为粉色（R:245，G:109，B:180），然后使用"画笔工具"☑（"硬度"为0%）在画板中绘制出这两种颜色的光晕（绘制时可按X键交换前景色和背景色），如图5-97所示。

19 按快捷键Alt+Ctrl+G为"光晕"图层创建剪贴蒙版，然后设置该图层的混合模式为"叠加"，效果如图5-98所示。

图5-97

20 按住Shift键并用"椭圆工具"◯绘制一个大小合适的圆形作为太阳，如图5-99所示。然后为其添加一个"渐变叠加"图层样式，接着调出一种"红色→深红色→黄色"的渐变色，再设置"样式"为"线性"，"角度"为90度，具体参数设置如图5-100所示，效果如图5-101所示。

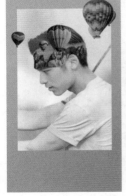

图5-98

图5-99

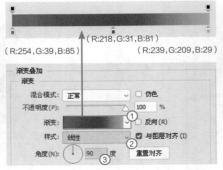

（R:218,G:31,B:81）
（R:254,G:39,B:85）　　（R:239,G:209,B:29）

渐变叠加
渐变
混合模式：正常　　　　　　□ 仿色
不透明度(P)：　　　　　　100　%
渐变：　　　　　　①　□ 反向(R)
样式：线性　　　　　　☑ 与图层对齐(I)
角度(N)：　　90　度　　③　重置对齐

图5-100

图5-101

21 在"图层"面板中将"椭圆1"图层调整到"素材03"图层和"素材03 拷贝"图层之间，使太阳有一种升起来且被山挡住的感觉，如图5-102所示。

22 将"素材05.png"文件拖曳至画板中，并放在人像的额头上，如图5-103所示，然后复制两层云朵到其他的位置，如图5-104所示。制作完成后将所有的云朵编为一组，并命名为"云朵"。

图5-102

图5-103　　　　　　图5-104

23 在"云朵"图层组的上一层新建一个名为"云朵光晕"的空白图层，然后使用"画笔工具"✐（"硬度"为0%）在云朵上绘制一些青色和粉色的光晕，如图5-105所示。接着按快捷键Alt+Ctrl+G将"云朵光晕"图层设置为"云朵"图层组的剪贴蒙版，再设置该图层的混合模式为"点光"，"不透明度"为50%，效果如图5-106所示。

24 使用"横排文字工具"T在画板中加入相应的文案信息，并对画面的细节进行修饰，最终效果如图5-107所示。

图5-105　　　　图5-106　　　　图5-107

📝 **学后训练：用渐变设计柔滑丝绸风格的UI启动页**

案例文件	学习资源>案例文件>CH05>学后训练：用渐变设计柔滑丝绸风格的UI启动页.psd
素材文件	无
难易程度	★★★☆☆
技术掌握	"渐变叠加"图层样式，以及用"液化"滤镜调整渐变形状

　　本例是一个特殊的丝绸风格渐变案例，如图5-108所示。本例要先用"渐变叠加"图层样式制作基础渐变，然后用"液化"滤镜制作丝绸的质感。

① **技巧提示：制作丝绸的褶皱感**

　　这里制作的丝绸褶皱感不是用参数来控制的，而是随意发挥，大家也不可能做得一模一样，只要制作出来的效果能体现丝绸的质感即可。

图5-108

☑ 重点

学后训练：用渐变设计一组炫酷的几何背景

案例文件	学习资源>案例文件>CH05>学后训练：用渐变设计一组炫酷的几何背景.psd
素材文件	无
难易程度	★☆☆☆☆
技术掌握	"渐变"填充图层、"渐变叠加"图层样式

拥有漂亮的渐变背景和渐变元素，可以瞬间提高设计的档次，就像本例一样，这些简单的渐变效果无论是用在UI设计、海报设计还是电商设计中，都会让设计变得异常炫酷，如图5-109所示。

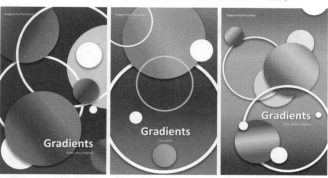

图5-109

☑ 重点

学后训练：用渐变设计Web登录界面

案例文件	学习资源>案例文件>CH05>学后训练：用渐变设计Web登录界面.psd
素材文件	学习资源>素材文件>CH05>素材06.ai
难易程度	★☆☆☆☆
技术掌握	"渐变叠加"图层样式

本例是一款简约的Web登录界面设计，所用的渐变效果非常简单，但是画面效果却很好看，如图5-110所示。

图5-110

5.4 图案填充

图案填充的方法有很多，可以用"油漆桶工具" 🖌、"图案"填充图层和"图案叠加"图层样式等。其中"油漆桶工具" 🖌的功能十分有限，"图案"填充图层和"图案叠加"图层样式这两种方法则很常用。

☑ 重点

5.4.1 "图案"填充图层

菜单栏： 图层>新建填充图层>图案

与"纯色"填充图层和"渐变"填充图层一样，"图案"填充图层也可以通过菜单栏和"图层"面板进行创建。我们来创建一个"图案"填充图层。单击"图层"面板下方的"创建新的填充或调整图层"按钮 ◑，在弹出的菜单中选择"图案"命令，打开"图案填充"对话框，如图5-111所示，效果如图5-112所示。

图5-111

图5-112

现在大家来回答一个非常简单的问题。

Q：图5-112中的图案是不是很丑？

A：丑，很丑！

相信大家的答案都是一致的。我们用的设计模板是一个登录页，用植物图案填充登录页，不丑才是怪事。但是，如果我们换一些其他符合设计要求的图案，就可以大大提升设计效果。

图案可以直接在"图案填充"对话框进行选择，也可以在"图案"面板中进行选择。执行"窗口>图案"菜单命令，打开"图案"面板，如图5-113所示。Photoshop默认的图案很少，这些图案都不适合填充登录页。

图5-113

单击"图案"面板右上方的 ≡ 按钮，在弹出的菜单中选择"旧版图案及其他"命令，载入Photoshop其他的预设图案，如图5-114和图5-115所示。

图5-114

图5-115

展开"旧版图案及其他>旧版图案>Web图案"组,选择"网点1"图案,如图5-116所示,效果如图5-117所示。现在图案中的白底将"背景"图层中的颜色全部遮盖了,在"图层"面板中设置"图案填充1"图层的混合模式为"正片叠底",效果如图5-118所示。

现在我们来修改图案的大小。双击"图案填充1"图层的"图案填充图层",重新打开"图案填充"对话框,修改"缩放"选项的数值,试试不同的效果,如图5-119所示。

图5-116

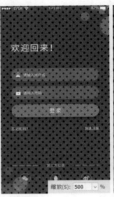

图5-117　　　　　图5-118　　　　　　　　图5-119

👑重点
5.4.2 "图案叠加"图层样式

菜单栏: 图层>图层样式>图案叠加

将"背景"图层转换为普通图层,执行"图层>图层样式>图案叠加"菜单命令,或者单击"图层"面板下方的"添加图层样式"按钮 🖍️ ,在弹出的菜单中选择"图案叠加"命令,打开"图层样式"对话框,选择好想要的图案,然后对"混合模式""不透明度""缩放"参数进行调整,就可以得到好看的图案效果,如图5-120所示。

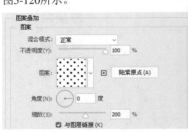

图5-120

"图案叠加"图层样式和"图案"填充图层之间的区别,与"渐变叠加"图层样式和"渐变"填充图层之间的区别是相同的。如果是做整个文档的图案背景,"图案"填充图层和"图案叠加"图层样式两者选其一个即可;如果是做文档中某个图层的图案效果,最好选用"图案叠加"图层样式,因为这样可以很方便地控制图案作用于图层的范围。

👑重点
5.4.3 自定义填充图案

菜单栏: 编辑>定义图案

Photoshop预设的图案虽然很多,但是大多数图案都带有底色,要修改图案的颜色也比较复杂。但是不要紧,我们可以自己创作图案,并将其定义为预设图案。

定义填充图案的方法很简单。打开"学习资源>素材文件>CH05>5.4>芒果.jpg"文件,如图5-121所示。执行"编辑>定义图案"菜单命令,打开"图案名称"对话框,为图案取个名称,然后单击"确定"按钮 确定 即可定义一个图案,如图5-122所示。

图5-121

图5-122

我们再来定义一个没有背景的图案。用"魔棒工具"选中白色背景，如图5-123所示，然后按快捷键Shift+Ctrl+I反选选区，如图5-124所示，接着按快捷键Ctrl+J将选区图像复制到一个新图层中，同时隐藏"背景"图层，效果如图5-125所示。执行"编辑>定义图案"菜单命令，打开"图案名称"对话框，为图案取个名称，然后单击"确定"按钮即可定义一个图案，如图5-126所示。

图5-123

图5-124

图5-125

图5-126

现在我们来试试图案效果。按快捷键Ctrl+N新建一个尺寸为3000像素×3000像素的文档，然后用任意颜色填充"背景"图层，如图5-127所示。用前面定义的两种图案创建"图案"填充图层，调整好"缩放"的数值，如图5-128和图5-129所示。

图5-127

图5-128

图5-129

从上面的填充对比可以发现，如果图案带有背景，则填充效果也会有背景；如果图案的背景是透明的，则填充效果就只有图案。

大家可以根据情况来进行选择。另外，除了用现成的图像来定义图案，还可以自己绘制一些图像来定义图案，在下面的案例中我们会讲解相关方法。

◆重点

🖐 **案例训练：用图案设计春夏新品Banner**

案例文件	学习资源>案例文件>CH05>案例训练：用图案设计春夏新品Banner.psd
素材文件	学习资源>素材文件>CH05>素材07.png、素材08.png
难易程度	★★☆☆☆
技术掌握	"图案叠加"图层样式、自定义图案

格子、条纹风格的Banner在近些年非常受欢迎，如图5-130所示。这种Banner的设计难度并不高，只是需要自定义图案进行制作。

图5-130

01 按快捷键Ctrl+N新建一个尺寸为1920像素×900像素，"分辨率"为72像素/英寸，"颜色模式"为"RGB颜色"的文档。创建一个"纯色"填充图层，设置填充色为（R:231，G:245，B:247），效果如图5-131所示。

02 使用"矩形工具"在画布中绘制一个矩形，然后设置填充色为（R:252，G:195，B:204），如图5-132所示。

图5-131 图5-132

03 下面制作矩形上的填充图案。按快捷键Ctrl+N新建一个尺寸为60像素×60像素，"分辨率"为72像素/英寸，"颜色模式"为"RGB颜色"的文档。按快捷键Ctrl++放大画布的显示比例，然后使用"矩形工具"绘制一个与画布大小相同的矩形，如图5-133所示。接着在"属性"面板设置"填色"为无填色，"描边"为（R:249，G:220，B:224），描边宽度为2.5像素，如图5-134所示，效果如图5-135所示。

图5-133

图5-134   图5-135

04 隐藏"背景"图层,效果如图5-136所示。执行"编辑>定义图案"菜单命令,打开"图案名称"对话框,为图案取个名称,接着单击"确定"按钮(确定),如图5-137所示。

图5-136   图5-137

05 切换回Banner设计文档,选择"矩形1"图层,执行"图层>图层样式>图案叠加"菜单命令,打开"图层样式"对话框,然后选择前面定义的描边矩形图案,同时设置"缩放"为50%,如图5-138所示,效果如图5-139所示。

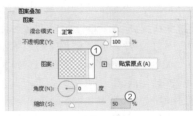

图5-138

图5-139

06 将"学习资源>素材文件>CH05>素材07.png"文件拖曳至画布中,放在图5-140所示的位置。

图5-140

07 下面制作圆形的条形图案。按快捷键Ctrl+N新建一个尺寸为400像素×400像素,"分辨率"为72像素/英寸,"颜色模式"为"RGB颜色"的文档。使用"矩形工具" □在画布顶部绘制一个矩形,然后在"属性"面板中设置矩形"W"(宽度)为400像素,"H"(高度)为4像素,并设置"填色"为(R:249,G:97,B:97),如图5-141所示,效果如图5-142所示。

图5-141   图5-142

08 按49次快捷键Ctrl+J复制49个矩形,然后将顶层的矩形拖曳至画布的下方,如图5-143所示。在"图层"面板中选择所有的矩形,然后执行"图层>分布>垂直居中"菜单命令,将矩形在垂直方向进行均匀分布,如图5-144所示。

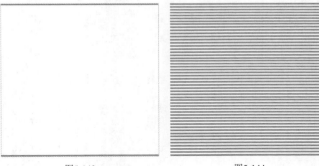

图5-143   图5-144

09 按快捷键Ctrl+T进入自由变换模式,将所有的矩形逆时针旋转45°,如图5-145所示。按C键选择"裁剪工具" □,接着按住快捷键Shift+Alt将画布进行等比例裁剪,裁掉多余的区域,如图5-146所示。

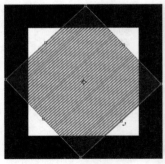

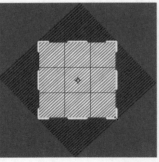

图5-145   图5-146

10 隐藏"背景"图层，然后执行"编辑>定义图案"菜单命令，打开"图案名称"对话框，为图案取个名称，接着单击"确定"按钮 确定 ，如图5-147所示。

图5-147

11 按住Shift键并用"椭圆工具" ○.在画布中绘制一个大小合适的圆形（填充色随意），如图5-148所示，然后在"图层"面板中设置"填充"为0%，接着为其添加一个"图案叠加"图层样式，选择上面定义的条纹图案，并设置"缩放"为103%，如图5-149所示。

图5-148

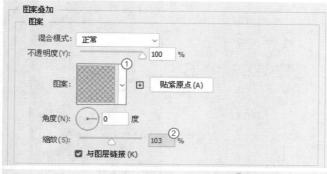

图5-149

12 将圆形条纹复制两层，同时将所有的圆形条纹都放在"矩形1"图层的下一层，然后调整好圆形条纹的大小和位置，如图5-150所示。

图5-150

> ◎ **知识课堂：贴紧原点以解决图案无法对齐的问题**
>
> 用自由变换功能对图案进行缩放时，最终产生的图案可能会出现错位现象，如图5-151所示。如果遇到这种情况，可以重新打开"图层样式"对话框，然后单击"贴紧原点"按钮 贴紧原点(A) ，将图案进行重新对齐，如图5-152所示。
>
>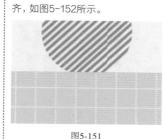
>
>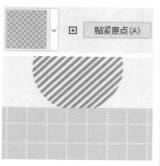
>
> 图5-151   图5-152

13 将"素材08.png"文件拖曳至画布中，置于画布的右下角，如图5-153所示，然后将混合模式修改为"颜色加深"，效果如图5-154所示。接着将叶片复制一份到画布的左上角，最后用自由变换功能调整好其方向，如图5-155所示。

图5-153

图5-154

图5-155

14 使用"横排文字工具" **T.** 在画布中加入相应的文案信息，并添加一些装饰图形，最终效果如图5-156所示。

图5-156

👑 重点

📝 学后训练：用图案设计孟菲斯风格促销海报

案例文件	学习资源>案例文件>CH05>学后训练：用图案设计孟菲斯风格促销海报.psd
素材文件	学习资源>素材文件>CH05>素材09.png、素材10.png
难易程度	★★☆☆☆
技术掌握	"图案叠加"图层样式；自定义图案

孟菲斯风格的海报在近些年也非常流行，通过对简单的图形和图案进行组合就可以突出海报的主题，如图5-157所示。

图5-157

5.5 综合训练营

本章最重要的知识点是渐变填充，其次是图案填充。因此，本节安排了5个渐变填充的综合训练，涉及液态渐变、剪纸渐变和流体渐变等常见的渐变类型，且设计软件也不再局限于Photoshop，而是用Illustrator与Photoshop一起做设计。另外，针对图案填充的综合训练，我们安排了一个很流行的波普风海报供大家进行练习。

👑 重点

◈ 综合训练：设计一组炫酷UI启动页

案例文件	学习资源>案例文件>CH05>综合训练：设计一组炫酷UI启动页.psd
素材文件	无
难易程度	★★★☆☆
技术掌握	"渐变"填充图层、"渐变叠加"图层样式

对于App而言，拥有一款引人注目的启动页能提高用户的点击率，而炫酷的渐变效果恰好能满足这点，如图5-158所示。

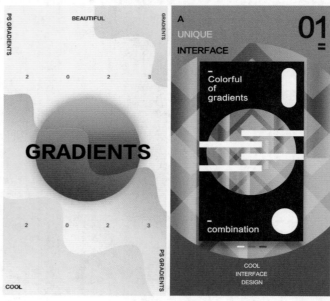

图5-158

👑 重点

◈ 综合训练：设计一组街舞抽象海报

案例文件	学习资源>案例文件>CH05>综合训练：设计一组街舞抽象海报.psd
素材文件	学习资源>素材文件>CH05>素材11.png
难易程度	★★★☆☆
技术掌握	分别用画笔、"分层云彩"滤镜和"纤维"滤镜搭配"液化"滤镜设计液态渐变

本例是一组液态效果的渐变街舞抽象海报，如图5-159所示。这种渐变用常规的方法是无法制作出来的，本例我们将用3种不同的方法教大家如何设计这种液态渐变海报。

图5-159

◈ 综合训练：设计剪纸风城市海报

案例文件	学习资源>案例文件>CH05>综合训练：设计剪纸风城市海报.psd
素材文件	学习资源>素材文件>CH05>素材12.psd
难易程度	★★★☆☆
技术掌握	用画笔、"晶格化"滤镜、"中间值"滤镜搭配"渐变映射"调整图层制作剪纸渐变

　　本例是一款剪纸风格的渐变城市海报，如图5-160所示。剪纸风是当下比较流行的设计风格，常用于海报设计、电商设计和UI设计等。

图5-160

◈ 综合训练：设计一组简约的设计大赛海报

案例文件	学习资源>案例文件>CH05>综合训练：设计一组简约的设计大赛海报.psd
素材文件	学习资源>素材文件>CH05>素材13.ai、素材14.psd
难易程度	★★★☆☆
技术掌握	用Illustrator的混合功能设计简约的渐变效果

　　本例是一组既简约又非常漂亮的渐变海报，如图5-161所示。这种渐变一般不会在Photoshop中进行制作，因为很难控制渐变的范围和角度，而如果用Illustrator的"混合"功能来制作的话，只需要几步就可以完成。

图5-161

👑 重点

⬙ 综合训练：设计流体渐变风企业年会展板

案例文件	学习资源>案例文件>CH05>综合训练：设计流体渐变风企业年会展板.psd
素材文件	学习资源>素材文件>CH05>素材15.png、素材16.jpg
难易程度	★★★☆☆
技术掌握	用Illustrator的渐变网格制作流体渐变

本例是一款流体渐变风格的企业年会展板设计，如图5-162所示。本例在操作上非常灵活，因为这款流体渐变并非是靠参数制作出来的，而是用Illustrator的渐变网格功能手动调节出来的。流体渐变风格的元素常用在展板、海报、壁纸等各种设计中。

图5-162

👑 重点

⬙ 综合训练：设计波普风秋季大促海报

案例文件	学习资源>案例文件>CH05>综合训练：设计波普风秋季大促海报.psd
素材文件	学习资源>素材文件>CH05>素材17.psd
难易程度	★★☆☆☆
技术掌握	"图案叠加"图层样式的综合运用

本例是一款波普风格的秋季大促海报，这种海报一般由众多的图案和单色图形构成，配色上能突出主题的文案，就可以达到很不错的视觉效果，如图5-163所示。

图5-163

第 6 章 画笔与设计

本章主要介绍绘画类画笔、擦除类画笔和润饰类画笔等的使用方法，以及画笔的相关设置和自定义画笔的方法。通过对本章的学习，大家会对Photoshop中的画笔有全新的认识。

学习重点 🔍

6.1 Photoshop中的画笔

Photoshop中的画笔不单是指"画笔工具" ✎ ，而是一系列的画笔，大致可以分为绘画类画笔、修复类画笔、历史记录类画笔、擦除类画笔和润饰类画笔等，不同种类画笔的功能是不同的，如图6-1所示。这些画笔可以用来绘画（手绘），可以用来做设计，也可以修复图像瑕疵及简单地润饰图像等。作为本书的入门读者，大家可以不懂如何用画笔画插画（成熟设计师需要在一定程度上掌握商业插画的绘制方法），但是必须掌握如何用画笔做设计及修复图像等。

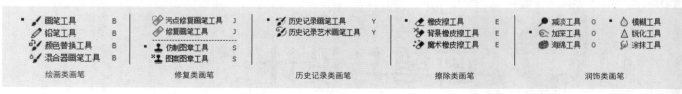

图6-1

🔖 知识链接：修复类画笔

本章不会对修复类画笔进行讲解，关于此类画笔的使用方法请参阅"7.1 修瑕疵（修图基本工具）"中的相关内容。

6.2 画笔工具

"画笔工具" ✎ 是Photoshop的核心工具之一，其功能绝对不是用来绘画那么简单，它还可以单独做设计，配合蒙版一起做合成，以及配合通道一起抠图等，如图6-2所示。要用好"画笔工具" ✎ ，必须掌握该工具的用法及笔尖的设置方法。

在"画笔工具" ✎ 的四大功能中，抠图功能已经在"4.7.4 通道抠图法"中进行了详细的讲解；合成功能将在后面的合成章节中进行讲解；至于绘画功能，现在可以不让大家必须学会。因此，本章主要讲解"画笔工具" ✎ 的设计功能。

图6-2

👑 重点

6.2.1 "画笔工具"的用法

工具箱："画笔工具" ✎ **快捷键：B**

"画笔工具" ✎ 是Photoshop中十分重要的画笔。在设计过程中，说的画笔一般就是指"画笔工具" ✎ ，如"用画笔涂抹某块区域"，这里面的"画笔"就是特指"画笔工具" ✎ 。

"画笔工具" ✎ 可以使用前景色绘制出各种线条或色块。要用"画笔工具" ✎ ，首先得掌握几个重要的参数选项，其中常用的是"大小""硬度""模式""不透明度""流量"，如图6-3所示。

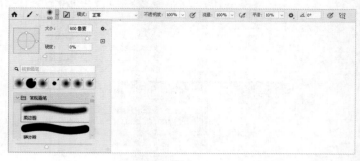

图6-3

新建一个尺寸为1000像素×1000像素的文档，我们就用该文档来练习"画笔工具" ✎ 的常用参数。单击选项栏中的 ⌄ 按钮，打开"画笔预设"选取器，在这里可以选择画笔的笔尖，也可以设置画笔的"大小"和"硬度"。笔尖的选择在后面的内容中会单独进行讲解；"大小"用于控制笔尖的大小；"硬度"用于控制画笔硬度中心的大小，该值越小，绘画的边缘越柔和，反之则越锐利，如图6-4所示。

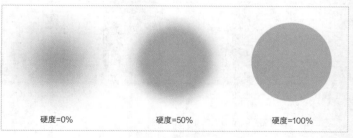

硬度=0% 硬度=50% 硬度=100%

图6-4

下面来讲解"模式"选项，这里我们只介绍"正常""溶解""背后""清除"模式，如图6-5所示。新建一个空白图层，先用"画笔工具" ✓.绘制5个笔触，对第1个笔触不进行任何操作（图a）。在工具箱中设置前景色为玫红色，在选项栏中选择"正常"模式（默认的模式），在第2个笔触上绘制，如果设置"不透明度"为100%，绘制的笔触会遮挡原来的笔触（图b）；选择"溶解"模式，在第3个笔触上绘制，可以使半透明区域上的像素产生离散效果，以产生颗粒特效（图c）；选择"背后"模式，在第4个笔触上绘制，绘制的笔触就在原来绘制的笔触的背后，即原来的笔触会挡住新绘制的笔触（图d）；选择"清除"模式，在第5个笔触上绘制，会擦除原来绘制的笔触（图e）。

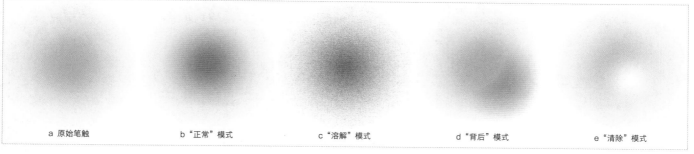

| a 原始笔触 | b "正常"模式 | c "溶解"模式 | d "背后"模式 | e "清除"模式 |

图6-5

> 🔗 知识链接：混合模式
>
> 关于其他的模式，请参阅"8.1 混合模式"中的相关内容。

"不透明度"选项用于控制笔触的不透明程度，与"图层"面板中的"不透明度"选项是一个道理，如图6-6所示。"流量"选项用于控制绘制笔触时应用颜色的速率（该选项一般不用去调整，保持默认的100%即可），如图6-7所示。

至于画笔的其他选项，大家可以不用去深究，在工作中基本上不会用到。不过，"设置绘画的对称选项" ⊞ 可以用于绘制特殊形状的笔触特效，该选项的用法我们将在下面的案例中进行讲解。

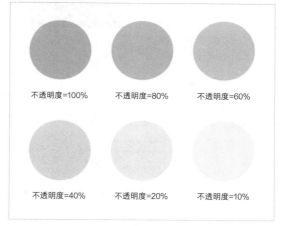

不透明度=100%　不透明度=80%　不透明度=60%
不透明度=40%　不透明度=20%　不透明度=10%

图6-6

流量=100%
流量=60%
流量=10%

图6-7

> ◎ 知识课堂：工作中的画笔使用技巧与常见问题解决方法
>
> 由于"画笔工具" ✓.非常重要，这里给大家专门介绍一下在工作中使用该工具时必须掌握的技巧与常见问题的解决方法。注意，这些技巧与常见问题的解决方法不是只针对"画笔工具" ✓.，凡是以画笔形式进行操作的工具都适用。
>
> 第1点：画笔使用技巧。
>
> 选择笔尖：在半角输入状态下，按>键可以选择当前笔尖的下一种笔尖，按<键可以选择当前笔尖的上一种笔尖。
>
> 调整画笔大小：在半角输入状态下，按[键可以调小画笔的"大小"值，按]键可以调大画笔的"大小"值。
>
> 调整画笔硬度：按快捷键Shift+[可以调小画笔的"硬度"值，按快捷键Shift+]可以调大的"硬度"值。
>
> 调整画笔不透明度：按数字键1~9（分别代表10%~90%）可以快速调整画笔的不透明度。如果要设置100%的"不透明度"，可以按一次0键。如果要设置非整数的"不透明度"，如要设置为66%，可以连续按两次6键。
>
> 调整画笔流量：调整方法与"不透明度"类似，只是要配合Shift键使用，如按快捷键Shift+6，可以将"流量"值快速设置为60%。注意，调整"流量"值，不能使用小键盘上的数字键，而是要用大键盘上的数字键。
>
> 绘制直线：按住Shift键可以绘制出水平、垂直的直线，或是其他以45°为增量的直线。
>
> 设置绘画颜色：在使用"画笔工具" ✓.的过程中，按住Alt键可以将"画笔工具" ✓.临时切换为"吸管工具" ✓.，这样可以很方便地吸取画布中任意区域的颜色作为前景色（绘画颜色）。另外，按住Alt键+鼠标右键进行拖曳，可以快速调整画笔的"大小"和"硬度"，如图6-8所示。按住Alt键+鼠标右键不松

开，打开活动面板（图a），向右拖曳鼠标，可以调大画笔的"大小"值（图b）；向左拖曳鼠标，可以调小画笔的"大小"值（图c）；向上拖曳鼠标，可以调小画笔的"硬度"值（图d）；向下拖曳鼠标，可以调大画笔的"硬度"值（图e）。

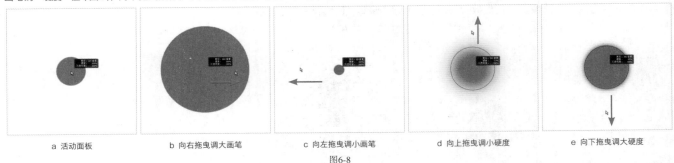

| a 活动面板 | b 向右拖曳调大画笔 | c 向左拖曳调小画笔 | d 向上拖曳调小硬度 | e 向下拖曳调大硬度 |

图6-8

在选择"画笔工具" 的前提下，按住Shift+Alt+鼠标右键不松开，可以打开一个精简版的拾色器，在上面可以快速选择画笔的色谱和颜色，如图6-9所示。

在选择"画笔工具" 的前提下，在画布中单击鼠标右键，可以打开"画笔预设"选取器，这样就没有必要在选项栏中设置相关参数了，如图6-10所示。

第2点：画笔常见问题的解决方法。

无法使用画笔："画笔工具" 无法应用在形状图层、文字图层或智能对象图层上，如图6-11和图6-12所示。如果图层锁定了图像像素和全部属性，"画笔工具" 也无法应用在该图层上，如图6-13所示。遇到这些问题的解决方法是，将相应的图层转换为像素图层（普通图层）及对图层进行解锁。

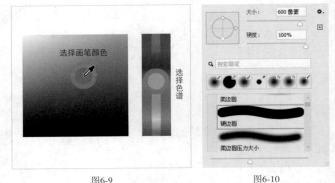

图6-9   图6-10

图6-11

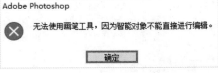

图6-12

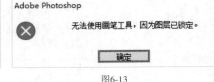

图6-13

笔尖变成了十字 ：在使用"画笔工具" 的过程，经常用着用着画笔的笔尖就变成了十字形状 ，而且很多初学者都找不到解决方法。遇到这种情况，我们只需要按Caps Lock键（锁定大小写）关闭锁定大小写功能，笔尖就会变成正常效果。

👑 重点

🖐 案例训练：用画笔设计一组炫酷渐变手机壁纸

案例文件	学习资源>案例文件>CH06>案例训练：用画笔设计一组炫酷渐变手机壁纸.psd
素材文件	学习资源>素材文件>CH06>素材01.psd
难易程度	★★★☆☆
技术掌握	"画笔工具"的基本用法

本例是一组非常炫酷的渐变手机壁纸设计，如图6-14所示。这种效果的壁纸是十分流行的，下面我们就用"画笔工具" 来进行设计。

图6-14

01 下面设计第1张壁纸。按快捷键Ctrl+N打开"新建文档"对话框，在"移动设备"选项卡下选择iPhone X模板，创建一个UI画板。设置前景色为（R:45，G:105，B:247），然后按B键选择"画笔工具" ✐ ，在选项栏中选择"柔边圆"画笔，同时设置"大小"为800像素左右，接着在画板中绘制一笔蓝色笔触，如图6-15所示。

02 设置前景色为（R:249，G:244，B:88），然后绘制一笔黄色笔触，如图6-16所示。

03 设置前景色为（R:61，G:204，B:210），在选项栏中设置"模式"为"背后"，然后在蓝、黄笔触之间绘制一笔青色笔触，如图6-17所示。

图6-20

图6-21　　　　　　　　　　图6-22

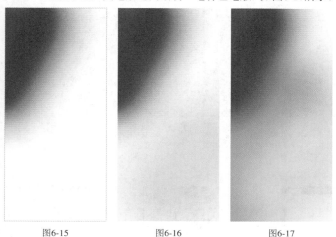

图6-15　　　　图6-16　　　　图6-17

① 技巧提示：画笔颜色设置

本例所给出的前景色数值只是一个参考值，大家可以根据个人喜好来设置颜色值。

04 设置前景色为（R:199，G:97，B:190），并保持"模式"为"背后"，然后在其他区域绘制紫色笔触，如图6-18所示。接着设置"模式"为"正常"，按]键调大笔尖，按住Alt键临时切换为"吸管工具" ✐ ，在画板中吸取合适的颜色，松开Alt键切换回"画笔工具" ✐ ，在画板中绘制一些过渡笔触，如图6-19所示。

05 将"图层1"转换为智能对象，按快捷键Ctrl+M打开"曲线"对话框，设置"预设"为"强对比度（RGB）"，如图6-20所示。继续按快捷键Ctrl+M打开"曲线"对话框，设置"预设"为"增加对比度（RGB）"，如图6-21所示。通过这两次曲线调整，可以得到一个柔和而又有对比的渐变壁纸，完成后的效果如图6-22所示。

06 下面设计第2张壁纸。将"画板1"复制一份并命名为"画板2"，然后删除该画板中制作壁纸的图层。新建一个空白图层并命名为"底色1"，然后按P键选择"钢笔工具" ✐ ，在选项栏中设置绘图模式为"路径"，在画板中绘制一条图6-23所示的路径，接着按快捷键Ctrl+Enter将路径转换为选区，再设置前景色为（R:255，G:70，B:151），最后按快捷键Alt+Delete用前景色填充选区，效果如图6-24所示。

07 保持选区状态，新建一个空白图层，命名为"晕染1"，设置前景色为（R:250，G:243，B:137），然后用"柔边圆"画笔（"大小"为1300像素左右，"不透明度"为30%左右）在选区中轻涂，对图像进行晕染，如图6-25所示。

图6-18　　　　图6-19

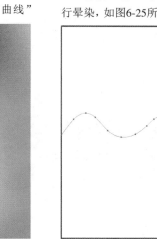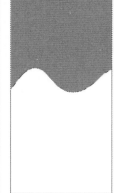

图6-23　　　　　　图6-24　　　　　　图6-25

08 在选项栏中设置"模式"为"清除"，然后在选区中轻涂晕染的黄色，清除一部分像素，让晕染效果集中在下边缘，如图6-26所示。设置前景色为（R:169，G:69，B:253），设置"模式"为"正常"，然后在选区左侧轻涂一层紫色，如图6-27所示。按快捷键Ctrl+D取消选区。

09 用"钢笔工具" ✍ 绘制一条图6-28所示的路径，按快捷键Ctrl+Enter将路径转换为选区。在"底色1"图层的下一层新建一个"底色2"图层，然后用设置前景色为（R:255，G:66，B:158），填充选区，如图6-29所示。

10 在"底色2"图层的上一层新建一个"晕染2"图层，然后采用相同的方法晕染出黄色，如图6-30所示。

11 设置前景色为（R:169，G:69，B:253），设置"模式"为"背后"，然后在选区左侧晕染一层紫色，效果如图6-31所示。接着采用相同的方法制作出其他的渐变，完成后的效果如图6-32所示。

图6-26　　　　　图6-27　　　　　图6-28　　　　　图6-29　　　　　图6-30　　　　　图6-31　　　　　图6-32

12 将画板导出为JPEG图像。然后打开"学习资源>素材文件>CH06>素材01.psd"文件，这是一个样机文件，如图6-33所示。接着将导出的壁纸图像应用到样机中的壁纸智能对象中，最终效果如图6-34所示。

 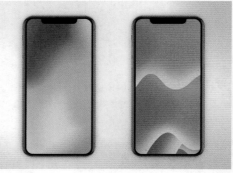

图6-33　　　　　　　　　　　　　　　图6-34

🖘 重点

📝 学后训练：用画笔设计一张撞色照片

案例文件	学习资源>案例文件>CH06>学后训练：用画笔设计一张撞色照片.psd
素材文件	学习资源>素材文件>CH06>素材02.jpg
难易程度	★☆☆☆☆
技术掌握	用"画笔工具"绘制红蓝撞色

本例是一个非常简单的案例，只需要用"画笔工具" ✍ 在照片文件新建图层中绘制出撞色（对比色），然后将混合模式修改为"滤色"，就可以得到一张非常漂亮的撞色照片，如图6-35所示。

图6-35

6.2.2 在"画笔"面板中选择笔尖

菜单栏: 窗口>画笔

执行"窗口>画笔"菜单命令,打开"画笔"面板。该面板中罗列了Photoshop默认的画笔,共分为常规画笔、干介质画笔、湿介质画笔和特殊效果画笔4种类型,如图6-36所示。这些画笔中有通用类的画笔(各种画笔工具都可以用,如常规画笔),有的只能用于"画笔工具" ✎,有的只能用于"混合器画笔工具" ✎、"橡皮擦工具" ✐或"涂抹工具" ✐。在选择画笔后,Photoshop会自动切换为与之对应的工具,如选择"Kyle的橡皮擦-自然边缘"画笔,当前工具会变成"橡皮擦工具" ✐。

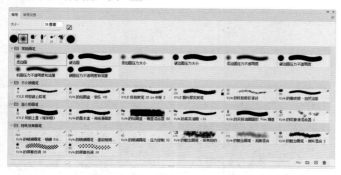

图6-36

单击"画笔"面板右上角的 ≡ 按钮,在弹出的菜单中选择"旧版画笔"命令,如图6-37所示,可以载入Photoshop之前版本的画笔。默认画笔加上旧版画笔的数量就比较多了,其中常用的当然是"柔边圆"画笔和"硬边圆"画笔(这是标准的圆形尖头笔尖),其他的画笔可以模拟现实中各种笔的绘制效果,如铅笔、粉笔、水彩笔、蜡笔和毛笔等,甚至还可以绘制一些图像,如花朵和岩石等,如图6-38所示。大家可以多试试这些画笔,看看它们绘制出来的效果是什么样的,如图6-39所示。

图6-37　　　　　　图6-38

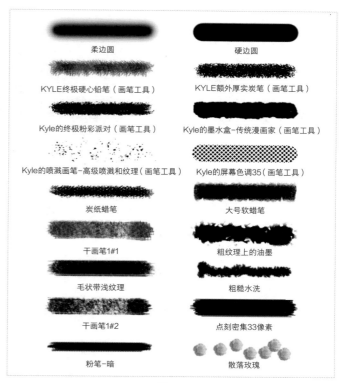

图6-39

这里还要介绍一种特殊的绘画型画笔,即手绘画笔(适合用于数位板绘画),这种画笔都带有一个笔尖形状的标志。切换到"画笔设置"面板,在画笔列表中可以看到这种画笔的缩览图,如图6-40所示。这些画笔大致分为圆形笔尖、扁形笔尖、喷枪笔尖和侵蚀笔尖4种。圆形笔尖类似于毛笔;扁形笔尖类似于油漆刷;喷枪笔尖可以模拟喷溅的效果;侵蚀笔尖的表现效果类似于铅笔和蜡笔,可以随着使用发生磨损,如图6-41所示。

60	100	127	284	80	174	175	306	50	30	30
25	25	25	36	25	36	36	36	32	25	50
25	25	50	71	25	50	50	50	50	36	30
30	20	9	30	9	25	45	14	24	27	39

图6-40

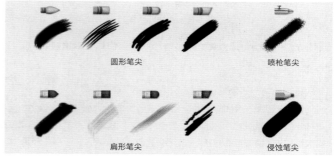

圆形笔尖　　　　　　　　　　　　喷枪笔尖

扁形笔尖　　　　　　　　　　　　侵蚀笔尖

图6-41

在使用上述类型的画笔时，文档窗口左上角会显示出笔尖的预览窗口。单击预览窗口，会显示画笔的不同角度，如图6-42所示。按住Shift键并单击预览窗口，单色笔尖会切换为着色效果的笔尖，如图6-43所示。另外，在绘画时，预览窗口中会显示出笔尖的笔势效果，如图6-44所示。

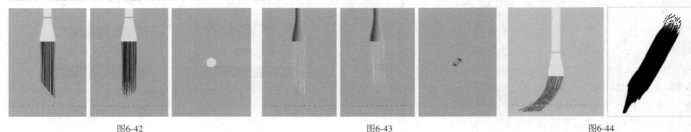

图6-42　　　　　　　　　　　　　　　　　　图6-43　　　　　　　　　　图6-44

♛ 重点

🖐案例训练：用画笔为电商摄影照片设计烟雾特效

案例文件	学习资源>案例文件>CH06>案例训练：用画笔为电商摄影照片设计烟雾特效.psd
素材文件	学习资源>素材文件>CH06>素材03.jpg
难易程度	★ ☆ ☆ ☆ ☆
技术掌握	用"画笔工具"配合"液化"滤镜和"渐隐"命令制作烟雾

　　在电商摄影中，大都拍不出烟雾效果，这时就可以采用本例的方法为照片制作烟雾效果，如图6-45所示。

图6-45

01 按快捷键Ctrl+N新建一个尺寸为1000像素×1000像素，"分辨率"为72像素/英寸，"颜色模式"为"RGB颜色"的白色文档，使用"硬边圆"画笔，同时设置画笔的"大小"为20像素左右，然后新建一个"烟雾"图层，接着设置前景色为黑色，最后在画布中随意画几笔，如图6-46所示。

02 执行"滤镜>液化"菜单命令或者按快捷键Shift+Ctrl+X，打开"液化"对话框，然后用"顺时针旋转扭曲工具" 🔘（"大小"为400像素左右）涂抹笔触，如图6-47所示。

图6-46

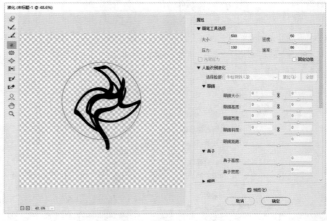

图6-47

① 技巧提示：逆时针旋转扭曲图像
　　在用"顺时针旋转扭曲工具"🔘扭曲图像时，按住Alt键的同时使用该工具可以逆时针旋转扭曲图像。

03 执行"编辑>渐隐液化"菜单命令或者按快捷键Shift+Ctrl+F，打开"渐隐"对话框，设置"不透明度"为50%，如图6-48所示。

? 疑难问答：渐隐命令有什么用？
　　当使用画笔、滤镜等编辑图像，或进行了填充、颜色调整、添加图层样式等操作以后，"渐隐"相关的菜单命令才可用。执行"渐隐"相关的菜单命令可以修改前面操作结果的不透明度和混合模式。

图6-48

04 继续执行多次相同的操作，每次对烟雾进行液化调整后即进行一次渐隐（"不透明度"为50%），如图6-49所示。

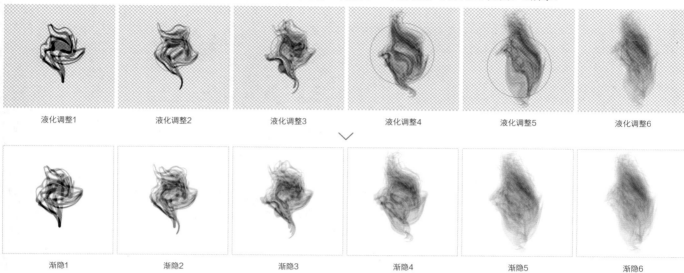

液化调整1	液化调整2	液化调整3	液化调整4	液化调整5	液化调整6

渐隐1	渐隐2	渐隐3	渐隐4	渐隐5	渐隐6

图6-49

05 打开"学习资源>素材文件>CH06>素材03.jpg"文件，然后将制作好的"烟雾"图层拖曳至煮咖啡的图像中，单击"图层"面板中的"锁定透明像素"按钮，接着用白色填充"烟雾"图层，这样烟雾就会变成白色，且不会填充整个图层，最终效果如图6-50所示。

图6-50

👑 重点

✒ 学后训练：用画笔设计粉刷字特效

案例文件	学习资源>案例文件>CH06>学后训练：用画笔设计粉刷字特效.psd
素材文件	学习资源>素材文件>CH06>素材04.jpg
难易程度	★☆☆☆☆
技术掌握	特殊笔尖的用法

本例中的粉刷字在很多设计中都可以见到，如图6-51所示。这种文字特效的制作方法其实很简单，利用一些特殊画笔绘出粉刷底色，然后用"混合颜色带"稍微调一下即可完成。

图6-51

👑 重点

6.2.3 在"画笔设置"面板中设置笔尖形态

菜单栏： 窗口>画笔设置　**快捷键：F5**

在前面两节内容中我们学了"画笔工具"的基本用法及笔尖的选择方法，这些知识能满足普通的笔触设计。但是要制作出更炫酷的形态、更丰富的笔触，则需要在"画笔设置"面板中对笔尖进行设置。执行"窗口>画笔设置"菜单命令或者按F5键，打开"画笔设置"面板。在默认情况下，显示的是"画笔笔尖形状"的设置面板，如图6-52所示。在"画笔设置"面板的左侧，有一系列设置笔尖形态的选项，这些选项中的参数虽然多，但是常用的却不多。请大家在学本节内容时，除了跟着书中内容进行学习，还要多尝试不同的参数值，因为哪怕是些许的数值变化，笔触效果也大不相同。

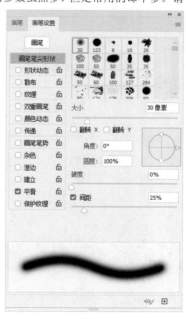

图6-52

选择"柔边圆"画笔,在"画笔设置"面板中便会显示其默认参数,我们可以手动进行调节。在这些参数中,最重要的选项就是"间距"选项。保持默认"间距"为25%,可以绘出没有间隔的线条,但随着间距的增大,就可以绘出点线,如图6-53所示。

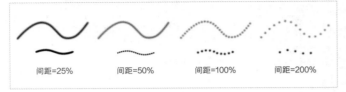

| 间距=25% | 间距=50% | 间距=100% | 间距=200% |

图6-53

对于"柔边圆"和"硬边圆"画笔,如果不去设置"角度"和"圆度"选项的数值,"翻转X"选项和"翻转Y"选项是不会起作用的。"圆度"选项的作用就是控制笔尖被"压扁"的程度,当数值为0%时,笔尖最扁,如图6-54所示。"角度"选项只有在"圆度"数值小于100%时才起作用,用于控制扁形笔尖的倾斜角度,如图6-55所示。

| 圆度=50% 圆度=0% | 圆度=50% 角度=30° 圆度=0% 角度=15° |

图6-54　　　　　　图6-55

> ① 技巧提示:手动调节角度与圆度
>
> 在"角度"选项和"圆度"选项右侧有一个圆盘,专门用来手动调节"角度"与"圆度"。拖曳箭头图标,可以调节笔尖的角度(按住Shift键并进行拖曳,可以以15°为增量调节角度),如图6-56所示。拖曳圆形图标(两个都可以),可以调整笔尖的圆度,如图6-57所示。

图6-56　　　　　　图6-57

对"柔边圆"或"硬边圆"笔尖设置了"圆度"和"角度",翻转效果也不明显。因此,我们这里选择一个翻转效果比较明显的笔尖来进行示例,如"散布枫叶"笔尖,如图6-58所示。勾选"翻转X"选项会让笔尖在水平方向上翻转,勾选"翻转Y"选项会让笔尖在垂直方向上翻转,勾选两者则会在水平和垂直方向上翻转,如图6-59所示。

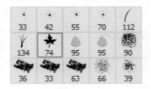

图6-58

| 原始效果 | 勾选"翻转X" | 勾选"翻转Y" | 勾选"翻转X"和"翻转Y" |

图6-59

当选择绘画型画笔时,"画笔设置"面板"画笔笔尖形状"选项卡中的参数会有所变化,如图6-60所示。这些参数都比较好理解。

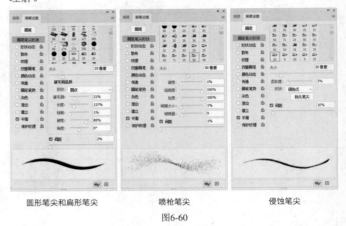

| 圆形笔尖和扁形笔尖 | 喷枪笔尖 | 侵蚀笔尖 |

图6-60

☞ 形状动态

下面讲解"形状动态"选项卡中的参数,这些参数对于做笔尖抖动特效非常重要。大家先在"画笔笔尖形状"选项卡中选择一个易于观察的笔尖形状,这里选择"倾斜的叶子"笔尖,设置笔尖的"大小"为100像素,"间距"设置为190%,如图6-61所示。

选择"形状动态"选项,这样可以切换到"形状动态"选项卡,如图6-62所示。在该选项卡中,大家可以看到3个抖动选项,即"大小抖动""角度抖动""圆度抖动",这是"形状动态"的三大主角。所谓"抖动",我们可以简单理解为:笔尖的大小、角度和圆度在参数限定范围内的一个随机变化的效果。

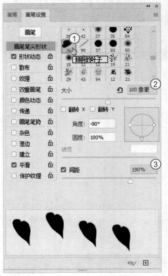 

图6-61　　　　　　图6-62

我们先来看看"大小抖动"选项,该选项用于控制笔尖的大小的随机变化效果,数值越大,笔尖的大小随机变化越大,利用这个功能可以制作一些大小不一的笔触特效,如光斑、泡泡之类的效果等,如图6-63所示。当设置"大小抖动"的数值大于0%时,下面的"最小直径"选项才可用,该选项用于限定画笔大小随机变化的范围,如设置"大小抖动"为100%,"最小直径"为30%,那么绘制出来的笔触的直径就不会小于设置直径大小的30%。

图6-63

在"控制"下拉列表中有一个"渐隐"选项,如图6-64所示,在"画笔设置"面板中随处可见其身影。"渐隐"可以让笔触产生一种"从有到无"的效果。例如,设置"渐隐"为6,那么无论如何绘制笔触,最终结果都只有6个,且笔触会逐个变小,直到消失为止,图6-65所示为不同"渐隐"值的笔触效果。如果要在渐隐结束后继续绘制,就需要用"最小直径"来控制,如设置"渐隐"为3,"最小直径"为10%,那么在渐隐结束后,依然可以继续绘制,但是所绘制的笔触大小始终只有原始大小的10%,图6-66所示为不同"渐隐"值和"最小直径"值的笔触效果。至于"控制"下拉列表中的其他选项,我们不用去深究,这些选项主要用于板绘(数位板绘画)。

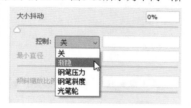

图6-64

渐隐=6　　　渐隐=13

图6-65

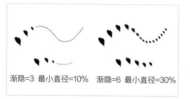

渐隐=3 最小直径=10%　　渐隐=6 最小直径=30%

图6-66

在掌握了"大小抖动"选项的功能后,"角度抖动"和"圆度抖动"就不难理解了,它们分别用于控制笔尖的角度和圆度随机变化的效果,大家一试便知,如图6-67和图6-68所示。

角度抖动=50%　　角度抖动=100%

图6-67

圆度抖动=50%　　圆度抖动=100%

图6-68

"翻转X抖动"和"翻转Y抖动"选项的功能很简单,它们用于控制"形状动态"选项卡中所有抖动的随机翻转效果。至于"画笔投影"选项,也是针对板绘的(在用压感笔绘画时,可以通过笔的倾斜和旋转来改变笔尖的形状)。

散布

散布是画笔中一项非常重要的功能。利用这个功能可以达到"一笔多画"的效果,常用来绘制光斑、星空之类的笔触特效。为了让大家掌握这个功能,我们先选一个易于表现的笔尖形状,并对其进行简易设置。选择"尖角123"笔尖,设置"大小"为40像素,"间距"为130%,让笔触的间隔稍微大一些,以方便观察效果,如图6-69所示。选择"散布"选项,切换到"散布"选项卡,如图6-70所示。

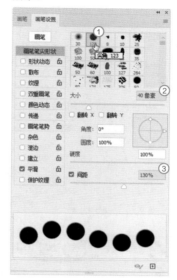

图6-69

图6-70

在默认情况下,"散布"选项的数值为0%,此时散布功能不会起作用,随着数值的增大,笔触便会沿着绘画笔迹不断散开,如图6-71所示。在未勾选"两轴"选项的前提下,笔触只会在垂直方向上发散;如果勾选"两轴"选项,则笔触会在水平方向上发散,如图6-72所示(为了方便进行对比,大家可以执行"视图>显示>网格"菜单命令,在网格显示模式下进行查看)。如果要控制"散布"的效果,可以从"控制"下拉列表中进行选择。

红线为绘画笔迹线

散布=0%　　散布=100%　　散布=200%　　散布=300%

图6-71

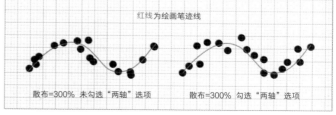

红线为绘画笔迹线

散布=300% 未勾选"两轴"选项　　散布=300% 勾选"两轴"选项

图6-72

如果要增加"散布"的数量，可以对"数量"选项的数值进行设置；此外，还可以通过"数量抖动"选项控制笔触的变化效果。

☞ 纹理--

利用纹理功能可以使笔触看起来像是在带纹理的画纸上画出来的笔迹一样。为了方便观察效果，这里我们选择一款能模拟毛笔笔触的笔尖，如"样本画笔2"笔尖，设置"大小"为200像素，如图6-73所示。选择"纹理"选项，切换到"纹理"选项卡，选择一张纹理图像，这里选择的是"纤维纸1"纹理，如图6-74所示。

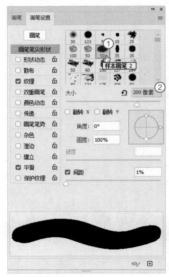 

图6-73　　　　　　　图6-74

这里要先讲纹理的"模式"，因为不是每个模式都能绘出纹理效果。例如，我们选择的"纤维纸1"纹理，在"减去""颜色加深""线性加深"模式下的笔触很明显，如图6-75所示。因此，要根据自己想要的笔触，多试试不同的模式。

图6-75

下面以"减去"模式下的笔尖效果来讲解"纹理"选项卡中的参数。这里要特别注意一个选项，那就是"为每个笔尖设置纹理"选项。如果取消勾选该选项，可以绘制图案效果，也可以绘制无缝图案，如图6-76和图6-77所示。

图6-76　　　　　　　图6-77

"深度"选项用于控制纹理混合到笔触的程度，如果将其设置为0%，纹理将不起作用，值越高，纹理混合到笔触的程度越高，如图6-78所示。"最小深度"选项需要将"控制"设置为非"关"方式才可用，主要用来控制纹理混合到笔触的最低程度；"深度抖动"选项用于控制纹理变化的程度。

深度=0%　　深度=40%　　深度=80%　　深度=100%

图6-78

"反相"选项可以基于纹理中的色调将暗点与亮点进行反转；"缩放"选项用于缩放纹理，将该数值调大，可以模拟水墨边缘的效果，如图6-79所示。"亮度"和"对比度"选项用于调整纹理的亮度和明暗对比度，稍微调整一下这两个参数的数值，便可得到一些不错的笔触效果，如图6-80所示。

缩放=1%　　缩放=400%　　缩放=800%　　缩放=1000%

图6-79

亮度=100　　亮度=26　　亮度=-18　　亮度=96
对比度=-50　　对比度=80　　对比度=100　　对比度=78

图6-80

☞ 双重画笔--

顾名思义，"双重画笔"就是两款画笔的组合，也就是说用两款笔尖进行绘画。要使用双重画笔，需要先从"画笔笔尖形状"选项卡中选取一款笔尖作为主笔尖，然后从"双重画笔"选项卡中选取另外一款笔尖作为副笔尖（在"双重画笔"选项卡中可以设置副笔尖的"模式""大小""间距"等参数），如图6-81所示。图6-82所示为单画笔与双重画笔的笔触对比。

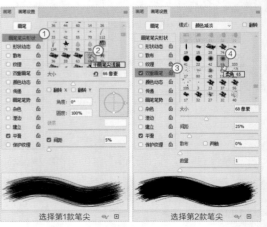

选择第1款笔尖　　选择第2款笔尖

图6-81

图6-82

颜色动态

在前面所讲的内容中，我们只能用画笔绘出一种颜色，如果要让画笔绘出多种颜色，就需要借助颜色动态功能。我们先在"画笔笔尖形状"选项卡中选择一款利于表现的笔尖，并适当对笔尖进行设置，如图6-83所示。在选择好笔尖后，切换到"颜色动态"选项卡，如图6-84所示。

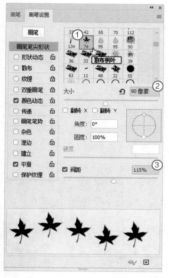

图6-83

图6-84

要绘出不同的颜色笔触，需要先设置一组合适的前景色与背景色，如将前景色设置为红色，背景色设置为青色。如果设置"前景/背景抖动"为0%，无论是否勾选"应用每笔尖"选项，所绘出来的笔触颜色都是前景色，如图6-85所示。

前景/背景抖动=0%
未勾选"应用每笔尖"

前景/背景抖动=0%
勾选"应用每笔尖"

图6-85

我们来看看"应用每笔尖"选项的具体功能，先将"前景/背景抖动"的数值调到100%，并取消勾选"应用每笔尖"选项，分3次绘制，可以发现每一次绘制的笔触颜色都是一样的；勾选"应用每笔尖"选项，也分3次绘制，可以发现每个笔触的颜色都不一样，如图6-86所示。在一般情况下，需要勾选"应用每笔尖"选项。

前景/背景抖动=0%
未勾选"应用每笔尖"

前景/背景抖动=0%
勾选"应用每笔尖"

图6-86

再来看看"前景/背景抖动"的功能，将数值分别调整为20%、50%、80%和100%，并进行绘制。观察可以发现数值越大，颜色的变化越大。笔触颜色的变化范围是"红色→青色"的色相内，大家可以做一个"前景色→背景色"的渐变色条，可以发现笔触颜色都在这个色相之内，如图6-87所示。

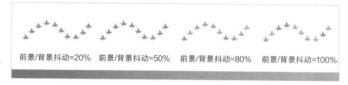

前景/背景抖动=20%　前景/背景抖动=50%　前景/背景抖动=80%　前景/背景抖动=100%

图6-87

至于"色相抖动""饱和度抖动""亮度抖动"选项，就是让笔触在色相、饱和度和亮度上产生随机变化。而"纯度"选项是用来控制整体的饱和度，其值在-100%到100%之间。当设置"纯度"为-100%时，可以绘出单色笔触。

传递

传递的主要功能是让笔触的不透明度和流量产生随机变化，如图6-88所示。"不透明度抖动"和"流量抖动"值越高，笔触的不透明度和流量随机变化就越大，如图6-89所示。至于"湿度抖动"和"混合抖动"选项，是为数位板绘画准备的。

图6-88

不透明度抖动=0 流量抖动=0

不透明度抖动=100 流量抖动=0

不透明度抖动=0 流量抖动=100

不透明度抖动=100 流量抖动=100

图6-89

画笔笔势

"画笔笔势"选项卡中的参数只对绘画型笔尖起作用,因此要先在"画笔笔尖形状"选项卡中选择一款绘画型笔尖,如图6-90所示。切换到"画笔笔势"选项卡,如图6-91所示。在该面板中可以设置笔尖的倾斜角度、旋转角度和压力,通过这些设置可以模拟传统的手绘效果,如图6-92所示。在使用数位板绘画时,勾选面板中相应的覆盖选项,可以让数位板上的感应失效。

图6-90   图6-91

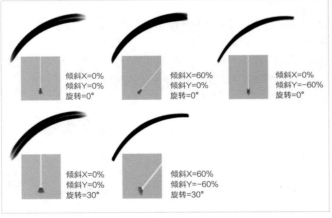

图6-92

其他选项

"画笔设置"面板中还有"杂色""湿边""建立""平滑""保护纹理"5个选项,如图6-93所示。这些选项不能调整参数,如果要启用其中某个选项,将其勾选即可。

图6-93

在一般情况下,都需要勾选"平滑"选项。"杂色"选项可以向笔尖中加入颗粒效果,在柔边类型的笔尖中尤为明显,如图6-94所示。"湿边"选项可以沿着笔触边缘增大油彩量,从而创建出类似于水彩的效果,如图6-95所示。"建立"选项与"画笔工具"选项栏中的"启用喷枪样式的建立效果"相对应,可以模拟传统的喷枪技术。"保护纹理"选项可以在应用预设画笔时保留纹理图案。

图6-94   图6-95

★ 重点

🖐 案例训练:用画笔抖动与散布设计发光粒子特效

案例文件	学习资源>案例文件>CH06>案例训练:用画笔抖动与散布设计发光粒子特效.psd
素材文件	学习资源>素材文件>CH06>素材05.jpg
难易程度	★☆☆☆☆
技术掌握	训练画笔间距、抖动和散布功能的用法

本例是一个女生非常喜欢的发光粒子特效案例,如图6-96所示。这种发光粒子特效的绘制方法非常简单,只需要对"画笔工具"的间距、抖动和散布等进行简单设置就能绘出非常好看的粒子。

图6-96

01 打开"学习资源>素材文件>CH06>素材05.jpg"文件,如图6-97所示。

02 在"画笔设置"面板中选择"柔角30"笔尖("柔边圆"),然后设置"大小"为80像素,"硬度"为50%,"间距"为100%,如图6-98所示。

   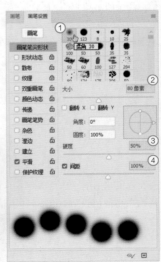

图6-97   图6-98

03 选择"形状动态"选项，设置"大小抖动"为100%，如图6-99所示。

04 选择"散布"选项，设置"散布"为1000%，勾选"两轴"选项，如图6-100所示。

图6-99　　　　　　　　图6-100

05 新建一个空白的"粒子"图层，设置前景色为白色，用"画笔工具" 在照片左侧绘制一层粒子，如图6-101所示。设置画笔"大小"为40像素左右，"间距"为150%左右，然后在粒子上绘制一层小一些的粒子，如图6-102所示。继续调小画笔，然后在粒子上绘制一些更小的粒子，如图6-103所示。

图6-101

图6-102　　　　　　　　图6-103

06 执行"图层>图层样式>外发光"菜单命令，打开"图层样式"对话框，设置颜色为（R:248，G:26，B:188），"混合模式"为"滤色"，"不透明度"为100%，"方法"为"柔和"，"大小"为18像素，如图6-104所示，效果如图6-105所示。

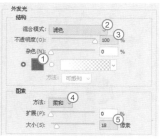

图6-104

07 执行"图层>图层样式>拷贝图层样式"菜单命令，拷贝"外发光"图层样式，然后新建一个"文案"图层，执行"图层>图层样式>粘贴图层样式"菜单命令，将"外发光"图层样式粘贴给"文案"图层。在"画笔设置"面板中取消勾选"散布"选项，设置"大小"为20像素左右，然后用"画笔工具" 写出文案，最终效果如图6-106所示。

图6-105　　　　　　　　图6-106

👑重点

✍ **学后训练：用画笔抖动与散布设计光束特效**

案例文件	学习资源>案例文件>CH06>学后训练：用画笔抖动与散布设计光束特效.psd
素材文件	学习资源>素材文件>CH06>素材06.jpg
难易程度	★☆☆☆☆
技术掌握	训练画笔间距、抖动和散布功能的用法

很多女生喜欢在自己的照片中加入光束特效，如图6-107所示。光束特效的制作方法很简单，用画笔绘出一些散布状的笔触，然后为其添加一个"动感模糊"滤镜即可制作出光束。

图6-107

👑重点

6.2.4 自定义画笔预设

菜单栏：编辑>定义画笔预设

与图案一样，图像也可以被定义为画笔预设。可以将现成的图像定义成画笔预设，也可以将自己绘制的图像定义成画笔预设。打开"学习资源>素材文件>CH06>6.2>墨圈.jpg"文件，这是一张背景为白色的墨圈图像，如图6-108所示。执行"编辑>定义画笔预设"菜单命令，在弹出的"画笔名称"对话框中设置好画笔名称即可将其定义成画笔预设，如图6-109所示。

图6-108　　　　　　　　图6-109

定义好画笔预设后，在"画笔"面板中就可以找到该画笔，如图6-110所示。选择"画笔工具" ，试试用不同的前景色进行绘制，可以得到很好的墨圈笔触，如图6-111所示。

图6-110

图6-111

这里要注意的是，纯白图像是不能被定义为画笔预设的。因为Photoshop是根据图像的灰度信息来定义笔尖的，即黑色区域为笔尖的不透明度区域，灰色区域为半透明区域，白色区域为透明区域。就像这张"墨圈.jpg"图像，背景是白色的，我们并没有对其进行抠图，但是定义出来的笔尖却没有白色背景。

👑重点
🖐案例训练：用自定义画笔设计炫酷光斑特效

案例文件	学习资源>案例文件>CH06>案例训练：用自定义画笔设计炫酷光斑特效.psd
素材文件	学习资源>素材文件>CH06>素材07.jpg
难易程度	★☆☆☆☆
技术掌握	画笔的自定义方法

在一些灯光层次比较丰富的摄影作品中，经常可以看到非常炫酷的光斑特效。其实，在后期处理中，修图师可以手动制作光斑，如图6-112所示。注意，光斑特效在灯光层次和色彩都比较丰富的照片中才能出好效果。

图6-112

01 打开"学习资源>素材文件>CH06>素材07.jpg"文件，这是一张色彩十分丰富的照片，如图6-113所示。

图6-113

02 选择"椭圆工具" ，设置绘图模式为"形状"，然后按住Shift键绘制一个大小合适的圆形，接着在"属性"面板中设置"填色"为（R:128，G:128，B:128），"描边"为黑色，并根据自己绘制的圆形大小适当调整描边宽度，如图6-114所示。

图6-114

> ① 技巧提示：光斑颜色的含义
>
> 这里绘制的灰色黑边圆形，定义成画笔后，用白色"画笔工具"进行绘制，灰色圆形对应的就是半透明效果，黑边对应的就是白色效果。

03 按住Ctrl键并单击"椭圆1"图层的缩览图，载入该图层的选区，然后执行"编辑>定义画笔预设"菜单命令，在弹出的"画笔名称"对话框中将其命名为"圆形光斑"，如图6-115所示。

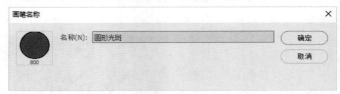

图6-115

04 隐藏"椭圆1"图层，在"画笔设置"面板中选择自定义的"圆形光斑"笔尖，设置"大小"为150像素，"间距"为150%，如图6-116所示。选择"形状动态"选项，设置"大小抖动"为100%，如图6-117所示。

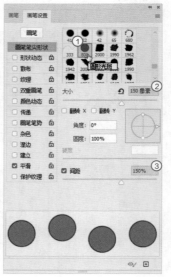 

图6-116　　　　　　　　　　图6-117

05 选择"散布"选项,勾选"两轴"选项,设置"散布"为600%,"数量"为2,"数量抖动"为60%,如图6-118所示。选择"传递"选项,设置"不透明度抖动"和"流量抖动"为60%,如图6-119所示。

图6-118   图6-119

06 新建一个"光斑1"空白图层,然后用黑色填充该图层,并设置混合模式为"颜色减淡",如图6-120所示。

07 设置前景色为白色,然后用"画笔工具"在人像两边绘制一些光斑,如图6-121所示。接着执行"滤镜>模糊>高斯模糊"菜单命令,在弹出的"高斯模糊"对话框中设置"半径"为5.0像素,如图6-122所示。

图6-120

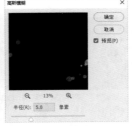

图6-121   图6-122

08 执行"滤镜>模糊>动感模糊"菜单命令,在弹出的"动感模糊"对话框中设置"角度"为-30度,"距离"为30像素,如图6-123所示,效果如图6-124所示。这一层的光斑可以作为远处的光斑。

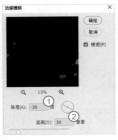

图6-123   图6-124

09 新建一个"光斑2"空白图层,然后用黑色填充该图层,并设置混合模式为"颜色减淡",接着按]键稍微调大画笔,用"画笔工具"在画面中绘制一层近处的光斑,如图6-125所示。接着为其添加一个"动感模糊"滤镜,设置"角度"为-30度,"距离"为20像素,最终效果如图6-126所示。

图6-125   图6-126

☑ 重点

📝 学后训练:用自定义画笔设计心形光斑特效

案例文件	学习资源>案例文件>CH06>学后训练:用自定义画笔设计心形光斑特效.psd
素材文件	学习资源>素材文件>CH06>素材08.jpg
难易程度	★ ☆ ☆ ☆ ☆
技术掌握	画笔的自定义方法

本例也是女生喜欢的案例类型,随意拍一张灯光丰富的照片,然后制作一个心形笔尖就可以在照片中加入非常好看的光斑特效,如图6-127所示。

图6-127

☑ 重点

📝 学后训练:用自定义画笔添加专属水印

案例文件	学习资源>案例文件>CH06>学后训练:用自定义画笔添加专属水印.psd
素材文件	学习资源>素材文件>CH06>素材09.jpg
难易程度	★ ☆ ☆ ☆ ☆
技术掌握	画笔的自定义方法

为了保护作品的版权,很多设计师、摄影师都喜欢在自己的作品上打上水印,以防盗版,如图6-128所示。在Photoshop中,除了可以将文案定义成画笔写出水印(很难控制笔触的规律),还可以用图案来制作水印。

图6-128

👑重点

6.2.5 用外部画笔节省设计时间

我们先来看一组画笔特效作品,如图6-129所示。原图是一张花瓶的摄影照片,我们用外部画笔可以在照片中加入阴影、光线和窗户等效果,瞬间让照片更加真实、自然,同时还会增强画面的空间感。像这种效果,Photoshop内置的画笔是很难做出来的,在工作中为了节省设计时间,往往会采用外部画笔来制作。

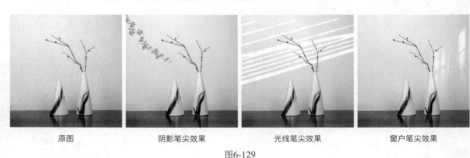

原图　　　　　　阴影笔尖效果　　　　　光线笔尖效果　　　　　窗户笔尖效果

图6-129

单击"画笔"面板右上角的≡按钮,然后在弹出的菜单中选择"导入画笔"命令,接着在弹出的"载入"对话框中选择"学习资源>素材文件>CH06>6.2>光影笔刷.abr"文件,最后单击"载入"按钮 载入(L) ,将这组画笔载入到"画笔"面板中,如图6-130和图6-131所示。

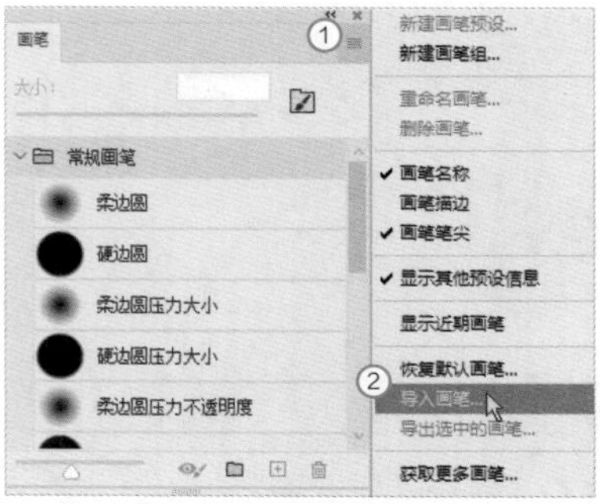

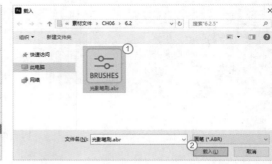

图6-130　　　　　　　　　　　　图6-131

载入画笔后,在"画笔"面板中就可以看到这些画笔,如图6-132所示。这组画笔一共有190款,常用在海报设计、电商设计中,可以大大提高设计效率。

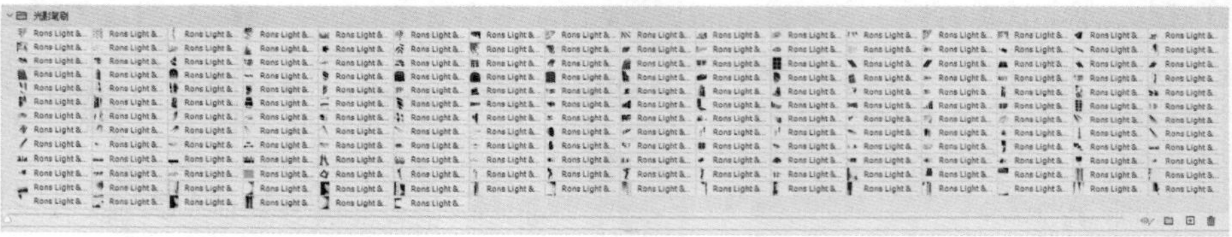

图6-132

打开"学习资源>素材文件>CH06>6.2>淘宝礼服摄影.jpg"文件,然后新建一个空白图层,填充黑色,并设置混合模式为"颜色减淡",接着用这套画笔试试效果,如图6-133所示。

图6-133

6.3 其他绘画类画笔和历史记录类画笔

除了绘画类画笔,历史记录类画笔也可以用来绘画。除了"画笔工具" ✐、,在"铅笔工具" ✐、"颜色替换工具" ✐、"混合器画笔工具" ✐、"历史记录画笔工具" ✐ 和"历史记录艺术画笔工具" ✐ 这些工具中,"混合器画笔工具" ✐ 比较重要,其他工具在设计工作中几乎不会用到,大家只需要了解即可,如图6-134所示。

图6-134

.ng

6.3.1 铅笔工具

工具箱：铅笔工具 　**快捷键：**B

我们先来看看"铅笔工具" 和"画笔工具" 的区别，如图6-135所示。当设置"硬度"为0%、50%和100%时，用"画笔工具" 绘制出来的笔触会由柔和变清晰；设置相应的"硬度"值，用"铅笔工具" 绘制出来的笔触几乎都是非常清晰的，也就是说"硬度"值对"铅笔工具" 几乎没用。那么，当"硬度"值都为100%时，画笔笔触与铅笔笔触有什么区别呢？区别还是有的，将笔触放大显示，哪怕是"硬度"为100%的画笔笔触，边缘还有一定程度的柔和效果，而铅笔笔触则不然，比画笔笔触要清晰。因此，这两种工具的最大区别就是，"铅笔工具" 可以绘出真正意义上的硬边。

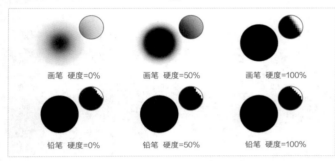

图6-135

"铅笔工具" 的特点，决定了它的使用局限。"铅笔工具" 几乎很少用到真正的设计工作中，但是用它可以绘制像素插画，如图6-136所示。

图6-136

"铅笔工具" 的选项栏中有一个"自动抹除"选项。勾选该选项后，将笔尖中心放在包含前景色的区域上，可以将该区域绘制成背景色，如图6-137所示。将笔尖中心放在不包含前景色的区域上，则可以将该区域绘制成前景色，如图6-138所示。

图6-137　　　　　　图6-138

6.3.2 颜色替换工具

工具箱：颜色替换工具 　**快捷键：**B

顾名思义，"颜色替换工具" 可以将图像中的颜色替换成自己想要的颜色（前景色）。这个工具看似很好用，实则在工作中几乎不会用它来替换颜色。这是因为，Photoshop有很多好用的调色命令，可以快速而精确地将某些颜色替换成想要的颜色，如"色相/饱和度"命令和"替换颜色"命令。因此，大家只需要了解"颜色替换工具" 的绘图模式和取样方法等即可，如图6-139所示。

打开"学习资源>素材文件>CH06>6.3>红衣少女.jpg"文件，如图6-140所示，我们就用这张图片来示例说明"颜色替换工具" 的基本用法。

"模式"选项用于选择替换颜色的模式，包括"色相""饱和度""颜色""明度"，默认为"颜色"模式。先设置好前景色，如设置为绿色，再选择"颜色"模式，在图像上单击可以同时替换单击处颜色的色相、饱和度和明度。注意，替换区域以笔尖的十字中心为准，如将十字中心放在红裙之外，会替换掉红裙之外的颜色，如图6-141所示；将十字中心放在红裙上，会替换掉红裙的颜色，如图6-142所示。

图6-139

图6-140　　　　　图6-141　　　　　图6-142

"取样：连续" 、"取样：一次" 和"取样：背景色板" 用于设置颜色的取样方式。单击"取样：连续" ，拖曳鼠标时可以对颜色进行连续取样；单击"取样：一次" ，将只替换包含第1次单击的颜色区域中的目标颜色；单击"取样：背景色板" ，将只替换包含当前背景色的区域，如设置背景色为红色，那么即使在红裙之外的区域涂抹，这些区域也不会被替换成绿色。

"容差"选项用于设置可替换的颜色范围，该值越小，被替换的颜色范围也越小，反之则越大，如图6-143所示。

图6-143

☆重点

6.3.3 混合器画笔工具

工具箱：混合器画笔工具 ✔   **快捷键：B**

就设计层面而言，"混合器画笔工具" ✔ 的重要程度仅次于
"画笔工具" ✔。使用该工具可以模拟实际的绘画效果，并且可以
混合画布颜色和使用不同的绘画湿度，其选项栏如图6-144所示。
打开"学习资源>素材文件>CH06>6.3>炫彩.psd"文件，其中包含
3个图层，如图6-145所示，我们就在"绘画"图层中进行示例。在
"混合器画笔工具" ✔ 选项栏中有一个"对所有图层取样"选项，这
个选项最好一直保持勾选状态，因为取消勾选的话，就只能对当前
选定的图层进行取样。

图6-144

图6-145

"当前画笔载入"预览框用于显示当前载入的笔尖效果，单击 ✔ 按钮，可以弹出一个下拉菜单，如图6-146所示。"只载入纯色"选项默认
情况下处于勾选状态，按住Alt键并单击图像，可以吸取单击处的颜
色作为画笔颜色（纯色）；如果取消勾选的话，将以单击处的图像作
为画笔图案，如图6-147所示。勾选"载入画笔"选项，按住Alt键并
单击图像，可以将单击处的图像载入到预览框中；勾选"清理画笔"
选项，可以清除储槽中的画笔样式。

图6-146

图6-147

"每次描边后载入画笔"按钮 ✔ 和"每次描边后清理画笔"按钮 ✔ 有点难理解。可以这么理解，如果想每次绘制的笔触都使用预览框中
的颜色或图样，可以在绘制前选中"每次描边后载入画笔"按钮 ✔；如果想每绘完一次笔触后都自动清理预览框中的颜色或图样，可以在绘
制前选中"每次描边后清理画笔"按钮 ✔。

"有用的混合画笔组合"下拉列表中提供了干燥、湿润、潮湿和非常潮湿的画笔组合，如图6-148所示。利用这些预设，可以绘制出
很多好看的笔触
效果，如图6-149
所示。

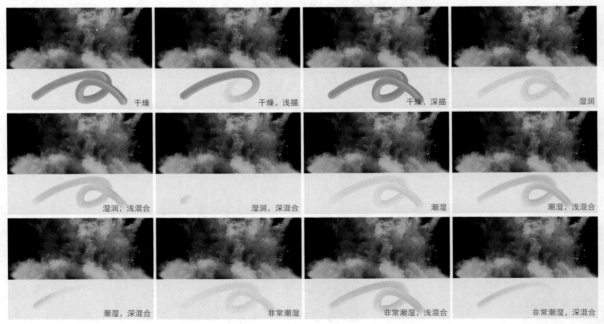
图6-148

图6-149

"潮湿"选项用于控制画笔从画布拾取的油彩量。"载入"选项用于设置画笔上的油彩量。"混合"选项用于控制画布油彩量与预览框油彩量的比例,当该值为100%时,所有油彩都从画布中拾取;当该值为0%时,所有油彩都来自预览框。

👑 重点

🖐 案例训练:用混合器画笔设计一组数字倒计时海报

案例文件	学习资源>案例文件>CH06>案例训练:用混合器画笔设计一组数字倒计时海报.psd
素材文件	学习资源>素材文件>CH06>素材10.jpg
难易程度	★★☆☆☆
技术掌握	用混合器画笔结合炫酷渐变设计描边字

本例是一组当下非常流行的海报设计,如图6-150所示。本例主讲数字效果的制作方法,这种字体在Illustrator中可以用混合功能轻松制作出来,而如果要用Photoshop来制作的话,就得用"混合器画笔工具" ✎ ,使用不同形状的笔尖还可以制作出更多的字体效果。

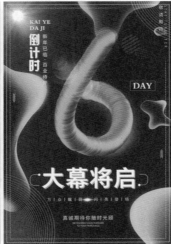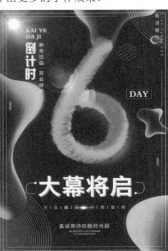

图6-150

01 按快捷键Ctrl+N新建一个尺寸为30厘米×45厘米,"分辨率"为150像素/英寸,"颜色模式"为"RGB颜色"的文档,然后将"学习资源>素材文件>CH06>素材10.jpg"文件拖曳至文档中作为背景,如图6-151所示。

02 按住Shift键并用"椭圆工具" ○ 绘制一个大小合适的圆形,如图6-152所示。然后为其添加一个"渐变叠加"图层样式,接着调出一种"橙色→洋红色→青色→蓝色"的渐变色(颜色值不需要很精确),并设置"样式"为"线性","角度"为-60度,如图6-153所示。

03 用"钢笔工具" ✎ 在画布中绘制一条数字6的曲线路径,要注意这条路径的起点,否则描边出来的效果不会那么好看,如图6-154所示。

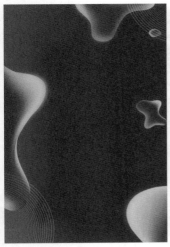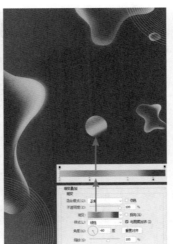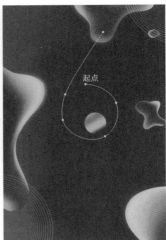

起点

图6-151   图6-152   图6-153   图6-154

04 新建一个"数字6"图层,按B键选择"混合器画笔工具" ，选择"硬边圆"画笔,设置"大小"为230像素(注意"大小"不要超过圆形直径),并在"当前画笔载入"预览框的下拉菜单中取消勾选"只载入纯色"选项,然后设置画笔组合预设为"干燥,深描",接着按住Alt键吸取渐变色,如图6-155所示。吸取完成后按快捷键Ctrl+D取消选区,隐藏"椭圆1"图层。

05 按A键选择"路径选择工具" ，在画布中单击鼠标右键,然后在弹出的菜单中选择"描边路径"命令,如图6-156所示。接着在弹出的"描边路径"对话框中设置"工具"为"混合器画笔工具",如图6-157所示。

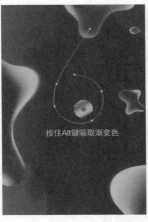

图6-155

图6-156

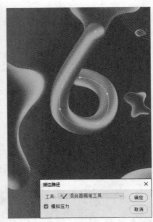

图6-157

> ? 疑难问答:为什么无法吸取渐色变?
>
> 如果大家按照步骤04无法正常吸取渐变色,多半是没有在选项栏中勾选"对所有图层取样"选项。新建"数字6"图层后,如果没有勾选"对所有图层取样"选项,吸取操作针对的就是"数字6"这个空白图层,自然无法正常吸取。建议将"混合器画笔工具" 的"对所有图层取样"选项一直保持勾选状态。

06 按快捷键Ctrl++放大画面,观察描边效果,可以发现描边的间距有点大,效果不是很平滑,如图6-158所示。因此,我们还要对描边进行修改。

07 按快捷键Ctrl+Z还原描边路径操作,然后在"画笔设置"面板中设置"间距"为1%,如图6-159所示。接着重新对路径进行描边,现在描边效果就很自然了,效果如图6-160所示。最后在画布中加入相应的文案和装饰元素,最终效果如图6-161所示。

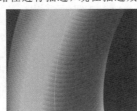

图6-158

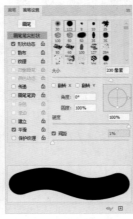

图6-159

图6-160

图6-161

08 下面给出3组画笔参数,可以描出更炫酷的字体效果,完成后的效果如图6-162所示。

> ! 技巧提示:描边卡顿
>
> 描边效果越复杂,尤其是"间距"越小,描边的速度越慢。如果计算机的配置不太好,可能需要好几分钟才能完成描边。

炭笔形状
大小=230像素
间距=1%

硬边圆
大小=230像素 间距=1%
大小抖动=100%

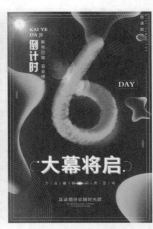

Kyle 拖曳混合灰色
大小=260像素 间距=1%
大小抖动=100% 角度抖动=100%

图6-162

● 重点
📖 学后训练：用混合器画笔设计UI设计师招聘海报

案例文件	学习资源>案例文件>CH06>学后训练：用混合器画笔设计UI设计师招聘海报.psd
素材文件	学习资源>素材文件>CH06>素材11.jpg
难易程度	★☆☆☆☆
技术掌握	强化训练混合器画笔的用法

本例继续强化训练"混合器画笔工具"✔的用法，最终效果如图6-163所示。相比于上一案例，本例画笔的设置参数非常简单，只需要选择"硬边圆"画笔，设置"大小"为500像素，"间距"为1%即可。

图6-163

6.3.4 历史记录类画笔

工具箱：历史记录画笔工具 ✔　历史记录艺术画笔工具 ✔
快捷键：Y

"历史记录画笔工具"✔和"历史记录艺术画笔工具"✔这两个工具在工作中很少用到，大家只需要了解其用法即可。

我们先介绍一下"历史记录画笔工具"✔。该工具可以将标记的历史记录效果或快照用作源数据对图像进行修改。可能大家难以理解到底是什么意思，下面用一个案例来进行示例。打开"学习资源>素材文件>CH06>6.3>老人皮肤.jpg"文件，如图6-164所示，用"历史记录画笔工具"✔为老人的皮肤磨皮，具体操作如下。

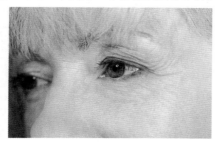

图6-164

第1步：按快捷键Ctrl+J将"背景"图层复制一层，然后执行"滤镜>模糊>表面模糊"菜单命令，接着在弹出的"表面模糊"对话

框中设置"半径"为36像素，"阈值"为20色阶，这样可以让皮肤变得平滑一些，如图6-165所示。

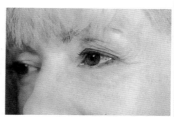

图6-165

第2步：执行"窗口>历史记录"菜单命令，打开"历史记录"面板，在"表面模糊"记录的前面单击，将其设置为历史记录画笔的源，如图6-166所示，然后选择"通过拷贝的图层"记录，如图6-167所示。

图6-166　　　　　图6-167

第3步：按Y键选择"历史记录画笔工具"✔，按[键或]键调整好画笔大小，然后在皮肤上涂抹，这样可以将表面模糊的效果绘制到皮肤上，如图6-168所示。这就是"历史记录画笔工具"✔的作用。

图6-168

"历史记录艺术画笔工具"✔与"历史记录画笔工具"✔一样，也需要结合"历史记录"面板一起使用，操作方法是相同的，只不过"历史记录艺术画笔工具"✔还可以在图像中加入不同的艺术效果，这里就不对该工具进行具体讲解了。

6.4 擦除类画笔与润饰类画笔

本节简单介绍擦除类画笔与润饰类画笔，如图6-169所示。这些工具在工作中的实用性也不高，但是大家需要掌握其基本用法。

图6-169

6.4.1 擦除类画笔

工具箱："橡皮擦工具" 🧽 "背景橡皮擦工具" 🧽 "魔术橡皮擦工具" 🧽 **快捷键：E**

擦除类画笔包含"橡皮擦工具" 🧽、"背景橡皮擦工具" 🧽 和"魔术橡皮擦工具" 🧽，这3个工具都可以用来擦除图像。打开"学习资源>素材文件>CH06>6.4>女生嘟嘴.jpg"文件，如图6-170所示，我们就用这张照片来讲解这些工具的用法。

"橡皮擦工具" 🧽 在工作中可以用来擦除局部图像。在使用该工具擦除图像时，如果擦除的是"背景"图层，或是擦除锁定了透明像素的图层，擦除的像素会变成背景色；如果擦除的是普通图层，擦除的像素会变成透明效果，如图6-171所示。"橡皮擦工具" 🧽 有3种擦除模式，"画笔"模式可以擦出柔边或硬边效果，"铅笔"模式可以擦出硬边效果，"块"模式可以擦出块状效果，如图6-172所示。

图6-170 图6-171

"画笔"模式 "铅笔"模式 "块"模式

图6-172

"背景橡皮擦工具" 🧽 是一种智能橡皮擦，在设置好背景色后，就只擦除与背景色相近的图像，其他图像则不会受到影响。"背景橡皮擦工具" 🧽 的功能看似很强大，实际上是"外强中干"。按住Alt键并用"吸管工具" 🧽 吸取照片上的淡蓝色作为背景色，然后用"背景橡皮擦工具" 🧽 在照片上涂抹（选项栏中有一个"容差"选项，可以用该选项来控制颜色的范围，值越大，擦除的颜色范围也越大），此时只能擦除淡蓝色的背景，擦除完成后建立一个观察图层观察效果，如图6-173所示。从擦除效果可以发现，发丝上还是有残留的淡蓝色像素，这些像素很难被擦掉，而如果用第4章所讲的"主体修边抠图法"来抠人像的话，几步就可以将人像干干净净地抠出来。

图6-173

"魔术橡皮擦工具" 🧽 与"背景橡皮擦工具" 🧽 一样，也属于"外强中干"中的一员。该工具与"魔棒工具" 🪄 的原理相同，只是使用该工具单击图像就可以擦掉"容差"范围内的像素，如图6-174所示。从擦除效果可以发现，发丝上也有残留的淡蓝色像素。

图6-174

6.4.2 润饰类画笔

工具箱："减淡工具" 🔍 "加深工具" ✋ "海绵工具" ⬤ **快捷键：O**

工具箱："模糊工具" 💧 "锐化工具" △ "涂抹工具" 👆

润饰类画笔都是用来对图像局部进行处理的工具。使用"模糊工具" 💧、"锐化工具" △ 和"涂抹工具" 👆 可以对图像局部进行模糊、锐化和涂抹处理；使用"减淡工具" 🔍、"加深工具" ✋ 和"海绵工具" ⬤ 可以对图像局部的明暗、饱和度等进行处理。

打开"学习资源>素材文件>CH06>6.4>美丽的眼睛.jpg"文件，我们就用这张照片来讲解润饰类画笔的用法，如图6-175所示。

图6-175

"模糊工具" 💧 和"锐化工具" △ 从字面上理解就知道这两个工具的作用是相反的，一个是让图像变模糊，一个是让图像变清晰。在使用其中任何一个工具时，按住Alt键可以临时切换为另一个工具，用在左侧眼皮上，效果如图6-176所示。控制这两个工具涂抹强度的参数是"强度"，数值越高，涂抹强度越高，反之则越低。另外，涂抹的模式还可以改为"变暗""变亮""色相""饱和度""颜色""明度"。

图6-176

① 技巧提示：工作中如何模糊与锐化图像
　　在工作中，一般都是使用模糊类滤镜和锐化类滤镜对图像进行模糊和锐化处理。这是因为"模糊工具" 和"锐化工具" 不仅处理速度非常慢，而且效果也不好，只是在处理局部图像时有一定优势。

　　用"涂抹工具" 可以模拟手指划过湿油漆时所产生的效果，图6-177所示为涂抹眼皮后的效果。该工具的作用与"液化"滤镜的"向前变形工具" 类似，但功能却不够强大，所以在工作中基本上不会用到该工具。

图6-177

　　"减淡工具" 和"加深工具" 也是一组作用相反的工具，一个可以减淡图像，一个可以加深图像，按住Alt键可以在这两个工具之间进行临时切换。这两个工具都可以单独处理图像的中间调、阴影和高光区域范围，如图6-178和图6-179所示。控制这两个工具涂抹强度的参数是"曝光度"，该值越高，单次减淡或加深效果越明显。

图6-178

图6-179

🔗 知识链接：通道抠图
　　除了减淡与加深图像局部，"减淡工具" 和"加深工具" 应用最多的就是配合通道一起抠图，关于这个功能的讲解请参阅"4.7.4 通道抠图法"中的相关内容。

　　使用"海绵工具" 可以修改图像局部的色彩饱和度，涂抹模式有"去色"和"加色"两种，效果如图6-180所示。控制"海绵工具" 涂抹强度的参数是"流量"，该值越高，单次去色或加色的强度就越高。

图6-180

6.5　综合训练营

　　本章最重要的知识点是"画笔工具" ，其次是"混合器画笔工具" 。因此，本节安排了5个综合训练针对这两个工具进行练习。在技术层面上也不再局限于内置画笔，而是将外部画笔与内部画笔相结合一起做设计。

👑 重点
◈ 综合训练：设计创意表情海报

案例文件	学习资源>案例文件>CH06>综合训练：设计创意表情海报.psd
素材文件	学习资源>素材文件>CH06>素材12.ai
难易程度	★★☆☆☆
技术掌握	画笔颜色动态的用法

　　本例是一款极具创意的表情海报，如图6-181所示。本例的主体图像看似很复杂，实则很简单，用画笔的颜色动态功能可以快速制作出来。

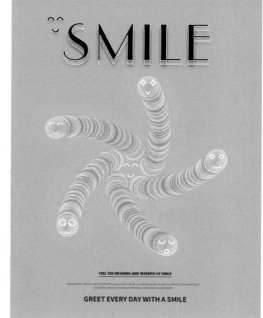

图6-181

♥ 重点

综合训练：设计一组创意线条海报

案例文件	学习资源>案例文件>CH06>综合训练：设计一组创意线条海报.psd
素材文件	无
难易程度	★★☆☆☆
技术掌握	自定义画笔预设及对称绘画法

无论是从应用方向还是从技术点而言，本例的重要程度都相当高。本例的视觉效果非常震撼，且线条非常复杂，但其实只用了一个自定义画笔，同时结合对称绘画功能就可以轻松完成，如图6-182所示。请注意，本例的设计自由度相当高，大家几乎不可能做出一模一样的效果，因为画笔的落笔点、绘画笔迹等都会影响笔触的效果。

图6-182

♥ 重点

综合训练：设计运动健身破碎特效海报

案例文件	学习资源>案例文件>CH06>综合训练：设计运动健身破碎特效海报.psd
素材文件	学习资源>素材文件>CH06>素材13.png、素材14.abr
难易程度	★★★☆☆
技术掌握	用内置画笔和外部画笔配合"液化"滤镜做设计

本例是一个几乎全部用画笔进行设计的运动健身海报，如图6-183所示。运动健身海报要体现一种动感或力量感，因此本例在设计上用画笔做了一个粒子破碎特效，同时设计了一个地面效果。

图6-183

♥ 重点

综合训练：设计中国风水墨旅游宣传海报

案例文件	学习资源>案例文件>CH06>综合训练：设计中国风水墨旅游宣传海报.psd
素材文件	学习资源>素材文件>CH06>素材15.jpg~素材19.jpg
难易程度	★★☆☆☆
技术掌握	用自定义画笔和内置画笔做设计

旅游海报是经常遇到的设计项目。江南山水的宣传海报用水墨中国风来表现是很容易出效果的，如图6-184所示。

图6-184

♥ 重点

综合训练：设计超炫音乐节创意海报

案例文件	学习资源>案例文件>CH06>综合训练：设计超炫音乐节创意海报.psd
素材文件	学习资源>素材文件>CH06>素材20.psd
难易程度	★★★☆☆
技术掌握	用混合器画笔做炫酷设计

本例是一个非常炫酷的音乐节创意海报设计，如图6-185所示。从技术层面而言，本例的制作难度并不大，关键在于如何让"音符"产生创意效果。

🔗 知识链接：综合训练营步骤详解

大家可以参照视频制作案例。如果还有不清楚的知识点，可以参阅"学习资源>附赠PDF>综合训练营步骤详解（二）.pdf"中的相关内容，其中包含本书第6~10章综合训练营中案例的详细步骤。

图6-185

第 7 章 修图专场

本章主要介绍修图的相关工具及方法。通过修图可以快速修复照片、去除瑕疵、调整色彩和明暗等。同时，修图也是提升照片美感、增强视觉效果的重要手段。

7.1 修瑕疵（基本修图工具）

抠图、修图、合成、调色、特效，这是Photoshop的五大功能。虽然现在有很多修图App，但是这些App修出来的图很难用于专业领域，因为这种修图会在很大程度上降低图片的质量。而Photoshop则不同，你想怎么修就怎么修，修出来的图片质量也非常高。

本节将针对Photoshop的基本修图工具进行介绍，如图7-1所示。这些工具的用法都非常简单，大家一学就会。在这些工具中，"内容感知移动工具" ⚡、"红眼工具" ➕ 和"图案图章工具" 🔳 只需要了解，其他工具则必须熟练掌握。

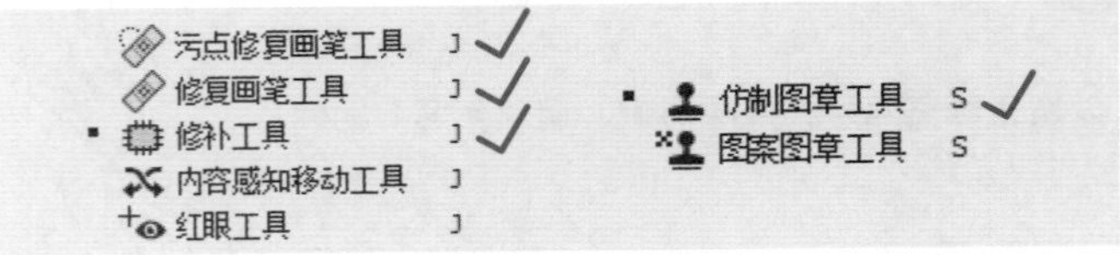

```
✸ 污点修复画笔工具      J  ✓
◆ 修复画笔工具          J  ✓        ▪ 🔖 仿制图章工具    S  ✓
▪ ✚ 修补工具            J  ✓          ✖ 图案图章工具      S
  ✖ 内容感知移动工具    J
  ➕ 红眼工具            J
```

图7-1

7.1.1 "污点修复画笔工具"与"修复画笔工具"

工具箱: "污点修复画笔工具" ✸ "修复画笔工具" ◆ **快捷键: J**

"污点修复画笔工具" ✸ 和"修复画笔工具" ◆ 是非常简单的修图工具，适合用于修复小面积的瑕疵，如皮肤上的斑点和痘痘等。打开"学习资源>素材文件>CH07>7.1>瑕疵人像.jpg"文件，这是一张脸部有少许瑕疵的女生脸部照片，如图7-2所示。

图7-2

先来讲解"污点修复画笔工具" ✸ 的用法。该工具的用法非常简单，按快捷键Ctrl++放大画面，选择"污点修复画笔工具" ✸，按[键和]键调整画笔大小，使笔尖比瑕疵稍微大一点，然后单击瑕疵即可将瑕疵去掉，其他瑕疵的去除方法也是一样的（需根据瑕疵大小调整画笔大小），如图7-3所示。"污点修复画笔工具" ✸ 的修复类型有3种：选择"内容识别"选项，可以使用选区周围的像素进行修复，这是默认选项，也是修复效果非常好的选项；选择"创建纹理"选项，可以使用选区中的所有像素创建一个用于修复该区域的纹理；选择"近似匹配"选项，可以使用选区边缘周围的像素来查找要用于修补的图像区域。

调整画笔大小

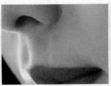
单击瑕疵进行修复

修复全脸

图7-3

"修复画笔工具" ◆ 与"污点修复画笔工具" ✸ 有一点区别。"修复画笔工具" ◆ 是用干净的像素修复瑕疵像素。先选择该工具，按住Alt键并在瑕疵周围单击以吸取干净的像素作为修复源，然后在瑕疵上单击即可将其修复，其他瑕疵的修复方法也一样，如图7-4所示。"修复画笔工具" ◆ 的修复源有两种：选择"取样"选项，可以使用当前吸取的像素来修复图像，这是默认选项，一般使用该选项进行修复；选择"图案"选项，可以使用图案修复瑕疵。

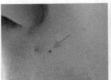
按住Alt键单击修复源

单击瑕疵进行修复

修复全脸

图7-4

👆 案例训练：用修复画笔去除斑点、痘痘和皱纹

案例文件	学习资源>案例文件>CH07>案例训练：用修复画笔去除斑点、痘痘和皱纹.psd
素材文件	学习资源>素材文件>CH07>素材01.jpg
难易程度	★☆☆☆☆
技术掌握	两种修复画笔的用法

本例的原片是一张近照，脸部上有一些斑点、痘痘，以及浅浅的皱纹和鱼尾纹，这些瑕疵用"污点修复画笔工具" ✸ 和"修复画笔工具" ◆ 进行修复最合适不过了，如图7-5所示。

图7-5

01 打开"学习资源>素材文件>CH07>素材01.jpg"文件，按快捷键Ctrl++放大画面，如图7-6所示。

02 按快捷键Ctrl+J将"背景"图层复制一层，选择"污点修复画笔工具" ✸，按[键和]调整画笔大小，然后在一处大斑点上单击即可将其去除，如图7-7和图7-8所示。接着单击其他的斑点和痘痘，将这些瑕疵全部去除，如图7-9所示。

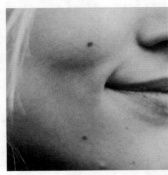

图7-6

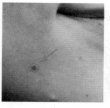 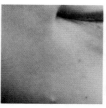 

图7-7　　　　　图7-8　　　　　图7-9

03 放大额头区域，可以发现额头上有一些浅浅的皱纹，如图7-10所示。皱纹不能用单击的方法去除，可以用绘画的方法（按住鼠标左键并沿着皱纹拖曳）去除，如图7-11所示。完全去除皱纹后的效果如图7-12所示。

图7-10　　　　　图7-11　　　　　图7-12

04 至于眼睛下方的细纹，不能用默认的画笔设置进行修复。需要设置画笔"硬度"为0%，如图7-13所示，否则修出来的纹理会比较生硬。修复完成后的效果如图7-14所示。

图7-13

修复前　　　　修复后

图7-14

05 眼睛下方比较深的皱纹需要用"修复画笔工具" ✐进行修复。按住Alt吸取皱纹周围的干净像素，如图7-15所示，然后沿着鱼尾纹进行绘制，先去除一部分，如图7-16所示。

06 重复操作，修复其他部分，效果如图7-17所示。最终效果如图7-18所示。

图7-15

图7-16　　　　　图7-17　　　　　图7-18

学后训练：用修复画笔修复脸部瑕疵

案例文件	学习资源>案例文件>CH02>学后训练：用修复画笔修复脸部瑕疵.psd
素材文件	学习资源>素材文件>CH02>素材02.jpg
难易程度	★☆☆☆☆
技术掌握	两种修复画笔的用法

本例的原片是一个漂亮女生的脸部近照，她的脸上有一些小痘痘和斑点，脖子上还有两道浅浅的皱纹，这些瑕疵也可以用"污点修复画笔工具" ✐和"修复画笔工具" ✐进行修复，如图7-19所示。

图7-19

▼ 重点

7.1.2 修补工具

工具箱："修补工具" ▢　　　**快捷键：J**

"修补工具" ▢可以利用干净的像素修复选区内的瑕疵像素，小面积和大面积的瑕疵都可以用该工具进行修复。用"修补工具" ▢将瑕疵勾画出来，然后将选区拖曳至干净的像素上即可修复瑕疵，如图7-20所示。按快捷键Ctrl+D取消选区。

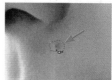 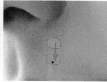 

勾出瑕疵　　　将瑕疵拖曳至干净的　　　修复效果
　　　　　　　像素上进行修复

图7-20

继续用"修补工具" ▢修复其他瑕疵。现在来看看嘴巴右下角的大面积瑕疵区域，如图7-21所示。像这种面积比较大的瑕疵区域，用"污点修复画笔工具" ✐和"修复画笔工具" ✐是很难修复的，而用"修补工具" ▢就很简单了，如图7-22所示。

图7-21

勾出瑕疵　　　将瑕疵拖曳至干净的　　　修复效果
　　　　　　　像素上进行修复

图7-22

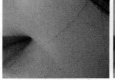 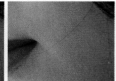

勾出瑕疵　　　将瑕疵拖曳至干净的　　修复效果
像素上进行修复

图7-22（续）

现在来看看鼻子处的异形瑕疵区域，如图7-23所示。这个区域用"污点修复画笔工具" 🖌 和"修复画笔工具" 🖊 更无法修复了，因为面积非常大；用"修补工具" 🔲 也需要经过好几次修复才能完成，因为无法一下找到合适的修复源，所以需要一块一块地修复，如图7-24所示。

图7-23

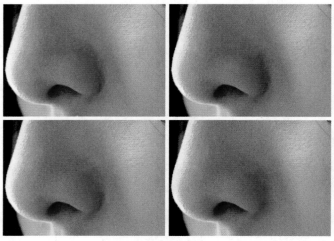

图7-24

"修补工具" 🔲 的修补方式有"正常"和"内容识别"两种。"正常"修补方式的修补方法分为"源"和"目标"两种，默认为"源"，也就是上面所讲的修补方法；"目标"修补方法与"源"修补方法是相反的，即先勾出干净的像素，将其拖曳至瑕疵上即可修复瑕疵。至于"内容识别"修补方式，一般不会使用，因为修补出来很容易产生修补痕迹（如果非要用这种修补方式，建议将精度设置得高一些，即将"结构"和"颜色"的数值设置得大一些）。

👑 重点

👆 **案例训练：用"修补工具"去除照片中的杂物**

案例文件	学习资源>案例文件>CH07>案例训练：用"修补工具"去除照片中的杂物.psd
素材文件	学习资源>素材文件>CH07>素材03.jpg
难易程度	★☆☆☆☆
技术掌握	"修补工具"的用法

本例的原片是一张唯美的海边女生照片。画面的左侧有两处杂物，严重影响照片的美感，因此需要将其修掉，如图7-25所示。

图7-25

01 打开"学习资源>素材文件>CH07>素材03.jpg"文件，这是一张非常唯美的海边照片，但地平线上有两处碍眼的杂物，如图7-26所示。

02 用"修补工具" 🔲 勾出小的杂物，如图7-27所示，然后将选区拖曳至干净的像素区域进行修复，如图7-28所示。修复完成后按快捷键Ctrl+D取消选区，效果如图7-29所示。

图7-26　　　　　　　　　图7-27

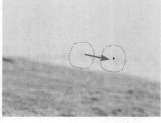 

图7-28　　　　　　　　　图7-29

03 用"修补工具" 🔲 勾出大的杂物，如图7-30所示，然后将选区向右拖曳至干净的像素区域进行修复（注意要对齐地平线），如图7-31所示。修复完成后按快捷键Ctrl+D取消选区，效果如图7-32所示。

04 继续将一些重复的对象及沙滩上的垃圾修掉，最终效果如图7-33所示。

图7-30　　　　　　　　　图7-31

图7-32　　　　　　　　　图7-33

学后训练：用"修补工具"去除照片中多余的人物和景物

案例文件	学习资源>案例文件>CH07>学后训练：用"修补工具"去除照片中多余的人物和景物.psd
素材文件	学习资源>素材文件>CH07>素材04.jpg
难易程度	★☆☆☆☆
技术掌握	"修补工具"的用法

本例原片的远处有多余的人物和景物影响了画面的美感，需要用"修补工具" 将其修掉，如图7-34所示。

图7-34

7.1.3 内容感知移动工具

工具箱："内容感知移动工具" 快捷键：J

"内容感知移动工具" 是一个比较有意思的工具，它可以将选中的对象移动或复制到其他位置，并重组与混合图像。该工具在工作中一般很少用到，爱自拍的女生倒是可以用它来做一些具有重复元素的照片。

打开"学习资源>素材文件>CH07>7.1>泳池美女.jpg"文件，如图7-35所示。用"内容感知移动工具" 将人像勾出来并将其拖曳至其他位置后，会切换到自由变换模式，此时可以对其进行自由变换调整，调整完成后按Enter键确认操作。人像会自动移到相应的位置，如图7-36所示。在选项栏中设置"模式"为"扩展"，可以复制图像，如图7-37所示。

图7-35 勾出人像 移动人像 移动效果

图7-36

勾出人像 移动人像并水平翻转 复制效果

图7-37

7.1.4 红眼工具

工具箱："红眼工具" 快捷键：J

使用"红眼工具" 可以修掉由闪光灯导致的红色反光红眼效果。对于摄影师和修图师来说，会经常用该工具来修复红眼。打开"学习资源>素材文件>CH07>7.1>红眼.jpg"文件，如图7-38所示。"红眼工具" 的使用方法很简单，在瞳孔上画出红眼区域，就可以自动消除红眼，如图7-39所示。"红眼工具" 的选项栏中有两个选项："瞳孔大小"选项用来设置瞳孔的大小，即眼睛暗色中心的大小；"变暗量"选项用来设置瞳孔的暗度。

图7-38 图7-39

👑重点
7.1.5 图章类工具

工具箱:"仿制图章工具" 👤 "图案图章工具" 👤 **快捷键:S**

　　"仿制图章工具" 👤是一个比较重要的工具。该工具可以将局部图像复制到画笔上,复制的局部图像可以粘贴到同一个图层中,也可以粘贴到其他图层中,甚至可以粘贴到其他文档的图层中。利用这个功能,我们可以用该工具来修复前面所讲工具很难修复的一些瑕疵。先打开"学习资源>素材文件>CH07>7.1>水鸟.jpg"文件,如图7-40所示,我们就用这张照片来讲解"仿制图章工具" 👤的具体用法。

　　我们来复制水鸟和倒影。先按[键和]键调整画笔大小(圈住水鸟和倒影即可),然后按住Alt键并单击水鸟和倒影进行复制,接着将鼠标指针放在要粘贴水鸟和倒影的位置,最后单击即可粘贴水鸟和倒影,如图7-41所示。

图7-40

将画笔大小调整到比水鸟和倒影大一些

按住Alt键并单击复制水鸟和倒影

将鼠标指针置于要粘贴水鸟和倒影的位置

图7-41

单击粘贴水鸟和倒影

　　"仿制图章工具" 👤有一个"仿制源"面板("修复画笔工具" 🖌也可以用该面板)。执行"窗口>仿制源"菜单命令或者单击选项栏中的"切换仿制源面板"按钮 📄,可以打开"仿制源"面板,如图7-42所示。面板上方的5个 👤按钮可以用来复制多个图像(即设置多个仿制源,最多可以复制5个)。"位移"选项组中的"X"和"Y"用于精确移动要复制的对象,"水平翻转"按钮 📄和"垂直翻转"按钮 📄用于水平或垂直翻转复制的图像,"W"和"H"用于设置水平缩放和垂直缩放的比例,"旋转仿制源"按钮 ◢用于设置旋转复制图像的角度,如图7-43所示。至于其他选项,在实际工作中用处不大。

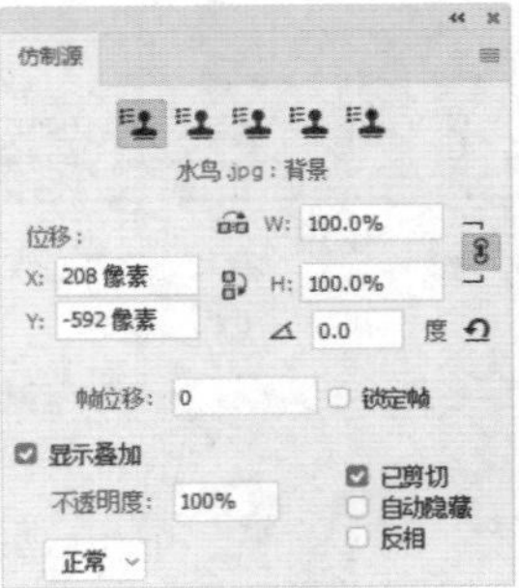

图7-42

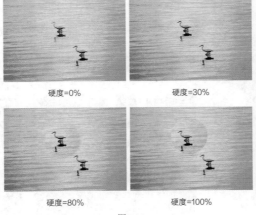

水平翻转　　　　　　垂直翻转　　　　　W=130% H=160%　　　　旋转30度

图7-43

　　对于"仿制图章工具" 👤,还要特别注意画笔的"硬度"设置。画笔的"硬度"值越低,复制的图像边缘越柔和,反之则越清晰,如图7-44所示。

　　至于"图案图章工具" 👤这里就不再深讲了,在选项栏中选择一个图案,可以在画布中绘制出相应的图案,如图7-45所示。"图案图章工具" 👤的功能都可以用"图案叠加"图层样式轻松实现,而且"图案叠加"图层样式的功能要强大得多。

硬度=0%　　　　　　硬度=30%

硬度=80%　　　　　　硬度=100%

图7-44

图7-45

案例训练：用"仿制图章工具"修掉照片中的碍眼景物

案例文件	学习资源>案例文件>CH07>案例训练：用"仿制图章工具"修掉照片中的碍眼景物.psd
素材文件	学习资源>素材文件>CH07>素材05.jpg
难易程度	★★☆☆☆
技术掌握	仿制图章工具的用法

本例的原片与"案例训练：用'修补工具'去除照片中的杂物"中的原片属于同一系列，但是如果用"修补工具" 来修背景中多余物体，是很难修出来的，而用"仿制图章工具" 就比较容易了，如图7-46所示。

图7-46

01 打开"学习资源>素材文件>CH07>素材05.jpg"文件，我们的目的是要用"仿制图章工具" 修掉背景中的大楼，如图7-47所示。

图7-47

> ① **技巧提示：修图思路**
>
> 本例的修图思路有点复杂，我们先来捋清思路：地平线上有一些杂景，因此要先修出地平线，再修掉大楼，如图7-48所示。需要用天空将大楼修掉。

②修掉大楼

①修出地平线

图7-48

02 将地平线修出来。由于地平线的边缘比较清晰，所以需要将画笔的"硬度"设置得稍微高一些（40%左右），设置画笔的"大小"为80像素左右，然后按住Alt键吸取地平线上方干净的天空像素，如图7-49所示。接着一点一点地将矮小的杂景修掉，如图7-50所示。

图7-49　　　　　　　图7-50

03 修掉大楼。很简单，只需要将画笔调大一些，然后用干净的天空覆盖大楼即可，只是要注意大楼与发丝衔接的区域，如图7-51所示。

04 修女生右侧杂景。先用"硬度"为40%的画笔将大部分杂景修掉，如图7-52所示，然后修出女生下巴的大致轮廓，如图7-53所示，接着将"硬度"调整到70%左右，细致地修饰下巴和耳机线与天空的衔接区域，如图7-54所示。

图7-51　　　　　　　图7-52

图7-53　　　　　　　图7-54

05 用"硬度"为70%的画笔修好女生喉部的区域，如图7-55所示。然后用"硬度"为30%的画笔修复地平线，如图7-56所示。修复完成后对画面中不满意的细节进行修复，最终效果如图7-57所示。

图7-55

图7-56　　　　　　　图7-57

📝 学后训练：用"仿制图章工具"修掉照片 中多余的人物与汽车

案例文件	学习资源>案例文件>CH07>学后训练：用"仿制图章工具"修掉照片中多余的人物与汽车.psd
素材文件	学习资源>素材文件>CH07>素材06.jpg
难易程度	★★☆☆☆
技术掌握	仿制图章工具的用法

本例的原片是一张草原美景照片，远景处有多余的人物和汽车，画面左侧的近景还有一棵树，这些都需要修掉，如图7-58所示。

图7-58

7.2 磨皮与塑形

在Photoshop中，磨皮和塑形是常用的图像处理技术，可以用来改善人物的皮肤质量和身材。

7.2.1 磨皮的注意事项

磨皮能让人物的面部和皮肤区域更加细腻，也能让轮廓更加清晰。这里可能有读者会产生疑惑。

Q：现在这么多拍照App都有磨皮功能，为什么还要用Photoshop磨皮呢？

A：我们学Photoshop不光是为了"玩"或爱好，更多地是要用它做设计。拍照App虽然有一键磨皮功能，但是这种磨皮效果无法用于商业，而Photoshop就不一样，商业用的磨皮基本就靠它。

这里给大家介绍一下磨皮的一些注意事项。

第1点：皮肤上有比较大的瑕疵，如斑点和痘痘等，可以先用"污点修复画笔工具"🖌️、"修复画笔工具"🖌️、"修补工具"🔲或"仿制图章工具"🔏等工具进行修复，这一步称为"粗磨皮"。

第2点：磨皮应该仅针对皮肤区域，五官区域不要磨皮，这样才能保证轮廓的清晰。

第3点：在磨皮完成后，一般还需要对照片进行"二次精修"，将没有处理掉的瑕疵全部去掉。

第4点：如果要对照片进行锐化处理，应该在磨皮和调色完成后再进行锐化。

第5点：某些时候，如果一次磨皮没磨好，还可以进行二次磨皮。另外，在工作中要根据照片中人物的肤质及需求来选择合适的磨皮法，对于较差的皮肤，往往还需要用多种磨皮法才能完成。

第6点：磨皮重在思路，而不要去硬记参数，因为不同的照片用的参数完全不同，但是思路是相通的。

👆 案例训练：用模糊滤镜磨皮

案例文件	学习资源>案例文件>CH07>案例训练：用模糊滤镜磨皮.psd
素材文件	学习资源>素材文件>CH07>素材07.jpg
难易程度	★★☆☆☆
技术掌握	模糊滤镜磨皮的方法

模糊磨皮法是利用"高斯模糊"滤镜或"表面模糊"滤镜对要磨皮的区域进行模糊，以去除皮肤上的瑕疵，如图7-59所示。

图7-59

01 打开"学习资源>素材文件>CH07>素材07.jpg"文件，按快捷键Ctrl+J将"背景"图层复制一层并命名为"去瑕疵"，然后用"污点修复画笔工具"🖌️或"修补工具"🔲将脸上和脖子上的斑点等比较明显的瑕疵去掉，完成后的效果如图7-60所示。

02 现在来观察画面，脸上和嘴角的暗部区域过于明显，同时还有黑眼圈，这会严重影响磨皮效果，如图7-61所示。

图7-60　　　　　　　图7-61

03 用"套索工具"🔗将黑眼圈大致勾出来，如图7-62所示。然后按快捷键Shift+F6打开"羽化选区"对话框，设置"羽化半径"为50像素，如图7-63所示。羽化选区可以让修复黑眼圈时产生自然的过渡效果。

图7-62　　　　　　　图7-63

04 按快捷键Ctrl+M打开"曲线"对话框，在曲线中间单击即可添加一个控制点，然后向上方拖曳控制点，如图7-64所示，可以提亮选区（提亮选区时要观察画面，让黑眼圈与周围皮肤的亮度过渡得自然一些）。设置"通道"为"红"通道，然后也将其提亮，这样可以在选区中增加红色，使选区内的皮肤颜色与周围的颜色协调一致，如图7-65所示。

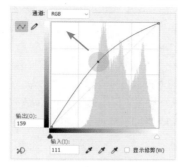

图7-64

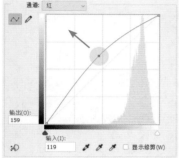 

图7-65

05 采用相同的方法修复其他暗部区域，并再次对一些明显的瑕疵进行修复，完成后的效果如图7-66所示。

06 按快捷键Ctrl+J将"去瑕疵"图层复制一层并命名为"模糊磨皮"，同时将其转换为智能对象。执行"滤镜>模糊>高斯模糊"菜单命令，打开"高斯模糊"对话框，拖曳"半径"滑块使该值变大，同时观察皮肤，待看不见瑕疵为止，如图7-67所示。注意，模糊磨皮还可以用"表面模糊"滤镜来实现，大家也可以试试"表面模糊"滤镜的模糊效果。

图7-66

图7-67

07 下面我们要擦掉不需要磨皮的区域。选择"模糊磨皮"图层的智能滤镜蒙版，如图7-68所示。设置前景色为黑色，然后用"不透明度"为100%的"柔边圆"画笔在蒙版中涂掉头发、脖子和背景区域，如图7-69所示。

图7-68　　　　　　图7-69

08 设置画笔的"不透明度"为10%左右，"大小"为200像素左右，接着在过渡区域细细涂抹，让头发、腮部与脸部区域形成一个自然的过渡，如图7-70所示。

09 继续在蒙版中将眼睛、眉毛、嘴唇和鼻子的轮廓细细涂抹出来，其中眼睛、眉毛和嘴唇不能磨皮，鼻子可以轻度磨皮，但轮廓必须清晰。至于脖子，可以稍微涂抹进行轻度磨皮，如图7-71所示。这是一项比较烦琐的工作，必须用"不透明度"值较低的画笔细细涂抹才能出效果，千万不要想着一步到位。

图7-70　　　　　　图7-71

> **知识课堂：使用"皮肤平滑度"滤镜磨皮**
>
> 使用Neural Filters滤镜库中"皮肤平滑度"滤镜也可以制作出磨皮的效果，相当于智能磨皮。执行"滤镜>Neural Filters"菜单命令，在打开的Neural Filters面板中选择"皮肤平滑度"滤镜，设置"模糊"为100，如图7-72所示。使用这个滤镜进行磨皮的效果也是可以的，皮肤也比较自然。但是，对于大的斑点和黑眼圈等，还是需要手动调节的。
>
>
>
> 图7-72

10 执行"图层>新建调整图层>曲线"菜单命令,创建一个"曲线"调整图层,按快捷键Alt+Ctrl+G将其设置为"模糊磨皮"图层的剪贴蒙版,然后向左上方拖曳曲线,稍微提亮画面,如图7-73所示。

11 选择"曲线"调整图层的蒙版,按快捷键Ctrl+I将其进行反相处理(白色蒙版变成黑色蒙版),然后用白色画笔在蒙版中涂抹亮度不均匀的区域,让皮肤的颜色均匀一些,再涂抹一下发丝区域,让发丝也稍微亮一些,如图7-74所示。

图7-73   图7-74

12 执行"图层>新建调整图层>色阶"菜单命令,创建一个"色阶"调整图层,按快捷键Alt+Ctrl+G将其设置为"模糊磨皮"图层的剪贴蒙版,然后稍微调整一下阴影色阶和中间调色阶,增强照片的对比,如图7-75所示。

13 按快捷键Shift+Ctrl+Alt+E将可见图层盖印到一个新图层中,并将其命名为"二次修复瑕疵",然后用"污点修复画笔工具" 🖌 和"修补工具" 🩹 继续对瑕疵进行修复,尤其是鼻子和额头,效果如图7-76所示。

图7-75   图7-76

14 为了增加细节,可以按快捷键Ctrl+J将"二次修复瑕疵"图层复制一层,然后将其命名为"细节"。执行"滤镜>其他>高反差保留"菜单命令,打开"高反差保留"对话框,拖曳"半径"滑块,直至出现细节时停止,如图7-77所示。

15 设置"细节"图层的混合模式为"叠加",使细节效果混合到"二次修复瑕疵"图层中。如果细节效果还不足,可以为"细节"图层加一个"USM锐化"滤镜或"智能锐化"滤镜,最终效果如图7-78所示。

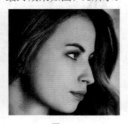

图7-77   图7-78

7.2.2 液化塑形时需遵循的要点

"液化"是每个修图师必学且必须精通的技术。一般用过Photoshop的读者,基本上都知道"液化"滤镜。很多爱美的女生在学Photoshop时还没有学基础,就开始学"液化"滤镜了,可见"液化"的魅力有多大。从字面上来理解,"液化"的意思就是可以像液体一样随意变化。简单来说,在工作中主要用它来塑造脸形和身形,也可以用来塑造一些超级变形特效(如第5章和第6章做的液态海报和烟雾特效等),如图7-79所示。

图7-79

本节除了讲解"液化"滤镜的具体用法,更重要的是讲解修形体的思路和方法。就技术而言,"液化"滤镜其实并不难,难点在于拿到照片后该如何修。我们先来看图7-80所示的3张照片,图a是要修的原图;图b是经过正常液化的照片,基本上可以用于商业项目;图c将脸修成了"锥子形",这是很多人喜欢的脸形。但是,图c真的合适吗?如果只发发朋友圈是可以的,用在正式场合就不合适了,因为这张脸少了自身的特点。

a 原图   b 商业液化   c 锥子液化

图7-80

修脸形和身形不能有"想怎么修就怎么修"的心态,而是要遵循一些规律性的东西。这里列出液化塑形的几个要点,请大家务必牢记。

第1点: 把握好液化的度。这个度的基本要求就是,修出来要让人一眼就能认出来。

第2点: 不要乱动骨骼。尤其是面部的骨骼,可以轻度修一修,但绝对不能连骨骼的轮廓都给修掉,否则就不是脸了,更像是一个"锥子"。

第3点: 曲线是很美的。这个就不用解释了,如S形曲线的身材会比其他身材更耐看,再如具有曲线感的头发看起来也很好看。

7.2.3 什么时候做液化

什么时候做液化？这也是一个让初学者比较迷惑的问题。就修图工作而言，我们可以简单将其分为抠图、修图、合成、调色、特效和锐化6个阶段。那到底该在什么阶段做液化呢？一般情况下是在首或尾做液化，不在中间做，图7-81所示的红色竖线表示可做液化的时间节点。

图7-81

如果不是客户特殊要求，关于液化的时间节点，请大家牢记以下4点。

第1点： 如果需要抠图，建议在抠图前先液化。

第2点： 如果不需要抠图，直接对照片进行修图（主要是修瑕疵和磨皮），那就在修图前进行液化。

第3点： 合成、调色和特效这3个阶段一般不做液化。

第4点： 如果做完特效后，对造型还不满意，可以在锐化前进行轻度液化。请注意，不要将液化放在最后一步，因为最后一步一般是锐化。

👑重点

7.2.4 动手练液化操作

菜单栏： 滤镜>液化　　**快捷键：** Shift+Ctrl+X

掌握了液化要点和液化的时间节点后，我们来正式学习液化技术。先打开"学习资源>素材文件>CH07>7.2>修形.jpg"文件，按快捷键Ctrl+J将其复制一层，并将其转换为智能对象。将图层转换为智能对象可以在后续操作时保留"液化"滤镜的调整参数，这一步是做液化前的准备工作。

下面讲解液化的常用工具。执行"滤镜>液化"菜单命令或按快捷键Shift+Ctrl+X，打开"液化"对话框，如图7-82所示。左侧是一列做液化的工具；中间是预览液化效果的区域；右侧是"属性"面板，用于设置画笔类工具的参数和人脸识别液化的参数等。

图7-82

"液化"对话框中工具的作用和参数都很好理解，如表7-1所示。大家可以按照表中的解释先大概练习工具的用法。

表7-1

工具	作用	参数
向前变形工具 ⚟（W）	最常用的变形工具，可以向前推动图像	大小：设置画笔大小，按[键和]键可快速调节画笔大小 密度：设置画笔边缘的衰减程度，值越小，画笔边缘的效果越弱，一般保持默认值即可 压力：这是一个比较重要的参数，用来设置画笔的压力强度。对于初学者而言，建议设置得小一些（30~50比较合适）。如果计算机配有数位板和压感笔，可用"光笔压力"来控制画笔的压力强度 速率：对于"重建工具" ⚟、"平滑工具" ⚟、"顺时针旋转扭曲工具" ⚟、"褶皱工具" ⚟和"膨胀工具" ⚟，可以按住鼠标左键应用变形效果。"速率"参数就是用来设置应用变形效果的速度 固定边缘：用于保护图像边缘不被破坏，建议将其勾选
重建工具 ⚟（R）	在变形的图像上单击或涂抹，可以恢复图像的原始效果	
平滑工具 ⚟（E）	将变形扭曲效果变得平滑	
顺时针旋转扭曲工具 ⚟（C）	将图像顺时针旋转；按住Alt键可将图像逆时针旋转	
褶皱工具 ⚟（S） 膨胀工具 ⚟（B）	向内收缩图像和向外膨胀图像，按住Alt键可在两个工具之间进行临时切换	
左推工具 ⚟（O）	向上拖曳鼠标，可左推图像；向下拖曳鼠标，可右推图像；向右拖曳鼠标，可上推图像；向左拖曳鼠标，可下推图像	
冻结蒙版工具 ⚟（F） 解冻蒙版工具 ⚟（D）	将不需要变形的区域保护起来及解除保护的区域	
脸部工具 ⚟（A）	用于调整五官的造型	手动调整五官参数后，参数值会显示在"人脸识别液化"选项组中，在该组中通过输入参数值可以直接调整五官
抓手工具 ⚟（H） 缩放工具 ⚟（Z）	用于平移与缩放图像	/

注："液化"对话框中的参数设置与Photoshop界面中的操作相同，如操作失误后，按快捷键Ctrl+Z可还原操作，按快捷键Shift+Ctrl+Z可恢复操作；如果要部分恢复或全部恢复变形，可以单击"重建"按钮 重建(U)... 或"恢复全部"按钮 恢复全部(A)

现在我们来看看这张照片到底应该怎样修。在一般情况下，修脸需要修脸形和光影。在修脸形时，支撑面部主要轮廓的骨骼是不能动的，其他部位可以轻度液化一下，如图7-83所示。在修完脸形后，紧接着就应该修脸部的光影，否则看起来会很假，专业人士一眼就能看出做过液化，如图7-84所示。

第1步：用"冻结蒙版工具" ⚟涂抹眼睛、鼻子和嘴巴，将这些重要部位先保护起来，如图7-85所示。很多人喜欢一开始就用"向前变形工具" ⚟对面部轮廓进行调整，这是不对的，因为很容易碰到五官。

图7-85

■ 骨骼部分一般不做液化，除非是客户要求
■ 其他部位可以做轻微液化

图7-83

■ 修完脸形后紧接着就应该修光影

图7-84

下面跟着做一遍，大家基本上就能掌握"液化"滤镜中工具的用法了，更重要的是要掌握脸部的液化技巧。

第2步：先修脸部右侧的轮廓，如图7-86所示。按W键选择"向前变形工具" ⚟，将画笔大小调整到和一侧脸颊差不多的大小，设置画笔"压力"为30左右，然后一点一点地推动轮廓，让肌肉部位瘦下来。对于骨骼部位最好不动，要动的话也只能轻度液化，否则很容易将现在这个人修成另外一个人。这一步大家需要记住三点：一是在不改变"这个人"的前提下尽量将肌肉瘦下来；二是骨骼部位不要动得太多；三是不能将画笔"压力"设置得太大，修轮廓切忌一步到位，成熟的修图师都是一点一点地修，修的过程中要保持轮廓的平滑度，肌肉部位可以修出一点曲线感。

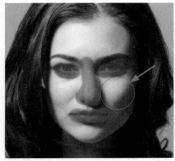 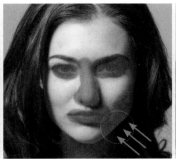  

调整画笔大小，设置画笔"压力" 　　慢慢推动图像，幅度不要太大，要保持 　　轻微推动图像，不要过度 　　将画笔调小一点，轻微推动图像，不要过度
为30左右 　　　　　　　　　　　轮廓的平滑度 　　　　　　　　　　改变轮廓 　　　　　　　　　　改变轮廓

图7-86

> ① 技巧提示：修脸部轮廓时的画笔大小
> 　　很多人在修脸时不知道该如何确定画笔大小，这里给大家提供一个经验参考。在修人脸轮廓时，将画笔大小设置为半个脸部的大小是比较合适的。

第3步：按照脸部右侧的轮廓将左侧修对称，修图方法与左侧相同，如图7-87所示。

第4步：接下来该修光影了，如图7-88所示。先用"冻结蒙版工具" 涂抹脸部轮廓，将其保护起来，然后用"向前变形工具" 将脸部右侧的亮部慢慢地向暗部推，这样可以让人显得年轻一些；至于脸部左侧的光影，稍微修一下即可。大家如果觉得红色蒙版（被保护起来的区域）挡住了观察视线，可以在"视图选项"选项组中取消勾选"显示蒙版"选项进行观察。观察完毕后，恢复勾选该选项。

第5步：下面来修发型，如图7-89所示。先用"冻结蒙版工具" 涂抹修发型时可能被影响的区域，将其保护起来，然后用"向前变形工具" 将不平整的头发边缘修平滑，接着用比较大的画笔将头发修出一定的曲线感，同时将下面的头发往内修，这样可以让人脸显得瘦一些。

图7-87

 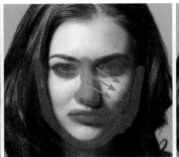  

将脸部外轮廓保护起来 　　　　　　将亮部光影慢慢向暗部推动 　　　　　脸左侧光影稍微修一下即可 　　　　取消勾选"显示蒙版"选项，查看整体效果

图7-88

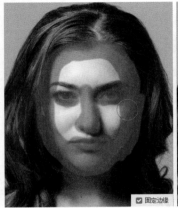 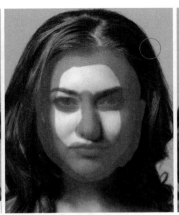 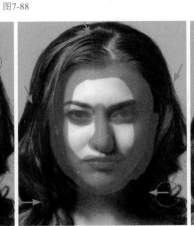 

将可能被影响的区域保护起来 　　　　　　将头发轮廓修平整 　　　　　　将头发轮廓修出曲线感，同时将 　　　取消勾选"显示蒙版"选项，查看整体效果
　　　　　　　　　　　　　　　　　　　　　　　　　　　　　　下面的头发往内推

图7-89

第6步：下面修五官，如图7-90所示。先用"解冻蒙版工具" 将保护起来的区域擦掉，然后对眼睛、鼻子、嘴唇和脸部的轮廓进行调整。这些部位的调整没有多大的难度，完全可以用"人脸识别液化"选项组中的参数来控制，大家只需要将这些部位修对称、修好看即可。

调整眼睛　　　　　　　　　　调整鼻子　　　　　　　　　　调整嘴唇　　　　　　　　　　调整脸部轮廓

图7-90

> ⚠ **技巧提示：手动调整五官**
>
> 选择"脸部工具" 后，将鼠标指针放到脸部不同区域，相应地会出现不同的控制器，可以手动调节五官，如图7-91所示。不过，不建议大家手动进行调节，因为很难控制好力度，用参数来控制会更精确一些。

图7-91

第7步：对各个部位进行微调，完成液化工作。现在来看看修图前后的对比，可以发现液化后的效果非常好，并保证了人物的识别性。最后为皮肤做个磨皮，一张完美又个性的脸部大片就正式完成了，如图7-92所示。

原图　　　　　　　　液化　　　　　　　　磨皮

图7-92

在上述过程中已经将"液化"滤镜中重要的工具练习了一遍，相信大家都认为很简单吧。是的，"液化"对话框中的工具是很简单的，做液化更重要的是要掌握修形的思路和方法。

下面讲解修形的思路要点。

第1点：拿到照片后先不要进行液化，而是要对人像的形进行分析，找出问题所在。

第2点：找到问题后可以根据照片背景的难易程度决定是直接液化，还是先抠图再液化（不需要精确抠图）。

第3点：无论是修脸形还是修身形，都应该遵循"先整体再局部"的顺序。

▲ 重点

👆 案例训练：用"液化"滤镜调出完美曲线身材

案例文件	学习资源>案例文件>CH07>案例训练：用"液化"滤镜调出完美曲线身材.psd
素材文件	学习资源>素材文件>CH07>素材08.jpg
难易程度	★★★☆☆
技术掌握	"液化"滤镜的各种常用工具，以及身形的液化思路与方法

原片是一张侧面全身照，模特的造型摆得不错，但是没有体现出身形曲线，在液化时应该着重考虑修身形的曲线，原图、液化后及调色后的效果如图7-93所示。

图7-93

01 打开"学习资源>素材文件>CH07>素材08.jpg"文件，这是一张很好看的女生侧面照。我们先来看看这张照片比较明显的一些问题，如图7-94所示。一是腿部稍微显短，这是女生十分在意的问题；二是没有体现出女性特有的S形曲线，这也是女生非常在意的问题；三是手臂有点粗。请大家务必记住，无论是修脸形还是修身形，都是先修整体、再修局部。

02 先来解决腿短的问题。将"背景"图层解锁，然后用"裁剪工具" ✄ 将画布向下稍微扩展一点，如图7-95所示。接着用"矩形选框工具" ▭ 将部分裙子和下面的腿部框选出来，注意不要框选到手，如图7-96所示。按快捷键Ctrl+T进入自由变换模式，然后按住Shift键并向下拖曳选区图像下边缘，这样就快速将腿部拉长了，如图7-97所示。

| 图7-94 | 图7-95 | 图7-96 | 图7-97 |

◉ **知识课堂：** "拉大长腿"时要注意的问题

　　如果你是一名不会"拉大长腿"的修图师，我相信你很难有女性回头客，因为腿短是女生非常在意的一个问题。拉长腿部的方法很简单，只需要框出腿部，然后用自由变换向下拉伸即可，如图7-98所示。

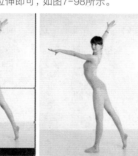

| 原图 | 按住Shift键并向下拖曳 | 腿部拉长后 |

图7-98

　　不过，大长腿也不是想怎么拉就怎么拉的，修图时需要注意以下两点。

　　第1点：如果画布中的地面不够，需要将画布扩展一些。

　　第2点：必须注意身体的比例，不是将腿拉得越长越好。因为我们做的设计不是"玩"，而是需要达到"以假乱真"的效果。也就是说，拉长了人物的腿后，要让她的身体看起来是协调的，不能轻易让人看出这张照片的腿被拉长了。

03 下面来修身形，我们就按照女性特有的S形曲线来修。这张照片修身形的难点在于臀部和胸部，因为这两处的背景相当复杂，哪怕用"冻结蒙版工具" ▦ 也很难解决，所以不能直接对原图进行液化，如图7-99所示。执行"选择>主体"菜单命令将人物的大致轮廓选中，如图7-100所示。接着按快捷键Ctrl+J将人像复制到一个新图层中，然后将其命名为"臀部与胸部"并转换为智能对象。

| 图7-99 | 图7-100 |

04 执行"滤镜>液化"菜单命令或者按快捷键Shift+Ctrl+X，打开"液化"对话框，按W键选择"向前变形工具" ⇲，设置画笔"大小"为500左右，"压力"为20~30，然后慢慢修出臀部的曲线，如图7-101所示。接着用"平滑工具" ✎ 轻轻涂抹裙子上的纹理，将其处理得平滑一些，如图7-102所示。

| 图7-101 | 图7-102 |

05 选择"膨胀工具" ，设置画笔"大小"为200左右，"速率"为10左右（不能设置得太大，否则很难控制精准度），然后在胸部按住鼠标左键将其变大一些，如图7-103所示。接着用"平滑工具" 涂抹衣服上的纹理，将其处理得规整一些，如图7-104所示。

06 现在来看看对比效果，可以发现曲线感已经慢慢出来了，如图7-105所示。按快捷键Shift+Ctrl+Alt+E将处理好的图像盖印到一个新图层中，然后将其命名为"修曲线"并转换为智能对象。

图7-103　　　　　　　　　图7-104　　　　　　　　　图7-105

? 疑难问答：计算机显示内存不足该怎么办？

　"液化"滤镜对计算机的配置要求比较高，如果在使用"液化"时计算机总是出现内存不足的警告，大家可以不用智能对象进行液化，以节省大量内存。

07 按快捷键Shift+Ctrl+X打开"液化"对话框，用"向前变形工具" 将腰部修出曲线感，如图7-106所示。选择"重建工具" ，将受影响的手臂恢复正常，如图7-107所示。接着用"平滑工具" 稍微涂抹腰部的衣服，将纹理处理得自然一些，如图7-108所示。

08 继续用"向前变形工具" 仔细修饰腰部、臀部和裙子的曲线，需要处理得自然一些，如图7-109所示。请大家注意，不能将裙子边缘修得完全平滑，否则就没有服饰的自然感了。

图7-106　　　　　　　　　图7-107　　　　　　　　　图7-108　　　　　　　　　图7-109

09 现在来修前部曲线。先用"冻结蒙版工具" 涂抹手臂，将其保护起来，如图7-110所示。选择"向前变形工具" ，将画笔"大小"设置得大一些（900左右），接着将肚子修瘦一些，如图7-111所示。接着调整裙子的曲线，如图7-112所示。修完后用"重建工具" 将受影响的地面区域恢复回来。

10 使用"向前变形工具" 、"膨胀工具" 和"平滑工具" 处理好胸部的曲线，如图7-113所示。

图7-110　　　　　　　　　图7-111　　　　　　　　　图7-112　　　　　　　　　图7-113

11 使用"解冻蒙版工具" 擦除手臂上的蒙版，然后用"向前变形工具" 将手臂修瘦，如图7-114所示。接着将腿也修瘦一些，如图7-115所示。在修手臂和腿部时，注意避免破坏原有的关节形态。

12 脸部的调整就非常简单了。用"向前变形工具" 配合调整"人脸识别液化"选项组中的参数可以轻松完成，这里就不过多介绍了，如图7-116所示。到此，修形工作基本完成，现在来看看整体效果，如图7-117所示。

图7-114　　　　　　　　　图7-115　　　　　　　　　图7-116　　　　　　　　　图7-117

13 按快捷键Shift+Ctrl+Alt+E将处理好的图像盖印到一个新图层中，然后将其命名为"精修"，并用修图工具修掉地面上的脏污和人像身上比较明显的瑕疵，如图7-118所示。由于是非特效人像，因此可以用模糊滤镜简单为人像磨皮，如图7-119所示。再为照片调个偏冷的色调，最终效果如图7-120所示。

图7-118 　　　　　 图7-119 　　　　　 图7-120

> 🔗 **知识链接：调色方法**
> 本案例中的调色使用的是"Camera Raw滤镜"命令、"曲线"命令和"可选颜色"命令。这些命令具体的使用方法可参阅第13章中的相关内容。

👑 重点

📝 学后训练：用"液化"滤镜纠正驼背

案例文件	学习资源>案例文件>CH07>学后训练：用"液化"滤镜纠正驼背.psd
素材文件	学习资源>素材文件>CH07>素材09.jpg
难易程度	★☆☆☆☆
技术掌握	"液化"滤镜相关工具的用法

爱拍照的女生都知道，有时会抓拍到一些有趣的画面，如侧身一笑的瞬间，但很容易把人拍成驼背。遇到这种情况，我们用"液化"滤镜对身形进行微调，便可得到一张很好看的照片，如图7-121所示。

图7-121

👑 重点

📝 学后训练：用"液化"滤镜调出个性脸形与身形

案例文件	学习资源>案例文件>CH07>学后训练：用"液化"滤镜调出个性脸形与身形.psd
素材文件	学习资源>素材文件>CH07>素材10.jpg
难易程度	★★★☆☆
技术掌握	液化脸形和身形的思路与方法

本例是一个专业级的训练，我们还是要先找出原片的问题。原片是一张曲线感很好的特写照片，但是人物身体的曲线并不是很完美，且脸形、肩膀和手指都有比较大的调整空间，如图7-122所示。建议大家在练习本例前，先温习一下前面所讲的液化思路。

图7-122

7.3 去水印与大面积瑕疵

下面介绍两种去水印或是大面积瑕疵的方法，即内容识别与内容识别填充，一种用于去简单的水印或瑕疵，一种用于去复杂的水印或瑕疵，如图7-123所示。注意，这两种去水印的方法请务必掌握。这是因为，无论你是Photoshop爱好者还是想成为专业的设计师，都要精通这两个功能。例如，爱拍照的女生，拍出来的照片中有一个碍眼的小物体，就可以用这两种功能将其去掉。

图7-123

👑 重点

7.3.1 内容识别

菜单栏： 编辑>填充（填充的内容选"内容识别"）　**快捷键：** Shift+F5

打开"学习资源>素材文件>CH07>7.3>读书女孩.jpg"文件，这张照片有两处瑕疵，如图7-124所示。用"套索工具" ⟲ 将摄像头大致勾出来，然后执行"编辑>填充"菜单命令或者按快捷键Shift+F5，打开"填充"对话框，将填充的"内容"设置为"内容识别"就可以去掉摄像头了，如图7-125所示。另外一块瑕疵也可以用相同的方法进行处理，如图7-126所示。从修复效果我们还可以看出，"内容识别"修图是用选区周围的像素来修复选区内的像素，这是一个自动的修复过程，可以让修复区域完美地与周围像素融合在一起。

图7-124

勾出摄像头　　　填充"内容识别"　　　填充效果

图7-125

勾出瑕疵　　　填充"内容识别"　　　填充效果

图7-126

在"填充"对话框中还可以设置"内容识别"的其他选项，如"模式"和"不透明度"等。这里要特别注意"颜色适应"选项和"保留透明区域"选项。在一般情况下，需要勾选"颜色适应"选项，因为该选项可以让填充的颜色与周围的颜色自然地混合。在对有透明效果的区域填充"内容识别"时，如果想让填充出来的内容也保留透明效果，就需要勾选"保留透明区域"选项。

☞ 重点

🖐 案例训练：用内容识别去除不透明简单水印

案例文件	学习资源>案例文件>CH07>案例训练：用内容识别去除不透明简单水印.psd
素材文件	学习资源>素材文件>CH07>素材11.jpg
难易程度	★☆☆☆☆
技术掌握	用"色彩范围"配合内容识别修复水印

本例的原片是大家在工作中经常会遇到的类型，图上有少许不透明的广告文案，且与背景颜色差异很大。这种文案水印用内容识别来进行修复是很容易的，不过某些水印需要用"色彩范围"命令将其精确选出，才能完美修复，如图7-127所示。

图7-127

01 打开"学习资源>素材文件>CH07>素材11.jpg"文件，用"套索工具"勾出第1块水印，如图7-128所示。按快捷键Shift+F5打开

"填充"对话框，设置"内容"为"内容识别"，可以发现这种方法行不通，如图7-129所示。按快捷键Ctrl+Z撤销操作。

图7-128　　　　　　　　图7-129

02 用"套索工具"同时勾出两块水印，如图7-130所示。执行"填充"命令，设置"内容"为"内容识别"，此时的填充效果很完美，如图7-131所示。

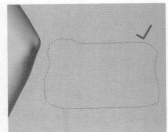

图7-130　　　　　　　　图7-131

03 用相同的方法去除水印"防护二合一"，结果发现去除效果依旧不是很理想，如图7-132和图7-133所示。

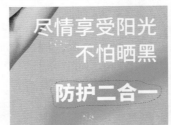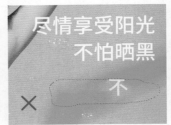

图7-132　　　　　　　　图7-133

04 按快捷键Ctrl+Z返回到选区状态（即选择"防护二合一"的状态），执行"选择>色彩范围"菜单命令，打开"色彩范围"对话框，然后用"吸管工具"单击画布中的文字水印，同时调整"颜色容差"的值，使水印被完全选中，如图7-134所示，选区效果如图7-135所示。

图7-134　　　　　　　　图7-135

05 执行"选择>修改>扩展"菜单命令，打开"扩展选区"对话框，设置"扩展量"为3像素，如图7-136所示。按快捷键Shift+F5打开"填充"对话框，设置"内容"为"内容识别"，可以发现这次的填充效果很完美了，如图7-137所示。

图7-136

06 另外两块水印的方法与处理"防护二合一"的方法相同，最终效果如图7-138所示。

图7-137　　　　　图7-138

📝 学后训练：校正倾斜照片并用内容识别修复透明区域

案例文件	学习资源>案例文件>CH07>学后训练：校正倾斜照片并用内容识别修复透明区域.psd
素材文件	学习资源>素材文件>CH07>素材12.jpg
难易程度	★ ☆ ☆ ☆ ☆
技术掌握	用标尺工具校正倾斜照片，并用内容识别修复透明区域

　　本例的原片有一些倾斜，可以用前面讲过的"裁剪工具" 🔲 进行校正。本例我们用"标尺工具" 📏 进行校正，然后用"内容识别"修复校正后的透明区域，如图7-139所示。

图7-139

📝 学后训练：用内容识别去除常见的不透明水印

案例文件	学习资源>案例文件>CH07>学后训练：用内容识别去除常见的不透明水印.psd
素材文件	学习资源>素材文件>CH07>素材13.jpg
难易程度	★ ☆ ☆ ☆ ☆
技术掌握	用"色彩范围"配合内容识别修复水印

　　本例的原片是一张时尚照片，照片上打上了英文文案，遇到本例中的水印类型，就可以用"色彩范围"命令配合"内容识别"进行修复，如果修复不完全，还可以用其他的修图工具（如"仿制图章工具" 🖌️）进行二次修复，如图7-140所示。

图7-140

7.3.2 内容识别填充

菜单栏：编辑>内容识别填充

BOSS：快把这个T恤上的水印标志给去掉。

刚入行的设计师：好嘞，看我用"内容识别"来去掉。

BOSS：怎么修出来是这样的？你不知道"内容识别填充"吗？

　　我们来看看让BOSS怒火中烧的修图效果，如图7-141所示。正确的修图效果应该如图7-142所示。

原图　　　　勾出水印标志　　　　修复效果

图7-141

原图　　　　勾出水印标志　　　　修复效果

图7-142

我们知道"内容识别"修图是用选区周围的像素来修复选区内的像素，如果选区的周围区域比较小，那么Photoshop可能会用其他与选区内像素不相干的图像进行修复，导致修复效果产生错误。遇到这种情况，我们就不能再用"内容识别"进行修复了，而是要用"内容识别"的加强版，即"内容识别填充"进行修复。"内容识别填充"与"内容识别"的最大区别就在于，"内容识别"是自动用周围的像素对选区进行修复，而"内容识别填充"是用指定的像素对选区进行修复。我们先打开这张要修复的照片（"学习资源>素材文件>CH07>7.3>女同学.jpg"文件）。

先用"套索工具" ○将水印标志勾出来，然后执行"编辑>内容识别填充"菜单命令，此时Photoshop会自动切换到该命令的工作区域，如图7-143所示。这个工作区域主要分为工具箱、选项栏、画布区域、预览区域和"内容识别填充"设置面板5个部分。

图7-143

我们先来看看十分重要的"取样画笔工具" ☑。这个工具用来绘制取样区域，按住Alt键可以在添加和减去模式之间进行切换。默认情况下为"从叠加区域中减去"模式 ○，此时在画布中涂抹，可以减去取样区域（叠加区域）。按住Alt键可以切换到"添加到叠加区域"模式 ⊕，此时在画布中涂抹，可以将涂抹区域添加到当前取样区域，如图7-144所示。

"从叠加区域中减去"　　　　　"添加到叠加区域"

图7-144

"内容识别填充"比"内容识别"更具优势的一点就是可以随时查看修复效果。例如，用"取样画笔工具" ☑将取样区域修改为

女生的颈部，如图7-145所示，在预览区域中就可以实时看到修复效果，如图7-146所示。

图7-145　　　　　　　　　　图7-146

"内容识别填充"设置面板中的参数和选项都很简单，也易于理解。"取样区域叠加"选项组中的参数和选项用于设置取样区域的不透明度和颜色，默认情况下为50%的透明绿色，如果设置"表示"选项为"已排除区域"，则透明绿色区域表示非取样区域。

"取样区域选项"选项组下是设置取样区域的3种方式，默认为"自动"方式 自动 ，即让Photoshop自动判断取样区域，如图7-147所示。

如果Photoshop判断不准确，我们可以用"取样画笔工具" 对取样区域进行修改，如图7-148所示。选择"矩形"方式 矩形 ，取样区域会变成矩形，如图7-149所示。选择"自定"方式 自定 ，取样区域将自动清除，我们可以用"取样画笔工具" 手动绘制取样区域，如图7-150所示。

"自动"方式
图7-147

对取样区域进行修改
图7-148

"矩形"方式
图7-149

"自定"方式
图7-150

"填充设置"选项组中的选项主要用于设置填充的颜色、纹理或图案的精度等。"输出设置"选项组用于设置修复效果的输出方式。其中，"新建图层"表示将修复效果输出到一个新的图层中，"当前图层"表示将修复效果输出到当前图层中，"复制图层"表示将修复的整体效果输出到一个新图层中。

👑 重点

📝 学后训练：用内容识别填充去掉路标和大楼

案例文件	学习资源>案例文件>CH07>学后训练：用内容识别填充去掉路标和大楼.psd
素材文件	学习资源>素材文件>CH07>素材14.jpg
难易程度	★☆☆☆☆
技术掌握	内容识别填充命令的用法

本例的原片是一张漂亮的风景照，但是前景中的路标和背景中的大楼严重影响了画面的美感，像这种瑕疵我们可以用"内容识别填充"命令进行修复，如图7-151所示。

图7-151

7.3.3 特定水印的去除方法

本节介绍3种去除特定水印的方法，即色阶法、颜色减淡法和差值法，如图7-152所示。色阶法适合去除文案照片中的水印，前提是水印最好不要覆盖图片；颜色减淡法适合去除白底照片中的水印，前提是照片中有一块完整的白底水印；差值法适合去除大面积的半透明水印，前提是能提取（制作）出比较完整的水印模型。

特定水印的去除方法
⌄

色阶法	颜色减淡法	差值法
去除文案照片中的水印	去除白底照片中的水印	去除大面积半透明水印
（前提是水印最好不要覆盖图片）	（前提是有一块完整的白底水印）	（前提是能提取出完整的水印模型）

图7-152

这些去水印的方法大家先不用去理解原理，因为处理思路是相同的，在工作中遇到类似的水印，只需要照搬方法就可以轻松去除。待大家学完本书所有的内容后，自然就明白原理了。下面通过案例来讲解这些方法的具体操作步骤。

☝ 重点

🖐 案例训练：用色阶法去除文案照片中透明的灰度和彩色水印

案例文件	学习资源>案例文件>CH07>案例训练：用色阶法去除文案照片中透明的灰度和彩色水印.psd
素材文件	学习资源>素材文件>CH07>素材15.jpg
难易程度	★ ☆ ☆ ☆ ☆
技术掌握	用"色阶"命令去除水印

对于文案照片中的水印，无论是灰度水印还是彩色水印，色阶法都可以轻松去除，不过前提是水印没有覆盖插图，如图7-153所示。

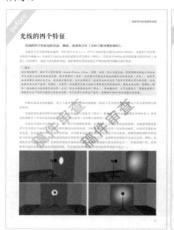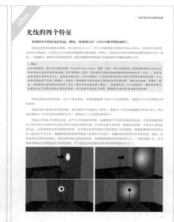

图7-153

01 打开"学习资源>素材文件>CH07>素材15.jpg"文件，这张稿件照片中有一个透明的灰度水印和一个彩色（红色）水印，如图7-154所示。

02 我们先来去除灰度水印。用"多边形套索工具" ▷勾出灰度水印，然后执行"图像>调整>色阶"菜单命令或者按快捷键Ctrl+L打开"色阶"对话框，接着单击"在图像中取样以设置白场"按钮 ✎，在灰度水印上单击，即可将水印去除（先不要关闭"色阶"对话框），如图7-155和图7-156所示。

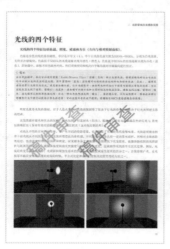

图7-154

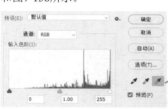

图7-155

图7-156

03 经过调整，文字也变得有点模糊，所以还需要调整文字。向右拖曳黑场滑块，观察文字的清晰度，让选区内的文字与选区外的文字保持同样的清晰度，如图7-157所示。到此，灰度水印去除完成。

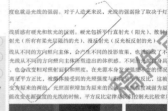

图7-157

04 彩色水印的去除比灰度水印的去除方法多了一个步骤。同样先将彩色水印勾出来，如图7-158所示。然后执行"图像>调整>去色"菜单命令或者按快捷键Shift+Ctrl+U，将彩色水印调整成灰度图像，如图7-159所示。

图7-158

图7-159

05 剩下的调整方法就与灰度水印完全相同了，处理完成后的效果如图7-160所示。最终效果如图7-161所示。

图7-160

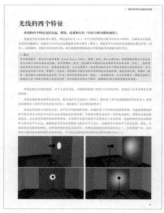

图7-161

7.4 综合训练营

本章主要讲解了修图的常用工具与命令。在实际工作中，去除水印或图像中多余物体等瑕疵是十分重要的。对于修图而言，打造光滑有质感的皮肤也是必不可少的技能。本节共安排了5个案例针对上述内容进行综合训练。

👑 重点

⊗ 综合训练：去除满屏水印

案例文件	学习资源>案例文件>CH07>综合训练：去除满屏水印.psd
素材文件	学习资源>素材文件>CH07>素材16.jpg
难易程度	★☆☆☆☆
技术掌握	用颜色减淡法去除水印

对于白底照片上的水印，只要能找到一块完整的白底水印，我们就可以用颜色减淡法轻松将其去除，如图7-162所示。请注意，使用该方法有两个条件，一是照片的背景色是白色，其他的颜色均不可行；二是在白底上能找到一块完整的水印。这两个条件缺一不可。

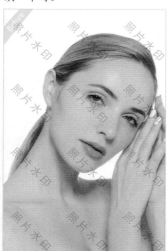

图7-162

👑 重点

⊗ 综合训练：去除大面积水印

案例文件	学习资源>案例文件>CH07>综合训练：去除大面积水印.psd
素材文件	学习资源>素材文件>CH07>素材17.jpg
难易程度	★★★☆☆
技术掌握	用差值法去除水印

如果一张照片中有大面积的半透明水印，而且水印的形状非常复杂（如文案和Logo），我们就可以考虑用差值法将其去除，如图7-163所示。要使用差值法，需要将水印完整地制作出来，如果是半透明水印，去除难度会大一些，因为无法准确判断出原始水印的颜色值，一般的做法是将大色块水印先去掉，然后用常用的水印去除方法将剩

下的小水印去掉。另外，如果能找到原始水印的话，可以直接用原始水印完美地将照片中的水印去掉。

图7-163

👑 重点

⊗ 综合训练：去除半透明水印

案例文件	学习资源>案例文件>CH07>综合训练：去除半透明水印.psd
素材文件	学习资源>素材文件>CH07>素材18.jpg
难易程度	★★★☆☆
技术掌握	用魔棒配合内容识别修复半透明水印

本例中的水印类型是大家经常会遇到的，这种水印满屏都是，而且是半透明的，修复难度比较高，且比较考验耐心，如图7-164所示。

图7-164

♛ 重点

⊗ 综合训练：去除背景瑕疵

案例文件	学习资源>案例文件>CH07>综合训练：去除背景瑕疵.psd
素材文件	学习资源>素材文件>CH07>素材19.jpg
难易程度	★★☆☆☆
技术掌握	"内容识别填充"命令的用法

本例的原片有3处瑕疵，其中的船只很好去掉，但是左上角的汽车和挡板比较难修。针对较为难去除的区域，可以用"内容识别填充"命令，而且在修复完成后还需要用其他工具进行调整，如图7-165所示。

图7-165

♛ 重点

⊗ 综合训练：打造光滑有质感的皮肤

案例文件	学习资源>案例文件>CH07>综合训练：打造光滑有质感的皮肤.psd
素材文件	学习资源>素材文件>CH07>素材20.jpg
难易程度	★★★☆☆
技术掌握	使用高反差保留磨皮法磨皮

高反差保留磨皮法可以保留图像中反差比较大的部分（反差比较大的部分都会保留下来，而其他部分会全部变成中性灰），像人物的轮廓，如眼睛、嘴唇和头发等都可以清晰地保留下来，并且还可以保留皮肤的质感和纹理细节（本例磨完皮之后的皮肤质感就被保留得非常好）。既然是反差与对比，通常图层混合模式会选择叠加、柔光、强光、亮光、点光和线性光等，这样可以锐化图像中的轮廓，同时也可以增加图像的清晰度。本例模特脸部的瑕疵特别多，磨皮难度不小，需要先进行"粗磨皮"后再使用高反差保留磨皮法进行磨皮，磨皮完成后还要为嘴唇添加唇彩，如图7-166所示。

图7-166

第 **8** 章 图层混合与样式

本章主要介绍图层混合模式与样式的使用方法。通过改变图层的不透明度和混合模式，可以制作出多种特殊效果。此外，还可以通过添加图层样式，制作出浮雕、发光和投影等效果。

学习重点 🔍

· 混合模式　　　　　　　　　218页　　　· 图层样式　　　　　　　　　233页

8.1 混合模式

混合模式很重要，也很难。

对于混合模式，相信大家"都会用"。反正只要挨个都选一次，总有一个是对的嘛。但是，大家真的懂混合模式的正确用法吗？相信答案是否定的。我们可以将混合模式理解成两个版本，一版是"天书版"，另外一版是"利剑版"。在读懂混合模式前它就像天书一样，怎么都理解不了，而读懂后它就像一把出鞘的利剑，可以快速帮我们做出一些意想不到的效果，如图8-1所示。

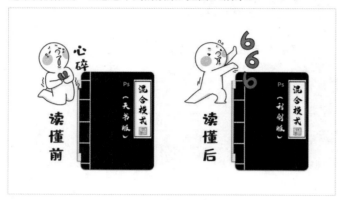

图8-1

对于笔者而言，写这部分内容的时候也是相当痛苦的。相比于其他内容，混合模式这部分内容笔者考虑了很久才下笔，因为这块内容非常不好讲。如果直接告诉大家怎么用的话，那么大家在工作中遇到一张稍微不同的图像，可能就不知道该如何选择合适的模式了。

8.1.1 参与图层混合的条件

要让图层参与混合，必须有一个基色层和一个混合色层。基色层在下，混合色层在上，然后用混合模式将这两个图层进行混合，混合出来的结果我们称为结果色，如图8-2所示。也就是说，一个紫色的混合色层和一个蓝绿色的礼服基色层通过"色相"混合模式可以得到一个紫色的礼服，如图8-3所示。

图8-2

图8-3

请大家牢记，基色层是被参与混合的图层，就是位于下方的图层；混合色层是位于基色层上方的图层，设置混合模式的图层就是针对该图层；结果色是由基色层和混合色层通过某种混合模式显示出来的效果。

★ 重点

8.1.2 用大白话说混合模式

混合模式之所以难理解，一是因为数量众多（共有27种），二是因为混合原理晦涩难懂。基于此，我们要想学好混合模式就需要解决这两个难点，如图8-4所示。

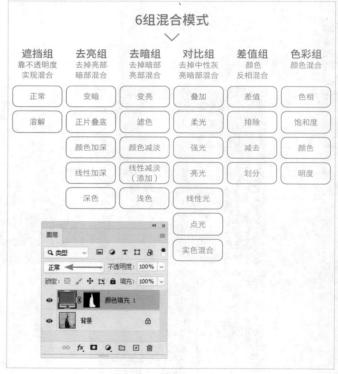

图8-4

数量众多的解决方法：将类似的混合模式分组，同时还要了解各组之间的联系。其实Photoshop已经对混合模式分好了组，只是没标出这些组的作用是什么。混合模式共分6组，分别是遮挡组、去亮组、去暗组、对比组、差值组和色彩组，其中去亮组、去暗组和对比组之间是有一定关系的。

混合原理晦涩难懂的解决方法：我们不去翻译官方的解释，而是用大白话来解释混合原理，这对于笔者来说是一个很大的考验。

下面我们分别对这6组混合模式进行讲解。

遮挡组

遮挡组只有两位成员，即"正常"和"溶解"。遮挡就是上方图层（混合色层）遮挡下方图层（基色层），遮挡的"度"是靠"不透明度"的数值来实现的。打开"学习资源>素材文件>CH08>8.1>遮挡组.psd"文件，这个文件有两个图层，如图8-5所示。

"正常"模式是默认的混合模式，它就像一张可以调节不透明度的纸，当"不透明度"为100%时，上方图层会完全遮挡下方图层；随着"不透明度"数值的不断降低，遮挡的效果会越来越弱；当"不透明度"为0%时，不会产生任何遮挡效果，如图8-6所示。

图8-5　　　　　　　　　　　　　　图8-6

"溶解"模式可以将透明区域打散成颗粒效果。我们可以将其理解成一台碎纸机，而"不透明度"就是碎纸机的功率。当"不透明度"为100%时，相当于关掉了碎纸机；随着"不透明度"数值的不断降低，碎纸机的功率就越大，纸张被打碎得就越厉害；当"不透明度"为0%时，碎纸机的概率就开到了最大，纸张会被完全打碎，如图8-7所示。

大家可能也注意到了，当"主文案"图层的"不透明度"为100%时，将其混合模式修改"溶解"，文案边缘依然会产生颗粒效果，如图8-8所示。这又是为什么呢？我们在"正常"模式下观察文案的阴影，可以发现阴影是透明的，如图8-9所示。这说明，如果图层本身就具有透明属性，那么"溶解"模式就会让透明区域变成颗粒效果，不管图层的"不透明度"是不是100%。

图8-7　　　　　　　　　　　　图8-8　　　　图8-9

去亮组

现在我们来看看去亮组。去亮组的作用是去掉混合区域的亮部，让暗部进行混合。去亮组的成员一共有5位，分别为"变暗""正片叠底""颜色加深""线性加深""深色"。

来看去亮组的第1位成员"变暗"。这个模式的原理相当简单，就是将两个图层进行比较，哪个图层亮就丢掉哪个。例如，将一个中性灰图层和一个黑色图层进行"变暗"混合，由于中性灰比黑色亮，所以混合的结果就是丢掉中性灰，只保留黑色，如图8-10所示。又如，将一个浅灰图层和一个中性灰图层进行"变暗"混合，由于浅灰比中性灰亮，因此混合的结果就是丢掉浅灰，只保留中性灰，如图8-11所示。利用"变暗"模式的特性，我们可以将一些图案轻松贴到比较暗的对象上，如图8-12所示。

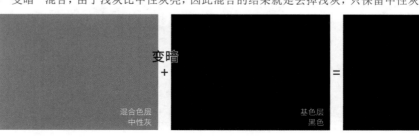

图8-10

图8-11

图8-12

下面来看去亮组的第2位成员"正片叠底"。这是一种非常重要的混合模式，通过亮度计算得到结果。我们需要记住，通过"正片叠底"模式混合出来的结果色一定会变暗。例如，要将一张兰花水墨图像"放"在一张水彩图像上，设置为"正片叠底"模式，最终叠出来的效果会暗一些，且水彩画纸纹理会完美体现在兰花上，如图8-13所示。对于"正片叠底"模式，需要注意，如果基色层和混合色层的任意一层颜色为黑色，那么叠出来的颜色一定是黑色，如图8-14所示。如果基色层和混合色层的任意一层颜色为白色，那么叠出来的颜色不会发生任何变化（即无效），如图8-15所示。

图8-13

图8-14

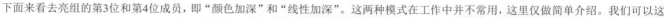

图8-15

下面来看去亮组的第3位和第4位成员，即"颜色加深"和"线性加深"。这两种模式在工作中并不常用，这里仅做简单介绍。我们可以这样来理解这两种模式：原来暗的地方会变得更暗，甚至会变成黑色，而亮的地方不变。相比于"颜色加深"模式，"线性加深"模式计算方式的函数是线性的，所以过渡效果要柔和一些，如图8-16所示。

图8-16

至于去亮组中的最后一位成员"深色",其混合出来的效果与"变暗"差不多,在工作中使用"变暗"模式即可。

对于去亮组,大家掌握"变暗"模式和"正片叠底"模式即可。

去暗组

去暗组,一看名字就知道其作用与去亮组刚好相反,就是去掉暗部,让亮部进行混合。我们先来看去暗组的第1位成员"变亮"模式,它对应的是去亮组中的"变暗"模式。该模式的作用就是将两个图层进行比较,谁暗就丢掉谁。例如,将一个浅灰图层和一个中性灰图层进行"变亮"混合,由于浅灰比中性灰亮,因此混合的结果就是丢掉中性灰,保留浅灰,如图8-17所示。在"第4章 选区与抠图专场"中,我们讲过如何抠取背景为非黑色的烟花。如果烟花背景就是黑色或是接近黑色的深色,就可以利用"变亮"模式轻松将烟花放入天空中,根本不需要抠图,如图8-18所示。

下面来看去暗组的第2位成员"滤色",它对应的是去亮组中的"正片叠底",也是一种非常重要的混合模式。我们只需记住,通过"滤色"模式混合出来的结果色一定会变亮。例如,遇到一张曝光不足的照片,我们就可以试试将图像复制一层,将混合模式改为"滤色"。一层不够的话就再复制一层,看看能不能让曝光变得正常,如图8-19所示。对于"滤色"模式,大家需要注意,如果基色层和混合色层的任意一层颜色为白色,那么混出来的颜色一定是白色,如图8-20所示。如果基色层和混合色层的任意一层颜色为黑色,那么混出来的颜色不会发生任何变化,即无效,如图8-21所示。

去暗组的第3位和第4位成员是"颜色减淡"和"线性减淡（添加）"，它们对应的是去亮组中的"颜色加深"和"线性加深"。这两种模式可以这样来理解：原来亮的地方会变得更亮，甚至会变成白色，而暗的地方几乎不变。相比于"颜色减淡"模式，"线性减淡（添加）"模式的过渡效果要柔和一些（暗部要稍微亮一些），如图8-22所示。"颜色减淡"模式在工作中可以用来做一些非常强烈的光效（比"滤色"模式要强很多），如图8-23所示。

去暗组中的最后一位成员是"浅色"，使用这个模式混合出来的效果与"变亮"差不多，在工作中使用"变亮"模式即可。

对于去暗组，大家掌握"变亮"模式和"滤色"模式即可。

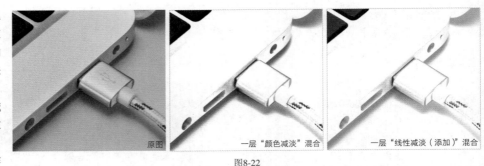

图8-22

图8-23

☞ 对比组 --

对比组是成员最多的一组，相比之下也是最有趣、最难理解的一组。这组的最大特点就是过滤中性灰，让亮部和暗部进行混合。打开"学习资源>素材文件>CH08>8.1>对比组.psd"文件，这个文件有3个图层，如图8-24所示。我们先来验证过滤中性灰的问题。将"中性灰"图层混合模式修改为对比组中的任意一个模式，除了"实色混合"模式，其他模式都不会有明显变化，如图8-25所示。"实色混合"模式是一种比较特殊的对比模式，在下面会进行介绍。

> ① 技巧提示：中性灰
> 中性灰的颜色值为（R:128，G:128，B:128），也被称为"50%灰"（注意，不是"50灰"）。

图8-24　　　　　　图8-25

隐藏"中性灰"图层，显示"灰"图层，这是一张一半为50灰（R:50，G:50，B:50）和一半为200灰（R:200，G:200，B:200）的灰色图像，如图8-26所示。下面我们就用"灰"图层和"人"图层来介绍对比组的成员。

我们先来看看对比组中的前3位成员"叠加""强光""柔光"，之所以将它们放在一起，是因为它们相当于"三兄妹"，其中"叠加"和"强光"相当于一对"孪生兄妹"，而"柔光"相当于"小妹"，它们的"父亲"是"正片叠底"，"母亲"是"滤色"，如图8-27所示。

图8-26

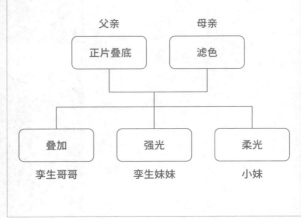

图8-27

对于"叠加"模式，具体效果取决于下方图层，即基色层。基色层的亮度信息一般是很丰富的，亮度信息共分为256级，比50%灰暗的颜色采用类似"正片叠底"模式的算法，比50%灰亮的颜色采用类似"滤色"模式的算法，如图8-28所示。请注意，这里是类似，具体算法并不完全一样，但是实际的混合效果差距并不大。我们已经知道，"正片叠底"模式可以让结果色变暗，"滤色"模式可以让结果色变亮；而"叠加"模式的结果色将这两者的特点发挥得更加出色，即让暗的更暗，亮的更亮，因此叠加出来的效果往往对比更强烈，如图8-29所示。

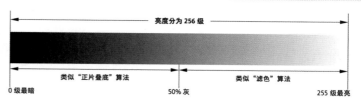

图8-28

图8-29

我们再来看"叠加"模式的"孪生妹妹"，即"强光"模式。既然是"孪生兄妹"，它们的性格是一样的。差别在于"叠加"模式的效果取决于基色层，而"强光"模式的效果取决于混合色层。说得简单一点就是，"叠加"模式的效果由下方图层做主，"强光"模式的效果由上方图层做主，其他完全一样。如果将混合色层和基色层的顺序进行对调，那么混合出来的效果与"叠加"模式完全一样，如图8-30所示。

图8-30

下面来看"叠加"模式和"强光"模式的"小妹"，即"柔光"模式。这个"小妹"的性格不像"哥哥"（"叠加"模式），而是像它的"姐姐"（"强光"模式），因为它的效果也取决于上方图层，只不过混合出来的效果比"强光"模式要柔和得多，如图8-31所示。

图8-31

下面来看另外一个家族，即"亮光"家族，它的"父亲"是"颜色加深"，"母亲"是"颜色减淡"，如图8-32所示。对于"亮光"模式，具体效果取决于上方图层，即混合色层。混合色层的亮度比50%灰暗的颜色会采用类似"颜色加深"模式的算法（暗的变得非常暗，亮的不变），比50%灰亮的颜色会采用类似"颜色减淡"模式的算法（亮的变得非常亮，暗的不变），如图8-33所示。请注意，这里也是类似，具体算法并不完全一样，但是实际的混合效果差距并不大，只是效果要柔和一些，如图8-34所示。

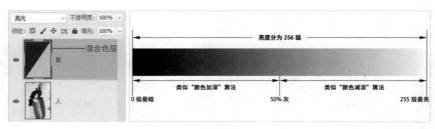

图8-33

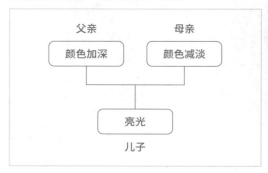

图8-32

图8-34

下面来看"线性光"家族，它的"父亲"是"线性加深"模式，"母亲"是"线性减淡（添加）"模式，如图8-35所示。相比于它的"父母"，"线性光"模式的混合效果要柔和一些，如图8-36所示。

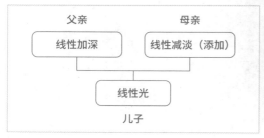

图8-35

图8-36

接着来看最后一个家族，即"点光"家族，它的"父亲"是"变暗"模式，"母亲"是"变亮"模式。"点光"模式的具体效果取决于上方图层，即混合色层。混合色层的亮度比50%灰暗的颜色会采用类似"变暗"模式的算法，比50%灰亮的颜色会采用类似"变亮"模式的算法。请注意，这里也是类似，具体算法并不完全一样，但是实际的混合效果差距并不大，只是效果要柔和一些，如图8-37所示。

图8-37

下面来看对比组中的最后一位成员"实色混合",它没有家族,是一个孤行者。"实色混合"模式是一种非常特殊的模式,产生的混合效果要么最暗,要么最亮,没有灰色区域,如图8-38所示。如果上下两个图层的亮度之和大于或等于100%,则混合结果直接变成最亮;如果上下两个图层的亮度之和小于100%,则混合结果直接变成最暗。

图8-38

☞ 差值组

差值组中的成员共有4位,其中"差值"模式比较常用。先来介绍"差值"模式。在讲该模式前,我们先来玩个"找不同"的小游戏。

打开"学习资源>素材文件>CH08>8.1>找不同.jpg"文件,如图8-39所示。请大家在3分钟内找出两张图所有的区别。温馨提示:共有10处不同。

图8-39

好了,现在3分钟已过,相信大部分人无法全部找出两张图之间的区别,至少笔者无法做到。现在来教大家一个方法,只需要10秒就可以精确找出所有区别。打开"学习资源>素材文件>CH08>8.1>差值组.psd"文件,这个文件有两个图层("图1"和"图2"),将"图2"图层的混合模式修改为"差值",此时结果色会呈现一种"诡异"的效果,如图8-40所示。直接告诉大家结果吧,非黑色的区域,就是不同之处,如图8-41所示。

图8-40

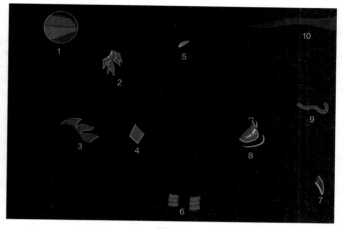

图8-41

如果是两张一模一样的图用"差值"模式进行混合,混合出来的结果色就是全黑,大家可以试一试。这到底是什么原理呢?还是来看看"差值"模式的计算公式吧,这个公式大家一看就懂,如图8-42所示。"差值"模式在工作中主要用来去复杂的透明水印,就像第7章中的"综合训练:去除大面积水印"一样,相信大家学完"差值"模式的原理后一下就能理解差值法去水印的原理了,如图8-43所示。另外,"差值"模式也可以用来对照片堆栈进行对齐。

"差值"模式的计算公式

结果色=基色−混合色

∨

结果=0,表示两个地方的亮度一样,混合结果就是黑色
结果≠0,表示两个地方的亮度不一样,混合结果就会呈现为负片效果

黑色　　　　　　　负片

图8-42

图8-43

下面简单介绍差值组剩下的3个成员,如图8-44所示。"排除"模式可以得到饱和度低但对比度高的混合结果,也会出现负片效果;"减去"模式与"差值"模式比较相似,主要用在高低频磨皮中;"划分"模式可以让混合结果变得很亮,工作中几乎不会用到。

图8-44

☞ **色彩组**--

色彩组是一个很容易理解的模式组,共有4位成员,分别是"色相""饱和度""颜色""明度"。对于想从事电商修图的设计师来说,这一组混合模式是必须掌握的。在介绍各位成员之前,先讲解色彩三要素,即色相、饱和度和明度,如图8-45所示。了解了色彩三要素后,来介绍色彩组中各位成员的作用,如图8-46所示。

图8-45 图8-46

> 🔗 知识链接:色彩三要素
> 色彩三要素的相关内容已在"5.1 填充颜色的设置"中简单介绍过了,大家如果忘记了,可以复习一下。

在"6.3.2 颜色替换工具"中我们介绍了如何用"颜色替换工具" ✎ 为一位红衣少女换裙子的颜色,这个工具使用起来还是比较麻烦的。现在我们还是用这张素材来讲解色彩组中各位成员的用法,并且重点介绍它们在电商修图中的运用。打开"学习资源>素材文件>CH08>8.1>色彩组.psd"文件,这个文件含两个图层,上方的图层是一个包含蒙版的"纯色"调整图层,如图8-47所示。

先将"裙子"图层的混合模式修改为"色相",此时裙子的颜色会变成很好看的紫色,并且不会改变裙子的饱和度和明度,如图8-48所示。双击"裙子"图层的缩览图,打开"拾色器"对话框,在色域中无论选择更深或更浅的颜色,裙子都不会变色。除非将颜色设置为灰色、黑色或白色,裙子才会变色,如图8-49所示。这是因为,此时的色相始终保持在304度内(H表示色相),只要色相不变,裙子就不会变色,黑、白、灰除外。

图8-47 图8-48

图8-49

在"拾色器"对话框中拖曳色谱上的滑块，即可随心所欲地更换色相，此时就可以更换裙子的颜色，如图8-50所示。利用"色相"模式和改变色相的方法可以随意更换裙子的颜色，且不会改变裙子面料的质地。像天猫、淘宝详情页中的同款衣服，一般不会将所有的颜色都拍出来，而是拍出一件衣服，然后用这种方法进行调色。

图8-50

现在将"裙子"图层的混合模式修改为"饱和度"，此时裙子会回到本来的红色，在"拾色器"对话框无论怎么调整色相或明度，都只能改变裙子的鲜艳程度，无法改变裙子的颜色，如图8-51所示。如果拍出来的裙子颜色过于鲜艳或是鲜艳度不足，就可以用这种方法进行调整。

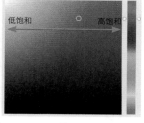

图8-51

图8-51（续）

下面将"裙子"图层的混合模式修改为"颜色"，此时裙子会变成紫色，因为该模式可以同时改变色相和饱和度。在"拾色器"对话框中调整色相和饱和度，既可以调整裙子的鲜艳程度，又可以调整裙子的颜色，如图8-52所示。

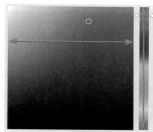

图8-52

色彩组中最后一位成员是"明度"模式，它只改变图像的亮度，不改变色相和饱和度。这个模式在用"曲线"调整图像亮度时非常有用。在"正常"模式下，无论是提亮、压暗图像还是调整图像的明暗对比，不仅会改变图像的亮度，还会改变色彩的饱和度，如图8-53所示。而在"明度"模式下，就只改变图像的亮度，对色彩的饱和度不会有影响，如图8-54所示。

图8-53

图8-54

👑 重点

案例训练：用混合模式调出彩虹半调写真照

案例文件	学习资源>案例文件>CH08>案例训练：用混合模式调出彩虹半调写真照.psd
素材文件	学习资源>素材文件>CH08>素材01.jpg
难易程度	★★☆☆☆
技术掌握	混合模式的用法

本例的原片是一张极具个性化的写真照，明暗对比很强烈，所以在做彩虹光时，选择了去暗组和对比组的混合模式搭配使用，如图8-55所示。

图8-55

01 打开"学习资源>素材文件>CH08>素材01.jpg"文件，按快捷键Ctrl+J将"背景"图层复制一层并命名为"半调"，然后将其转换为智

能对象，下面为背景制作一个半调效果。执行"滤镜>像素化>彩色半调"菜单命令，然后在弹出的"彩色半调"对话框中单击"确定"按钮 确定，应用一个默认的彩色半调，如图8-56所示。

图8-56

02 设置"半调"图层的混合模式为"实色混合"，使半调图案的对比更强烈，如图8-57所示。将"不透明度"降到20%左右，让背景看起来更协调一些，如图8-58所示。

图8-57　　　　　　　　　图8-58

03 单击"添加图层蒙版"按钮 □ 为"半调"图层添加一个蒙版，然后选择图层蒙版，并用黑色的"柔边圆"画笔涂抹人像，这样可以隐藏掉人像上的半调图案和混合效果，如图8-59所示。

图8-59

04 下面制作彩虹光特效。新建一个"彩虹"图层，选择"渐变工具" □，然后在选项栏中单击"点按可编辑渐变"按钮 ▬▬▬ ，打开"渐变编辑器"对话框，设置一个过渡柔和的渐变（颜色不用十分精确）。设置渐变类型为"径向渐变" □，然后从左下角向右上角拉出渐变，效果如图8-60所示。

图8-60

这里如果用"渐变"填充图层或"渐变叠加"图层样式来做渐变的话,做出来的渐变的中心会在画布的中心,这并不是我们想要的效果,如图8-61所示。我们想要的渐变中心点是在画布的左下角。

图8-61

05 设置"彩虹"图层的混合模式为"变亮",这样可以将暗部的背景给去掉,把人像显示出来,效果如图8-62所示。现在彩虹光效果还是太强烈了,可以适当降低"不透明度"(60%左右),效果如图8-63所示。

图8-62　　　　　图8-63

06 为"彩虹"图层添加一个蒙版,然后用"不透明度"为20%左右的黑色"柔边圆"画笔在人像面部和身体区域涂抹(不要涂抹边缘部位),将这些部位的彩虹光效果隐藏,如图8-64所示。

图8-64

07 按快捷键Ctrl+J将"彩虹"图层复制一层,命名为"人像彩虹",然后设置混合模式为"叠加",效果如图8-65所示。接着选择该图层的蒙版(不能选到图层),按快捷键Ctrl+I将其进行反相处理(黑白颠倒),并设置"人像彩虹"图层的"不透明度"为60%,如图8-66所示。这一步的作用是让人物的面部也呈现彩虹光效果,而用"叠加"模式可以让人物面部的彩虹光效果和背景的彩虹光效果对比更强烈一些。

图8-65

图8-66

08 现在人像和背景的对比还不够强烈,所以还需要进行优化。执行"图层>新建调整图层>曲线"菜单命令,创建一个"曲线"调整图层,然后按快捷键Alt+Ctrl+G将其设置为"人像彩虹"图层的剪贴蒙版,接着向右下方拖曳曲线中部,如图8-67所示。通过压暗人像上的彩虹可以增大人像与背景的对比,最终效果如图8-68所示。

图8-67　　　　　图8-68

学后训练:用混合模式设计彩妆海报

案例文件	学习资源>案例文件>CH08>学后训练:用混合模式设计彩妆海报.psd
素材文件	学习资源>素材文件>CH08>素材02.jpg
难易程度	★★☆☆☆
技术掌握	混合模式的用法

彩妆是一种妆面艺术。在设计这类海报时,往往需要体现个性与时尚。因此,本例采用了一种左右对比比较强烈的设计,所用的方法也很简单,依靠"柔光"模式和"正片叠底"模式就可以轻松营造出对比效果,如图8-69所示。

① 技巧提示: 隐藏在人像背后的文案制作

文案"MAKE UP"的部分区域是隐藏在人像背后的,可以先用主体修边抠图法制作选区(不用抠图),然后填充文案的图层蒙版选区即可。

图8-69

☑ 学后训练：用混合模式设计图书内页展示

☟ 重点

案例文件	学习资源>案例文件>CH08>学后训练：用混合模式设计图书内页展示.psd
素材文件	学习资源>素材文件>CH08>素材03.psd、素材04.jpg、素材05.jpg
难易程度	★☆☆☆☆
技术掌握	混合模式的用法

对于做排版工作的设计师而言，图书内页展示是必须会的。一般情况下不需要重新设计立体书效果，而是用现成的样机，只是有些样机的混合模式并没有设置好，需要进行手动设置。就像本例的样机一样，在加入内页以后，需要设置合适的混合模式才能得到好看的立体书内页展示效果，如图8-70所示。这里不告诉大家内页用的是什么混合模式，大家学懂前面的内容，自然就知道该用哪种模式了。

图8-70

☟ 重点
8.1.3 设置高级混合选项

打开"学习资源>素材文件>CH08>8.1>灰度艺术.jpg"文件，我们就用这张照片来讲解高级混合选项，如图8-71所示。将"背景"图层解锁，执行"图层>图层样式>混合选项"菜单命令，打开"图层样式"对话框。在这里可以设置更多的混合选项，其中"常规混合"选项组中的"混合模式"和"不透明度"选项与"图层"面板中的相对应，"混合颜色带"选项组在前面的章节中已经详细介绍过了，这里只对"高级混合"选项组进行讲解，如图8-72所示。在"高级混合"选项组中，"填充不透明度"选项与"图层"面板中的"填充"选项相对应，这里不再重复介绍，其他的选项用来控制图像的通道、挖空效果和蒙版隐藏等。

图8-71　　　　　　　　　图8-72

先来看看"通道"选项。这个选项很好理解，就是用来控制单个通道的显示与隐藏。RGB图像有R（红）、G（绿）、B（蓝）3个通道，CMYK图像有C（青色）、M（洋红）、Y（黄色）、K（黑色）4个通道。在默认情况下，这些单个通道都是显示的，如图8-73所示。如果隐藏其中某个或某两个通道，那么就由剩下的通道进行混合，如图8-74所示。如果隐藏所有的通道，那么图像将会变成透明效果，相当于隐藏了图层，如图8-75所示。"通道"选项在工作中是比较重要的，我们可以用它来制作故障风格和抖音风格的特效。

下面来看Photoshop中十分难理解的"挖空"功能，它是指下面的图像穿透上面的图像显示出来，需要用3个图层才能制作出挖空效果，其中有一个还必须是"背景"图层。打开"学习资源>素材文件>CH08>8.1>挖空.psd"文件，这个文件中有3个图层，其中"背景"图层是要显示出来的，"颜色填充1"图层是指被穿透的图层，"椭圆1"图层是指要挖空的图层，如图8-76所示。我们串联起来理解就是："椭圆1"图层挖空"颜色填充1"图层，让"背景"图层穿透"颜色填充1"显示出来。在创建挖空效果时，需要注意图层之间的顺序。确定图层顺序后，挖空操作是在要挖空的图层上进行的，即"椭圆1"图层。

图8-73　　　　　　　　图8-74

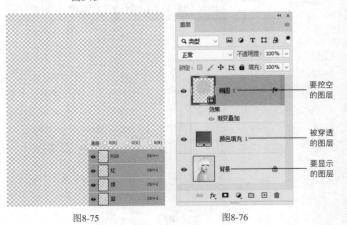

图8-75　　　　　　　　图8-76

要创建挖空效果，"填充不透明度"的数值必须小于100%，挖空的方式有"深"和"浅"之分，一般情况下这两种方法是没有区别的，大家不用去深究。在选择"挖空"方式后，如果选择"深"，降低"填充不透明度"的数值,"背景"图层就会逐渐穿透红色的"纯色"填充图层显示出来,如图8-77所示。如果要显示的图层是一个普通图层(非"背景"图层),那么挖空的效果将会是透明的,如图8-78所示。

图8-80

图8-77

下面来看"将剪贴图层混合成组"选项,从字面上理解就知道该选项与剪贴蒙版有关。做一个简单的剪贴蒙版,如图8-81所示。在"3.7.2 剪贴蒙版"中已经介绍过了,剪贴蒙版组中的下方图层称为"基底图层",也就是"椭圆1";上方图层称为"内容图层",也就是"椭圆2"。在一般情况下,基底图层不仅可以控制内容图层的显示区域,还可以控制内容图层的透明效果。例如,将"椭圆1"图层的"填充不透明度"降到50%,"椭圆2"图层也会跟着一起降低,也就是说它们现在共用一个填充数值,如图8-82所示。如果要让"椭圆2"图层的填充效果不受"椭圆1"的控制,只需要取消勾选"将剪贴图层混合成组"选项,让它们各自负责各自的填充,如图8-83所示。注意,"将剪贴图层混合成组"选项对混合模式也起作用。

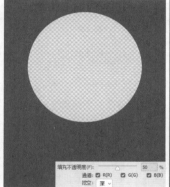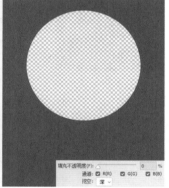

图8-78

下面来看"将内部效果混合成组"选项。在对添加了"颜色叠加""渐变叠加""图案叠加"或"内发光"图层样式的图层创建挖空效果时,如果取消勾选"将内部效果混合成组"选项,无论设置多低的"填充不透明度"值,都只显示图层样式效果。单击"椭圆1"图层的下方的"效果"前面的空白处,可以将隐藏的"渐变叠加"图层样式显示出来,如图8-79所示。取消勾选"将内部效果混合成组"选项,可以发现挖空效果不会起作用,而勾选后,才能创建挖空效果,如图8-80所示。

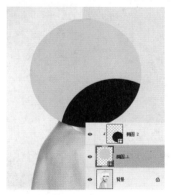

图8-81　　　　　图8-82

下面来看"透明形状图层"选项。该选项可以限制图层样式或挖空效果的范围。在勾选该选项后,图层样式或挖空效果会被限制在图层的不透明区域;在取消勾选该选项后,则可以在整个图层内应用这些效果,但这并不是该选项的主要功能。将"透明形状图层"选项与"颜色减淡"或"亮光"模式一起使用,可以制作出

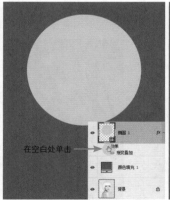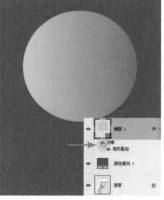

图8-79

图8-83

相当漂亮且真实的发光特效，如屏幕光、灯光、灯带等，如图8-84所示。由于用"透明形状图层"选项制作灯光特效的方法非常重要，因此这里不过多讲解，在下面的内容中会专门安排相应的案例进行训练。

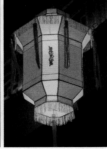
图8-84

至于"图层蒙版隐藏效果"和"矢量蒙版隐藏效果"选项，大家只需要了解即可。前者针对带有图层蒙版的图层，后者针对带有矢量蒙版的图层，其他作用都一样。它们可以用来控制图层样式是作用于蒙版所定义的范围还是整个图层的不透明区域。

☝重点
案例训练：用高级混合制作开灯特效

案例文件	学习资源>案例文件>CH08>案例训练：用高级混合制作开灯特效.psd
素材文件	学习资源>素材文件>CH08>素材06.jpg
难易程度	★☆☆☆☆
技术掌握	用"透明形状图层"选项与"颜色减淡"模式做发光特效

在拍一些灯泡下的照片时，往往不会将灯泡打开，因为这样会刺激到模特的眼睛，很难拍出好片，所以很多时候灯泡的发光效果都是后期加上去的。本例我们就来训练如何用"颜色减淡"模式与"透明形状图层"选项一起做发光特效，如图8-85所示。

冷光　暖光
图8-85

01 打开"学习资源>素材文件>CH08>素材06.jpg"文件。新建一个"灯光"图层，由于需要将灯光做成发光效果，所以要选择一个去暗效果非常强烈的混合模式，最佳的选择是"颜色减淡"模式，其次是对比组中的"亮光"模式，这里选择效果最强的"颜色减淡"模式。用白色的"柔边圆"画笔（"不透明度"为10%左右）在灯泡上涂抹出发光效果，可以发现无论怎么涂抹，发光效果都不自然，无法起到灯光的透叠效果，如图8-86所示。

02 删掉"灯光"图层并重新建一个"灯光"图层，执行"图层>图层样式>混合选项"菜单命令，打开"图层样式"对话框，然后设置"混合模式"为"颜色减淡"，取消勾选"透明形状图层"选项，如图8-87所示。

图8-86　图8-87

03 用画笔在左下方的灯泡上涂抹，可以发现其发光效果变得自然了，如图8-88所示。继续在其他的灯泡上绘出发光效果，如图8-89所示。前面介绍过"透明形状图层"选项可以限制图层样式或挖空效果的范围，还能将图层中有内容的区域定义成有形的，因此要取消勾选它才能让"颜色减淡"模式的混合效果透叠下去。

图8-88　图8-89

04 继续用画笔绘出灯泡所能照射到的范围，如图8-90所示。如果觉得发光效果过于强烈，可以适当降低"填充不透明度"值，如图8-91所示。

05 如果要将白色的冷光改成暖色灯光，可以创建一个"纯色"填充图层并填充为暖黄色（颜色值不需要很精确），将其设置为"灯光"图层的剪贴蒙版即可，如图8-92所示。

图8-90

图8-91　　　　　　　　　　图8-92

♛重点

✍ 学后训练：用高级混合制作抖音故障风展板

案例文件	学习资源>案例文件>CH08>学后训练：用高级混合制作抖音故障风展板.psd
素材文件	学习资源>素材文件>CH08>素材07.psd
难易程度	★★☆☆☆
技术掌握	高级混合中的通道用法

抖音故障风是当前非常火爆的设计风格，作为设计师要掌握其制作方法。抖音故障风需要体现一种炫酷的边缘，以及错位感和卡带感。本例将训练如何用"高级混合"选项组中的通道制作抖音故障风特效，如图8-93所示。

图8-93

8.2 图层样式

"图层样式"也称"图层效果"。它是一种虚拟效果，不会破坏原始图像，且可以随时进行更改、停用或删除等。Photoshop中的图层样式共分10种，其中三大叠加样式在第5章已经进行了重点讲解，如图8-94所示。利用这些图层样式，可以制作出诸如金属、玻璃、水晶等具有立体质感的特效。

图8-94

♛重点

8.2.1 动手练图层样式基本操作

打开"学习资源>素材文件>CH08>8.2>坚持.psd"文件，这个文件含3个图层，如图8-95所示，我们用"坚持"图层来介绍图层样式的基本操作。

图8-95

☞ 添加图层样式---

添加图层样式的方法大概可以分为3种，大家可以根据自己的喜好进行选择。

第1种：在"图层"面板中双击图层缩览图，或者双击缩览图右侧的灰色区域（不要双击图层名称），如图8-96所示，在弹出的"图层样式"对话框左侧单击想要添加的样式，即可为所选图层添加相应的样式，如图8-97所示。在添加完图层样式后，图层缩览图的右侧会有一个 fx 图标，表示该图层含有图层样式，在图层缩览图的下方还会显示出添加的样式列表，如图8-98所示。注意，如果是智能对象或文字图层，不能用双击缩览图的方法打开"图层样式"对话框，只能双击图层缩览图右侧的灰色区域。

图8-96

图8-97　　　　　　　　　图8-98

第2种：单击"图层"面板下方的"添加图层样式"按钮 fx，然后在弹出的菜单中选择想要添加的样式命令，接着在弹出的"图层样式"对话框中调整好样式的参数即可，如图8-99所示。

第3种：执行"图层>图层样式"子菜单中的命令，也可以为选定图层添加相应的样式。这种方法比较麻烦且不常用。

图8-99

更改/停用/显示/删除图层样式

更改、停用、显示与删除图层样式的方法如下。

更改图层样式：如果对图层样式不满意，可以双击图层样式列表中的样式名称，如图8-100所示，重新打开"图层样式"对话框，然后对相应参数进行调整。

停用图层样式：如果要停用图层样式，可以单击"效果"前面的 ● 图标，停用所有的图层样式；要是单击某个图层样式前面的 ● 图标，会停用单个图层样式，如图8-101所示。

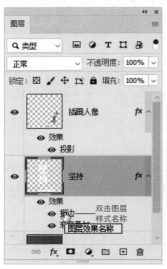

图8-100

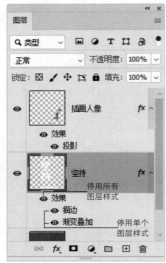

图8-101

显示图层样式：如果要将停用的图层样式显示出来，可以在样式的前面单击，显示出眼睛即可，如图8-102所示。

删除图层样式：将"效果"拖曳至"删除图层"按钮 🗑 上，可以删除该图层的所有图层样式；将单个图层样式拖曳至"删除图层"按钮 🗑 上，只删除该图层样式，如图8-103所示。另外，执行"图层>图层样式>清除图层样式"菜单命令，也可以删除所有的图层样式。

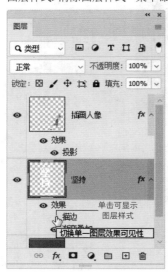

图8-102

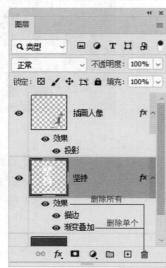

图8-103

拷贝/粘贴图层样式

如果要将所有的图层样式拷贝并粘贴给另外一个图层，可以在图层缩览图后面单击鼠标右键，然后在弹出的菜单中选择"拷贝图层样式"命令，接着在需要粘贴的图层缩览图后面单击鼠标右键，在弹出的菜单中选择"粘贴图层样式"命令，如图8-104所示。注意，这种方法会将原来的图层样式替换掉。

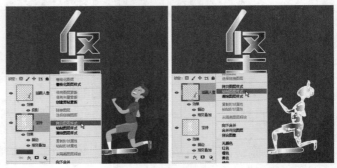

图8-104

如果要将单个图层样式拷贝并粘贴给另外一个图层，可以按住Alt键并将其拖曳至需要粘贴的图层上，如图8-105所示。如果拖曳时没有按住Alt键，可以将相应的图层样式转移给另外一个图层，如图8-106所示。用这种方法复制或转移图层样式，不会替换掉原来的图层样式。

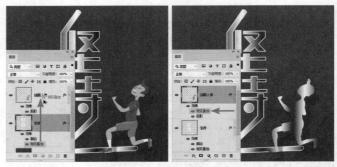

图8-105

图8-106

栅格化图层样式

执行"图层>栅格化>图层样式"菜单命令，或在图层缩览图右侧单击鼠标右键，在弹出的菜单中选择"栅格化图层样式"命令，

可以栅格化
图层样式，
如图8-107所
示。栅格化
图层样式后，
图层样式效
果会直接应
用到图层上，
如图8-108
所示。

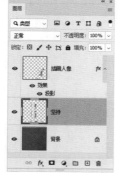

图8-107　　　　　图8-108

分离图层样式

分离图层样式就是将图层与样式分开，让样式成为一个独立的
图层。执行"图层>图层样式>创建图层"菜单命令，或在图层样式
上单击鼠标右键，在弹出的菜单中选择"创建图层"命令，就可以
将图层与样式分开，如图8-109所示。用这种方法将"投影"图层样
式分离出来，单独对投影所在的图层进行调整，就可以调出更加真
实自然的投影效果，如图8-110所示。

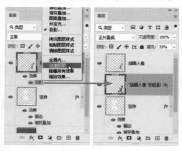

图8-109　　　　　图8-110

缩放图层样式

执行"图层>图层样式>缩放效果"菜单命令，或在图层样式上
单击鼠标右键，在弹出的菜单中选择"缩放效果"命令，打开"缩
放图层效果"对话框，调整"缩放"值就可以对图层中的图层样式
进行整体缩放，如图8-111和图8-112所示。

图8-111　　　　　图8-112

创建/导出/导入图层样式

在工作中，我们可以将调好的图层样式创建为预设，以备下次
使用。单击"样式"面板下方的"创建新样式"按钮，可以将选
中的图层样式创建为预设，如果要将混合选项也添加到图层样式
中，可以勾选"包含图层混合选项"，如图8-113所示。另外，在"样
式"面板中还可以删除图层样式预设及对图层样式进行分组。

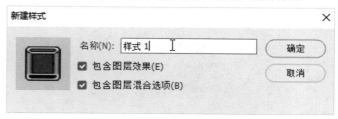

图8-113

如果要将选定的图层样式储存到硬盘中，可以在"样式"面板
菜单中选择"导出所选样式"命令；如果要导入外部的图层样式，
可以在"样式"面板菜单中选择"导入样式"命令。

知识课堂：套用现成的图层样式

执行"窗口>样式"菜单命令，打开"样式"面板，在该面板中有四
大类预设的图层样式效果。如果要将旧版的图层样式也添加到面板中，
可以在面板菜单中选择"旧版样式及其他"命令，如图8-114和图8-115
所示。在"样式"面板中单击某个图层样式，就可以将该图层样式应用
到选定的图层上，如图8-116所示。

图8-114　　　　　图8-115

图8-116

8.2.2　"图层样式"对话框

在讲图层样式之前，我们先来看看"图层样式"对话框，如图8-117所示。我们已经讲解了"混合选项"，"样式"选项卡与"样式"面板的功能相同，下面要重点讲解10个图层样式。至于其他的功能，大家一试便知。

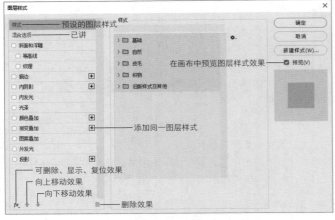

图8-117

请大家注意，"图层样式"对话框中的图层样式是可以删除和隐藏的，通过对话框菜单可以复位和显示图层样式，如图8-118所示。如果不小心删除了图层样式，可以单击 fx 按钮，在弹出的菜单中选择"复位默认列表"命令；如果隐藏了一些图层样式，可以选择"显示所有效果"命令。

图8-118

👑重点

8.2.3 斜面和浮雕

位置：图层>图层样式>斜面和浮雕

"斜面和浮雕"图层样式可以为图层添加高光与阴影，使对象看起来像是立体的感觉，其实它是一种"伪立体"效果。打开"学习资源>素材文件>CH08>8.2>按钮.psd"文件，这个文件中包含一个"背景"图层和一个"椭圆"图层（为了方便观察浮雕效果，特意将"填充"设置为0%），其中"椭圆"图层设置了一个简单的"斜面和浮雕"图层样式，如图8-119所示。

图8-119

我们的操作对象就是椭圆。打开"图层样式"对话框，来看看"斜面和浮雕"图层样式的参数，如图8-120所示。该图层样式是所有图层样式中最复杂的一个，但是我们将其参数分开来理解的话，就很容易理解了。其参数分"结构"和"阴影"两个选项组，其中"结构"选项组用于设置斜面和浮雕的样式效果，"阴影"选项组用于设置斜面和浮雕的阴影效果。除此之外，还有"等高线"和"纹理"两个辅助选项。

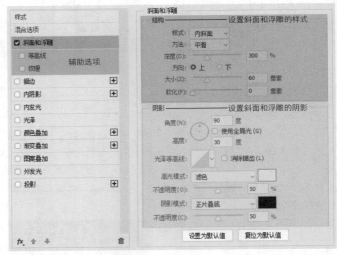

图8-120

我们先来解释一下"斜面和浮雕"图层样式为什么是"伪立体"的。分别对"阴影"选项组中高光和阴影的"不透明度"进行调整，当把这两个"不透明度"都降到0%时，"斜面和浮雕"图层样式就不会起作用，如图8-121所示。这说明"斜面和浮雕"图层样式是依靠高光和阴影来塑造立体效果的，也就是"伪立体"的。

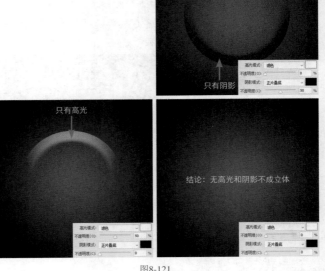

图8-121

☞ 设置"斜面和浮雕"的"结构"

"斜面和浮雕"图层样式的"结构"选项组决定了斜面和浮雕的样式效果,下面讲解控制样式效果的参数选项。

"样式"选项用于选择斜面和浮雕的样式,共有5种样式可供选择,如图8-122所示。"外斜面"样式可以在图层内容的外边缘创建斜面;"内斜面"样式可以在图层内容的内侧边缘创建斜面;"浮雕效果"样式可以使图层内容相对于下层图层产生浮雕状的效果;"枕状浮雕"样式可以模拟图层内容的边缘嵌入到下层图层中产生的效果;"描边浮雕"样式是一种特殊的立体效果,需要添加"描边"样式才会起作用。

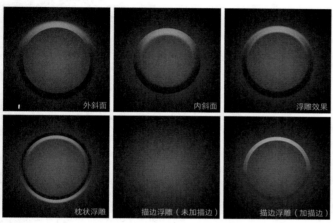

图8-122

"方法"选项用来选择创建斜面和浮雕的方法,共有3种方法可供选择,如图8-123所示。"平滑"方法可以创建比较柔和的边缘,"雕刻清晰"方法可以创建精确的边缘,"雕刻柔和"方法可以创建基于前两者效果之间的边缘。

图8-123

"深度"选项用于设置斜面和浮雕斜面的应用深度,数值越大,斜面和浮雕的立体感越强,如图8-124所示。

图8-124

"方向"选项用来设置高光和阴影的位置。该选项与光源的角度有关,当设置"角度"为90度,"高度"为30度时,如果设置"方

向"为"上",那么浮雕的高光就在上部,阴影就在下部;反之设置"方向"为"下",高光和阴影的位置也会对调,如图8-125所示。而如果将"角度"调整为120度,设置"方向"为"上",高光的位置就在左上方,阴影就在右下方;反之设置"方向"为"下",高光和阴影的位置也会对调,如图8-126所示。

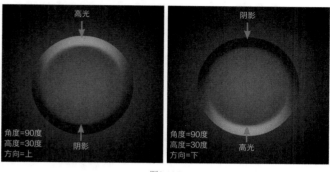

图8-125

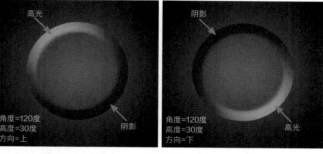

图8-126

"大小"选项用来设置斜面和浮雕的阴影面积大小,数值越大,阴影面积越大,如图8-127所示。注意,"大小"选项和"深度"选项相互配合好才能做出好的斜面和浮雕效果。

图8-127

"软化"选项用来设置斜面和浮雕的平滑程度。设置"样式"为"枕状浮雕","方法"为"雕刻清晰",会得到非常清晰的浮雕效果,当我们把"软化"值慢慢调大时,浮雕效果就会变平滑,如图8-128所示。

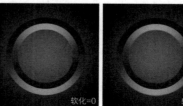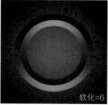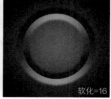

图8-128

☞ 设置"斜面和浮雕"的"阴影"--

下面介绍"阴影"选项组的参数选项。斜面和浮雕的阴影效果就是靠该选项组的参数来塑造的。

先来看看"角度"和"高度"选项。这两个选项很难理解,我们得借助一张示意图,如图8-129所示。原始的控制器是由3个构件组成的,即角度盘、光源和圆心;"角度"可以这样理解,光源沿角度盘逆时针旋转为正角度,反之则为负角度,而终点在±180度的位置;"高度"可以理解成光源到圆心的距离,光源在角度盘上为0度,与圆心重合时为90度,也就是说"高度"值为0~90度。如果保持一个固定的"角度",调整"高度"值,浮雕的高光和阴影形状会发生很大的变化,如图8-130所示。

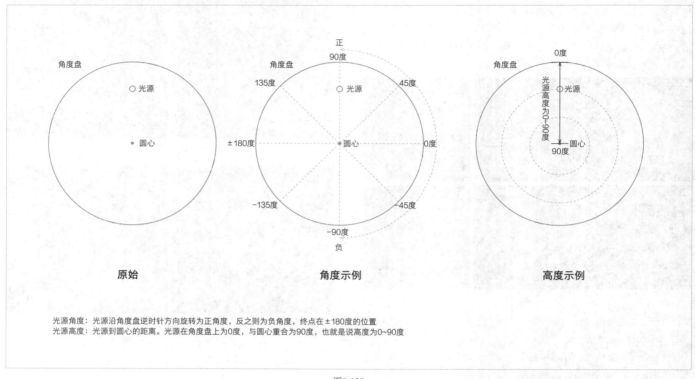

图8-129

这里先不介绍"光泽等高线"选项和"消除锯齿"选项,因为"斜面和浮雕"图层样式有两种等高线,后面统一进行介绍。

前面讲过,斜面浮雕效果是由高光和阴影生成的,而"高光模式""阴影模式"及控制它们的两个"不透明度"就是用来控制高光和阴影的混合效果的。"高光模式"一般用"滤色"模式,也可以用去暗组中的其他模式代替,后面的色块用来设置高光的颜色;"阴影模式"一般用"正片叠底"模式,也可以用去亮组中的其他模式代替,后面的色块用来设置阴影的颜色。在一般情况下,"高光模式"和"阴影模式"不用去调它们,如果要制作一些特殊效果,可以通过改变高光颜色和阴影颜色来完成,如图8-131所示。

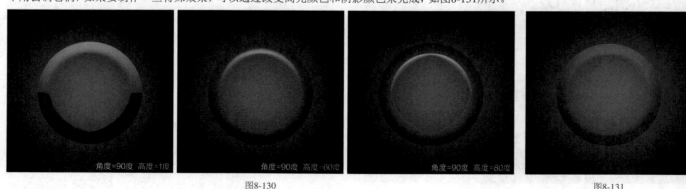

图8-130

图8-131

🔗 知识链接:使用全局光

这里先不对"阴影"选项组中的"使用全局光"选项进行介绍,"8.2.9 全局光"中会对此进行详细讲解。

☞ 设置 "等高线" 和 "纹理" ----------------------------

　　"斜面和浮雕"图层样式拥有两种等高线，一种是"光泽等高线"，另外一种是辅助选项中的"等高线"。这两种等高线可不是一回事，因为它们影响的对象完全不同。

　　"光泽等高线"用来控制斜面和浮雕表面的光泽形状，对斜面和浮雕的整体结构是没有任何影响的。默认的斜面和浮雕是"线性"光泽等高线，共有两个结构面，将"光泽等高线"换成其他样式，斜面和浮雕始终还是保持两个结构面，只是光照形状发生了变化，如图8-132所示。"光泽等高线"除了可以选择预设的样式，还可以自行调整，如果光泽出现了锯齿效果，可以勾选其右侧的"消除锯齿"选项来减弱锯齿。

图8-132

　　辅助选项中的"等高线"有3个参数选项，如图8-133所示。与"光泽等高线"不同，"等高线"可以改变斜面和浮雕的斜面结构，甚至会生成新的结构，如图8-134所示。如果斜面和浮雕出现了锯齿，可以勾选"消除锯齿"选项。"范围"选项可以控制各块斜面的面积大小。

图8-133

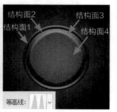

图8-134

　　下面来看"纹理"辅助选项，如图8-135所示。"纹理"的功能就是在斜面和浮雕上叠一层图案效果，无论是彩色图案还是灰度图案，都将作为灰度图案进行处理。在这些参数选项中，比较难理解的是"深度"选项，如图8-136所示。当"深度"值为负时，图案会往内凹；当"深度"值为正时，图案会往外凸；当"深度"值为0时，不会生成图案。

图8-135

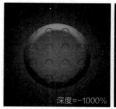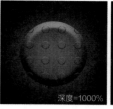

深度=-1000%　　　深度=1000%　　　深度=0%

图8-136

▼重点

8.2.4 三大叠加

　　三大叠加是指"颜色叠加"图层样式、"渐变叠加"图层样式和"图案叠加"图层样式，这3个图层样式可以在图层上叠加指定的纯色、渐变色和图案。由于这3种图层样式在实际工作中经常会用到，因此我们在"第5章 提升设计效果的三大填充方式"中提前进行了讲解，大家如果忘了这部分内容，可以返回到第5章进行复习。

▼重点

8.2.5 两大发光

　　位置：图层>图层样式>外发光/内发光

　　两大发光是指"外发光"图层样式和"内发光"图层样式。我们先来看看"外发光"图层样式，它是沿图层边缘向外创建发光效果，这是一种很重要的图层样式，如图8-137和图8-138所示。"外发光"图层样式的参数选项由"结构""图素""品质"3个选项组构成，其中"品质"选项组一般不去设置它。

图8-137　　　　　　　　　　　图8-138

　　在"结构"选项组中，首先要设置的应该是发光的颜色。发光颜色可以是纯色，也可以是渐变色，如图8-139所示。

图8-139

设置好发光颜色后，接着应该设置发光的"混合模式"和"不透明度"。对于发光的"混合模式"，一般都是用去暗组中的"滤色"模式，偶尔也会用到该组中的"变亮""颜色减淡"或"线性减淡（添加）"模式，在发光效果不明显时甚至会用到遮挡组中的"正常"模式。至于发光的"不透明度"，大家可以根据自己的需求进行调节。"杂色"选项是用来在发光效果中加入颗粒，数值越大，颗粒感越强，如图8-140所示。

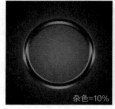  

图8-140

在"图素"选项组中，应该先设置"发光"的方法，有"柔和"和"精确"两种方法。"柔和"方法的发光效果过渡很自然，而"精确"方法的发光效果边缘是比较明确和强烈的，一般情况下选择"柔和"方法，如图8-141所示。

图8-141

在调整好发光的"方法"后，接着设置"扩展"和"大小"。"扩展"选项是指发光范围的大小，而"大小"选项是指发光的光晕范围的效果。一般情况下需要合理搭配这两个选项才能得到好的发光效果。例如，设置"扩展"为0%，发光效果是最柔和的；而随着数值增大，发光边缘的发光效果会越来越强烈，甚至会生成一种类似于描边的效果，如图8-142所示。在一般情况下，"扩展"选项的数值都不需要设置得过大。

至于"品质"选项组中的参数，一般情况下采用默认设置，大家可以调整不同的参数，试试会产生什么效果。

 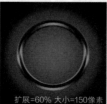 

图8-142

下面来看"内发光"图层样式，它是从图层边缘向内创建发光效果，如图8-143和图8-144所示。对于"内发光"图层样式，设置

方法与"外发光"图层样式没有任何区别，只是"图素"选项组中的参数选项有些许变化。第1个不同是"内发光"图层样式有一个"源"选项，可以选择从"边缘"进行发光还是从"内部"进行发光，如图8-145所示。第2个不同是"外发光"的"扩展"选项变成了"阻塞"选项，该选项的作用是在模糊之前收缩内发光的边界。

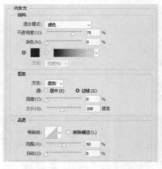 

图8-143　　　　　　　　　　　图8-144

图8-145

👑 重点

8.2.6　两大阴影

位置： 图层>图层样式>投影/内阴影

两大阴影是指"投影"图层样式与"内阴影"图层样式。下面先讲"投影"图层样式，该图层样式可以沿图层边缘向外创建阴影，使其产生立体感，如图8-146和图8-147所示。请大家注意，"投影"图层样式的功能并没有想象中那么强大，它只适合做一些简单的投影，如果要做产品投影或人像投影，需要用其他方法来制作。

图8-146　　　　　　　　　　　图8-147

🔗 知识链接：常见真实投影的制作方法

关于真实投影的制作方法，请参阅本章的综合训练。

"投影"图层样式的参数选项分"结构"和"品质"两个选项组，重要参数都集中在"结构"选项组中。在调整投影之前，我们先要确定自己需要制作什么样的投影。对于"投影"图层样式而言，一般能制作出"平躺型"投影和"偏移型"投影两种，如图8-148所示。如果要做成"平躺型"投影，那么要先设置"距离"为0像素，然后调整"扩展"选项和"大小"选项，这种投影与"角度"无关；如果要做成"偏移型"投影，那么要同时调整"角度""距离""扩展""大小"选项。

图8-148

至于"混合模式""不透明度"选项，这里就不再介绍了。参数设置面板的下方有一个"图层挖空投影"选项，该选项可以用来控制半透明图层中投影的可见性。如果图层的"填充"数值小于100%，勾选该选项时半透明图层中的投影不会显示出来，反之则会显示出来，如图8-149所示。

图8-149

下面来看"内阴影"图层样式。该图层样式可以沿图层边缘向内创建阴影，如图8-150和图8-151所示。"内阴影"图层样式与"投影"图层样式的参数几乎没有区别，只是将"扩展"选项变成了"阻塞"选项（在模糊之前收缩内阴影的边界）。

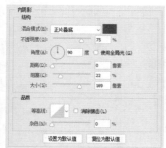 

图8-150　　　　　　　　　图8-151

■ 重点

8.2.7 描边

位置： 图层>图层样式>描边

"描边"图层样式应该算是所有图层样式中最简单的，它可以用颜色、渐变或图案来描绘图像的轮廓边缘。先来看看"描边"图层样式的参数设置面板，如图8-152所示。要设置"描边"图层样式，先要确定描什么样的边。在"填充类型"中，可以选择"颜色""渐变""图案"中的一种进行描边，如图8-153所示。至于其他的参数选项，都非常简单，大家一试就懂。

图8-152

图8-153

8.2.8 光泽

位置： 图层>图层样式>光泽

"光泽"图层样式一般用来制作表面很光滑且反射很强烈的效果，如不锈钢、陶瓷和玉石等对象的光泽表面，如图8-154和图8-155所示。该图层样式很少单独使用，一般需要配合其他图层样式，且需要比较复杂的"等高线"才可能出效果。"光泽"图层样式的参数很少，大家一试就懂。它在工作中很少用到，因为很多好看的光泽特效都需要通过"手绘"的方式才能制作出来。

 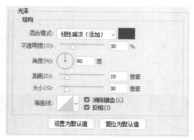

图8-154　　　　　　　　　图8-155

8.2.9 全局光

位置： 图层>图层样式>全局光

"斜面和浮雕""内阴影""投影"图层样式中都有一个"使用全局光"选项。这个选项的作用是统一这3个图层样式的光源角度，使图层样式的光照效果更加自然、真实。

打开"学习资源>素材文件>CH08>8.2>全局光.psd"文件，这个文件中的"椭圆"图层有3个图层样式，即"斜面和浮雕""内阴影""投影"图层样式，其中"斜面和浮雕"和"内阴影"图层样式的"角度"为90度，"投影"图层样式的"角度"为30度，如图8-156所示。

"斜面和浮雕"的"角度"=90度
"内阴影"的"角度"=90度
"投影"的"角度"=30度

图8-156

现在要将所有的角度统一为135度。操作的方法有两种，一种是挨个修改角度，另外一种是使用全局光进行修改。我们就用全局光进行修改。执行"图层>图层样式>全局光"菜单命令，打开"全局光"对话框，设置"角度"为135度，如图8-157所示。设置完成后，勾选"图层样式"对话框中各个样式的"使用全局光"选项，那么这些样式的"角度"就会自动统一为135度，如图8-158所示。如果以后要统一修改角度，只需要在"全局光"对话框中修改"角度"值就可以了。

图8-157

勾选"使用全局光"选项

图8-158

👆重点

🖐案例训练：用图层样式制作暗黑3D立体字

案例文件	学习资源>案例文件>CH08>案例训练：用图层样式制作暗黑3D立体字.psd
素材文件	学习资源>素材文件>CH08>素材08.jpg~素材10.jpg
难易程度	★★★☆☆
技术掌握	用图层样式制作立体特效

本例是一款暗黑风格的3D字特效，像这样的文字特效，既可以用于游戏，又可以用于电影，是设计师必须掌握的字体设计之一，如图8-159所示。立体字特效在Photoshop中一般用"斜面和浮雕"图层样式来制作，但是要出好的效果，还得用其他图层样式配合才行。

图8-159

01 打开"学习资源>素材文件>CH08>素材08.jpg"文件，这是一张背景图像。用"横排文字工具" T.在画布中输入Strong，并选择一款哥特式的英文字体（大家可以从网上下载一些免费商用的哥特式字体作为练习），如图8-160所示。

图8-160

02 将Strong文字图层转换为智能对象，先为文字添加一个"斜面和浮雕"图层样式，将初步的立体感塑造出来，具体参数和效果如图8-161和图8-162所示。

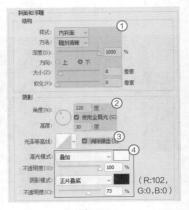

图8-161

图8-162

03 勾选"斜面和浮雕"图层样式的"等高线"辅助选项，然后选择预设中的"锯齿1"选项，这个等高线可以将文字立体边缘的硬朗感体现出来，接着勾选"消除锯齿"选项，并设置"范围"为6%，如图8-163和图8-164所示。

图8-163

图8-164

04 在"图层样式"对话框中单击"确定"按钮，完成操作。执行"图层>图层样式>全局光"菜单命令，打开"全局光"对话框，设置"角度"为120度，"高度"为30度，如图8-165所示。

05 隐藏Strong智能对象图层，执行"编辑>定义图案"菜单命令，打开"图案名称"对话框，设置"名称"为"浮雕映射"，这样可以直接将"背景"图层定义为图案，如图8-166所示。

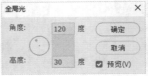

图8-165

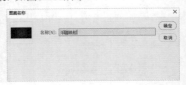

图8-166

06 再次打开"图层样式"对话框，勾选"斜面和浮雕"图层样式的"纹理"辅助选项，然后设置"图案"为上一步定义的"浮雕映射"图案（即"背景"图层），同时设置"缩放"为50%，"深度"为–190%，接着勾选"反相"选项，如图8-167和图8-168所示。

图8-167　　　　　　　　　图8-168

07 打开"素材09.jpg"文件，如图8-169所示。按快捷键Ctrl+U打开"色相/饱和度"对话框，先勾选"着色"选项，然后设置"饱和度"为50，"明度"为–30，使素材变成深红色，如图8-170所示。色调调整完成后，将素材定义为图案。

图8-169

图8-170

08 切换到立体字制作文档，为Strong智能对象图层添加一个"图案叠加"图层样式，将"图案"设置为上一步定义的红色图像，然后设置"混合模式"为"正片叠底"，"不透明度"为100%，"角度"为0度，"缩放"为33%，如图8-171所示。在画布中观察图案叠加的效果，可以发现图案叠在文字上有明显的分界，如图8-172所示。这时可以先不要关闭"图层样式"对话框，直接在画布中拖曳图案，使整幅图案叠在文字上，如图8-173所示。

图8-171

图8-172

图8-173

09 为Strong智能对象图层添加一个"内阴影"图层样式，具体参数和效果如图8-174和图8-175所示。

图8-174

图8-175

10 为Strong智能对象图层添加一个"内发光"图层样式，具体参数和效果如图8-176和图8-177所示。

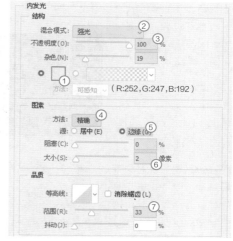

图8-176

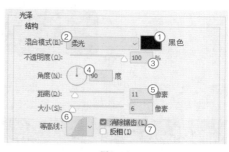

图8-177

11 为Strong智能对象图层添加一个"光泽"图层样式，具体参数和效果如图8-178和图8-179所示。其中，"等高线"需要选择预设的"高斯"选项。

图8-178

图8-179

12 为Strong智能对象图层添加一个"渐变叠加"图层样式,先将"渐变"设置为"深灰色→浅灰色"的渐变色(色值可自行确定),然后按照图8-180所示的参数进行设置,效果如图8-181所示。

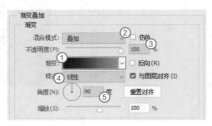
图8-180

图8-181

13 为Strong智能对象图层添加一个"投影"图层样式,具体参数和效果如图8-182和图8-183所示。

图8-182

图8-183

14 加入一些装饰性文案,并用"素材10.jpg"文件配合"颜色减淡"模式在文字上做一些闪电特效,最终效果如图8-184所示。

图8-184

♛ 重点

学后训练:用图层样式制作酒吧霓虹灯海报

案例文件	学习资源>案例文件>CH08>学后训练:用图层样式制作酒吧霓虹灯海报.psd
素材文件	学习资源>素材文件>CH08>素材11.psd、素材12.jpg
难易程度	★★☆☆☆
技术掌握	用图层样式制作发光特效

图层样式中的"外发光"图层样式在制作一些发光特效时非常有用。例如,绚丽的霓虹灯特效,用"外发光"图层样式可以轻松制作出来,如图8-185所示。由于本例的海报中霓虹灯特效的制作方法完全相同,因此只教大家如何做"酒吧"两个字的霓虹灯特效。

图8-185

♛ 重点

学后训练:用图层样式制作一组电商图标

案例文件	学习资源>案例文件>CH08>学后训练:用图层样式制作一组电商图标.psd
素材文件	无
难易程度	★★☆☆☆
技术掌握	图层样式的运用

本例是一组非常简单但颜色很丰富的电商图标制作训练,用图层样式可以轻松完成,如图8-186所示。

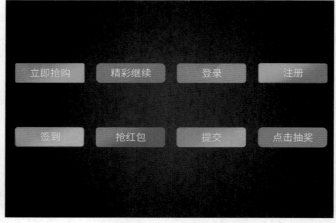
图8-186

8.3 综合训练营

本章最重要的知识点是混合模式，其次是图层样式。对于混合模式，无论做什么设计都可能会用到。因此，本章的6个综合训练都涉及混合模式。这里要特别提到一种图层样式，即"投影"图层样式，该图层样式在做真实投影时几乎没用，但是投影的制作又是不得不掌握的技法，因此我们安排了4个综合训练来教大家做各式各样的真实投影，即普通产品投影、产品空间投影、转角投影和焦散投影。

👑 重点

◈ 综合训练：设计商务双重曝光特效

案例文件	学习资源>案例文件>CH08>综合训练：设计商务双重曝光特效.psd
素材文件	学习资源>素材文件>CH08>素材13.jpg~素材18.jpg
难易程度	★★☆☆☆
技术掌握	用"滤色"混合模式设计双重曝光

图8-187

双重曝光是当下比较火爆的设计。本例我们不去设计合成型的双重曝光，而是做一个商务型的双重曝光，如图8-187所示。像本例的这种效果，会经常用在一些大型企业的内部报告或演讲中，也可以用在企业网站的Banner中。

👑 重点

◈ 综合训练：设计一组电商同款五色裙子

案例文件	学习资源>案例文件>CH08>综合训练：设计一组电商同款五色裙子.psd
素材文件	学习资源>素材文件>CH08>素材19.jpg
难易程度	★★★★☆
技术掌握	衣服类电商产品的修图思路及用混合模式换色的方法

本例是一个十分重要且有一定难度的电商修图与换色的案例，从原片的修脏、修形、磨皮，再到调色（仅修正环境色，不会改变裙子的本色）与换色，以及各种细节的处理，每一个环节都没落下，如图8-188所示。相信大家学完本例后，对电商修图（尤其是衣服类修图）会有一个初步的了解。对于前面章节中重点讲解过的技术会以介绍思路为主，而对于大家还没涉及的技术会进行详细讲解，如调色等。

图8-188

♛ 重点

◈ 综合训练：设计一组真实的产品投影

案例文件	学习资源>案例文件>CH08>综合训练：设计一组真实的产品投影.psd
素材文件	学习资源>素材文件>CH08>素材20.psd
难易程度	★★☆☆☆
技术掌握	接触类投影、漂浮类投影、长投影和倒影的制作方法

　　一款好产品，不仅需要体现品质与质感，而且要体现真实感，而投影的真实性就是真实感中很重要的一环。产品投影主要分为接触类投影、漂浮类投影、长投影和倒影4种，这些投影类型的制作方法是电商设计师必须掌握的技能，如图8-189所示。产品投影是不会用"投影"图层样式来制作的，因为用"投影"图层样式制作出来的投影效果比较假。

图8-189

♛ 重点

◈ 综合训练：设计一组真实的产品空间投影

案例文件	学习资源>案例文件>CH08>综合训练：设计一组真实的产品空间投影.psd
素材文件	学习资源>素材文件>CH08>素材21.psd
难易程度	★★☆☆☆
技术掌握	产品空间投影的制作方法

　　相比于上一个案例的产品投影，本例的产品投影属于空间型的，要复杂一些，也更高级一些，适合一些比较高端的产品，如图8-190所示。

图8-190

♛ 重点

◈ 综合训练：设计真实的产品墙面转角投影

案例文件	学习资源>案例文件>CH08>综合训练：设计真实的产品墙面转角投影.psd
素材文件	学习资源>素材文件>CH08>素材22.psd
难易程度	★★☆☆☆
技术掌握	用"透视变形"命令做转角投影

　　本例的投影属于比较特殊的投影，因为它是一种变形投影。很多初学者在做墙面投影，尤其是地面和墙面有转角效果的投影时总是不标准。这种投影用前面两个案例的方法都无法做到准确，而用"透视变形"命令来做的话就很容易了，如图8-191所示。

图8-191

♛ 重点

◈ 综合训练：设计真实的透明产品焦散投影

案例文件	学习资源>案例文件>CH08>综合训练：设计真实的透明产品焦散投影.psd
素材文件	学习资源>素材文件>CH08>素材23.psd
难易程度	★★☆☆☆
技术掌握	用"透明形状图层"与"颜色减淡"模式做焦散投影

　　焦散投影是模拟光通过透明物体而形成的投影。对于初学者来说，在做这种投影时往往无从下手。基于此，本例就选了一个非常简单的啤酒海报来教大家如何做简单的焦散投影（复杂的焦散投影需要在三维软件中制作），如图8-192所示。

图8-192

第 **9** 章 蒙版与合成专场

本章主要介绍Photoshop中的蒙版。使用蒙版可以精准控制图像的显示范围，是合成中必不可少的工具，其重要程度不言而喻。

学习重点 🔍

9.1 四大蒙版

Photoshop中的蒙版总共有4种，分别是图层蒙版、剪贴蒙版、矢量蒙版和快速蒙版，如图9-1所示。其中，图层蒙版和剪贴蒙版最为重要，矢量蒙版和快速蒙版了解即可。我们在工作中所说的蒙版，一般特指为图层蒙版，如本书中经常会出现"为某图层添加一个蒙版"这样的描述，这里的"蒙版"就是指图层蒙版。当然，这也是本章重点讲解的内容。

图9-1

> 知识链接：剪贴蒙版
>
> 剪贴蒙版的重要程度不亚于图层蒙版，且属于基本技术，在第3章中就已经进行过详细介绍。大家如果忘记了剪贴蒙版技术，可以返回到"3.7 用图框与剪贴蒙版排版"中进行复习。

9.2 图层蒙版

相信按照本书顺序来进行学习的读者已经知道了图层蒙版的重要程度，因为它的出现频率实在是太高了。在学习图层蒙版之前，我们需要知道它到底可以用来做什么。在"4.7.3 蒙版抠图法"中已经讲解过图层蒙版可以用来抠图，但是它还有另外两个重要的用处，即合成与调色，如图9-2所示。

图9-2

◆重点
9.2.1 动手练图层蒙版的基本操作

打开"学习资源>素材文件>CH09>9.2>滑雪.psd"文件，这个文件含两个图层，一个滑雪的"背景"图层和一个手持手机的"手机"图层，如图9-3所示。下面就用这个文件来讲解一下图层蒙版的基本操作。

图9-3

☞ 添加/删除图层蒙版--------------------------------------

选择"手机"图层，单击"图层"面板下方的"添加图层蒙版"按钮 ▢，可以为"手机"图层添加一个白色蒙版；按住Alt键并单击"添加图层蒙版"按钮 ▢，添加的则是一个黑色蒙版。白色蒙版和黑色蒙版就是工作中经常听到的"白版"和"黑版"。在"白版"状态下，"手机"图层的图像会全部显示；在"黑版"状态下，"手机"图层的图像会完全隐藏，如图9-4所示。至于原理，在下面的内容中会进行讲解。除此之外，我们还可以通过执行"图层>图层蒙版"子菜单中的"显示全部"和"隐藏全部"命令为图层添加"白版"和"黑版"。

直接单击添加"白版"　　　　　按住Alt键并单击添加"黑版"

图9-4

如果文档中存在选区，单击"图层"面板下方的"添加图层蒙版"按钮 ▢，可以基于当前选区为图层添加图层蒙版，选区以外的图像会被隐藏，如图9-5所示。

手机图层选区　　　　　　　　基于选区添加图层蒙版

图9-5

> ? 疑难问答：可以将图层蒙版范围转换为选区吗？
>
> 按住Ctrl键并单击图层蒙版缩览图，可以将蒙版中包含的选区加载至画布中。如果图层蒙版包含透明区域，那么载入的选区也包含透明区域。

如果要删除图层蒙版，可以执行"图层>图层蒙版>删除"菜单命令，或在图层蒙版缩览图上单击鼠标右键，然后在弹出的菜单中选择"删除图层蒙版"命令，如图9-6所示。

图9-6

☞ 应用图层蒙版--------------------------------------

执行"图层>图层蒙版>应用"菜单命令，或在图层蒙版缩览图上单击鼠标右键，然后在弹出的菜单中选择"应用图层蒙版"命令，可以将图层蒙版的效果应用到图层中，但是会删除图层蒙版，如图9-7所示。

图9-7

停用/启用图层蒙版

如果要停用图层蒙版，可以执行"图层>图层蒙版>停用"菜单命令，或在图层蒙版缩览图上单击鼠标右键，然后在弹出的菜单中选择"停用图层蒙版"命令。停用后，图层蒙版缩览图上会出现一个红色的×，如图9-8所示。

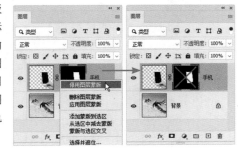

图9-8

如果要将停用的图层蒙版重新启用，可以执行"图层>图层蒙版>启用"菜单命令，或在图层蒙版缩览图上单击鼠标右键，然后在弹出的菜单中选择"启用图层蒙版"命令，如图9-9所示。另外，按住Shift键并单击图层蒙版缩览图也可快速停用或启用蒙版。

图9-9

转移/替换/复制图层蒙版

如果要将某个图层的蒙版转移到其他图层上，可以将蒙版缩览图拖曳至其他图层上，如图9-10所示。

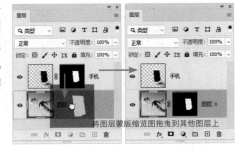

将图层蒙版缩览图拖曳到其他图层上

图9-10

① 技巧提示：如何将某个图层的蒙版转移到"背景"图层上？

需要注意的是，如果要将某个图层的蒙版转移到"背景"图层上，则需要先将"背景"图层解锁。

如果要用一个图层的蒙版替换掉另外一个图层的蒙版，可以将该图层的蒙版缩览图拖曳到另外一个图层的蒙版缩览图上，然后在弹出的对话框中单击"是"按钮 是(Y)。替换图层蒙版以后，原来的图层的蒙版会被删除，如图9-11所示。

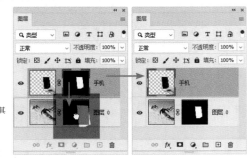

将蒙版缩览图拖曳到其他蒙版缩览图上

图9-11

如果要将一个图层的蒙版复制到另外一个图层上，可以在按住Alt键的同时将蒙版缩览图拖曳到另外一个图层上，如图9-12所示。

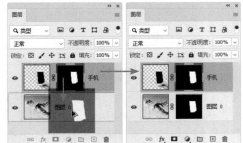

按住Alt键将蒙版缩览图拖曳到其他图层上

图9-12

◎ **知识课堂：用不同的显示方式查看蒙版**

为图层添加蒙版后，按\键可以查看蒙版区域。在蒙版区域中，被蒙住的区域会以"50%不透明度的红色"进行显示，没有被蒙住的区域会正常显示，如图9-13所示。如果要退出蒙版区域的显示，可以再次按\键。

如果要查看蒙版图像，可以按住Alt键并单击蒙版缩览图。进入蒙版内部后蒙版会以"黑白灰"进行显示，如图9-14所示。如果要退出蒙版内部，可以按住Alt键并再次单击蒙版缩览图。

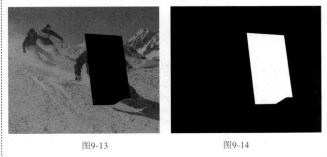

图9-13　　　　图9-14

■重点

9.2.2 用手机屏幕说图层蒙版原理

在掌握了图层蒙版的基本操作后，现在来学习图层蒙版的原理。关于图层蒙版的原理，请大家记住以下两点。

第1点： 蒙版遵循"黑透、白不透、灰半透"的基本原理。

第2点： 蒙版图像只能是黑、白、灰3种颜色。无论是用何种颜色填充或绘制蒙版，都会被强制转换为黑、白、灰。

打开"学习资源>素材文件>CH09>9.2>滑雪-完成.psd"文件，这是一个为手机屏幕做好蒙版的文件。我们先来验证图层蒙版的第1点原理。请大家看图9-15中的图a，其中的手机屏幕的蒙版是黑色的，"属性"面板中的"密度"为100%，屏幕被完全隐藏了起来，让我们可以透过手机屏幕看到背景上的人像，这就是"黑透"；接着来看图b，将"密度"值降到50%，手机屏幕的蒙版由黑色变成了灰色，让显示结果变成了半透明效果，这就是"灰半透"；再来看图c，将"密度"值降到了最低的0%，手机屏幕的蒙版由灰色变成了白色，让手机屏幕完全显示了出来，这就是"白不透"。

图9-15

我们可以将蒙版简单理解成一扇挂有窗纱的玻璃窗。当蒙版为黑色时，相当于将玻璃窗上的窗纱拉开了，让我们可以完全看到窗外的世界；当蒙版为灰色时，相当于为玻璃窗拉上了一层半透明的窗纱，让我们可以透过窗纱朦朦胧胧地看到外面的世界；而当蒙版为白色时，就相当于是为玻璃窗拉上了一层完全不透明的窗纱，让我们无法看到窗外的世界。利用蒙版的这个原理，可以轻松完成各种各样的合成效果。

至于蒙版原理的第2点就更好验证了。先选择"手机"图层的蒙版，然后设置前景色。选择黑色时前景色会正常显示为黑色，白色亦是如此，而当选择黑、白以外的其他彩色时，前景色都会被强制显示为灰色，也就是说在蒙版的世界中只有黑、白、灰3种颜色，如图9-16所示。

图9-16

👑重点

9.2.3 如何用图层蒙版做合成

合成是一项集抠图、修图、调色和特效于一体的综合性工作，绝对不是靠某个工具或技术就能单独完成的。合成的宗旨是，即使观者知道这种效果是假的，但看起来就像真的一样，也就是要达到"以假乱真"的目的。之所以将合成放到本章来讲，是因为蒙版在合成中起的作用非常大。几乎可以说，没有蒙版，就没有合成。我们先来看看做合成的思路、要领和核心技术，如图9-17所示。

下面就用本节后面的"案例训练：用图层蒙版合成大象走出手机"来讲解合成的思路、要领与核心技术，如图9-18所示。笔者相信大家以后是想从事设计工作的，因此，本书大部分内容都是从设计层面来讲解的，本节的合成案例更是如此。希望大家抱着学会技术、学懂设计的心态来对待每个案例。

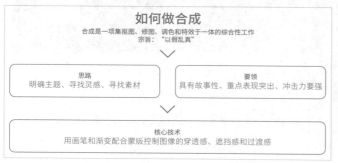

图9-17

图9-18

☞ **合成的思路**--

　　对于设计师而言，在接到设计项目时，客户一般会提出基本的要求，此时设计师不会立刻开始做设计，因为还需要做一些前期准备。在一般情况下，前期的准备工作分为明确主题、寻找灵感和寻找素材3个阶段。

图9-19

　　明确主题：这是接到项目后要做的第一件事情。对客户的要求进行仔细解读，弄清楚客户需要表达什么样的主题。如果客户在要求上表述不够清楚，设计师一定要及时与客户进行沟通，千万不能"揣着糊涂装明白"去做设计，否则退稿概率会很高，浪费彼此的宝贵时间，同时也会给客户留下不好的印象。本例要表现的主题是：体现手机优秀的高清拍照功能。

　　寻找灵感：寻找灵感不是让大家去空想，毕竟不是每个人都是天才。大家可以通过各种设计平台去找一些设计参考，看看其他的设计师在做同类作品时是怎么做的。现在有很多优秀的设计平台，如花瓣网、站酷网、摄图网和千图网等，都可以找到很多优秀的合成作品。例如，在站酷网上搜索"手机合成"，就会出来非常多的相关作品，如图9-19所示。经过一番思索以后，最终找了一张比较能表现作品主题的设计作品进行参考，如图9-20所示。请大家注意，参考不是抄袭，而是要通过参考并经过思维发散设计出符合主题、符号需求的作品。最终决定用森林和大象来做合成。

图9-20

　　寻找素材：确定用森林和大象做合成后，下一步就是寻找相应的素材了，如图9-21和图9-22所示。经过再三筛选，最终确定了两张比较合适的素材，如图9-23和图9-24所示。这里需要和大家明确说明一点：很多初学者都以为合成就是"堆素材"，这是一个错误的认识。优秀的合成作品，不是素材堆得越多越好，而是要看堆得合理与否，有时候一张看似复杂的合成作品，可能只需要几张素材就完成了，但是有时候用几十张素材堆出来的作品却显得凌乱不堪。另外，有些读者会走一个极端，那就是"排斥素材"，总觉得所有的作品都可以从头到尾"画"出来，这也是不对的。就像本例的这两张素材，就算能画出来，那也不知道要花多长时间才能完成素材的准备工作。

图9-21

图9-22

图9-23

图9-24

☞ **合成的要领**--

　　从严格意义上来讲，合成的要领不能算合成的某个环节，而是属于对设计师的基本要求。对于合成作品而言，需要遵循3点要领，即画面要具有故事性、重点表现要突出、画面的冲击力要强。

　　具有故事性：演说家会用语言说故事，而对于设计师而言，需要做到"用图讲故事"。一张优秀的作品，尤其是合成作品，需要融入设计师自己的思想和情感，让观者去品读。

　　重点表现突出：前面提过初学者很喜欢用素材堆出一张看似很炫酷的作品，但这种作品往往缺乏重点，在到处都是炫酷元素的作品中很难找到重点在哪里。这里给大家一个建议：做设计要学会"做减法"。在做出一张作品后，如果自己或客户不满意，就可以试试"做减法"，往往能达到很好的效果。就像本例一样，其实画面中的大元素就是森林、大象和手机，但是重点其实就集中在手机区域，其他区域都是次要的。次要区域可以很好看、很炫酷，但是我们看作品时，必须一眼就能找到重点所在，如图9-25所示。

　　冲击力要强：合成作品除了要引起观者的共鸣，还需要强调画面的冲击力。哇，好牛哦！这个"牛"字，十有八九说的就是画面冲击力，因为冲击力能带给观者震撼的感受。就拿本例来说，画面的冲击力主要体现在4处（注意先后顺序），大象走出手机的那一瞬间、手机拍摄的瀑布画面、近处清澈的溪水、背景上的光效，如图9-26所示。在能体现画面冲击力的这4个地方中，前三者都能体现一个"动"字，虽然这是一张静帧作品，但是很好地表现出了动感。

图9-25　　　　　　　　　　　　　　　　图9-26

☞ **合成的核心技术**--

在前面提到过，合成是一项集抠图、修图、调色和特效等于一体的综合性工作，绝对不可能靠某个工具或技术就能单独完成。但总的来说，蒙版在合成中起的作用是非常重要的。请大家记住：合成的核心技术就是用画笔和渐变控制图像的穿透感、遮挡感和过渡感（朦胧感）。

蒙版的核心技术离不开两个工具，即"画笔工具" ✓ 和"渐变工具" ▣。图9-27所示为一个手机立于溪水中的合成效果，下面我们就以这个效果为例教大家如何用"画笔工具" ✓ 和"渐变工具" ▣ 配合蒙版来营造穿透感、遮挡感和过渡感。打开"学习资源>素材文件>CH09>素材01.jpg"文件，然后将"素材02.png"文件拖曳至画布中，并调整大小和位置，如图9-28所示。

图9-27 　　　　　　　　　　　　　图9-28

第1步：营造穿透感。这里要让手机屏幕"空"出来，以显示出背景上的图像。先用"快速选择工具" ☑ 将屏幕区域框选出来，然后执行"选择>修改>扩展"菜单命令，打开"扩展选区"对话框，设置"扩展量"为1像素，这样可以去除残留的屏幕像素，接着为选区添加一个蒙版，此时画面中只会显示屏幕区域，按快捷键Ctrl+I将蒙版进行反相处理，这样就只保留手机的边框区域。通过这一系列的操作，手机的屏幕区域就形成了一个"镂空"效果，从而显示出背景上的瀑布，如图9-29所示。

图9-29

第2步：营造遮挡感和过渡感。选择"画笔工具" ☑，用黑色的"柔边圆"画笔在蒙版中涂抹手机边框底部，让溪水遮挡下边框，然后涂抹手机的右边框和左边框，让它们与溪水融合在一起，根据溪水的高低程度，右边框要高于左边框，如图9-30所示。

图9-30

第3步：营造手机边框的明暗过渡感。创建一个"曲线"调整图层，往左上方拖曳曲线中部，提亮画面，然后按快捷键Alt+Ctrl+G将其设置为手机的剪贴蒙版。森林中的光线是从右上方照射下来的，因此用"渐变工具" ▣ 在蒙版中填充一个从左下方至右上方的黑白渐变，让手机边框的右上方至左下方形成一个明暗过渡，如图9-31所示。

图9-31

通过前面3步的简单操作，我们轻松营造出了手机融入森林和溪水的效果，穿透感、遮挡感和过渡感一目了然，如图9-32所示。当然这只是一个非常简单的示例，下面正式讲解这个案例的完整制作过程。

图9-32

★ 重点

🖐 案例训练：用图层蒙版合成大象走出手机

案例文件	学习资源 > 案例文件 >CH09> 案例训练：用图层蒙版合成大象走出手机 .psd
素材文件	学习资源 > 素材文件 >CH09> 素材 01.jpg、素材 02.png、素材 03.jpg
难易程度	★★☆☆☆
技术掌握	图层蒙版在合成中的基本用法

本例是一个非常简单的合成案例，在学习了上面的合成内容后，再完成本例的制作就非常简单了，如图9-33所示。

图9-33

01 打开"学习资源>素材文件>CH09>素材01.jpg"文件，然后按快捷键Ctrl+J将其复制一层，接着将其转换为智能对象，并命名为"背景虚化"。执行"滤镜>模糊>高斯模糊"菜单命令，打开"高斯模糊"对话框，设置"半径"为10.0像素，如图9-34所示。

图9-34

02 将"素材02.png"文件（手机图像）拖曳至画布中，然后采用前面讲解的方法将手机合在画面中，如图9-35所示。

图9-35

03 为"背景虚化"图层添加一个蒙版，然后用黑色的"柔边圆"画笔在蒙版中涂去手机屏幕区域和近处的溪水区域，让"背景"图层中的清晰画面显示出来，这样就形成了一个背景虚化，但拍摄画面很清晰的效果，如图9-36所示。这里提供一张蒙版示意图供大家参考，如图9-37所示。

图9-36   图9-37

04 打开"素材03.jpg"文件，执行"选择>主体"菜单命令，将大象的主体轮廓框选出来，如图9-38所示。使用"快速选择工具" 对大象轮廓进行仔细修饰，同时减选两个空隙区域（按住Shift键变为加选，按住Alt键变为减选），如图9-39所示。接着按快捷键Ctrl+J将大象复制到一个新图层中，如图9-40所示。大象的脚底不需要抠得很精确，如果抠出来的边缘不是很平滑，可以用"橡皮擦工具" 进行简单修饰。

| 图9-38 | 图9-39 | 图9-40 |

05 用"移动工具" 将抠出来的大象拖曳至合成文档中，并将其置于顶层，同时命名为"大象"，如图9-41所示。按住Alt键并将"素材02"图层的蒙版拖曳至"大象"图层上，这样可以将"素材02"图层的蒙版拷贝给"大象"图层，效果如图9-42所示。接着按快捷键Ctrl+I将蒙版进行反相处理，效果如图9-43所示。

| 图9-41 | 图9-42 | 图9-43 |

06 现在来制作大象穿过手机的效果，请大家仔细操作。按住Ctrl键并单击"素材02"图层的缩览图，载入该图层的选区，然后按快捷键Shift+Ctrl+I反选选区，这样可以将手机的边框保护起来，如图9-44所示。接着用白色的"柔边圆"画笔在"大象"图层的蒙版中将大象的尾部涂出来，如图9-45所示。涂抹完成后按快捷键Ctrl+D取消选区。

07 用白色的"柔边圆"画笔在"大象"图层的蒙版中将大象的耳朵涂出来，这样就做成了大象穿过手机的效果，如图9-46所示。接着用黑色的"柔边圆"画笔（"不透明度"为30%左右）在蒙版中涂抹大象的脚部，将大象的脚与溪水合在一起，如图9-47所示。现在大象的合成工作基本上就完成了。

| 图9-44 | 图9-45 | 图9-46 | 图9-47 |

08 下面为画面加入一些光效。新建一个"光效"图层，用"吸管工具" ☑ 吸取画面中的光线颜色作为前景色，然后用"画笔工具" ☑ 在画布中根据背景光效画几笔笔触，如图9-48所示。接着执行"滤镜>模糊>动感模糊"菜单命令，打开"动感模糊"对话框，根据光线方向设置"角度"为50度，"距离"为900像素，如图9-49所示。最后将混合模式修改为"柔光"，效果如图9-50所示。

图9-48

图9-49

图9-50

09 现在来调整画面的色调。执行"图层>新建调整图层>曲线"菜单命令，创建一个"曲线"调整图层，然后在"属性"面板中将曲线调成图9-51所示的形状。这一步是微调亮部的对比。

图9-51

10 执行"图层>新建调整图层>色彩平衡"菜单命令，创建一个"色彩平衡"调整图层，然后在"属性"面板中设置"青色-红色"为-2（加入少许青色），"洋红-绿色"为+3（加入少许绿色），"黄色-蓝色"为-15（加入一些黄色），如图9-52所示。

图9-52

11 执行"图层>新建调整图层>自然饱和度"菜单命令，创建一个"自然饱和度"调整图层，然后在"属性"面板中设置"饱和度"为2，最终效果如图9-53所示。

图9-53

👆重点

✍ **学后训练：用图层蒙版合成乡间小路**

案例文件	学习资源>案例文件>CH09>学后训练：用图层蒙版合成乡间小路.psd
素材文件	学习资源>素材文件>CH09>素材04.jpg~素材06.jpg
难易程度	★★★☆☆
技术掌握	蒙版合成技法

本例是一个乡间小路合成，所用的技术依然是蒙版合成，只需要用3张素材就可以轻松完成制作，如图9-54所示。

图9-54

9.3 矢量蒙版

　　矢量蒙版是通过钢笔类工具或形状类工具创建出来的蒙版，与图层蒙版相同，矢量蒙版也是非破坏性的。在创建完矢量蒙版后，可以继续对矢量蒙版的形状进行调整。相比于图层蒙版，矢量蒙版在工作中很少用到，大家只需了解即可。

　　打开"学习资源>素材文件>CH09>9.3>咖啡.psd"文件，该文件中包含一个"背景"图层和一个"咖啡"图层。选择"咖啡"图层，按住Ctrl键并单击"添加图层蒙版"按钮 ▣，可以为图层添加一个白色的矢量蒙版（"白版"）；按住Ctrl+Alt键单击"添加图层蒙版"按钮 ▣，

则可以为图层添加一个灰色的矢量蒙版（"灰版"）。矢量蒙版的"白版"的功能相当于图层蒙版中的"白版"，而矢量蒙版的"灰版"的功能则相当于图层蒙版中的"黑版"，即"灰透，白不透"，如图9-55所示。另外，执行"图层>矢量蒙版"子菜单中的"显示全部"命令和"隐藏全部"命令也可以创建"白版"和"灰版"。

图9-55

　　矢量蒙版不能用画笔进行编辑。如果要对矢量蒙版进行编辑，则需要借助钢笔类工具或形状类工具。这里以"白版"为例，用"椭圆工具" ▣（绘图模式为"路径"）在"咖啡"图层的"白版"上绘制一个椭圆路径，路径以外的区域会被隐藏，只显示出咖啡杯；如果想要显示其他对象，只需要在"白版"中继续绘制路径即可，如图9-56所示。如果要调整路径的大小和位置，可以用"路径选择工具" ▶ 进行调整。

图9-56

　　我们也可以先用钢笔类工具在图像上绘制出路径，然后用"路径选择工具" ▶ 选择路径，在画布中单击鼠标右键，接着在弹出的菜单中选择"创建矢量蒙版"命令（或执行"图层>矢量蒙版>当前路径"菜单命令），这样也可以创建矢量蒙版，如图9-57所示。

图9-57

　　矢量蒙版的边缘是可以调整过渡效果的。选择矢量蒙版，在"属性"面板中调整"羽化"值即可调整边缘的过渡效果，如图9-58所示。另外，执行"图层>栅格化>矢量蒙版"菜单命令，或在矢量蒙版缩览图上单击鼠标右键，在弹出的菜单中选择"栅格化矢量蒙版"命令，可以将矢量蒙版转换为图层蒙版，如图9-59所示。

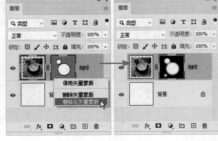

图9-58 　　　　　　　　　　　　　　　　　　图9-59

9.4 快速蒙版

工具箱："以快速蒙版模式编辑" 快捷键：Q

从严格意义上来说的话，将"快速蒙版"称为"快速选区"会更容易让人理解，因为所用工具"以快速蒙版模式编辑" 就是用来快速制作不规则选区的。快速蒙版有一套标准化的操作流程，实现这个流程的一组快捷键就是"Q→B→Q"，如图9-60所示。

图9-60

打开"学习资源>素材文件>CH09>9.4>时尚女孩.jpg"文件，下面以这张素材为例，教大家如何用快速蒙版将人物的皮肤区域大致选出来。按Q键进入快速蒙版编辑模式（图层缩览图会显示为半透明的红色），然后按B键选择"画笔工具" ，接着用黑色的"柔边圆"画笔在皮肤上涂抹，涂完后按Q键退出快速蒙版编辑模式，可以得到皮肤以外的选区，再按快捷键Shift+Ctrl+I就可以得到皮肤的选区，如图9-61所示。

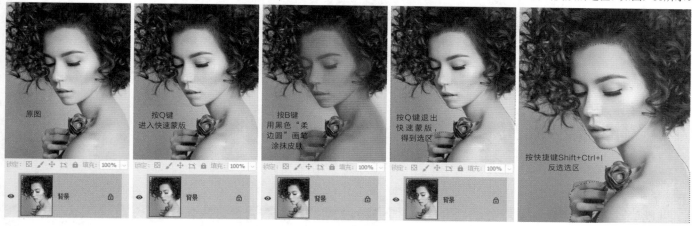

图9-61

用快速蒙版制作选区的过程就是这么简单，相信大家一试便会。在快速蒙版编辑模式下，"通道"面板中会出现一个临时性的"快速蒙版"通道，该通道中与画布中的快速蒙版的显示效果是对应起来的，即"（通道）黑色=（画布）红色、（通道）灰色=（画布）浅红色、（通道）白色=（画布）非红色"，如图9-62所示。在退出快速蒙版编辑模式前、后，画布中的红色区域变成未被选中的区域，浅红区域变成羽化的选区，非红色区域变成选中的区域（选区）。不过大家要注意一点，如果是用硬边圆画笔绘制快速蒙版，那么选区就不会有羽化效果。

好了，快速蒙版就讲到这里，大家了解即可，因为在工作中几乎不会用到这个功能。

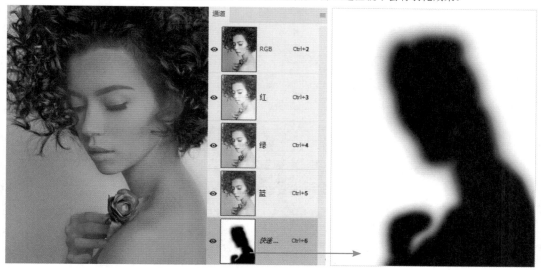

图9-62

9.5 综合训练营

本章讲了3种蒙版，在实际工作中图层蒙版是非常重要的，矢量蒙版和快速蒙版几乎不会用到。就图层蒙版而言，非常重要的用处之一就是合成，因此本节安排的3个综合训练都是关于如何做商业级合成的。

♛ 重点
◈ 综合训练：励志Banner合成

案例文件	学习资源>案例文件>CH09>综合训练：励志Banner合成.psd
素材文件	学习资源>素材文件>CH09>素材07.jpg~素材09.jpg、素材10.png
难易程度	★★★☆☆
技术掌握	蒙版抠图和蒙版合成

本例的制作难度稍微大一些，虽然案例效果看着比较简单，但是涉及的内容比较多，如蒙版抠图、调色和光效晕染等，如图9-63所示。

图9-63

♛ 重点
◈ 综合训练：梦幻森林创意合成

案例文件	学习资源>案例文件>CH09>综合训练：梦幻森林创意合成.psd
素材文件	学习资源>素材文件>CH09>素材11.jpg、素材12.jpg、素材13.png~素材15.png、素材16.jpg、素材17.jpg
难易程度	★★★★☆
技术掌握	用图层蒙版、画笔和混合模式等做合成

本例是一个极具创意的梦幻森林蘑菇房场景合成，如图9-64所示。本例的效果看似比较复杂，其实合成难度并不是很大，难度稍微大一些的就是蘑菇房的抠取与合成过程。

图9-64

♛ 重点
◈ 综合训练：超现实云端城市创意合成

案例文件	学习资源>案例文件>CH09>综合训练：超现实云端城市创意合成.psd
素材文件	学习资源>素材文件>CH09>素材18.jpg、素材19.png、素材20.jpg~素材22.jpg、素材23.png、素材24.psd~素材26.psd
难易程度	★★★★★
技术掌握	用图层蒙版、画笔、混合模式和调色功能等做合成

相比于上一个综合训练，本例的合成难度要大一些，涉及的技术也不再局限于图层蒙版和画笔，还涉及了抠图、调色，以及画面的对比合成与晕染合成等。就效果来讲，本例的实用性也比较高，可以作为城市宣传海报和房地产海报的主图等，如图9-65所示。

图9-65

① 技巧提示

② 疑难问答

◎ 知识课堂

◎ 知识链接

第 **10** 章 **矢量与UI设计**

本章主要介绍矢量图形的绘制方法，以及UI设计的相关内容。在实际工作中，Logo设计、UI设计等涉及的图形和界面多由矢量工具绘制而成。使用矢量工具绘图不仅方便、简单，还可以将成品无损放大。

学习重点　🔍

10.1 了解矢量图

矢量图是由数学公式定义的用直线或曲线来描述的图形，是通过数学计算得到的，具有编辑后不失真的特点，可以被无限放大。矢量图也被称为矢量形状或矢量对象，无论如何旋转和缩放，依旧可以保持清晰。在Photoshop中，矢量图多指用矢量工具绘制的形状或路径。例如，图10-1和图10-2所示为用"钢笔工具"绘制的矢量图上色前后的效果。

图10-1

图10-2

矢量工具指的是形状类工具和钢笔类工具，此外Photoshop中还提供了选择与编辑路径的基础工具，如图10-3所示。如果想熟练地绘制矢量图，那就需要掌握这些工具的使用方法。

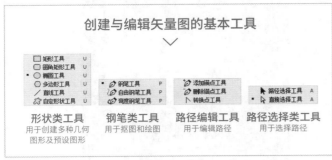
图10-3

创建与编辑矢量图的基本工具
∨

形状类工具	钢笔类工具	路径编辑工具	路径选择类工具
用于创建多种几何图形及预设图形	用于抠图和绘制	用于编辑路径	用于选择路径

ℹ️ 技巧提示：文字也是矢量的
使用文字类工具创建的文字也是矢量的，但与路径和形状是不同的。

10.1.1 路径与锚点

路径是由路径段（直线段或曲线段）组成的轮廓，路径段间由锚点连接。在曲线路径段上，被选中的锚点的切线方向上会显示一条或两条方向线，方向线以方向点结束，如图10-4所示。拖曳锚点可以改变路径的位置，拖曳方向点可以改变路径的形状，如图10-5和图10-6所示。

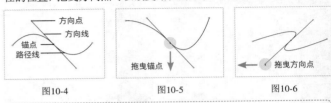

图10-4　　　　图10-5　　　　图10-6

ℹ️ 技巧提示：更改路径颜色和粗细
路径是矢量对象，不包含可打印的像素，只有使用颜色填充或描边后才能将其打印出来。执行"编辑>首选项>参考线、网格和切片"菜单命令，在弹出的对话框中可以修改路径的颜色和粗细。

路径可以是开放式的或闭合式的，也可以是由多个相互独立的路径组合而成的，如图10-7所示。锚点有平滑点和角点两种类型，不仅可连接路径段，还可作为开放式路径的起点和终点，如图10-8所示。可以通过锚点反复、自由地调整路径的形状，直到满意为止。

开放式路径　　　闭合式路径　　　组合式路径
图10-7

平滑点连接　　　　　　　角点连接
图10-8

👁 知识课堂：路径的"变身"
路径的应用范围很广泛，可以"变身"为选区、以颜色或图案填充的图像、以画笔类工具描边的图像、文字基线、形状图层、矢量蒙版，如图10-9所示。

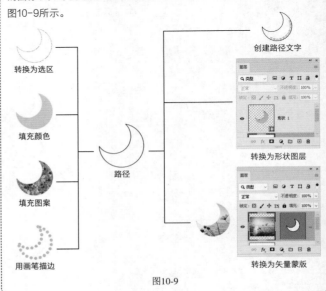

转换为选区

填充颜色

填充图案

用画笔描边

创建路径文字

转换为形状图层

转换为矢量蒙版

路径

图10-9

♛ 重点
10.1.2 绘图模式

使用矢量工具不仅可以创建矢量图形，还可以绘制位图。一般可以创建3种对象，即形状、路径和像素。在工具选项栏中选择不同的绘图模式，可以绘制出不同属性的图形，如图10-10所示。

图10-10

☞ 形状--

当选择"形状"选项时，可以选择用纯色、渐变或图案填充所绘制的形状或描边。单击"填充"或"描边"选项，在打开的下拉面板中即可选择填充或描边方式，如图10-11所示。选择不同的填充方式，下拉面板中会对应显示预设的颜色、渐变或图案，如图10-12所示。单击▦按钮，可以在打开的"拾色器"对话框中选择想要的颜色。

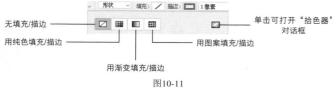

图10-11

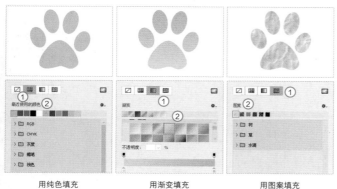

用纯色填充　　　　　用渐变填充　　　　　用图案填充

图10-12

单击"描边"选项，用同样的方式可以为图形描边，如图10-13所示。在"描边"选项的右侧可以设置描边的宽度，如图10-14所示。单击第2个▾按钮打开"描边选项"下拉面板，在其中可以设置描边样式、对齐方式、端点和角点的样式等，如图10-15所示。

用纯色描边　　　　　用渐变描边　　　　　用图案描边

图10-13

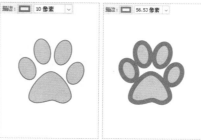

图10-14　　　　　　　　　　　　　图10-15

描边样式：用于设置路径描边的线条类型，包括实线、虚线和圆点，如图10-16所示。

实线　　　　　　　　　虚线　　　　　　　　　圆点

图10-16

对齐：单击▾按钮，在打开的下拉列表中可以选择描边与路径的对齐方式，包括内部、居中和外部，如图10-17所示。

内部　　　　　　　　　居中　　　　　　　　　外部

图10-17

端点：单击▾按钮，在打开的下拉列表中可以选择路径端点的样式，包括端面、圆形和方形，如图10-18所示。

端面　　　　　　　　　圆形　　　　　　　　　方形

图10-18

角点：单击▾按钮，在打开的下拉列表中可以选择路径转折处的样式，包括斜接、圆形和斜面，如图10-19所示。

斜接　　　　　　　　　圆形　　　　　　　　　斜面

图10-19

更多选项：单击该按钮，在打开的"描边"对话框中可以调整虚线的间隙，如图10-20所示。

图10-20

(?) **疑难问答：为什么描边宽度的单位显示的不是"像素"？**

描边宽度的单位是可以修改的。在路径描边宽度的输入框中单击鼠标右键，在弹出的菜单中即可选择宽度的单位，如图10-21所示。

图10-21

☞ 路径--

当选择"路径"选项时，绘制路径后在选项栏中单击"建立"右侧的"选区""蒙版""形状"按钮，可以将路径转换为选区、矢量蒙版和形状图层，如图10-22所示。

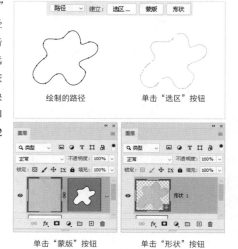

图10-22

☞ 像素--

当选择"像素"选项时，可以在选项栏中设置所绘图像的混合模式和不透明度。一般为了使图像边缘平滑，会勾选"消除锯齿"选项，如图10-23所示。

图10-23

10.2 用形状类工具绘图

Photoshop中共有6种形状类工具，使用这些工具不仅可以创建各种几何图形（如矩形、三角形、椭圆和多边形等），还可以创建出多种预设的图形（如野生动物、有叶子的树、小船和花卉等）。

👑 重点

10.2.1 绘制几何图形

工具箱："矩形工具" □ ."椭圆工具" ○ ."三角形工具" △ ."多边形工具" ○ ."直线工具" ╱ . **快捷键**：U

形状类工具的使用方法非常简单，具体的绘制方法和创建选区很相似。选择相应的工具，在画布中拖曳鼠标即可绘制矩形、椭圆、三角形、多边形和直线等；按住Shift键，在画布中拖曳鼠标即可绘制正方形、圆形、等边三角形、正多边形，以及水平、垂直或以45°角为增量的直线等，如图10-24所示。下面将着重讲解圆角、星形和箭头的绘制方法。

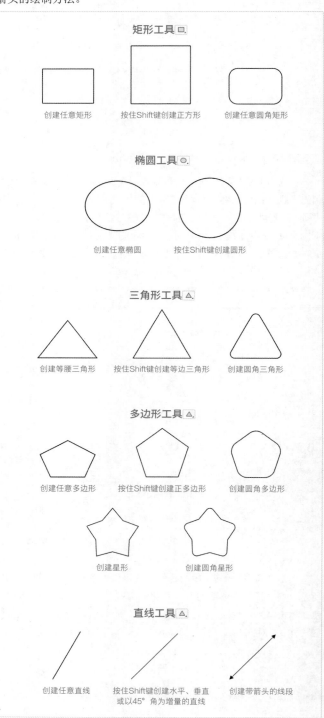

图10-24

◉ **知识课堂：以按下鼠标左键的位置为中心创建图形**

选择"矩形工具"□，拖曳鼠标时按住Alt键，将以按下鼠标左键的位置为中心创建矩形；拖曳鼠标时按住Shift+Alt键，将以按下鼠标左键的位置为中心创建正方形，如图10-25所示。此操作适用于"直线工具"╱外的形状类工具。

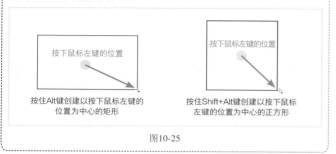

按住Alt键创建以按下鼠标左键的位置为中心的矩形　　按住Shift+Alt键创建以按下鼠标左键的位置为中心的正方形

图10-25

☞ **圆角的绘制方法**--------------------------------------

使用形状类工具可以绘制出圆角矩形和圆角多边形，下面以用"矩形工具"□绘制圆角矩形为例进行示范。选择"矩形工具"□，在其选项栏中设置圆角半径值，之后便可创建出圆角矩形，如图10-26所示。也可以在创建的矩形中拖曳圆角控制点，将该矩形修改为圆角矩形，如图10-27所示。按住Alt键并拖曳圆角控制点，可以单独修改一个角的半径，如图10-28所示。

图10-26

拖曳圆角控制点

图10-27

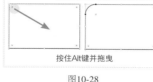

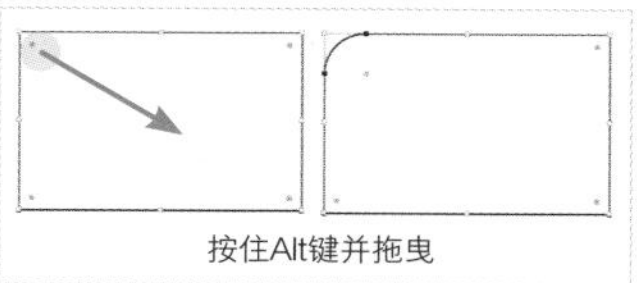

按住Alt键并拖曳

图10-28

选中已创建的矩形路径，在"属性"面板中可以修改圆角半径。还可以单击🔗按钮，取消各角半径值的链接，单独修改某个角的半径，如图10-29所示。

图10-29

① **技巧提示：其他的创建方法**

选择"矩形工具"□并在画布上单击，会弹出"创建矩形"对话框，在其中可以设置创建矩形的参数，如图10-30所示。

图10-30

☞ **星形的绘制方法**--------------------------------------

使用"多边形工具"◯不仅可以创建多边形，还可以创建星形。在其选项栏◉图标右侧的输入框中可以输入多边形的边数（或星形的顶点数），取值范围为3~100。例如，设置边数为5，可以创建五边形。单击选项栏中的✿按钮，在下拉面板中可以设置"星形比例"，如图10-31所示。根据不同的星形比例，可以生成不同样式的星形，如图10-32所示。勾选"平滑星形缩进"选项，可以创建圆滑边缘的星形，如图10-33所示。

图10-31

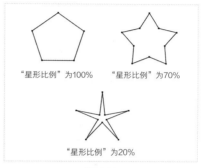

"星形比例"为100%　　"星形比例"为70%

"星形比例"为20%

图10-32

"星形比例"为70%，并勾选"平滑星形缩进"选项，以及调整顶角为圆角

图10-33

☞ **箭头的绘制方法**--------------------------------------

选择"直线工具"╱，单击选项栏中的✿按钮，在下拉面板中可以为线段添加箭头，如图10-34所示。勾选"起点"或"终点"选项，可以为线段的起点或终点添加箭头，如图10-35所示。其中的"凹度"（取值范围为-50%~50%）可以设置箭头的凹陷程度，如图10-36所示。

图10-34

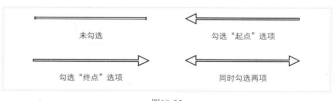

未勾选　　勾选"起点"选项

勾选"终点"选项　　同时勾选两项

图10-35

"凹度"为-30%　　"凹度"为0%　　"凹度"为30%

图10-36

10.2.2 绘制自定形状

工具箱: "自定形状工具" 　　**快捷键:** U

使用"自定形状工具"可以绘制出多种形状。Photoshop中包含多种预设形状,单击选项栏中"形状"右侧的按钮,在打开的下拉面板中选择一种形状后可以创建该形状的图形,如图10-37所示。

图10-37

此外,还可以加载外部形状库或者自定义形状。绘制图形后,执行"编辑>定义自定形状"菜单命令,打开"形状名称"对话框,在输入形状名称后单击"确定"按钮,即可将所绘制的图形定义为预设形状,如图10-38所示。创建完成后,该预设形状将出现在"形状"面板的底部,如图10-39所示。

图10-38　　　　　　　　　图10-39

> ② 疑难问答:为什么找不到旧版本中的形状?
>
> Photoshop中原有很多预设的形状。单击"形状"面板右上角的≡按钮,打开面板菜单,执行"旧版形状及其他"命令,如图10-40所示。这样可以将所有旧版预设形状导入"形状"面板,如图10-41所示。
>
>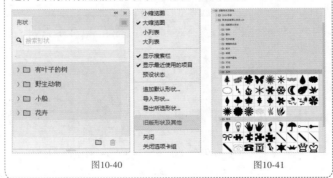
>
> 图10-40　　　　　　　　　图10-41

10.3 用钢笔类工具绘图

钢笔工具组中的工具不仅可以用来绘图,还可以用来抠图,功能十分强大。对于钢笔抠图的方法,已经在"4.7.1 钢笔精确抠图法"中进行了详细的介绍,本节将对钢笔类工具的绘图方法进行讲解。

📕 重点:

10.3.1 钢笔工具的使用方法

工具箱: "钢笔工具"　　**快捷键:** P

选择"钢笔工具",在鼠标指针变为状后,在画布中单击即可确定路径的起点,继续在另一处单击可创建一段直线路径;按住Shift键并单击,将锁定水平、垂直或以45°角为增量的方向来绘制,如图10-42所示。如果要闭合路径,可以将鼠标指针置于路径的起点,鼠标指针变为状时单击即可,如图10-43所示。如果要创建一段开放式路径,可以按Esc键或者单击其他工具,还可以按住Ctrl键(将临时切换为"直接选择工具")并单击画布空白处。

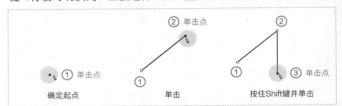

图10-42

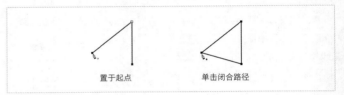

图10-43

> ① 技巧提示:添加或删除锚点
>
> 将鼠标指针置于路径上时会变为状,单击可添加锚点;将鼠标指针置于锚点上时会变为状,单击可删除该锚点。添加或删除锚点后可继续绘制路径。

使用"钢笔工具"不仅可以绘制直线,还可以绘制曲线。说到用钢笔类工具绘制曲线,就不得不提到贝塞尔曲线。贝塞尔曲线是计算机图形学中相当重要的参数曲线,由锚点与线段组成,锚点像是可拖动的支点,线段像是可伸缩的皮筋。很多软件都包含绘制贝塞尔曲线的工具,如Flash、Illustrator和CorelDRAW等。Photoshop中可绘制贝塞尔曲线的工具就是钢笔类工具。

选择"钢笔工具",先将鼠标指针定位到绘制贝塞尔曲线的起点,然后向下拖曳鼠标,即可创建一个平滑点(平滑点的两端有方向线),接着在下一个位置向上拖曳鼠标(拖曳过程中可调整方向线的长度和方向),再创建一个平滑点。继续创建一个平滑点,即可绘制一条光滑的曲线,如图10-44所示。

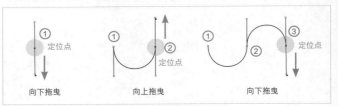

图10-44

我们已经知道了绘制曲线的方法，那么如何控制曲线的形态呢？其实，很多物体的边缘都可以看作是由多条直线、C形曲线和S形曲线组成的，如图10-45所示。C形曲线指的是形状像字母C的曲线，S形曲线的形状像字母S，如图10-46和图10-47所示。仔细观察可以发现，C形曲线两个锚点的方向线是同向的，即同上、同下、同左或同右；而S形曲线两个锚点的方向线是反向的，要么一上一下，要么一左一右。

图10-45

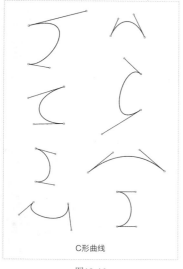

C形曲线

图10-46

S形曲线

图10-47

通过学习，我们已经初步掌握了"钢笔工具" 🖊 的使用方法，不过物体实际的边缘往往更复杂一些，很可能出现在绘制一段曲线后，需要继续绘制直线，或者在绘制一段直线后，需要绘制曲线等情况，这些路径该怎样绘制呢？下面将讲解常出现的5种情况。

在直线后面绘制曲线：使用"钢笔工具" 🖊 先绘制一段直线，然后按住Alt键并将鼠标指针置于最后一个锚点上，鼠标指针变为 ♦ 状时单击并拖曳鼠标，即可拖出该锚点的方向线，继续绘制即可，如图10-48所示。

按住Alt键   按住Alt键并拖曳   在直线后面绘制曲线

图10-48

在曲线后面绘制直线：使用"钢笔工具" 🖊 先绘制一段曲线，然后按住Alt键并将鼠标指针置于最后一个锚点上，鼠标指针变为 ♦ 状时单击，即可将平滑点变为角点，继续绘制即可，如图10-49所示。

按住Alt键   按住Alt键并单击   在曲线后面绘制直线

图10-49

绘制M形曲线：使用"钢笔工具" 🖊 先绘制一段曲线，然后将鼠标指针置于下方的方向点上，按住Alt键，单击并向上拖曳鼠标，使两条方向线形成夹角，继续绘制即可，如图10-50所示。将鼠标指针置于方向点上并按住Ctrl键，鼠标指针将变为 ▶ 状，拖曳鼠标可以移动锚点的位置，如图10-51所示。

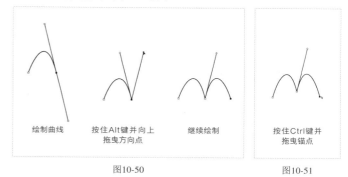

绘制曲线   按住Alt键并向上   继续绘制   按住Ctrl键并
         拖曳方向点   拖曳锚点

图10-50   图10-51

继续绘制：如果在路径闭合前进行了其他操作或者想接着一段开放式路径继续绘制，可以将鼠标指针置于路径的一个端点，鼠标指针变为 ♦ 状时单击即可继续绘制，如图10-52所示。

将鼠标指针置于端点   继续绘制

图10-52

连接两段开放式路径：如果在绘制一段路径过程中将鼠标指针置于另一条开放式路径的端点上，鼠标指针变为 ♦ 状时单击即可将两条路径进行连接，如图10-53所示。

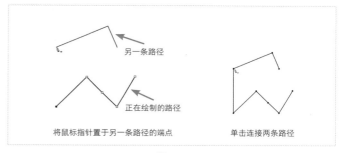

另一条路径

正在绘制的路径

将鼠标指针置于另一条路径的端点   单击连接两条路径

图10-53

此外，应特别记住"钢笔工具" ⊘.配合按键的使用方法。使用"钢笔工具" ⊘.时按住Alt键，相当于应用了"转换点工具" ⊿；使用"钢笔工具" ⊘.时按住Ctrl键，相当于将"钢笔工具" ⊘.切换为"直接选择工具" ▷.。

> 🔗 知识链接："转换点工具"和"直接选择工具"
>
> 关于"转换点工具" ⊿和"直接选择工具" ▷.的使用方法，请参阅"10.4.2 一练就会的路径基本操作"中的相关内容。

♛ 重点

10.3.2 弯度钢笔工具的使用方法

工具箱："弯度钢笔工具" ⊘.　　**快捷键**：P

"弯度钢笔工具" ⊘.适用于绘制曲线，并且在绘制过程中可直接编辑路径。在使用"钢笔工具" ⊘.绘制时，需通过拖曳锚点的方式来绘制曲线，而"弯度钢笔工具" ⊘.会根据锚点的位置自动生成平滑的曲线。下面分别使用"钢笔工具" ⊘.和"弯度钢笔工具" ⊘.在画布中创建3个锚点（不拖曳锚点），如图10-54所示。在绘制过程中拖曳锚点可以改变该锚点的位置，如图10-55所示。使用"弯度钢笔工具" ⊘.时先双击，然后在其他位置单击，可以绘制直线，如图10-56所示。按Esc键结束绘制。

"钢笔工具"绘制效果　　"弯度钢笔工具"绘制效果

图10-54

拖曳锚点

双击　单击

图10-55　　　　　　图10-56

将鼠标指针置于路径上，鼠标指针会变为 ⊘.状，单击可以增加锚点，如图10-57所示。单击锚点并按Delete键，可以删除锚点，如图10-58所示。将鼠标指针置于锚点上，鼠标指针会变为 ▷.状，双击锚点即可将平滑点转换为角点，如图10-59所示，将角点转换为平滑点的方式与之相同。

将鼠标指针置于路径上　单击可以增加锚点

图10-57

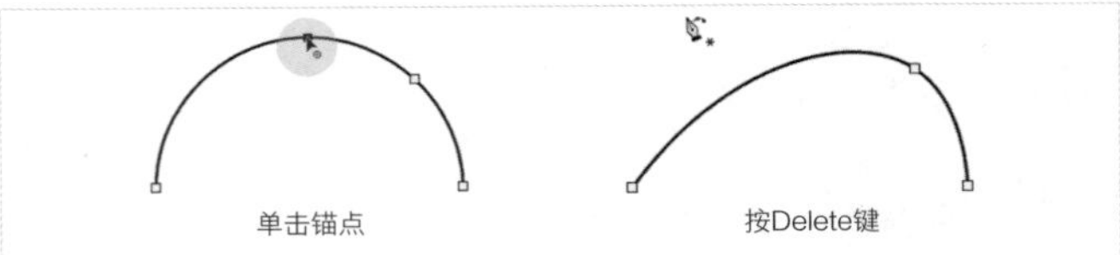

单击锚点　按Delete键

图10-58

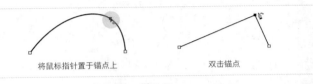
将鼠标指针置于锚点上　双击锚点

图10-59

> 👁 知识课堂：带有磁性的自由钢笔工具
>
> **工具箱**："自由钢笔工具" ⊘.　　**快捷键**：P
>
> "自由钢笔工具" ⊘.与"套索工具" ⚲的用法类似，使用该工具可以绘制出任意形状，绘制完成后将自动生成锚点。带有磁性的"自由钢笔工具" ⊘.可以用于创建路径并抠图。打开"学习资源>素材文件>CH10>10.4>草莓蛋糕.jpg"文件，选择"自由钢笔工具" ⊘.并勾选其选项栏中的"磁性的"选项，鼠标指针会变为 ⊘状，先单击确定起点，拖曳鼠标会自动生成带有锚点的路径，如图10-60所示。鼠标指针被拖曳至起点处时会变为 ⊘.状，单击即可闭合路径，如图10-61所示。

图10-60　　　　　　图10-61

与"磁性套索工具" ⚲相比，"自由钢笔工具" ⊘.的优点在于绘制完成后可以随时修改路径，使绘制的路径更为精确，如图10-62所示。

修改前　　　　修改后

图10-62

10.4 动手学路径

在使用形状类工具或钢笔类工具绘图后，可以对锚点和路径进行编辑，以满足不同的需求，包括对路径进行变换、描边或者创建选区等操作，如图10-63所示。掌握了这些操作，可以熟练地绘制矢量图或者抠图。

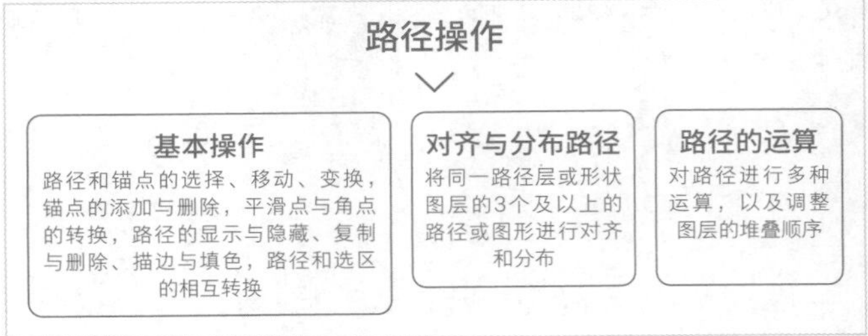

路径操作

基本操作	**对齐与分布路径**	**路径的运算**
路径和锚点的选择、移动、变换，锚点的添加与删除、平滑点与角点的转换，路径的显示与隐藏、复制与删除、描边与填充，路径和选区的相互转换	将同一路径层或形状图层的3个及以上的路径或图形进行对齐和分布	对路径进行多种运算，以及调整图层的堆叠顺序

图10-63

👑重点
10.4.1 认识"路径"面板

要想掌握路径的操作方法，首先要了解"路径"面板。在"路径"面板中，可以新建路径、删除路径、保存路径、填充路径、添加蒙版、描边路径，还可以将路径转化为选区或者从选区生成路径，如图10-64所示。

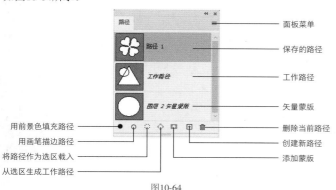

面板菜单
保存的路径
工作路径
矢量蒙版

用前景色填充路径
用画笔描边路径
将路径作为选区载入
从选区生成工作路径

删除当前路径
创建新路径
添加蒙版

图10-64

用前景色填充路径 ●：单击该按钮，可用前景色填充路径区域。

用画笔描边路径 ○：单击该按钮，可用画笔类工具对路径进行描边。

将路径作为选区载入 ⬡：单击该按钮，可将当前选择的路径转换为选区。

从选区生成工作路径 ◇：单击该按钮，可将当前的选区转换为工作路径。

添加蒙版 ▣：单击该按钮，可从路径中生成图层蒙版，再次单击可生成矢量蒙版。

创建新路径 ▢：单击该按钮，可以创建一个新的路径层。双击路径层的名称，可以对其进行重命名。如果要在新建路径层时为其命名，可以按住Alt键并单击"创建新路径"按钮 ▢，在打开的"新建路径"对话框中设置名称，如图10-65所示。

图10-65

删除当前路径 🗑：单击该按钮，可以删除当前选择的路径。

> ◎ **知识课堂：容易被替换掉的工作路径**
>
> 在创建路径后，可以在"路径"面板中看到路径层的名称是"工作路径"。工作路径层属于临时路径层，是很容易被替换掉的。绘制完成后取消选择工作路径层，再使用形状类工具或钢笔类工具进行绘制，原有的路径将被当前路径替换，生成新的工作路径层，如图10-66所示。
>
> 如果不想工作路径层中的路径被替换掉，可以双击工作路径层缩览图或者将其拖曳至"创建新路径"按钮 ▢ 上，存储该路径层，此时路径层的名称由"工作路径"变为了"路径1"，如图10-67所示。
>
>
>
> 取消选择   再进行绘制   存储路径层
> 图10-66   图10-67

👑重点
10.4.2 一练就会的路径基本操作

打开"学习资源>素材文件>CH10>10.4>路径基本操作.psd"文件，我们就用这个文件来练习路径的基本操作。执行"窗口>路径"菜单命令，打开"路径"面板，选择"路径1"，如图10-68所示。

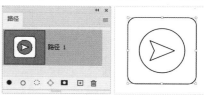

图10-68

👉 **选择与移动路径**---

工具箱："路径选择工具" ▶ **快捷键：A**

使用"路径选择工具" ▶ 可以选择一个或多个路径。单击路径，即可将其选取；选取后按住Shift键并单击其他路径，即可一同选取，如图10-69所示。拖曳出一个选框，即可选取选框范围内的所有路径，如图10-70所示。在选择一个或多个路径后，将鼠标指针置于路径上，拖曳路径即可移动路径，如图10-71所示。

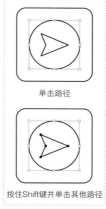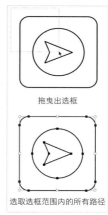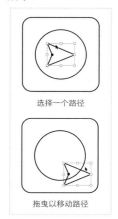

单击路径   拖曳出选框   选择一个路径

按住Shift键并单击其他路径 选取选框范围内的所有路径 拖曳以移动路径

图10-69   图10-70   图10-71

👉 **选择与移动锚点**---

工具箱："直接选择工具" ▷ **快捷键：A**

使用"直接选择工具" ▷ 单击路径，可以选择路径段并显示其两端锚点；单击锚点，可以将其选中，圆滑点还会显示方向线，被选中的锚点为实心方块，未被选中的锚点为空心方块，如图10-72所示。此时，拖曳路径段或锚点，可以将其移动，如图10-73所示。

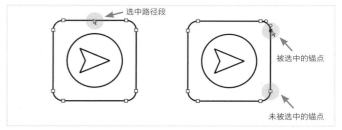

选中路径段
被选中的锚点
未被选中的锚点

图10-72

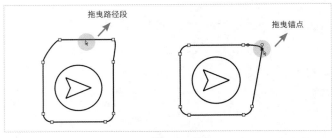

图10-73

> ① **技巧提示：将实时形状转变为常规路径**
>
> 因为文件中的路径均是使用形状类工具绘制的，所以在移动路径段或锚点时，会出现图10-74所示的提示框，单击"是"按钮 是(Y) 即可进行移动。
>
>
>
> 图10-74

按住Shift键并单击其他路径段或锚点，即可一同选取，如图10-75所示。拖曳出一个选框，即可选取选框范围内的所有路径段及锚点，如图10-76所示。

按住Shift键并单击

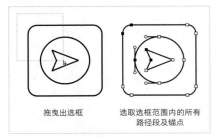

拖曳出选框　　　选取选框范围内的所有
　　　　　　　　路径段及锚点

图10-75　　　　　　　图10-76

☞ **添加与删除锚点**

工具箱："添加锚点工具" ☑️ **"删除锚点工具"** ☑️

使用"添加锚点工具"☑️可以在路径中添加锚点。选择该工具，将鼠标指针置于路径上，鼠标指针会变为▷状，单击即可添加一个锚点，如图10-77所示。添加锚点后，鼠标指针变为▷状，可直接调整锚点和方向线。

将鼠标指针置于路径上　　单击添加锚点

图10-77

使用"删除锚点工具"☑️可以删除路径中的锚点。选择该工具，将鼠标指针置于锚点上，鼠标指针会变为▷状，单击可将该锚点删除，如图10-78所示。

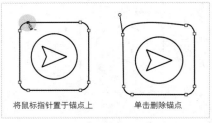

将鼠标指针置于锚点上　　单击删除锚点

图10-78

也可以通过按住Ctrl键（将临时转换为"直接选择工具"▷）并选择锚点，再按Delete键的方式来删除锚点，此时路径将变为开放式路径，如图10-79所示。

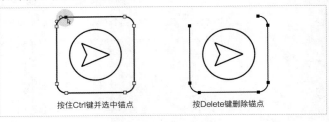

按住Ctrl键并选中锚点　　按Delete键删除锚点

图10-79

☞ **转换平滑点与角点**

工具箱："转换点工具" ⋀

使用"转换点工具"⋀可以转换锚点的类型。单击平滑点，可以将其转换为角点，如图10-80所示。拖曳角点，可以将其转换为平滑点，如图10-81所示。

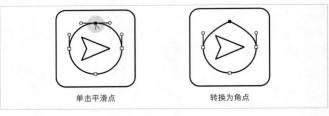

单击平滑点　　　　转换为角点

图10-80

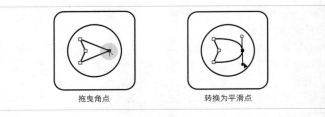

拖曳角点　　　　转换为平滑点

图10-81

拖曳方向点，可以单独调整一条方向线的方向和长度，如图10-82所示。按住Ctrl键，拖曳方向点，可以同时调整该锚点的两条方向线，如图10-83所示。

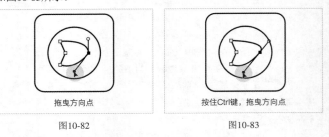

拖曳方向点　　　　按住Ctrl键，拖曳方向点

图10-82　　　　　　图10-83

☞ **变换路径与锚点**

使用"路径选择工具"▷选择路径后，会出现定界框，如图10-84所示。执行"编辑>变换路径"子菜单中的命令，可以对路径进行变换操作。执行"编辑>自由变换路径"菜单命令或者按快捷键Ctrl+T，可以对路径进行自由变换，其操作方式与图像的变换方式

相似。不同的是，选择路径后将自动出现定界框。拖曳定界框或控制点，可以对路径进行拉伸等操作；按住Shift键并拖曳定界框或控制点，可以等比例缩放路径，如图10-85所示。

选择路径后出现定界框　　　拖曳控制点　　按住Shift键并拖曳控制点

图10-84　　　　　　　　图10-85

使用"直接选择工具"选择锚点，执行"编辑>变换点"子菜单中的命令，可以对锚点进行变换操作。执行"编辑>自由变换点"菜单命令或者按快捷键Ctrl+T，可以对锚点进行自由变换，如图10-86所示。

拖曳出选框　　　选择锚点　　按快捷键Ctrl+T　　拖曳控制点

图10-86

知识课堂：路径的变换、变形技巧

在编辑路径时，经常需要对其进行变换和变形操作，用按键配合操作会更加方便，下面对操作方法进行总结，如图10-87所示。

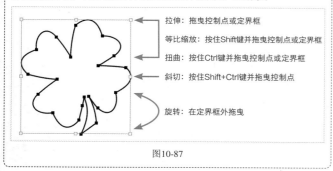

拉伸：拖曳控制点或定界框
等比缩放：按住Shift键并拖曳控制点或定界框
扭曲：按住Ctrl键并拖曳控制点或定界框
斜切：按住Shift+Ctrl键并拖曳控制点
旋转：在定界框外拖曳

图10-87

显示与隐藏路径

在"路径"面板中单击路径层，可以选择并显示该路径层，如图10-88所示。单击"路径"面板的空白处，可以取消选择并隐藏该路径层，如图10-89所示。

图10-88　　　　　　　　图10-89

技巧提示：使用快捷键隐藏路径层

按快捷键Ctrl+H也可以隐藏路径层，但是路径层仍然处于被选择状态，再次按快捷键Ctrl+H可以显示该路径层。

复制与删除路径

复制路径主要有3种方式，分别是复制到同一路径层、复制到新路径层、复制到另一个文档。

复制到同一路径层：执行"编辑>拷贝"菜单命令或者按快捷键Ctrl+C，然后执行"编辑>粘贴"菜单命令或者按快捷键Ctrl+V，即可将路径进行同位复制。选择"路径选择工具"，在按住Alt键的同时拖曳路径，也可将路径复制到同一路径层，如图10-90所示。

图10-90

复制到新路径层：将路径层拖曳至"创建新路径"按钮上，或者按住Alt键并拖曳路径层，即可将路径复制到新的路径层（工作路径层需先转为已保存的路径层）。

复制到另一个文档：使用"路径选择工具"将路径拖曳至另一个文档中，或者先按快捷键Ctrl+C复制路径，然后切换到目标文档，按快捷键Ctrl+V即可。操作方法与拖曳图像到其他文件是一样的，只不过拖曳图像使用的是"移动工具"，而拖曳路径使用的是"路径选择工具"。

路径描边与填色

绘画类和修饰类工具均可以对路径执行描边操作，使路径变为打印后可见的图像。以"画笔工具"为例，先设置好前景色、笔尖样式及笔尖大小，然后在"路径"面板中选择路径层并单击鼠标右键，在弹出的菜单中选择"描边路径"命令，或者单击"路径"面板中的"用画笔描边路径"按钮，即可为路径描边，如图10-91所示。

图10-91

执行"描边路径"命令，将打开"描边路径"对话框，在其中可以设置描边的工具，本例选择"画笔"，如图10-92所示。

知识链接："描边路径"命令的应用

使用"描边路径"命令制作字体效果是常用的操作，关于"描边路径"命令的应用请参阅"6.3.3混合器画笔工具"中的相关内容。

图10-92

269

在"路径"面板中选择路径层并单击鼠标右键,在弹出的菜单中选择"填充路径"命令,或者单击"路径"面板中"用前景色填充路径"按钮●即可填充路径,如图10-93所示。执行"填充路径"命令,将弹出"填充路径"对话框,在其中可以设置填充的"内容"(如颜色和图案等)、"模式"和"不透明度"等参数,如图10-94所示。

图10-93

图10-94

👉 路径和选区的相互转换

路径和选区是可以相互转换的。使用形状类工具创建一条路径,在"路径"面板中选择路径层并单击鼠标右键,并在弹出的菜单中选择"建立选区"命令,或者单击"路径"面板中"将路径作为选区载入"按钮○即可创建选区,如图10-95所示。此外,选择路径层后,按快捷键Ctrl+Enter,或者按住Ctrl键并单击路径层缩览图也可以创建选区。

图10-95

当画布中有选区时,单击"路径"面板中的"从选区生成工作路径"按钮●即可沿选区边界创建路径,如图10-96所示。

原有选区　　创建路径
图10-96

♠重点
🖐 案例训练:用矢量工具制作表情包

案例文件	学习资源 > 案例文件 >CH10> 案例训练:用矢量工具制作表情包 .psd
素材文件	无
难易程度	★★☆☆☆
技术掌握	用矢量工具绘图

用矢量工具可以绘制简单的表情,然后通过"时间轴"面板可以将其制作为动态表情包,如图10-97所示。

图10-97

01 按快捷键Ctrl+N新建一个尺寸为600像素×600像素,"分辨率"为72像素/英寸,"颜色模式"为"RGB颜色"的文档。按P键选择"钢笔工具"❷,并在选项栏中设置绘图模式为"形状","填充"为白色,"描边"为宽6像素的黑色实线,如图10-98所示。

图10-98

02 在画布上单击确定起点,从小猫的耳朵开始,绘制出小猫的头部,如图10-99所示。在绘制过程中需要注意平滑点和角点的转换。

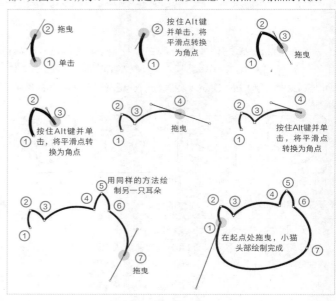
图10-99

ℹ️ **技巧提示:调整锚点**
在绘制过程中,可以通过按住Ctrl键并拖曳锚点的方式来调整锚点;在绘制完成后,可以按A键选择"直接选择工具"调整锚点。

03 在选项栏中设置"端点"为圆形,如图10-100所示。用"钢笔工具"❷继续绘制小猫的身子和表情,鼻头和腮红(颜色可自行确定)可以用"椭圆工具"◯进行绘制,如图10-101所示。

图10-100

图10-101

04 选择"自定形状工具"❷,设置"形状"为心形,在小猫的右上方画一颗小一点的心形,如图10-102所示。心形的颜色可以任意设置。将目前绘制的内容进行编组,然后按快捷键Ctrl+J复制"组1",并命名为"组2"。

图10-102

05 关闭"组1",调整小猫和心形的位置,再绘制一个心形,如图10-103所示。调整时注意保持小猫身体底部位置不变。复制"组2",并命名为"组3"。关闭"组2",接着调整小猫和心形的位置,如图10-104所示。使这3幅图像呈现出动态效果。

图10-103　　　　　图10-104

06 显示"组1"并关闭"组2"和"组3",打开"时间轴"面板,单击"创建帧动画"按钮 [创建帧动画],如图10-105所示。单击当前帧下方的时间,并设置为0.2秒,如图10-106和图10-107所示。

 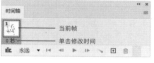

图10-105　　　　　图10-106

图10-107

07 单击"时间轴"面板下方的"复制所选帧"按钮 回,然后显示"组2"并关闭"组1"和"组3",再次单击"复制所选帧"按钮 回,显示"组3"并关闭"组1"和"组2",如图10-108所示。单击"时间轴"面板下方的"播放动画"按钮 ▶,即可在Photoshop中播放动态表情包。

图10-108

08 制作完成后,执行"文件>导出>存储为Web所用格式(旧版)"菜单命令,选择GIF格式,如图10-109所示。存储后就可以在社交平台和朋友分享了。

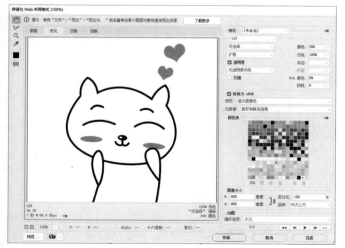

图10-109

👑重点

10.4.3 对齐与分布路径

按住Shift键并使用"路径选择工具" ▶,可同时选择一个路径层中的多个路径,或同一形状图层中的多个形状,然后单击其选项栏中的 回 按钮,在打开的下拉面板中可以选择路径的对齐和分布方式,如图10-110所示。

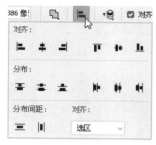

图10-110

> 🔗 **知识链接:对齐与分布**
> 路径的对齐与分布效果与图层的对齐与分布效果是相同的,关于图层的对齐与分布请参阅"2.8.6 图层的移动/移动复制/对齐与分布"中的相关内容。

对路径进行对齐与分布操作时,需要选择3个及以上的路径。不同路径层、不同的形状图层中的路径或形状是无法进行上述操作的,如图10-111和图10-112所示。

 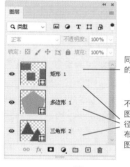

图10-111　　　　　图10-112

👑重点

10.4.4 路径的运算

路径运算的原理与选区类似(大家如果记不清了可以回顾"4.3.3 选区的运算"中的内容),运算时需选择至少两个路径,单击选项栏中的 回 按钮,在下拉面板中可以选择不同的运算方式,如图10-113所示。

图10-113

新建图层 回:创建新的路径层。

合并形状 回:将新创建的形状与已有形状合并,绘制时按住Shift键可得到同样的效果。

减去顶层形状 回:从已有的形状中减去新创建的形状,绘制时按住Alt键可得到同样的效果。

与形状区域相交 回:只保留形状的相交区域,绘制时按住Shift+Alt键可得到同样的效果。

排除重叠形状 回:只保留形状未重叠的区域。

合并形状组件 回:合并重叠的路径组件。

使用形状类工具先创建一个矩形（底层），然后创建一个雪花图形（顶层），通过不同的运算方式可以得到多种效果，如图10-114所示。

合并形状   减去顶层形状

与形状区域相交   排除重叠形状

图10-114

路径和图层一样，也是按照创建的先后顺序依次堆叠的，不过路径的堆叠可以表现出两种情况：一是不同路径层中路径的堆叠，二是同一个路径层中多个路径的堆叠。

在进行路径相减运算时，其运算方式为下层路径减去上层路径。因此，操作时可能需要调整路径排列方式，单击选项栏中的 按钮，可以对其进行调整，如图10-115所示。

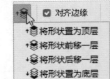

图10-115

10.5 UI设计

UI是User Interface（用户界面）的缩写，UI设计即用户界面设计。其实，UI设计并不单指界面的视觉设计，而是包含界面视觉、人机交互和操作逻辑的整体设计。日常说到的UI设计其实指的是GUI设计，GUI是Graphical User Interface（图形用户界面）的缩写，GUI设计师一般指从事移动端界面设计的人，从事PC端网页设计的人被称为WUI（Web User Interface）设计师或网页设计师。

目前移动端的两大操作系统是iOS和Android，它们都有各自的设计规范，包括界面尺寸、控件规范和字体规范等。本节主要介绍使用Photoshop制作图标与界面，会简单地介绍一些UI设计规范。如果想成为一名UI设计师，仅会使用软件制作图标和界面是远远不够的，大家还需要进行深入学习。

> ① 技巧提示：更多UI设计常识
>
> 笔者给大家推荐一本专门介绍UI界面设计的图书《新印象 解构UI设计》，如图10-116所示。这本书由王铎老师编著，书中不仅系统介绍了UI设计的基础知识，还结合大量案例对UI设计的界面类型、界面构图、版面布局、设计原则与规范等进行了全面讲解。对于想转至UI设计方向的读者来说，这是一本非常实用的参考书。
>
>
>
> 图10-116

10.5.1 UI设计中离不开的画板

工具箱："画板工具"   **快捷键：V**

在设计界面时，不仅需要保持界面的统一性，还需要为不同尺寸的设备提供设计图稿。在Photoshop的文档窗口中，一般仅有一块区域（画布）可供图像显示，使用"画板工具" 可以在原有画布之外创建新的画布（当有多个画布时一般称其为画板）。打开"学习资源>素材文件>CH10>10.5>UI设计.psd"文件，如图10-117所示。画板中包含图层和图层组，因此画板也出现在"图层"面板中。在"图层"面板中选择画板，或者使用"移动工具" （需勾选选项栏中的"自动选择"选项）单击画板即可将其选中。

图10-117

◎ **知识课堂：修改画板大小的方法**

在创建画板后，在"画板工具" 选项栏中修改画板的"宽度"和"高度"值可以修改画板的大小。此外，将鼠标指针置于画板边缘的控制点上，当鼠标指针变为 状时拖曳鼠标，即可任意修改画板的大小，如图10-118所示。

图10-118

在"画板工具" 选项栏中不仅可以调整画板大小、修改画板颜色、对齐和分布画板，还可以按照预设创建新的画板。画板的创建方法有很多，我们在之前已经接触过如何创建画板了，下面将简单介绍画板创建的5种方法。

第1种： 执行"文件>新建"菜单命令或按快捷键Ctrl+N，在打开的"新建文档"对话框中勾选"画板"选项，这样即可创建包含画板的文件，如图10-119所示。

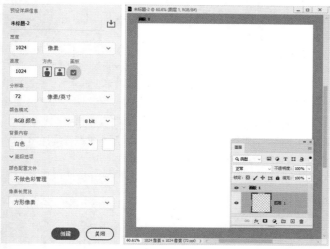

图10-119

第2种： 执行"图层>新建>画板"菜单命令，打开"新建画板"对话框，在其中可以自定义画板大小或者选择多种画板预设，如图10-120所示。

图10-120

第3种： 选择文件中已有的图层或图层组，执行"图层>新建>来自图层的画板"菜单命令，可基于已选择的图层或图层组创建画板。

第4种： 先选择已有画板，然后选择"画板工具" 并单击已选画板四周的 按钮，即可创建新的画板，如图10-121所示。

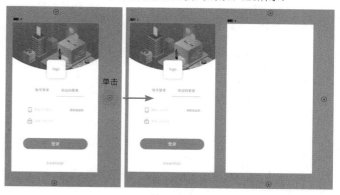

单击

图10-121

第5种： 选择"画板工具" ，在暂存区域拖曳鼠标，即可拖出一个画板，如图10-122和图10-123所示。

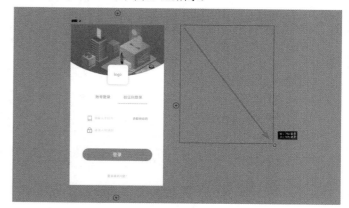

图10-122

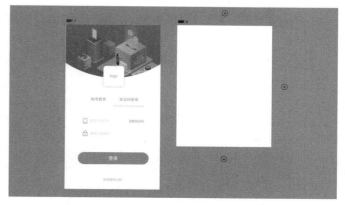

图10-123

? **疑难问答：如何取消画板编组？**

画板可以像图层组一样取消编组。先选择画板，然后执行"图层>取消画板编组"菜单命令或按快捷键Shift+Ctrl+G，即可将画板取消编组。

☛ 重点

10.5.2 图标设计

图标（Icon）是具有明确指代含义的图形，可以向用户传达某种含义。从功能上可以将图标分为应用图标和功能图标两大类。应用图标包括App图标，点击后即可进入到应用中；功能图标具有表意功能，可替代文字来指导用户的行为，常被应用于表示界面中的各个页面，如图10-124所示。例如，放大镜图标代表搜索功能、耳机图标代表音乐播放功能、相机图标代表拍照功能等。

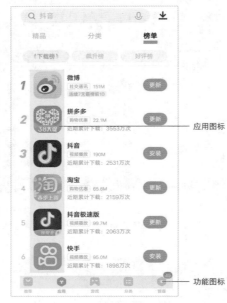

图10-124

应用图标的作用类似于品牌的Logo，设计风格多变，大多会和品牌形象、用户需求和产品核心功能等相关。功能图标的作用类似于公共指示标志，要求是通用且符合大众认知的，可将其大致分为拟物图标、轻拟物图标、扁平图标、线性图标和面性图标，如图10-125所示。

图10-125

> ① 技巧提示：Illustrator绘制图标的优势
>
> 一般在工作中常用Illustrator绘制图标，因为Illustrator的矢量功能更加强大，用起来也更加方便。Photoshop更侧重为图标添加效果，相较而言更适合绘制拟物图标。

图标设计的统一性是非常重要的，一个App中的各功能图标不是单独的个体，而是一个整体。这些图标的设计风格要保持统一，无论是尺寸、线条粗细、圆角大小和色彩风格等基本元素，还是倾斜角度和视觉重心等细节，均要保持一致。很多初学者认为在统一大小的正方形内绘制图标就能保证图标看起来大小一致，其实人眼

是存在视差的，图10-126所示的这3个图标是在统一大小的正方形内绘制的，但是在视觉上给人的感受却是大小不同的。在制作图标时，可以根据观察到的情况进行调整。严谨的图标设计可以参考图标的绘制规范，如图10-127所示。

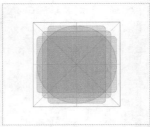

图10-126　　　　　　　　图10-127

☛ 重点

✋ 案例训练：用矢量工具绘制功能图标

案例文件	学习资源 > 案例文件 >CH10> 案例训练：用矢量工具绘制功能图标 .psd
素材文件	无
难易程度	★★☆☆☆
技术掌握	用矢量工具绘制图标

功能图标在App中必不可少，本例将选择4个有代表性的图标来讲解功能图标的绘制过程，如图10-128所示。

图10-128

01 制作图标的规范背景。按快捷键Ctrl+N打开"新建文档"对话框，在"移动设备"选项卡下选择"Mac图标48"模板，然后将其填充为（R:182，G:182，B:182），如图10-129所示。

图10-129

02 用"矩形工具" ▭ 创建一个尺寸为44像素×44像素的正方形，设置"填色"为白色，"描边"为无描边，然后使其水平、垂直居中于画布，如图10-130所示。再用"矩形工具" ▭ 创建一个尺寸为40像素×40像素的正方形，设置"填色"为黄色，"描边"为无描边，然后使其水平、垂直居中于画布，如图10-131所示。将这3个图层编组，并命名为"规范背景"，如图10-132所示。

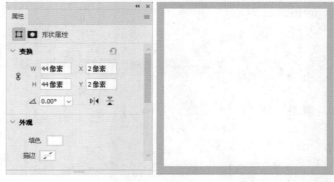

图10-130

图10-131

图10-132

03 绘制"主页"图标。选择"矩形工具" □，设置绘图模式为"形状"，"填充"为无填充，"描边"为宽2像素的黑色实线，如图10-133所示。在"描边选项"下拉面板中设置"对齐"为内部，如图10-134所示。

图10-133   图10-134

ⓘ 技巧提示：描边参数

除特别说明外，在本案例中创建其他矢量图形时均使用以上参数。

04 用"矩形工具" □创建一个尺寸为44像素×44像素的圆角矩形，圆角半径为8像素，如图10-135所示。用"三角形工具" △创建一个"宽度"为48像素，"高度"为16像素的三角形，如图10-136所示。将创建好的三角形拖曳至如图10-137所示的位置。

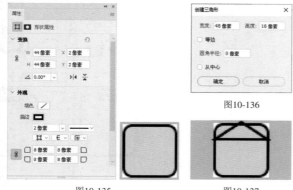

图10-135   图10-137

图10-136

ⓘ 技巧提示：注意图层与画板的关系

在绘制过程中，需要注意图层与画板的关系，如果三角形所在的图层位于画板之外，需要将其拖曳至画板之内，如图10-138所示。

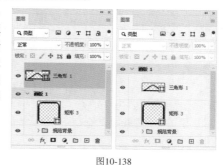

图10-138

05 选择"添加锚点工具" ⊘，在三角形路径中添加一个锚点，如图10-139所示。按Delete键删除该锚点，如图10-140所示。在圆角矩形两侧相同高度处添加锚点，并删除高于新增锚点的各锚点，如图10-141所示。

添加锚点   按Delete键删除   添加锚点   按Delete键删除
                                                      原锚点

图10-139   图10-140   图10-141

06 使用"椭圆工具" ○创建一个尺寸为16像素×16像素的圆形，并将其置于图标中间，如图10-142所示。关闭"规范背景"图层组，最终效果如图10-143所示。

图10-142   图10-143

07 绘制"定位"图标。选中"画板1"并按快捷键Ctrl+J复制，修改"画板1"的名称为"主页"、"画板1 拷贝"的名称为"定位"。在"定位"画板中删除所绘制的图标的各图层，然后使用"椭圆工具" ○创建一个尺寸为32像素×32像素的圆形，拖曳圆形时参考界面中出现的智能参考线，将圆形拖曳至偏上且水平居中对齐的位置，如图10-144所示。

图10-144

08 选择"转换点工具" ，单击圆形下方的锚点，将其转化为角点，如图10-145所示。使用"直接选择工具" 选中该锚点，按↓键向下移动锚点，将其移至图10-146所示的位置。

图10-145

图10-146

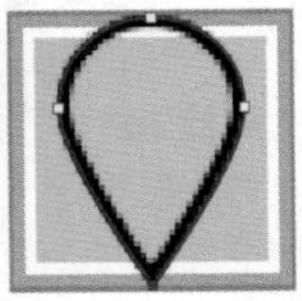

09 使用"椭圆工具" 创建一个尺寸为14像素×14像素的圆形，然后将其拖曳至图10-147所示的位置。关闭"规范背景"图层组，效果如图10-148所示。

图10-147

图10-148

10 绘制"邮件"图标。选中"定位"画板并按快捷键Ctrl+J复制，将"定位 拷贝"画板重命名为"邮件"。删除"邮件"画板中绘制的图标的各图层，然后使用"矩形工具" 创建一个尺寸为48像素×40像素，圆角半径为8像素的圆角矩形，如图10-149所示。

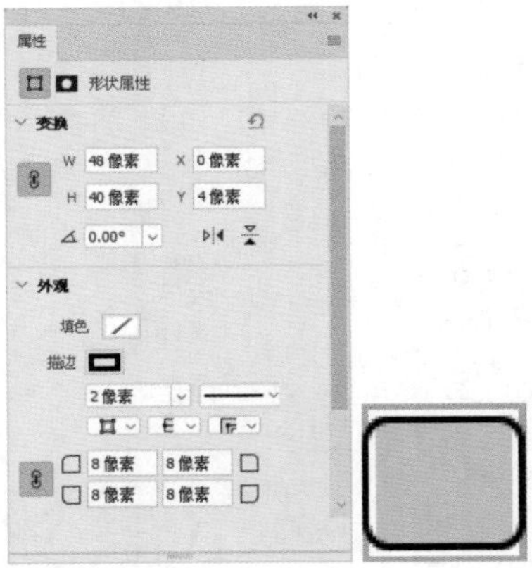

图10-149

11 使用"矩形工具" 创建一个尺寸为48像素×48像素，圆角半径为8像素的圆角矩形，如图10-150所示。按快捷键Ctrl+T显示定界框，然后按住Shift键并将该圆角矩形顺时针旋转45°，再将该圆角矩形移动至图10-151所示的位置。

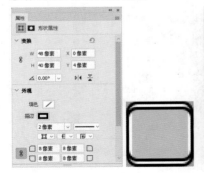
图10-150

图10-151

12 使用"添加锚点工具" 在两个圆角矩形的交界处分别添加锚点，如图10-152所示。使用"直接选择工具" 框选上方的多余锚点，然后按Delete键将其删除，如图10-153所示。关闭"规范背景"图层组，效果如图10-154所示。

添加锚点
图10-152

框选多余锚点
图10-153

按Delete键删除
图10-154

13 绘制"任务"图标。选中"邮件"画板并按快捷键Ctrl+J复制，将"邮件 拷贝"画板重命名为"任务"。删除"任务"画板中绘制的图标的各图层，然后使用"矩形工具" 创建一个尺寸为40像素×44像素，圆角半径为8像素的圆角矩形，如图10-155所示。

图10-155

14 使用"矩形工具" 创建一个尺寸为16像素×10像素，圆角半径为3像素的圆角矩形，并将其移至大圆角矩形的上边沿，如图10-156所示。使用"添加锚点工具" 在两个圆角矩形的交界处分别添加锚点，因为要删除大圆角矩形和小圆角矩形的重叠处，所以要在大圆角矩形的路径上添加锚点，如图10-157所示。使用"直接选择工具" 选择多余路径段，按Delete键将其删除，如图10-158所示。

图10-156

添加锚点
图10-157

按Delete键删除
图10-158

15 使用"矩形工具" 创建一个尺寸为12像素×20像素的矩形，然后使用"直接选择工具" 选择左上方的锚点，接着按Delete键将其删除，如图10-159所示。按快捷键Ctrl+T显示定界框，然后按住Shift键并将其顺时针旋转45°，再拖曳至图10-160所示的位置。关闭"规范背景"图层组，效果如图10-161所示。

选择左上方的锚点　按Delete键删除

图10-159　　　　图10-160　　　　图10-161

重点

学后训练：用矢量工具绘制渐变图标

案例文件	学习资源>案例文件>CH10>学后训练：用矢量工具绘制渐变图标.psd
素材文件	无
难易程度	★☆☆☆☆
技术掌握	用矢量工具绘制图标

本例主要练习使用"钢笔工具" 和形状类工具绘制图标的方法，如图10-162所示。

搜索　　　喜欢　　　分类　　　收藏

图10-162

重点

10.5.3 界面设计

移动端的两大操作系统是iOS和Android，由于使用Android系统的手机品牌多，不同品牌手机的主题和交互方式不完全相同，这里不做过多的介绍。而iPhone手机虽然有很多型号，但是却遵循较为统一的规范。通常会选用iPhone 6的分辨率（750像素×1334像素）作为界面的输出尺寸，如图10-163所示。

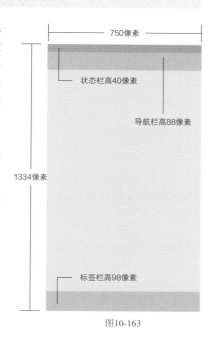

图10-163

此外，界面中还有多种控件，如导航栏、搜索栏、标签栏、工具箱和提示框等，这些控件都有固定的设计规范，此处不做过多的介绍，常用的规范会在案例中有所涉及。大家如果想成为一名UI设计师，需要更深入的学习，并记住这些规范。

重点

案例训练：用矢量工具制作社交类个人主页

案例文件	学习资源＞案例文件＞CH10＞案例训练：用矢量工具制作社交类个人主页.psd
素材文件	学习资源＞素材文件＞CH10＞素材01.psd、素材02.psd、素材03.jpg～素材07.jpg
难易程度	★★☆☆☆
技术掌握	用矢量工具设计UI界面

社交类个人主页主要展示个人信息和头像等，下面将通过制作个人主页来练习矢量工具的使用方法，最终效果如图10-164所示。

图10-164

01 打开"学习资源>素材文件>CH10>素材01.psd"文件，其中已经给出了导航栏、状态栏和标签栏的参考线，如图10-165所示。选择"矩形工具" ，设置绘图模式为"形状"，"填充"为任意颜色，"描边"为无描边。创建一个尺寸为750像素×660像素的矩形，并将其置于图10-166所示的位置。

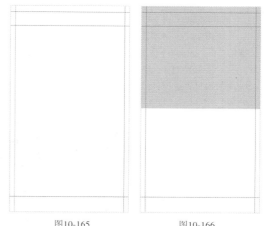

图10-165　　　　　图10-166

277

02 将"素材03.jpg"拖曳至文档中，并等比放大，使其覆盖住矩形区域，如图10-167所示。选中"素材 03"图层，按快捷键Alt+Ctrl+G创建剪贴蒙版，如图10-168所示。

图10-167　　　　　　　　图10-168

03 打开"素材02.psd"文件，如图10-169所示。将"状态栏"图层拖曳至"素材01.psd"文档中，并将其置于图10-170所示的位置。将"返回""消息"和"分享"图标拖曳至图10-171所示的位置，使其在导航栏中垂直居中。

图10-169

图10-170　　　　　　　图10-171

⑦ 疑难问答：如何确定状态栏中图标的位置？

按快捷键Ctrl+A将画布全选，然后选择"状态栏"图层，接着选择"移动工具"，并单击其选项栏中的"水平居中对齐"按钮，这样便可使其水平居中对齐画布。选择"矩形选框工具"，然后创建一个和状态栏同高的选区，如图10-172所示。接着选择"状态栏"图层，再选择"移动工具"，并单击其选项栏中的"垂直居中对齐"按钮，这样便可使状态栏中的图标整体水平、垂直居中于状态栏。

图10-172

04 使用"矩形工具"创建一个尺寸为750像素×830像素的矩形，设置上方两个圆角的半径为52像素，设置"填色"为白色，参数如图10-173所示。设置这个图层的"不透明度"为80%，然后将其置于图片下方，如图10-174所示。

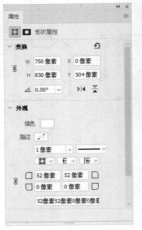 

图10-173　　　　　　　图10-174

05 使用"椭圆工具"创建一个尺寸为100像素×100像素的圆形，摆放位置如图10-175所示。将"素材04.jpg"拖曳至文档中，并等比缩小，使其覆盖住圆形区域，保持选中"素材 04"图层，按快捷键Alt+Ctrl+G创建剪贴蒙版，如图10-176所示。

图10-175　　　　　　　图10-176

06 选择"横排文字工具"，在画布中输入文字，并设置文字的字体和字号，如图10-177所示。

图10-177

◎ 知识课堂：界面字体的规范

设计界面时字体的使用也有统一的规范，字体规范可以保证界面整体看起来统一、美观，还便于表现出界面中内容的层级与功能。iOS系统所用字体为"苹方"，一般长文本的字号为26px~34px，短文本的字号为28~32px，注释类文本的字号为24~28px。Android系统所用字体为Roboto系列和Noto系列，我们常用的"思源黑体"系列字体就是Noto系列字体中的一种。

在选择字号时，一般选择偶数字号，因为在开发界面时，需要将字号除以2进行换算。在设计好界面之后，一般需要对字体、字号等信息进行标注再给开发人员，文字的颜色用十六进制代码值表示。

07 使用"矩形工具" □ 创建一个尺寸为160像素×56像素,圆角半径为28像素的圆角矩形,并为其设置渐变填色(颜色值不需要很精确),如图10-178所示。将"素材02.psd"文件中的"关注"图标拖曳至文档中,并使用"横排文字工具" T.输入"关注"两个字,如图10-179所示。

图10-178

图10-179

08 使用"矩形工具" □ 创建多个圆角矩形,如图10-180所示。将"素材03.jpg"和"素材05.jpg"~"素材07.jpg"拖曳至文档中,并分别设置为圆角矩形的剪贴蒙版,如图10-181所示。

图10-180

图10-181

09 为"矩形1"图层添加一个图层蒙版,用"黑色→透明色"的渐变色隐藏图像的边界,如图10-182所示。最终效果如图10-183所示。

图10-182   图10-183

👑 重点
📝 学后训练：用矢量工具制作功能型引导页

案例文件	学习资源>案例文件>CH10>学后训练：用矢量工具制作功能型引导页.psd
素材文件	学习资源>素材文件>CH10>素材08.png~素材10.png
难易程度	★☆☆☆☆
技术掌握	用矢量工具设计UI界面

本例主要练习矢量工具的使用方法。功能型引导页通过简洁的设计与通俗易懂的文案将关键信息直观地传达给用户，如图10-184所示。

图10-184

10.6 综合训练营

本章主要介绍了矢量工具的用法。除了绘制矢量插画和抠图，矢量工具更多的是被用来制作图标和设计界面。因此，本节共安排了3个综合训练以对图标和界面的制作进行练习。

👑 重点
📝 综合训练：设计轻拟物图标

案例文件	学习资源>案例文件>CH10>综合训练：设计轻拟物图标.psd
素材文件	无
难易程度	★★★☆☆
技术掌握	用矢量工具和图层样式制作图标

本例将使用矢量工具和图层样式制作轻拟物图标，如图10-185所示。图标的制作过程并不复杂，绘制时需要注意图形的对齐。

图10-185

👑 重点
📝 综合训练：设计毛玻璃质感图标

案例文件	学习资源>案例文件>CH10>综合训练：设计毛玻璃质感图标.psd
素材文件	无
难易程度	★★☆☆☆
技术掌握	用矢量工具和图层样式制作图标

本例将使用矢量工具和图层样式制作毛玻璃质感图标，如图10-186所示。图标的绘制过程中用到了路径的运算，毛玻璃质感主要是使用图层样式制作的。

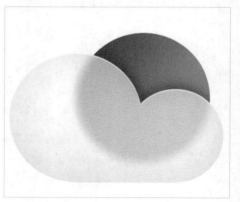

图10-186

👑 重点
📝 综合训练：设计音乐播放界面

案例文件	学习资源>案例文件>CH10>综合训练：设计音乐播放界面.psd
素材文件	学习资源>素材文件>CH10>素材11.psd、素材12.psd、素材13.jpg
难易程度	★★☆☆☆
技术掌握	用矢量工具设计UI界面

本例将使用矢量工具制作音乐播放页面，如图10-187所示。通常情况下，音乐播放界面上方为歌手照片或专辑封面，下方为可操作的播放按钮等。

图10-187

第 11 章 文字排版与设计

　　本章主要介绍文字类工具的使用方法，以及创建多种类型文本的方法。掌握基础工具后，可以对字体进行设计。

学习重点 🔍

11.1 文字类工具的基础用法

Photoshop中的文字由矢量的文字轮廓组成，可用于表现汉字、字母、数字和符号。在编辑文字时，可以任意缩放文字或调整文字的大小而不会产生锯齿边缘。在保存文字时，Photoshop可以保留矢量的文字轮廓，因此，文字的输出效果与图像的分辨率无关。

在Photoshop中，创建文字的工具有"横排文字工具" T. 和"直排文字工具" IT.，另外还有两个创建文字选区的工具，即"横排文字蒙版工具" T. 和"直排文字蒙版工具" IT.。打开"学习资源>素材文件>CH11>11.1>电商首页.psd"文件，如图11-1所示，本节将基于此文件来讲解文字的创建与编辑方法。

图11-1

☆ 重点

11.1.1 创建横排和直排文字

工具箱："横排文字工具" T. "直排文字工具" IT. **快捷键：T**

要输入横排的文字，可以选择"横排文字工具" T.，在画布中单击会出现闪烁的光标，此时可输入文字（如果要在输入文字时移动文字的位置，可以将鼠标指针放在文字输入区域之外，拖曳即可移动文字），输入完成后按小键盘上的Enter键即可完成操作（也可以单击其他工具来完成操作），如图11-2所示。请注意，不能按主键盘上的Enter键来完成操作，因为主键盘上的Enter键是用来对文本进行换行操作的。至于直排文字，其输入方法与横排文字相同，只需将工具换成"直排文字工具" IT. 即可，如图11-3所示。

单击会出现闪烁的光标　　　　输入文字　　　　按小键盘上的Enter键完成操作

图11-2

单击会出现闪烁的光标　　　　输入文字　　　　按小键盘上的Enter键完成操作

图11-3

◎ **知识课堂：**横排/直排文字方向的互换

在输入文字时，如果设置了错误的文字排列方向，可以通过简便方法修改横排或直（竖）排文字的方向，而不需要将文字删除。单击文字类工具选项栏中的"切换文本取向"按钮 ⅋ 或者执行"文字>文本排列方向"子菜单中的"横排"命令或"竖排"命令，可以对文字方向进行切换，这样就不用重新输入文字，会节省很多操作时间，如图11-4所示。

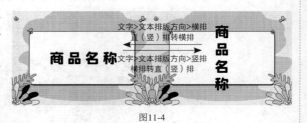

图11-4

"横排文字蒙版工具" T. 和"直排文字蒙版工具" IT. 的作用是生成文字选区，文字的输入方法与两个创建文字的工具一样，如图11-5所示。其实，文字选区可以通过载入文本图层的选区轻松获得，文字蒙版工具的最大用途是在图层蒙版和Alpha通道中创建文字。

横排文字选区　　　　　　直排文字选区

图11-5

★重点

11.1.2 创建点文本和段落文本

点文本是一个水平或垂直的文本行，每行文字都是独立的，行的长度会随着文本的输入而不断增加，但是不会自动换行，需要手动换行，如图11-6所示。选择"横排文字工具" T.后，在画布中单击并输入文本，此时输入的文本就是点文本，随着文本的不断输入，文本行的长度会变得很长（图a）；输入完成后，定位到要换行的位置，按主键盘上的Enter键进行换行操作（图b和图c）；如果要继续换行，可以重复进行操作（图d）。

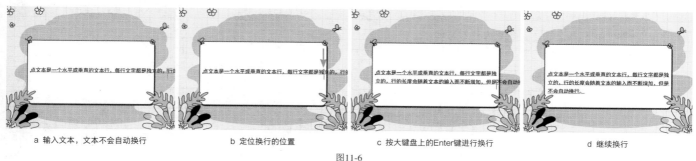

| a 输入文本，文本不会自动换行 | b 定位换行的位置 | c 按大键盘上的Enter键进行换行 | d 继续换行 |

图11-6

段落文本是在文本框内输入的文本，具有自动换行和可调整文本区域大小等优势，如图11-7所示。选择"横排文字工具" T.后，在画布中拖曳鼠标创建一个文本框，并输入文本（图a和图b）；继续输入文本，待文本行的长度超过文本框的宽度时，文本会自动换行（图c）；如果要调整文本区域的大小，可以拖曳文本框的边框（图d）。

| a 用"横排文字工具"创建一个文本框 | b 输入文本 | c 继续输入文本，文本会自动换行 | d 拖曳文本框边框可调整文本区域大小 |

图11-7

① 技巧提示：文本框的缩放与旋转

文本框具有可自由变换的特点，可以对文本框进行缩放和旋转操作，同时不会影响文本框内文字的大小等属性，如图11-8所示。

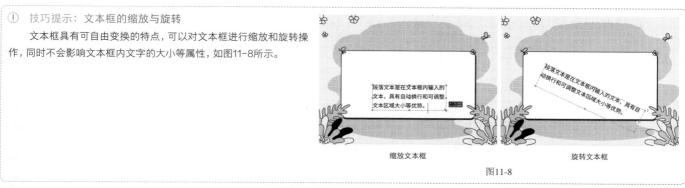

缩放文本框　　　　　旋转文本框

图11-8

另外，点文本和段落文本是可以相互转换的。如果当前文本是点文本，执行"文字>转换为段落文本"菜单命令，可以将点文本转换为段落文本；如果当前文本是段落文本，执行"文字>转换为点文本"菜单命令，可以将段落文本转换为点文本。

通过对点文本和段落文本的属性介绍，相信大家已经大概明白它们的用途，即点文本适用于标题、文字数量很少的文本或不用换行的文本，而段落文本适用于文字数量很多的正文，如图11-9所示。

图11-9

☛ 重点

11.1.3 创建路径文字

路径文字是一项很重要的文字排版技术，是指在路径上创建的文字，文字会沿着路径排列，如图11-10所示。路径文字首先要求有一条路径，可以用"钢笔工具"◙或"弯度钢笔工具"◙进行绘制（图a）。绘制好路径后，将鼠标指针放在路径上的合适位置，当鼠标指针变为I状时，单击以定位文本的起点（图b），然后输入文本即可，此时文本会沿着路径进行排列（图c）。

| a 绘制路径 | b 定位文本起点 | c 输入文本 |

图11-10

🔗 知识链接：钢笔类工具

对于字体设计而言，钢笔类工具的使用是至关重要的。关于钢笔类工具的使用方法请参阅"10.3 用钢笔类工具绘图"中的相关内容。

路径上的文本是有起点和终点的，起点符号是×，终点符号是○，可以调整起点和终点的位置，如图11-11所示。请注意，在调整起点和终点的整个过程中都需要按住Ctrl键。先按住Ctrl键，调出路径的定界框，然后将鼠标指针放在文本的起点符号上（图a），拖曳起点符号，文本会随着起点符号位置的变动而变动（图b），调整文本终点位置的方法与起点相同，超出终点的文本不会显示出来（图c）。

| a 按住Ctrl键会出现路径的定界框 | b 调整文本起点位置 | c 调整文本终点位置 |

图11-11

另外，文本的朝向和形状也是可以调整的，如图11-12所示。按住Ctrl键，将闪烁的光标拖曳至路径的外侧，文本也会跟着朝外（图a）；将闪烁的光标拖曳至路径的内侧，文本也会跟着朝内（图b）；拖曳路径定界框上的控制点，可以对路径进行斜切变形，此时文本也会随之变形（图c）。

| a 将文本朝向调整为朝外 | b 将文本朝向调整为朝内 | c 对文本进行斜切变形 |

图11-12

☛ 重点

11.1.4 创建变形文字

菜单栏： 文字>文字变形

变形文字常见于各种海报的大标题，能起到引人注目的作用。Photoshop有15种简单的预设变形样式，复杂的变形文字需要单独进行设计。执行"文字>文字变形"菜单命令，打开"变形文字"对话框，在"样式"下拉列表中可以选择变形的效果，同时还可以对变形的方向及弯曲和扭曲的程度进行设置，如图11-13所示。图11-14所示为一些好看又醒目的变形文字样式。

图11-13

| 无 | 扇形 | 下弧 | 上弧 | 凸起 |
| 花冠 | 旗帜 | 鱼形 | 挤压 | 扭转 |

图11-14

11.2 字体搭配与文案排版

　　一个好看的版面，依靠的是合理的图文搭配。此处不讲插图，只讲字体的搭配与文案的排版。字体的搭配即字体的选择，需要用到"字符"面板，而文案的排版，简单来说就是段落的设置，需要用到"段落"面板。对于文字的整体设置，需要结合使用这两个面板。

　　本节将通过模拟一个"放假通知"的版面设计来教大家如何搭配字体和排版文案，如图11-15所示。打开"学习资源>素材文件>CH11>11.2"文件夹，其中的"文案.txt"文件是公司行政给设计师的文案。在拿到文案后，要根据文案内容的重要程度为其划分层级，根据文案梳理出了3个层级，同时三级文案中的重要内容还需要"重标"体现（图a）；划分好内容层级后，需要做一个符合内容层级的版面（图b）；将文案摆到模板上，根据设计的类型调整字体，然后根据文案的重要程度调整段落的版式并最终定版（图c）。

a 文案梳理　　　b 设计模板　　　c 设计完成

图11-15

👑 重点

11.2.1 字体如何搭配

菜单栏： 窗口>字符

　　执行"窗口>字符"菜单命令，打开默认功能的"字符"面板。现在的"字符"面板功能还不齐全，执行"文字>语言选项>东亚语言功能"菜单命令可以调出面板的完整功能。"字符"面板主要用来设置字体的相关参数，也就是说字体搭配就是靠这个面板来完成的，如图11-16所示。此外，也可以在文字类工具的选项栏和"属性"面板中对字体进行设置。

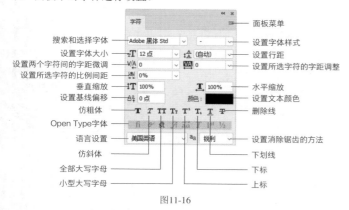

图11-16

!（技巧提示：复位字符参数）

　　在搭配字体前，建议在面板菜单中选择"复位字符"命令，将"字符"面板中的参数全部复位成默认参数，因为Photoshop会保留上一次使用的字符参数，如图11-17所示。

图11-17

　　下面用"字符"面板来对文案的字体进行设置。打开"学习资源>素材文件>CH11>11.2>放假通知.psd"文件。

　　第1步： 输入文案。用"横排文字工具" T.将文案输入版面，其中一级、二级文案的字数较少且不用换行，可以用点文本，而三级文案字数较多，可以用段落文本，如图11-18所示。

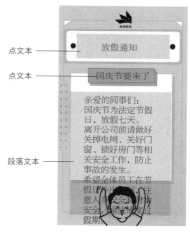

图11-18

　　第2步： 统一字体。在"字符"面板中统一设置字体为"思源黑体CN-Regular"，如图11-19所示。请记住，一个版面中讲究"字不过三"，也就是说在同一个设计作品中用到的字体不要超过3种，否则会显得非常凌乱。一般在项目设计中使用一两种字体就够了，对于重点文案，可以通过调整字体大小和颜色的方式进行强调。

将所有文案的字体修改为"思源黑体CN-Regular"

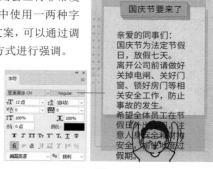

图11-19

◎ **知识课堂：常用的系列字体**

"思源黑体CN"字体是一款系列字体，共包含7种样式。这款字体可作为标题，也可作为正文，是一款很实用的字体。

除了"思源黑体"系列，常用的系列字体还有"方正雅宋""方正颜宋""阿里巴巴普惠体""思源宋体""方正兰亭""方正黑体""苹方"等，如图11-20所示。

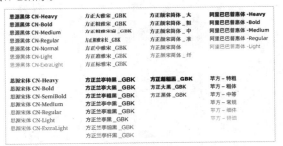

图11-20

除了以上列举的系列字体，方正字库和汉仪字库还有很多系列字体，在同一个版面中应用同一系列的字体会显得非常协调。另外，字魂网开发了很多设计字体，这些字体用在标题上会显得格外突出且有设计感，如图11-21所示。

图11-21

第3步：修改字体大小和粗细对比。将一级、二级和三级内容的字体分别修改为"思源黑体CN-Heavy""思源黑体CN-Bold""思源黑体CN-Normal"，同时依次将字体大小调整为26点、12点和8点，字距统一调整为50点，如图11-22所示。现在版面上的字体呈现出了"大→小""粗→细"的过程，看起来非常协调。

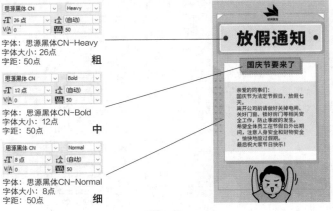

图11-22

第4步：调整三级内容的行距。现在三级内容的字体偏大，且行距比较小，看起来非常"拥挤"，需要适当调整。将字体的大小调整为6点，同时将行距调整为10点，此时文中的标点出现了串行的现象，这个问题会在后面进行解决，如图11-23所示。这里给大家一个正文行距的数值参考范围，在一般情况下，正文的行距设置为字体大小的1.5倍左右是较为合适的。例如，字体大小为6点，行距可以设置为8~10点。

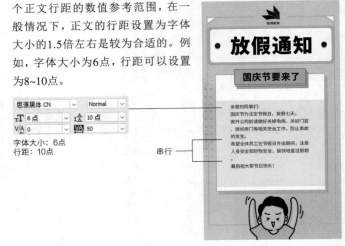

图11-23

第5步：重点标注部分三级内容。双击三级内容的文本，单独选中要重点标注的内容，将其字体修改为"思源黑体CN-Medium"，同时将字体调大到8点。现在三级内容的层次感更加明显了，而且体现了对员工的重视，如图11-24所示。用"字符"面板对版面字体的调整就到此为止，剩下的工作交给"段落"面板来完成。

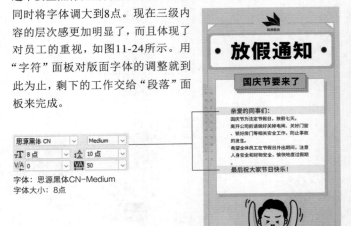

图11-24

◎ **知识课堂："字符"面板中的其他功能**

通过上面的练习，我们对"字符"面板中常用的功能进行了介绍，但有些功能还具有隐藏属性，这里专门来对这些功能进行全面讲解。

设置行距 ：行距指上一行文字基线与下一行文字基线之间的距离。在输入文字或设置文字的插入点时，会出现一条闪烁的竖线，即光标，同时在文字下方会出现一条不闪烁的横线，即文字的基线。行距就是上下两行文字的基线之间的距离，如图11-25所示。在一般情况下，行距至少要大于字体的大小，过小会让两行文字重叠，过大则会割裂两行文字，如图11-26所示。

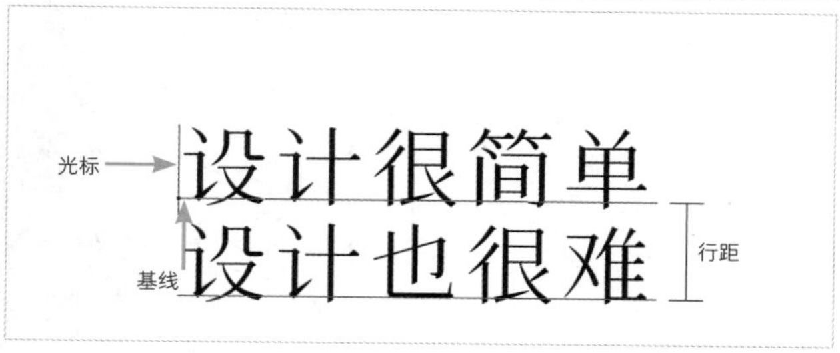

光标 →
基线 →

设计很简单
设计也很难 } 行距

图11-25

设计很简难 ——————— 行距过小

设计很简单

设计也很难 ——————— 行距过大

设计很简单
设计也很难 ——————— 行距适中

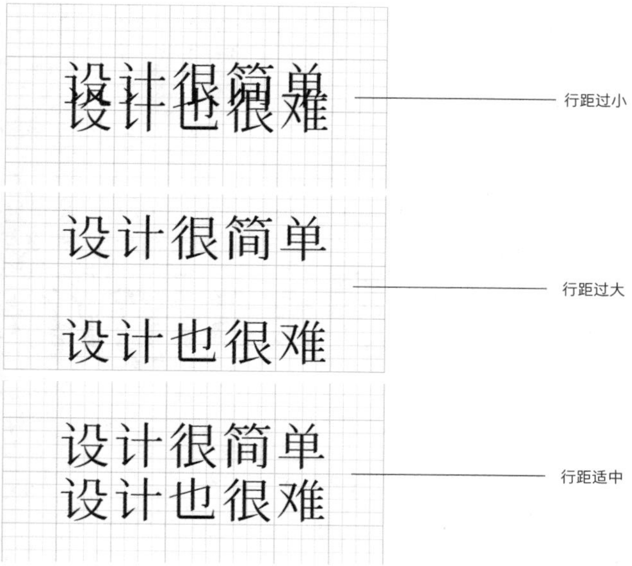

图11-26

设置两个字符间的字距微调 V/A：用于设置两个字符的间距，如图11-27所示。在设置前需要先在画布中双击文本，然后将光标定位到要调整字距的字符之间（设置插入点），此时就可以在"字符"面板中输入字距值进行调整了。另外，也可以在按住Alt键的同时按←键或→键进行调整，按一次可以微调20点。请注意，在设置过程中不用选择字符。

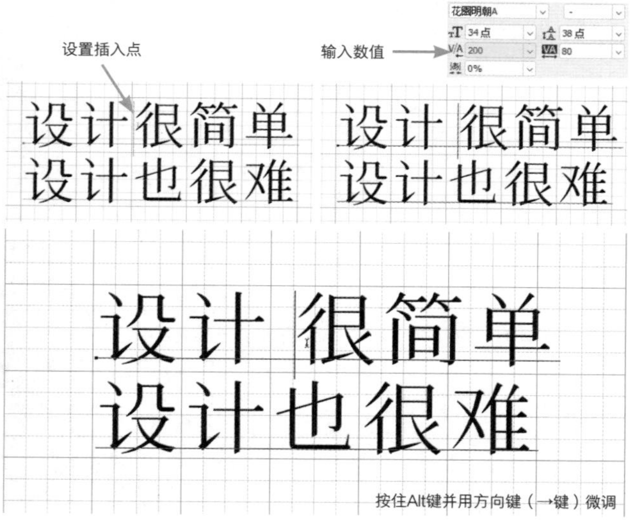

设置插入点

输入数值 →

花园明朝A
T 34 点   38 点
V/A 200   VA 80
0%

设计很简单   设计 很简单
设计也很难   设计 也很难

设计 很简单
设计也很难

按住Alt键并用方向键（→键）微调

图11-27

设置所选字符的字距调整 V/A：具有两种调整模式，如图11-28所示。在选择了字符的情况下，用于调整所选字符的间距；在没有选择字符的情况下，用于调整整个文本图层所有字符的间距。

设计很简单   设计很简单
设计也很难   设计也很难

调整选定字符的字距   调整这个文本图层的字符间距

图11-28

设置所选字符的比例间距 ：用于以百分比的形式调整字符的间距，设置方法与上一功能相同。

垂直缩放 T/水平缩放 T：分别用于设置字符的高度和宽度，如图11-29所示。注意，当数值低于100%时，文字会呈"挤压"状；当数值过高时，字符会发生严重的变形。

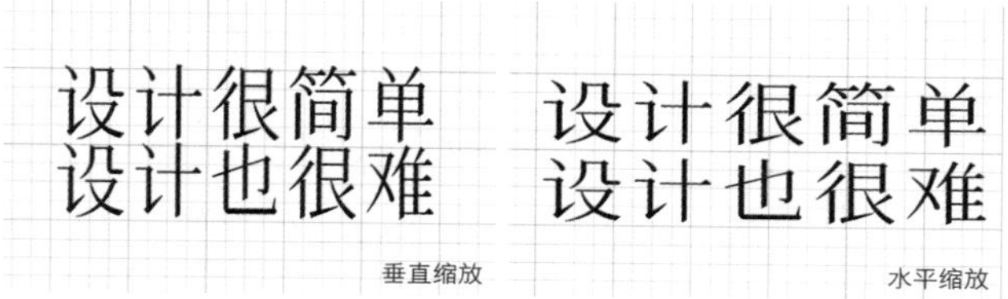

设计很简单   设计很简单
设计也很难   设计也很难

垂直缩放   水平缩放

图11-29

设置基线偏移 A：用于设置文字与基线之间的距离（基于基线升高或降低字符），可以设置选定字符，也可以设置整个文本图层，如图11-30所示。

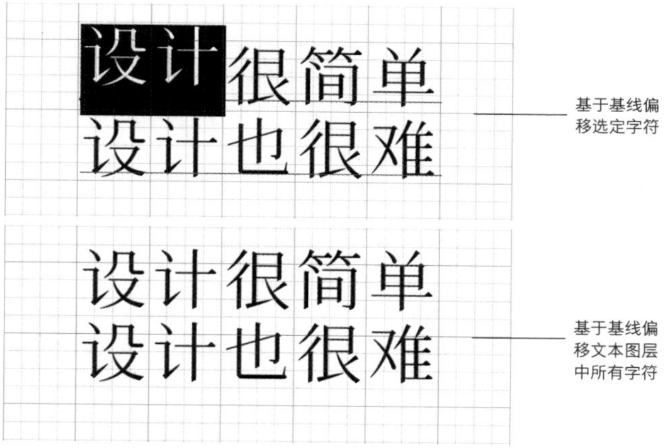

设计很简单
设计也很难 ——————— 基于基线偏移选定字符

设计很简单
设计也很难 ——————— 基于基线偏移文本图层中所有字符

图11-30

特殊字符样式：这些字符样式包含仿粗体、仿斜体、上标和下标等，如图11-31所示。

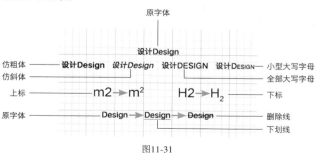

图11-31

语言设置：用于设置文本连字符和拼写的语言类型，一般情况下不用设置。

设置消除锯齿的方法 **ªa**：用于选择为文字消除锯齿的方法，如图11-32所示。当选择"无"时，文字边缘会产生锯齿；当选择"锐利"时，文字的边缘最为锐利；当选择"犀利"时，文字的边缘比较锐利；当选择"浑厚"时，文字会变粗一些；当选择"平滑"时，文字的边缘较为平滑。

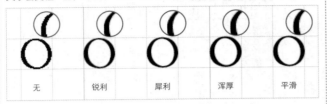

| 无 | 锐利 | 犀利 | 浑厚 | 平滑 |

图11-32

Open Type字体：这种字体比较难理解，在工作中偶尔会用到。总的来说，Open Type字体共分为以下3类。

第1类：Open Type字体。这类字体的缩览图前面带有 **O** 图标，如图11-33所示。Open Type字体可以同时应用在Windows和Macintosh操作系统中，也就是说在这两种操作系统中打开同一个设计文档，字体是保持一致的。

图11-33

第2类：Open Type SVG字体。这类字体的缩览图前面带有 图标，如图11-34所示。Open Type SVG字体又分为符号字体和立体字两种。符号字体的缩览图为一串符号 ，如EmojiOne字体。使用该字体时可以从"字形"面板（执行"窗口>字形"菜单命令可打开"字形"面板）中选择各种各样的符号作为输入，如图11-35所示。Open Type SVG立体字的缩览图显示效果为渐变效果或彩色的立体效果，如Trajan Color字体的缩览图为 SAMPLE 状。用这种字体可以得到很好看的立体效果，如图11-36所示。

图11-34

图11-35

图11-36

第3类：Open Type VAR字体。这类字体的缩览图前面带有 图标，如图11-37所示。Open Type VAR字体非常特殊，因为其允许改变字体的直线宽度、字符宽度和倾斜度。输入文字后，在"属性"面板中可以对字体形状的参数进行调整，如图11-38所示。

图11-37

调整前

调整后

图11-38

⭐ 重点

11.2.2 文案如何排版

菜单栏：窗口>段落

执行"窗口>段落"菜单命令，打开"段落"面板，如图11-39所示。

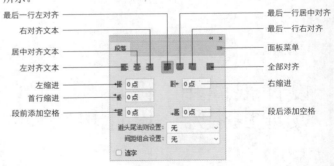

最后一行左对齐
右对齐文本
居中对齐文本
左对齐文本
左缩进
首行缩进
段前添加空格

最后一行居中对齐
最后一行右对齐
面板菜单
全部对齐
右缩进
段后添加空格

图11-39

❓ **疑难问答：为什么"段落"面板少了一些内容？**

如果"段落"面板少了"避头尾法则设置"和"间距组合设置"两个下拉列表，如图11-40所示，这说明所用的文字语言功能是"默认功能"。执行"文字>语言选项>东亚语言功能"菜单命令，可以调出完整的功能。

图11-40

第6步：设置对齐方式。观察7种段落对齐的样式，如图11-41所示。"左对齐文本"■的效果尚可；"居中对齐文本"■和"右对齐文本"■的效果不够美观。"最后一行左对齐"■是让文本最后一行左对齐，其他行左右两端强制对齐，这是最常用的一种段落对齐样式，虽然与整体居中的设计不符，但是这里要优先考虑阅读习惯，因此可以考虑使用这个段落对齐样式；"最后一行居中对齐"■是让文本最后一行居中对齐，其他行左右两端强制对齐，在本例中，该样式的效果与居中对齐的效果几乎一样；"最后一行右对齐"■是让文本最后一行右对齐，其他行左右两端强制对齐，在本例中，该样式的效果与右对齐的效果几乎一样；"全部对齐"■是一种比较特殊的样式，只要字符的数量≥2，就会加大字符间距，让文本左右两端强制对齐，这个段落对齐样式在本例中也不美观。经过分析，最终采用"最后一行左对齐"的段落对齐样式。

第7步：解决标点串行问题。解决这个问题，需要将"避头尾法则设置"修改为"JIS严格"，然后在"间距组合设置"下拉列表中依次尝试各选项的排版效果，最终发现"间距组合2"的排版效果最佳，因此选择这个组合效果，如图11-42所示。

左对齐文本　居中对齐文本　右对齐文本　最后一行左对齐

最后一行居中对齐　最后一行右对齐　全部对齐

图11-41

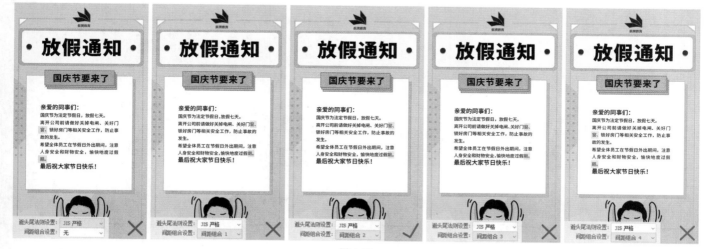

图11-42

◎ **知识课堂：**"避头尾法则设置"与"间距组合设置"

上面解决了句号串行的问题，但是并没有告诉大家为什么这么设置。由于Photoshop在文字排版上的功能远不如InDesign和Illustrator强大，大家在工作中肯定会遇到各种各样的文字排版问题，尤其是掉字、串行和无法对齐等基本问题。因此，这里专门来教大家解决这些问题的方法，即"避头尾法则设置"与"间距组合设置"这套"组合拳"。

避头尾法则设置

要搞清楚设置原因，得先弄清楚什么是"避头尾法则"。避头尾法则指定亚洲文本的换行方式，不能出现在一行的开头或结尾的字符称为避头尾字符。

以上是"避头尾法则"的官方解释，大家看不懂没关系，笔者来"翻译"一下。

避头尾法则是常用的文本换行方式，可以强制让某些字符（尤其是标点）不出现在文本行的开头或结尾。Photoshop提供了"JIS宽松"和"JIS严格"两种避头尾方法。

JIS宽松：规定常见字符不能出现在行首和行尾，如图11-43所示。因为规定了句号和顿号不能单独出现在行首，所以在改为"JIS宽松"后，Photoshop便分别将"窗"字和"期"字换行以与句号挨在一起，如图11-44所示。如果从排版角度严格来讲，一行只出现一个字和一个句号，属于掉字现象，正确的做法是将这个字和句号收到上一行去。

JIS严格：规定更多字符不能出现在行首和行尾，如图11-45所示。因此，在选择"JIS严格"方法时，依然会得到图11-44所示的结果。

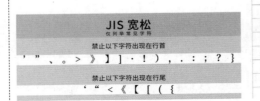

图11-43

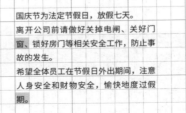

图11-44

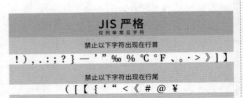

图11-45

现在我们来做两个实验。注意，这两个实验都需要将"避头尾法则设置"设置为"JIS严格"。

实验1：在"期"字前插入一个"%"，并调整"间距组合设置"，可以发现无论选择哪一个选项，"%"一定会被收到上一行，如图11-46所示。

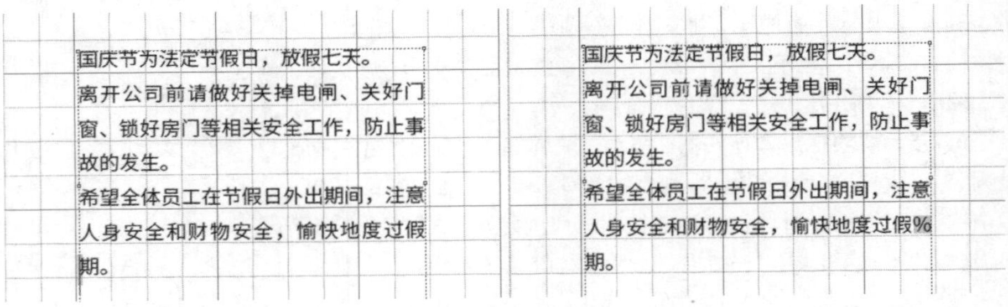

图11-46

实验2：在"期"字后面的句号后插入一个"@"，如图11-47所示。可以发现"间距组合设置"的选项中，只有"间距组合4"选项将"@"放在了行尾，其他3项都将其放在了行首，如图11-48所示。"JIS严格"不是规定字符@不能出现在行尾吗？这是怎么回事呢？这说明Photoshop是无法解决语法问题的。

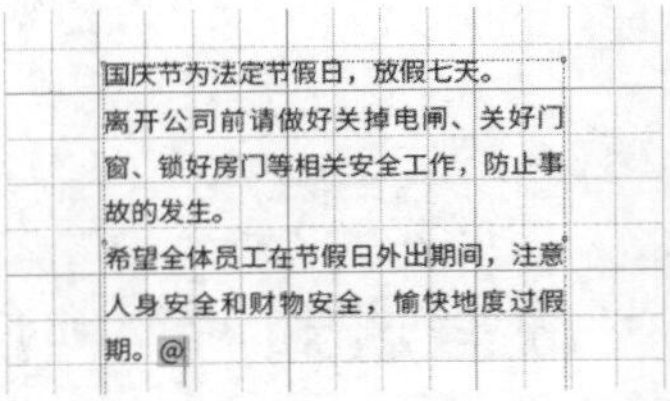

图11-47

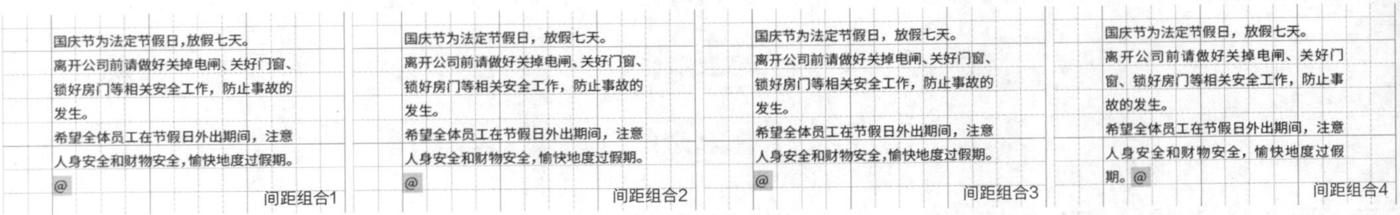

间距组合1

间距组合2

间距组合3

间距组合4

图11-48

间距组合设置

间距组合为日语字符、罗马字符、标点、特殊字符、行首、行尾和数字的间距指定日语文本排版。通俗来讲，运用"间距组合设置"搭配"避头尾法则设置"，可以让文本的格式更加规范。

先将"避头尾法则设置"设置为"JIS严格"，然后调整"间距组合设置"。

间距组合1：对所有标点强制使用半角间距，此时句号会被收到上一行，且不会出现掉字现象，如图11-49所示。

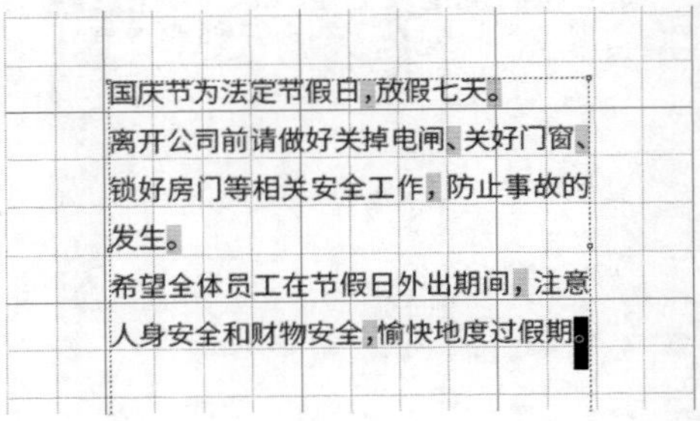

图11-49

间距组合2：对行中除最后一个标点外的大多数标点使用全角间距，即行尾标点会用半角间距，其他大多数标点会用全角间距，如图11-50所示。注意，这个组合使用的频率很高。因为该组合可以让行尾的标点与上一行的最后一个字符进行视觉对齐，看起来很美观。

间距组合3：对行中的大多数标点和最后一个标点使用全角间距，即行尾的标点会用全角间距，其他少部分标点会用半角间距，如图11-51所示。注意，这个组合经常会出现行尾标点与上一行的最后一个字符无法对齐的现象。

间距组合4：对所有标点强制使用全角间距，这个组合经常会出现掉字现象，使用频率不是很高，如图11-52所示。

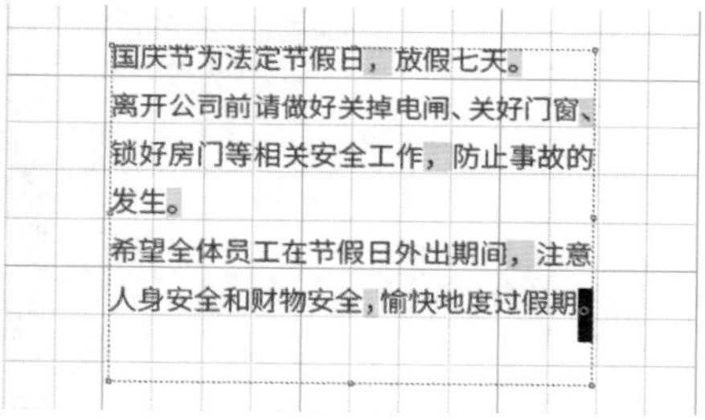

国庆节为法定节假日，放假七天。	国庆节为法定节假日，放假七天。	国庆节为法定节假日，放假七天。
离开公司前请做好关掉电闸、关好门窗、锁好房门等相关安全工作，防止事故的发生。	离开公司前请做好关掉电闸、关好门窗、锁好房门等相关安全工作，防止事故的发生。	离开公司前请做好关掉电闸、关好门窗、锁好房门等相关安全工作，防止事故的发生。
希望全体员工在节假日外出期间，注意人身安全和财物安全，愉快地度过假期。	希望全体员工在节假日外出期间，注意人身安全和财物安全，愉快地度过假期。	希望全体员工在节假日外出期间，注意人身安全和财物安全，愉快地度过假期。
图11-50	图11-51	图11-52

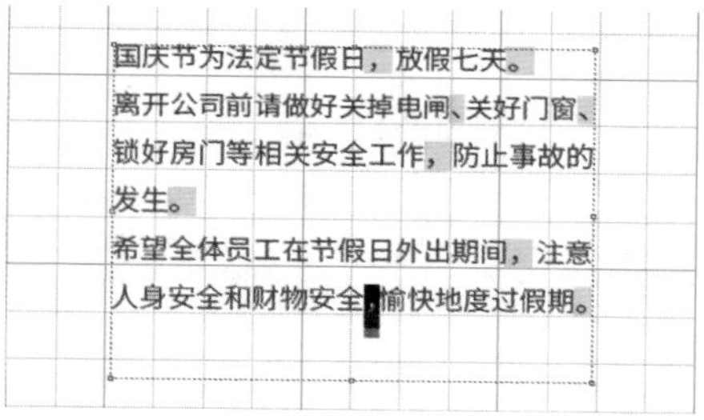

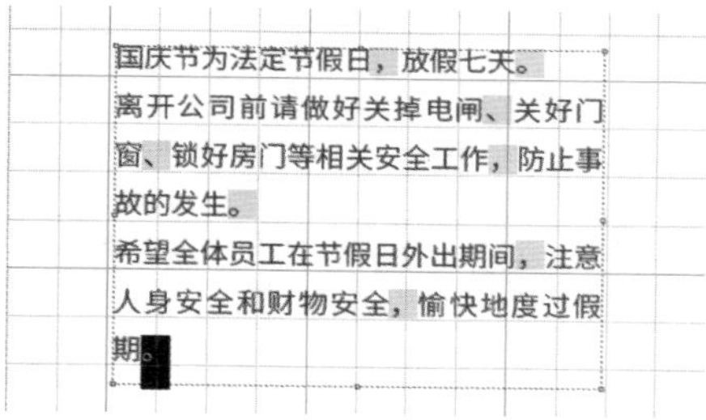

对于使用Photoshop排版文案而言，避头尾法则与间距组合的设置非常重要。只要遇到标点串行或掉字等问题，直接采用"JIS严格"搭配"间距组合设置"中的选项来解决即可。

第8步： 调整三级内容的段落间距。三级内容现在挤成一团了，很难分清楚段落。调整段落间距需要用到"段前添加空格"和"段后添加空格"两个选项。将插入点放到第1段重标内容中的任意位置，然后将"段后添加空格"设置为8点，接着用同样的方式将最后一段的"段前添加空格"设置为10点，这样就调整好了重标内容的段落间距，如图11-53所示。随意选择第2行和第3行中的一些字符（注意，如果选到第4行的字符，将会影响到调整好的最后一段内容），然后将"段后添加空格"设置为4点，这样就调好了通知内容的段落间距，如图11-54所示。

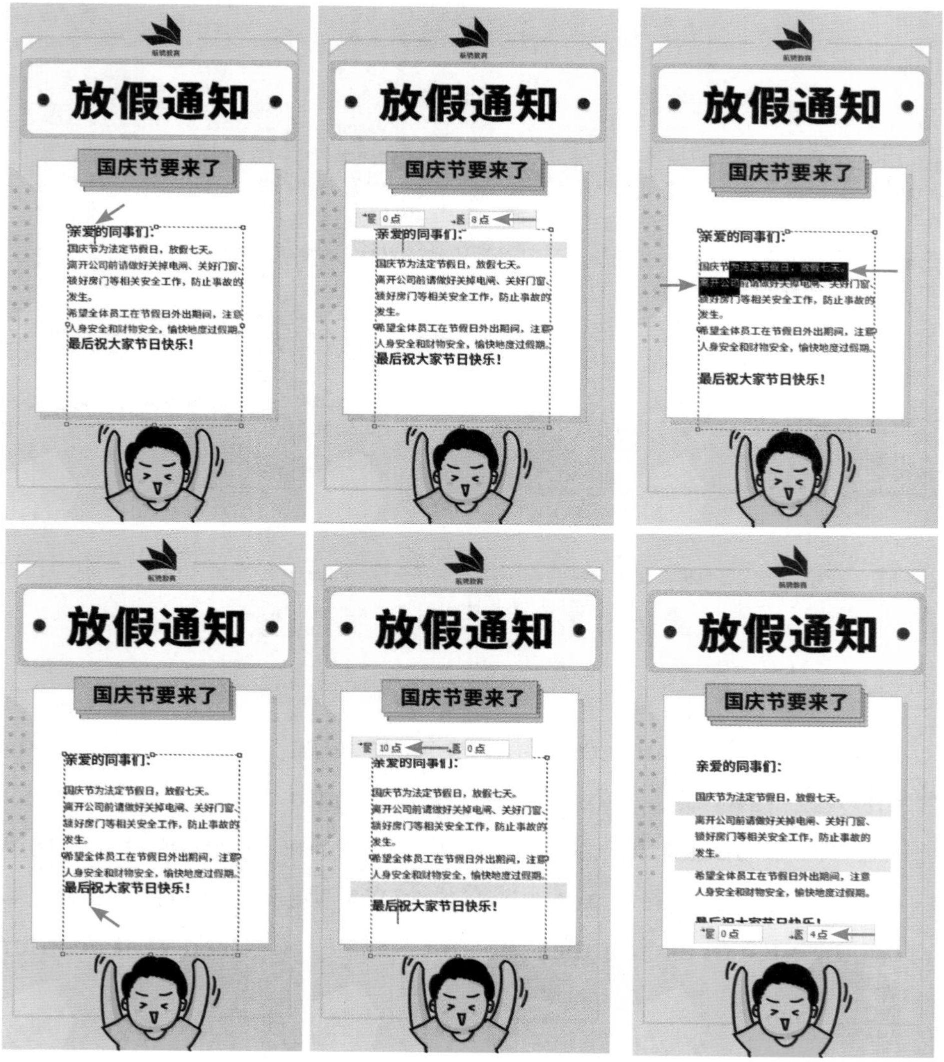

图11-53

图11-54

第9步：调整三级内容最后一段的对齐方式，如图11-55所示。由于本设计的内容是一份通知，基于惯例，最后一段应右对齐，但此时调整后的感叹号没有与上一行末尾对齐，视觉效果很不好。将插入点放在感叹号之后，然后在按住Alt键的同时连续按←键微调字符间距，直到感叹号与上一行末尾视觉对齐为止。到此，文案的字体及段落调整基本完成。

| 没有与上一行对齐 | 设置插入点 | 按住Alt键的同时连续按←键微调字符间距 |

图11-55

由于本设计的阅读场景在手机端，因此不需要设置文本的缩进量。如果是排印刷作品，就需要设置文本的缩进量。缩进共有3种方式，分别为"左缩进"、"右缩进"和"首行缩进"，如图11-56所示。"左缩进"让文本从段落的左端缩进（直排文本从段落的顶端缩进）；"右缩进"让文本从段落的右端缩进（直排文本从段落的底端缩进）；"首行缩进"缩进段落的首行文本，是最常用的缩进方法，缩进量一般为两个字符。另外，缩进量可以设置为负值，此时文本将超过段落边缘。

| 原始文本 | 左缩进 | 右缩进 | 首行缩进 |

图11-56

最后介绍"段落"面板中的"连字"选项。勾选该选项后，在输入英文文本时，如果因对齐需要而将段尾的英文单词断开并换行，此时在断开单词的前半部分末尾出现连字符，如图11-57所示。

Before leaving the company, please turn off the switch, close the doors and windows, lock the doors and perform other related safety work to prevent the occurrence of accidents.

Before leaving the company, please turn off the switch, close the doors and win-dows, lock the doors and perform other related safety work to prevent the occur-rence of accidents. 连字符

| 关闭连字 | 开启连字 |

图11-57

👑 重点
11.2.3 字体最终定版

现在来仔细观察一下版面，发现整体效果很不错，但是文字颜色全是黑色，缺乏对比。因此，将二级内容的颜色修改为白色，同时将通知内容的颜色设置为比黑色浅一些的深灰色，对比效果瞬间就做出来了，再根据设计风格为一级和二级内容加上阴影，接着贴上二维码，整体设计完成，如图11-58所示。

图11-58

最后来看看整体的设计风格是否能体现主题。本作品要表达的核心思想是"放假"，这对于员工来讲，是一件令人兴奋、愉悦的事情，因此整体的设计风格应该采用活泼风格，当然也包括字体在内，尤其是一级内容的字体。而现在（方案1）的一级内容字体是很方正的黑体，并不能体现"放假"的感觉。这里重新对一级内容的字体进行选择，"方案2"的字体虽然比较有设计感，但还是不能体现愉悦的心情，"方案3"用了一款比较萌趣的字体，很符合主题，因此最终采用"方案3"，如图11-59所示。

图11-59

11.3 文本的检查及查找和替换

在文本创建完成后，可以利用Photoshop的检查和替换功能对文本存在的基本问题进行修正。不过，笔者认为文本内容的问题应该尽量在前期解决，因为Photoshop只能解决一些基本问题。

11.3.1 拼写检查

菜单栏： 编辑>拼写检查

作品设计完成后，执行"编辑>拼写检查"菜单命令，可以对当前文档中各文本图层的内容进行拼写检查。虽然这个功能对英文的支持很不错，但对中文的支持较差。如果文档中的文本拼写没有问题，Photoshop会直接提示拼写检查完成；如果文本有拼写问题，Photoshop会弹出"拼写检查"对话框，并提供修改的建议，我们只需要根据情况进行修改即可，如图11-60所示。

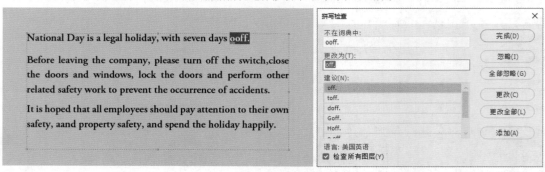

图11-60

11.3.2 查找和替换文本

菜单栏： 编辑>查找和替换文本

执行"编辑>查找和替换文本"菜单命令，打开"查找和替换文本"对话框，可通过该对话框查找和替换指定的文字，如图11-61所示。

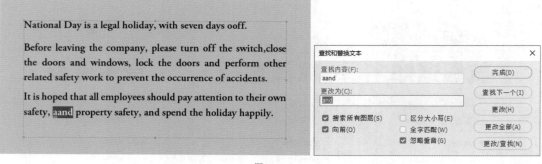

图11-61

11.4 设计文档丢失字体的解决方法

设计文档丢失字体是每个设计师都会遇到的问题，这是一个非常烦人但又不能不解决的问题。在一般情况下，打开丢失字体的文档时Photoshop会提示字体丢失，我们可以不去管它，先直接打开文档，再想办法解决。这里给大家提供3种解决方法，如图11-62所示。

图11-62

☝ 重点

11.4.1 找到相同的字体

字体丢失，最常见的两种情况是"假丢失"和"真丢失"，如图11-63所示。

图11-63

假丢失：会在文本图层的缩览图上显示一个黑白的 🅣 图标。将鼠标指针放在文本图层的缩览图上，Photoshop会提示"字体在系统上，但需要更改版面"，意思是计算机中有这款字体，但是应用的话版面可能会有些许改动，这种改动一般不会影响大局。遇到这种情况，可以将文档另存一份，然后打开新储存的文档就会使它恢复正常，如图11-64所示。另外，也可以双击文本图层的缩览图进行更新。

真丢失：会在文本图层的缩览图上显示一个彩色的 🅣 图标。将鼠标指针放在文本图层的缩览图上，Photoshop会提示"字体在系统上丢失，需要替换"，意思是计算机中没有这款字体，需要找到该字体，或用其他字体进行替换。遇到这种情况，可以在"字符"面板中选中字体名称，并按快捷键Ctrl+C复制，然后在搜索引擎中按快捷键Ctrl+V粘贴字体名称，搜索字体并下载，将其安装到计算机中后即可自动更新字体（需要注意字体的版权），如图11-65所示。

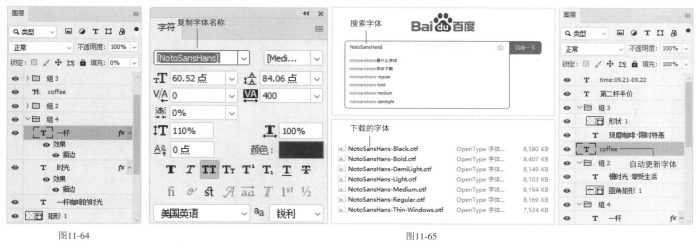

图11-64　　　　　　　　　　　　　　　　　　　　　　　　　　　　　　図11-65

⑦ 疑难问答：字体名称显示不完整怎么办？

　　有一些字体的名称很长，可能无法在"字符"面板中显示完整。遇到这种情况，可以在"属性"面板中查看字体的名称，因为"属性"面板中的字体搜索框要长很多，如图11-66所示。

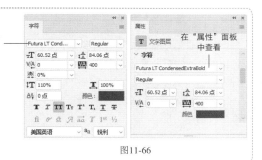

图11-66

👑 重点

11.4.2 用相似的字体替换

菜单栏： 文字>匹配字体

Photoshop有一个非常人性化的功能，即"匹配字体"功能。当我们看到一些好看的字体时，哪怕是在JPEG格式的图像中，也可以进行识别。操作方法是，先在Photoshop中打开图像并用选框类工具框出要识别的文字，然后执行"文字>匹配字体"菜单命令，Photoshop会根据字体的样式自动从计算机中匹配相似的字体。从"匹配字体"对话框中选好一款字体后，我们可以输入相同的文案来查看匹配情况，如图11-67所示。不过请大家注意一点，Photoshop对英文的匹配效果是比较精确的，对中文的匹配效果则不理想。

用选框框选出文字	匹配出来的字体	输入同样的文案，查看匹配是否精确

图11-67

11.4.3 栅格化文字图层

菜单栏： 文字>栅格化文字图层　　图层>栅格化>文字

如果遇到前两种方法都不能解决的字体丢失问题，就要考虑是否对文字图层进行栅格化操作了。一旦栅格化了文字，输出作品时文字就不再基于矢量输出，而是位图输出，清晰度会受到影响。不到万不得已，不要用这一方法。如果必须栅格化文字，请复制一个副本图层后再进行栅格化。

至于栅格化文字的方法就很简单了，可以通过执行"文字>栅格化文字图层"菜单命令或者"图层>栅格化>文字"菜单命令来实现。不过，最简便的方法是在图层名称上单击鼠标右键，在弹出的菜单中选择"栅格化文字"命令。

11.5 商业字体设计

在前面的内容中，我们讲的是文字基础功能，这些内容重在理解，因此没有安排案例供大家练习。本节及本节后面的内容就不同了，属于本章的重点。就拿字体设计这个功能说，Photoshop的字体设计功能虽然比不上Illustrator，但也是很强大的，而且并不是每个初学者都会Illustrator，甚至有些刚入行的设计师都不会Illustrator，那就只能用Photoshop了。另外，这里要提醒大家一点，本节所讲的字体设计仅涉及一些简单的技术，大家如果想学更多的字体设计技法，必须挑选一些专门讲字体设计的图书来进行学习。在后面的内容中，笔者会给大家推荐一些实用的字体设计图书。

11.5.1 字体设计的原则

字体设计需要遵循一些设计原则，只有掌握了设计原则，才能设计出专业和规范的字体，并让字体的商业价值最大化。总体来说，一种好的字体设计，需要遵循可识别性、适用性、艺术性和统一性原则，如图11-68所示。脱离了这些最基本的设计原则，所设计的字体将是失败的。

图11-68

☞ 可识别性

文字是记录和传播信息的一种工具。在设计字体的时候，一定要让字体具备可识别性，才能够准确、清晰地传递信息。尤其是商业字体设计，如促销活动中的字体设计，更应该具备易识别、易传播的特点，这样才能准确地把商业活动信息传递给顾客，从而达到商业目的。在字体设计的过程中，要考虑笔画的设计、结构的排布和图形的融入等是否会不利于识别。要考虑设计出来的字体是否具有可识别性，是否会让人产生歧义，这是字体设计中最重要，也是最基本的原则，反例如图11-69和图11-70所示。

是9.8元还是0.8元？

图11-69

是青"春"还是青"毒"？

图11-70

☞ 适用性

不同的行业、不同的主题都有适合它们的字体。除了字义，字体也能潜移默化地传递印象。例如，女性行业所应用的字体，一般表现的是女性柔美、细腻和纤细的印象；男性行业所应用的字体，一般表现的是男性刚毅、稳重和粗犷的印象；儿童行业所应用的字体，一般表现的是儿童活泼、可爱的印象；促销类主题所应用的字体，一般表现的是震撼、火爆和热卖的印象。因此，在设计之前需要考虑字体的适用性。如果字体使用得不恰当，可能会导致内容不严谨和表达不到位等问题，也体现不出设计的专业性。

"有电危险，请勿靠近"是一个公共场所的提示标语，图11-71所示字体过于活泼，宜用庄重、严肃的字体来体现事件的严肃性；"劲爆低价，感恩回馈"是商场促销活动的货架卡牌，图11-72所示字体过于死板，宜用粗犷、有力的字体来渲染促销的活动氛围。

图11-71

图11-72

在考虑字体的适用性时，常常会根据字体所应用的场合和文字内容等来判断。适用性没有一个明确的标准，毕竟每个人对字体的理解是不同的。新手设计师在设计前要先对字体的适用性进行分析，才能让自己的设计更加严谨、适用。

☞ 艺术性

赏心悦目是美学的一种追求，在字体设计的过程中，同样要追求字体的艺术性。有艺术性的字体能给人一种愉悦的心灵感受，更容易被人接受和认同，从而加深人们对字体的印象，以达到传播的最终目的。为字体赋予美感，令字体富有生命力和感染力，能更贴切、形象地表达主题。图11-73所示为"江山美人"的不同字体，艺术书法字体的艺术性会比常规字体的艺术性强。

艺术书法字体

方正粗倩简体

图11-73

☞ 统一性

字库中每一种字体的设计都具有统一性，包括笔画的形态、笔画的粗细和字体的结构等。在字体设计的过程中，设计师要把握字体的统一性原则，只有这样，设计出来的字体才更加严谨、和谐。

在设计字体的过程中，要遵循字体设计的原则，令字体更加规范，更具有可读性，如图11-74所示。图a中两个字的横笔和竖笔的形态特征都具有统一性，其他笔画的形态特征也较为统一；图b中两个字的结构具有统一性，都表现了上紧下松的特征。

在学习一些好的字体作品时，也可以用以上总结的字体设计原则对字体进行分析。初学者最好先对字体设计的原则进行了解，再去设计字体，不要毫无章法、盲目地去设计，导致最后因作品得不到认同而失去做设计的耐心。想要学好字体设计，需从最基础的知识学起，清晰地了解字体成型的来龙去脉，为自己成为好的设计师打下坚实的基础。

图11-74中 a　b

① 技巧提示：字体设计图书推荐

在此，笔者要感谢韦学周老师。上述内容参考了韦老师的著作《字游　字体设计技巧与实战》，如图11-75所示。笔者平时疏于总结字体设计的基础理论知识，本想借写本书的机会好好总结一下，但在拜读了韦老师的著作后，奈何实在不敢班门弄斧，因此在征求了韦老师的同意后，照搬了韦老师的经验总结，以供大家参考。

图11-75

另外，大家如果想学书法字体设计，笔者给大家推荐一本专门介绍各种书法字体设计的图书《字传　商业书法字体设计与应用》，如图11-76所示。本书由秦川老师编著，书中不仅系统地介绍了书法字体设计的各种基础知识，还对书法字体的设计方法、风格表现和商业应用进行了全面讲解。

图11-76

☛重点
11.5.2 常规字体设计

菜单栏： 文字>创建工作路径　　文字>转换为形状

图11-77所示为一款用于电商标题的字体笔画重塑前后的效果，现在大家来做一道非常简单的选择题，从中选出你喜欢的字体。相信大家都会选择图b中的字体，这款字体既醒目又有设计感，十分出彩。下面就来教大家如何实现图b中的字体效果。

打开"学习资源>素材文件>CH11>11.5>夏季购物节.psd"文件，如图11-78所示。要实现文字笔画的重塑，可以用以下两种方法来实现。

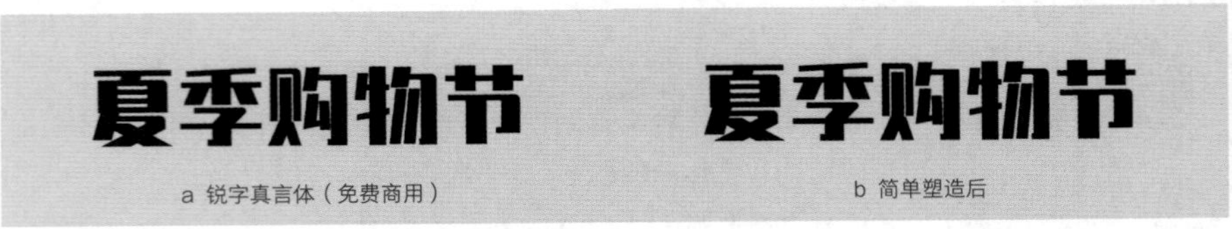

a 锐字真言体（免费商用）　　　　　　b 简单塑造后

图11-77

图11-78

方法1： 利用文字工作路径，如图11-79所示。执行"文字>创建工作路径"菜单命令，基于文字轮廓创建工作路径（图a），然后用"直接选择工具" ▶. 对"夏"字的笔画进行调整（图b），接着沿调整后的笔画底部创建一条参考线，再调整"购"字和"节"字的笔画（图c），最后新建一个空白图层，单击"路径"面板下方的"用前景色填充路径"按钮 ● 为路径填色（图d）。

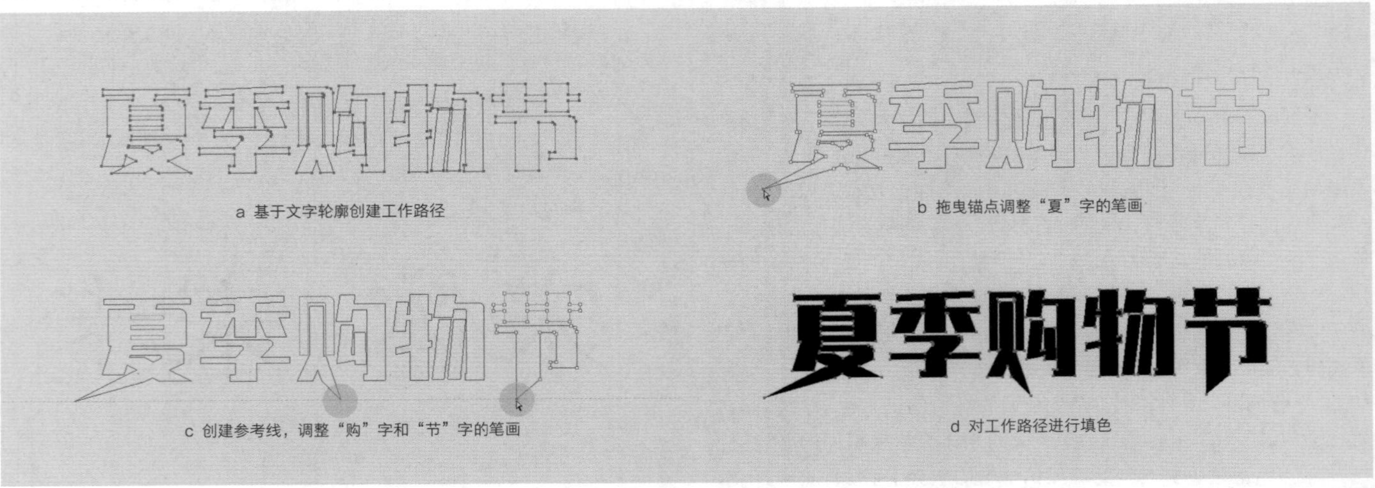

a 基于文字轮廓创建工作路径　　　　　　b 拖曳锚点调整"夏"字的笔画

c 创建参考线，调整"购"字和"节"字的笔画　　　　　　d 对工作路径进行填色

图11-79

方法2： 利用文字形状，如图11-80所示。按快捷键Ctrl+J复制文字图层，然后执行"文字>转换为形状"菜单命令，将文字转换为矢量形状（图a），用"直接选择工具" ▶. 对"夏"字的笔画进行调整（图b），并沿调整后的笔画底部创建一条参考线，再调整"购"字和"节"字的笔画（图c和图d）。

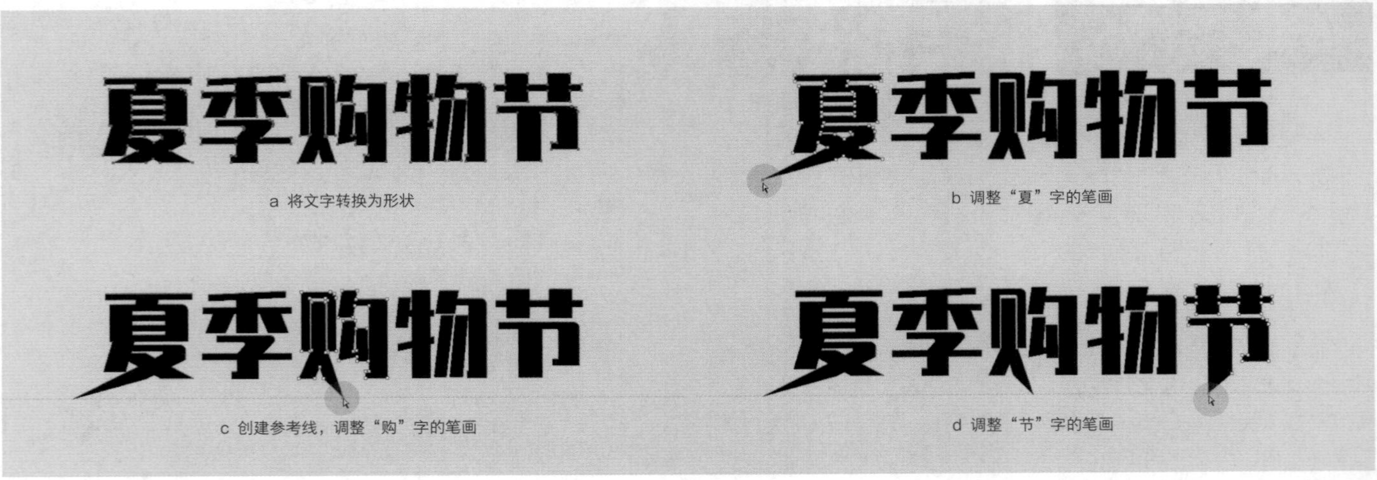

a 将文字转换为形状　　　　　　b 调整"夏"字的笔画

c 创建参考线，调整"购"字的笔画　　　　　　d 调整"节"字的笔画

图11-80

这两种方法是Photoshop中非常简单的字体设计方法。总体而言，"方法1"弊多利少，"方法2"弊少利多。通过调整文字的工作路径得到的文字其实是位图，而文字一般需要矢量输出，就凭这一点，我们便应该放弃这个方法。用文字形状进行调整，不仅可以直观地感受到即时的调整效果，还便于更改文字颜色（直接对形状的填充色进行调整），而且最终输出的文字是矢量图。因此，对于简单的常规商业文字，我们可以用Photoshop的文字形状功能来进行设计。

另外，商业字体的设计绝非如此简单，还有很多常用的造字法，如钢笔造字法、铅笔造字法、矩形造字法、局部替换法、曲线造字法和字库改字法等。这些字体设计方法，需要用一本书来专门讲解才能讲透彻，且涉及的软件也绝非Photoshop一款软件，用得更多的是Illustrator。

♛ 重点

🖐 案例训练：字体设计之梦想音乐秀

案例文件	学习资源 > 案例文件 >CH11> 案例训练：字体设计之梦想音乐秀 .psd
素材文件	无
难易程度	★ ★ ★ ☆ ☆
技术掌握	用文字形状做字体设计

在第6章中有一个"综合训练：设计超炫音乐节创意海报"的案例，其中只讲解了制作音符特效的方法，并没有讲解怎样做标题的字体设计。由于这款字体的设计属于比较常见的类型，因此有必要在这里教大家怎样制作，如图11-81所示。

图11-81

01 按快捷键Ctrl+N新建一个尺寸为3500像素×2000像素，"分辨率"为150像素/英寸，"颜色模式"为"RGB颜色"的文档（可填充任意底色），在画布中输入文案"梦想音乐秀"，选择字体为"阿里汉仪智能黑体"，同时设置字体大小为250点，如图11-82所示。执行"文字>转换为形状"菜单命令，将文字图层转换为形状图层，如图11-83所示。

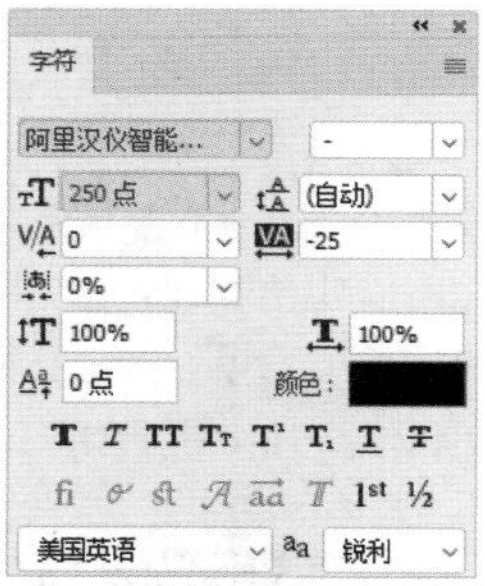

图11-82

图11-83

（！）技巧提示：文档的分辨率和颜色模式

本章的案例主要讲解字体的设计，文字图层和形状图层都是矢量的，因此读者可以创建任意尺寸、分辨率和颜色模式的文档。在实际应用时，需根据所制作的产品进行调整。

02 将平滑点转换为角点。本例中笔画的锚点需全部是角点，不应带平滑效果。用"转换点工具" ▷ 将控制形状的平滑点全部转换为角点，如图11-84所示。

◉平滑点　　　　　全部转换为角点
图11-84

03 "梦"字调整的过程如图11-85所示。所有的调整都是用"直接选择工具" ▷ 来完成的。在调整过程中，如果其他部位妨碍了操作，可以暂时将其移到旁边去。在调整笔画时，要注意笔画的统一性（倾斜角度和粗细变化）。如果锚点过多，可以删除一些不影响调整工作的锚点。因为锚点越多，控制起来越难。

左上角"木"的调整　　右上角"木"的调整　　"夕"的调整
图11-85

04 "想"字调整的过程如图11-86所示。"想"字分为"木""目""心"3个部分。此步骤只涉及"想"字的调整过程，大家在调整过程中要结合"梦"字进行整体调整，整个风格要统一，笔画的粗细和走向也要统一。

"木"的调整　　　　"目"的调整　　　　"心"的调整
图11-86

05 进一步调整“想”字中的“目”，我们要在“目”的上方做一个缺口，这个缺口用图形减法来做，如图11-87所示。在图示位置建立一条参考线，使用“矩形工具”▭绘制一个矩形（绘制时需要按住Alt键），绘制完成后将矩形调整到合适的大小，“目”与矩形的相交处会自动形成一个缺口。

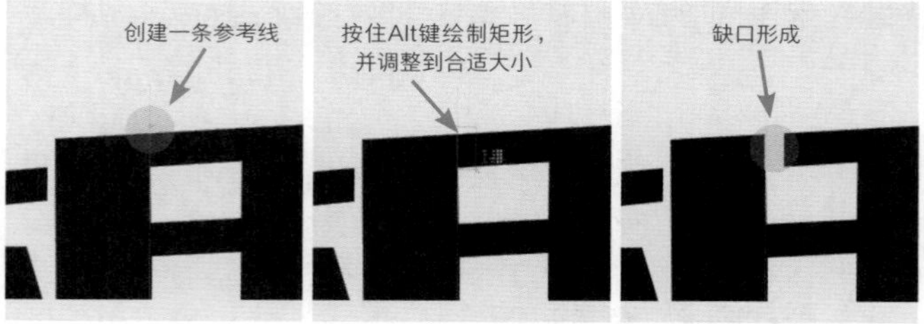

图11-87

06 确保当前选择的工具是“矩形工具”▭或“直接选择工具”↖，在选项栏中单击“路径操作”按钮▢，在下拉列表中选择“合并形状组件”命令，这样“目”的可见部分会成为一个整体，此时用“直接选择工具”↖对笔画细节进行调整就可以了，如图11-88所示。

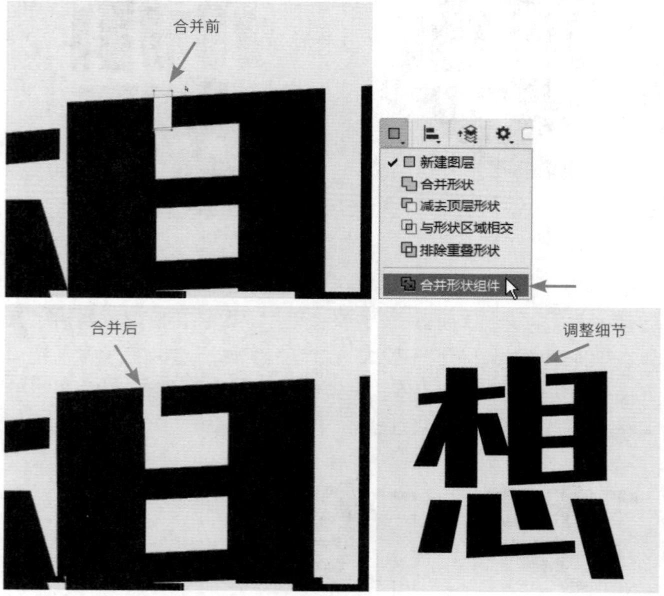

图11-88

07 “音”字的调整方式可参考前述步骤，“日”字的“缺口”可以参照“想”字中“目”的做法来制作，如图11-89所示。

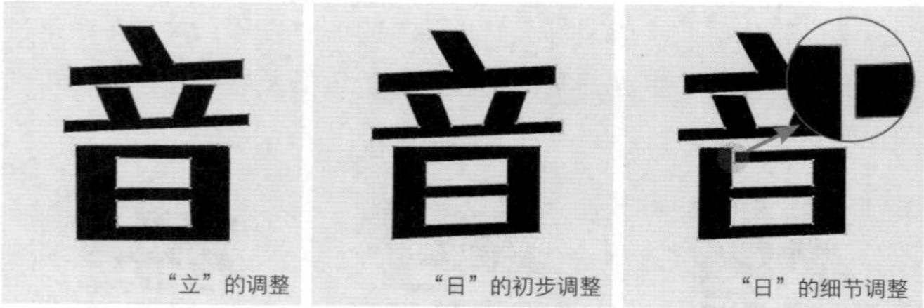

图11-89

08 调整“乐”字。因为“乐”字的撇画和竖钩画有所重合，所以要将二者分离到不同图层以分别调整。对“乐”字进行整体调整后选择撇画的各锚点，按快捷键Shift+Ctrl+J将该笔画剪切并拷贝到一个新的形状图层中，接着分别对“乐 拷贝”图层中的撇画和“乐”图层中的竖钩画进行调整。调整完成后，同时选中调整“乐”字的两个形状图层，按快捷键Ctrl+E将其合并，如图11-90所示。

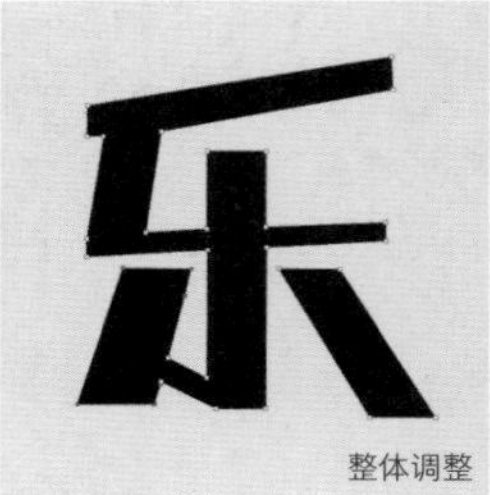

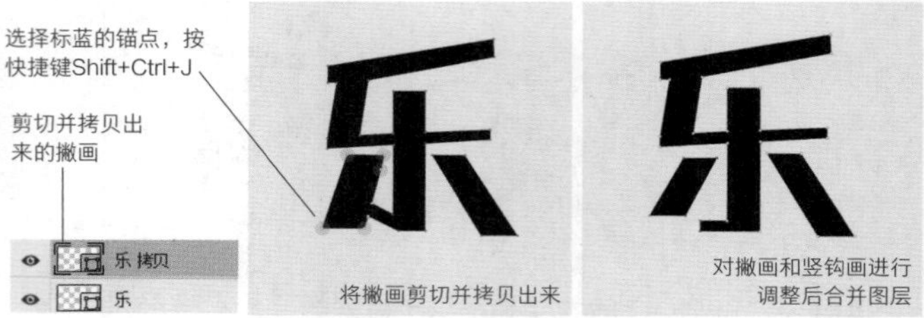

图11-90

09 “秀”字的调整可以参考“乐”字的做法。对“秀”字进行大致的调整后将“禾”的撇画和捺画剪切出来，对其位置和形状进行单独调整，再合并图层，如图11-91所示。

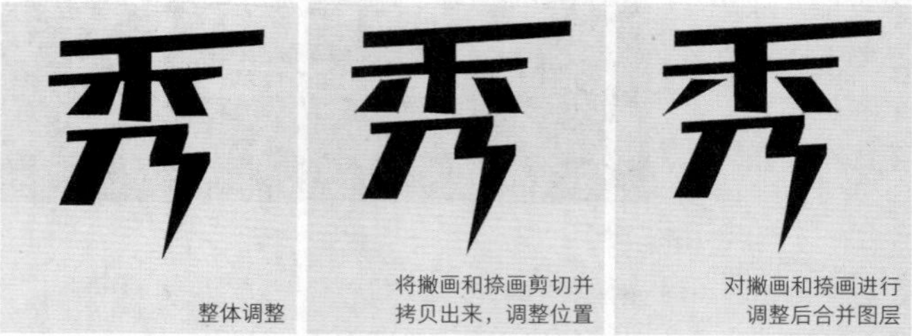

图11-91

10 现在来看看整体效果，与源字体相比，现在的字体更具视觉冲击力，也更具设计感，如图11-92所示。由于现在的文字是矢量图形，我们可以对其进行换色，再做一个凸显主体的背景，并添加其他元素，最终效果如图11-93所示。

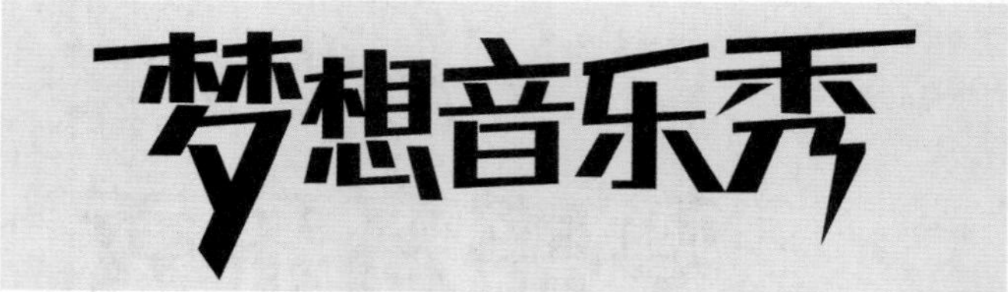

图11-92

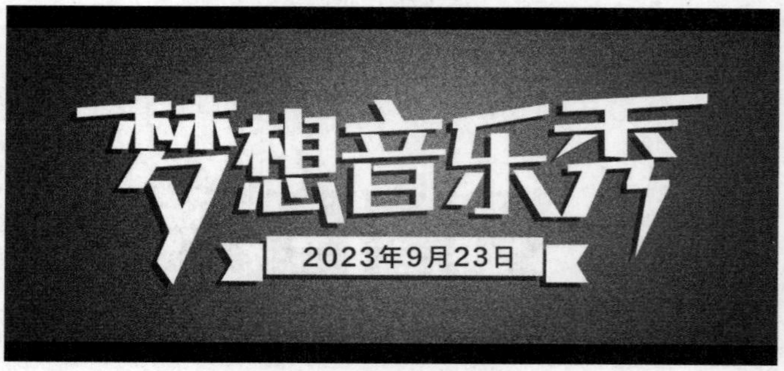

图11-93

学后训练：字体设计之再见时光

案例文件	学习资源>案例文件>CH11>学后训练：字体设计之再见时光.psd
素材文件	无
难易程度	★★☆☆☆
技术掌握	用文字形状做字体设计

本例继续强化训练用文字形状做字体设计。相比于上一个案例，本例的设计难度要低一些，只需要先设计出粗笔画、细笔画和点笔画，然后进行合理的拼接和摆放就可以轻松完成，如图11-94所示。

图11-94

11.5.3 书法字体设计

现在，让我们来看一组除夕的海报设计作品。这组作品除了将体现主题的"除夕"两个字设计得不同，其他元素均相同，如图11-95所示。笔者相信，不需要进行过多分析，大家都会认为第1幅作品最美观，这就是书法字体的魅力。第1幅作品中金色书法风格的"除夕"二字配上大红色的背景，将除夕的喜庆氛围表现得淋漓尽致。

图11-95

设计行业流传着这么一句话："书法字一现，众字皆臣服！"这不是一句玩笑，而是事实。书法字不同于一般的字体，它生来就透着一种"王霸之气"，大多数情况下，只要一幅作品中有书法字作为大标题，其他文案就瞬间失去了光芒（前提是设计合理）。图11-96所示为一些书法字体设计作品，有些是用在海报中的，有些是用在游戏界面中的，还有些是用在品牌设计中的，但无论用在哪里，这些字体都会为整个设计增添不少光彩。

图11-96

书法字体的运用需要注意以下3点。

第1点： 书法字体一般作为大标题使用，以使观者一眼就注意到大标题，这样可以将重要的信息以最快的速度传达给观者。

第2点： 在一幅作品中，除了大标题，其他文案一般很少会用到书法字体，究其原因还是书法字太过霸气。如果作品中有大量的书法字体文案，那么连主图的风头都可能会被抢走。再者，书法字体可读性稍差，也不适合作为正文的字体。

第3点： 不是所有设计都能用上书法字体，要根据实际情况来定。例如，设计作品是小清新风格的，用书法字显然就不合适了。

那该如何获取书法字体呢？总的来说，我们可以通过4种方式获取，如图11-97所示。

图11-97

手写并扫描：如果有能力手写书法字，可以先在纸上用毛笔写出来，然后将其扫描成图像并在Photoshop中打开，执行"图像>调整>去色"菜单命令或按快捷键Shift+Ctrl+U，对图像进行去色处理，接着用"色阶"调整图层将背景调整为白色，将文字调整为黑色，如图11-98所示。调整完成后，将要用到设计作品中的文字抠出来即可。

在Photoshop中打开扫描的书法作品　　　　按快捷键Shift+Ctrl+U进行去色处理　　　　用"色阶"调整图层提亮高光并压暗暗部，将文字调整为黑色

图11-98

笔画拼接：很多素材网站上有不少免费商用的书法字笔画和偏旁素材，通过这些笔画等素材可以轻松设计出想要的书法字体，如图11-99所示。这是现在很流行的一种设计方法，对初学者和成熟的设计师来说都很实用。设计过程中会用到变形、操控变形和液化等技术，下面将重点讲解怎样用笔画或偏旁部首来拼接书法字。

图11-99

从字库获取：这是既简单又直接的获取方法，只要计算机中安装了书法字体，就可以在设计中使用。像方正字库、汉仪字库和字魂网都推出了很多好看的书法字体，如图11-100所示。请大家注意，字库中的书法字体大部分都是需要购买版权的，一款字体的开发需要花很大的精力和很多的时间，请大家尊重开发者的版权。

图11-100

用画笔设计：可以用Photoshop的外部毛笔画笔或油漆类画笔对笔画进行设计，但更常用的是Illustrator"颓废画笔矢量包"中的画笔，如图11-101所示。对于初学者而言，这两种方法的实现难度偏大，建议大家在学完本书后再进行学习。

用Photoshop的外部画笔进行设计

用Illustrator"颓废画笔矢量包"中的画笔进行设计

图11-101

请大家注意，书法字体设计不是只言片语就能讲清楚的，至少需要一本书才能讲透，这里所讲的仅是皮毛而已。下面以笔画拼接法为例，用简单的案例来教大家如何设计书法字体。

👑 重点

✋ 案例训练：书法字体设计之江湖系列

案例文件	学习资源 > 案例文件 >CH11> 案例训练：书法字体设计之江湖系列
素材文件	学习资源 > 素材文件 >CH11> 素材01.psd、素材02.jpg~ 素材06.jpg
难易程度	★★★☆☆
技术掌握	用笔画拼接法设计书法字

本例我们来学习一组水墨风海报中"江湖"二字的书法字体设计，如图11-102所示。这里不用字库中的书法字体，也不用Photoshop的外部画笔和Illustrator"颓废画笔矢量包"中的画笔进行设计，而是用更自由的笔画拼接法（偏旁造字法）来设计制作。

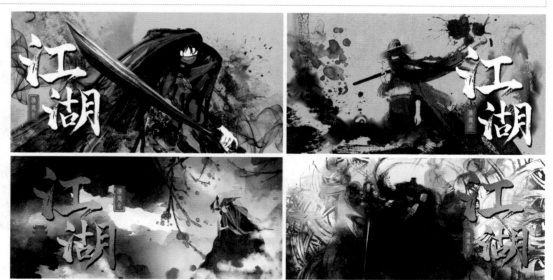

图11-102

01 按快捷键Ctrl+N新建一个A4大小的文档，在画布中分两个文字图层输入"江"字和"湖"字，将这两个文字图层编为一组，命名为"参考"，同时将图层的"不透明度"降到20%左右，如图11-103所示。

02 设计"江"字。打开"学习资源>素材文件>CH11>素材01.psd"文件，用"移动工具" ⊕ 将三点水旁拖曳至书法字设计文档中，调整其大小和位置，如图11-104所示。

图11-103

草字头
上放下收

金字旁
上紧下松

提手旁
笔画直顺

言字旁
点横相离

三点水
弧形连向

单人旁
撇的中下部
起笔写竖

衣字旁
点横分离
中部紧凑

示字旁
点横分离
中部紧凑

将三点水旁拖曳至书法字设计文档中

调整大小和位置

图11-104

03 将短横、短竖和长横拖曳至书法字设计文档中，分别调整好各个笔画的大小和位置，如图11-105所示。

短横

短竖

长横

拖入短横、短竖和长横

调整短横和长横的大小和位置

调整短竖的大小和位置

图11-105

04 执行"编辑>变换>变形"菜单命令，分别对短横、短竖和长横的形状进行调整，完成后的效果如图11-106所示。

变形短横

变形短竖

变形长横

图11-106

05 选择一个笔画，执行"滤镜>液化"菜单命令或按快捷键Shift+Ctrl+X，打开"液化"对话框，勾选"显示背景"选项，设置"使用"为"所有图层"，"模式"为"混合"，"不透明度"为50，这样液化该笔画时可以不被其他笔画影响，用"向前变形工具" ☜ 对笔画的弧度和造型进行调整（"压力"为30左右）。创建一个"色阶"调整图层，向右拖曳暗部滑块，压暗笔画，让颜色统一为黑色，如图11-107所示。

液化短横的弧度细节

液化长横的弧度细节

加深笔画颜色

图11-107

06 设计"湖"字。有了"江"字的制作经验后，我们可以加快设计速度，直接将所有笔画一次性拖曳至书法字设计文档中，其中口字底可以用日字头来代替，用"橡皮擦工具" ✎ 擦掉多余的部分即可。根据参考字大致调整好笔画的位置和大小，如图11-108所示。

拖入相应的笔画

擦掉日字头多余的笔画

调整各笔画的大小和位置

图11-108

07 对"湖"字的细节进行微调，如图11-109所示。需要调整的部分主要集中在"月"上。稍微向下压缩竖撇笔画，做出缺口。对于"月"的3个短横，可以用"液化"滤镜将顶部的"短横"调粗一些，将下面的两个短横调短一些，不要与横折钩笔画连在一起。横折钩笔画右上角尖端需要擦掉，可以用蒙版进行处理。

做出缺口

调整"竖撇"的细节

液化得粗一些

调短一些

调整短横的细节

去掉尖端

调整横折钩笔画的细节

图11-109

08 现在来看看整体效果，如图11-110所示。整体效果比较符合要求，但现在的文字还是位图，设计字体时要尽量输出矢量图，因此我们还需要将其转换为矢量图。下面教大家如何将位图文字转换为矢量文字。将制作好的文字另存为JPEG格式图像，以备后续操作。

图11-110

知识课堂：将位图文字转换为矢量文字

将位图文字转换为矢量文字最好是用Illustrator。启动Illustrator，按快捷键Ctrl+N新建一个文档，将保存的JPEG格式图像拖曳至画布中，然后将图像稍微缩小一些，同时在图像的下层绘制一个浅灰色的矩形（这个矩形有参考作用，按快捷键Shift+Ctrl+[可以将其置于底层，按快捷键Ctrl+2可以将其锁定），如图11-111所示。下面教大家两种常用的转换方法。

图11-111

方法1：剪影描摹

第1步：执行"窗口>图像描摹"菜单命令，打开"图像描摹"面板，设置"预设"为"剪影"，此时Illustrator会弹出一个提示框，单击"确定"按钮 确定 ，经过运算后就会生成剪影效果，如图11-112所示。

图11-112

第2步：现在的文字还不是矢量格式，执行"对象>扩展"菜单命令，在弹出的"扩展"对话框中单击"确定"按钮 确定 进行扩展，这样就可以将描摹后的对象转换为矢量图形，如图11-113所示。通过这种方法可以直接将白底去除干净。

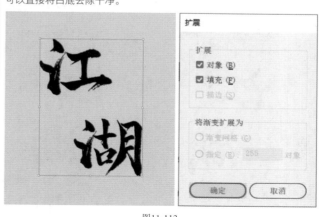

图11-113

方法2：高色黑白自定义描摹

第1步：在"图像描摹"面板中单击"高色"按钮 📷，在切换到该选项卡之后，设置"模式"为"黑白"，同时将"阈值"数值调大（该数值越大，保留的细节越多，数值为255时文字会变成黑色），这里设置为185比较合适，如图11-114所示。

图11-114

第2步：执行"对象>扩展"菜单命令，在弹出的"扩展"对话框中单击"确定"按钮 确定 进行扩展，如图11-115所示。扩展完成后白色区域也会被保留下来。

图11-115

第3步：按Y键选择"魔棒工具" 📊，单击白色区域，按Delete键删除白色区域。此时文字本该镂空的区域被黑色填充了，这显然是不对的，如图11-116所示。如果要用"魔棒工具" 📊 删除白底，那文字就不能有镂空区域。

选择白色区域　　　　　文字镂空区域被错误填充

图11-116

第4步：我们换个方法来删除白底。双击图形，进入其内部。将白底单独选中，按Delete键将其删除，删除完成后按Esc键退出图形内部，可以看到封闭区域内会保留白底，如图11-117所示。

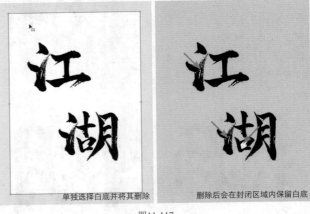

单独选择白底并将其删除　　　删除后会在封闭区域内保留白底

图11-117

第5步：通过图形运算做出镂空效果。按V键用"选择工具" ▶ 选择整个图形，执行"窗口>路径查找器"菜单命令，打开"路径查找器"面板，单击"差集"按钮 ◨，这样就做出了镂空效果，如图11-118所示。

用差集运算做出镂空效果　　　　做出来的镂空效果

图11-118

现在我们来看看两种转换方法得到的效果与原始位图笔触之间的对比，如图11-119所示。"剪影描摹"方法得到的效果很差，保留的细节严重不足，但是速度很快，适合用在不需要展示太多细节的设计中；"高色黑白自定义描摹"方法保留的细节更多，但是处理速度要稍微慢一些，适合用在对质量要求更高的设计中。

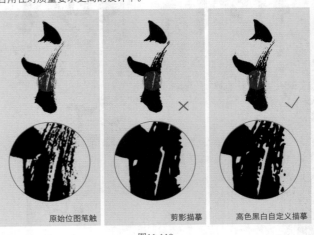

原始位图笔触　　　剪影描摹　　　高色黑白自定义描摹

图11-119

09 将制作好的矢量文字放在一组侠客海报模板上观察效果,如图11-120所示。除了用黑色和白色的书法字,还可以用金箔素材将书法字做成金色效果。

图11-120

👑 重点

✏️ **学后训练:书法字体设计之侠客**

案例文件	学习资源>案例文件>CH11>学后训练:书法字体设计之侠客.psd
素材文件	学习资源>素材文件>CH11>素材07.psd~素材12.psd、素材13.jpg
难易程度	★★★☆☆
技术掌握	笔画拼接法

　　本例继续强化训练笔画拼接法,如图11-121所示。相比于案例训练,本例的设计灵活度要高得多。这里给大家提供了一些笔画素材集,可以单独用某个素材集进行造字,也可以结合多个素材集来造字。如果大家做出来的最终效果与本例不一样也没关系,重要的是掌握方法,就算笔者再做一次,也不能保证做得一模一样。

图11-121

11.6 综合训练营

本章主要介绍了文字的排版和设计方式。其中，字体的设计在设计行业中是至关重要的，本节共安排了4个针对字体设计的综合训练。

♛重点

综合训练：设计创意字体效果

案例文件	学习资源>案例文件>CH11>综合训练：设计创意字体效果.psd
素材文件	无
难易程度	★★★☆☆
技术掌握	用钢笔造字法做字体设计

本例不再用文字形状来设计字体，而是教大家如何用钢笔造字法来设计字体，最终效果如图11-122所示。钢笔造字法是用"钢笔工具" 对文字的笔画进行重新设计的过程，操作的灵活性相对更大一些，难度也不是很高。

图11-122

♛重点

综合训练：设计折叠字效果

案例文件	学习资源>案例文件>CH11>综合训练：设计折叠字效果.psd
素材文件	学习资源>素材文件>CH11>素材14.psd
难易程度	★☆☆☆☆
技术掌握	用黑白渐变和图层蒙版制作折叠阴影

折叠字是一种制作方法很简单，又出效果的特效字，如图11-123所示。这种字效一般用黑白渐变和图层蒙版来制作。

图11-123

♛重点

综合训练：设计文字云效果

案例文件	学习资源>案例文件>CH11>综合训练：设计文字云效果.psd
素材文件	学习资源>素材文件>CH11>素材15.jpg、素材16.jpg
难易程度	★★☆☆☆
技术掌握	用"阈值"命令、剪贴蒙版和"置换"滤镜制作文字云特效

文字云是一种很常见的文字特效，密密麻麻的文字像是"穿"在人物身上一样，可以展现异常醒目的视觉效果，如图11-124所示。

图11-124

♛重点

综合训练：设计油漆字效果

案例文件	学习资源>案例文件>CH11>综合训练：设计油漆字效果.psd
素材文件	学习资源>素材文件>CH11>素材17.jpg
难易程度	★★☆☆☆
技术掌握	用"液化"滤镜设计油漆字

油漆字是一种视觉效果极其突出的字效，能大大提升设计的档次，如图11-125所示。一般常用"液化"滤镜来制作油漆字。如果要用Illustrator来做，则需要用到外部油漆笔刷。

图11-125

🔗 知识链接：综合训练营步骤详解

大家可以参照视频来完成案例。如果还有不清楚的知识点，可以参阅"学习资源>附赠PDF>综合训练营步骤详解（三）.pdf"中的相关内容，其中包含本书第11~15章综合训练营中案例的详细步骤。

第 **12** 章 **通道操作方法**

本章主要介绍通道的基础知识及Photoshop中的三大类通道，使用通道不仅可以调整图片颜色，还可以制作特殊效果。

学习重点 🔍

12.1 记录颜色信息的通道

我们已经知道Photoshop中有多种颜色模式,如RGB颜色模式、CMYK颜色模式和Lab颜色模式等,每种颜色模式都有对应的通道。一说到通道,大家就会觉得很难。简单来说,通道是用黑、白、灰记录图像颜色信息的存储器。下面我们来了解一下不同颜色模式下通道的区别。

👆重点

12.1.1 记录颜色亮度的RGB通道

通过之前的学习,大家已经知道RGB颜色模式是一种发光模式,在物体不发光的情况下,画面是漆黑一片的。光强越强,画面就会越亮。也就是说,白色区域最亮(光强最强),黑色区域最暗(光强最弱,相当于不发光),如图12-1所示。

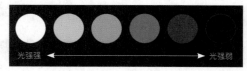

图12-1

RGB颜色模式将亮度分为256级,其中0级最暗,255级最亮。我们可以将RGB颜色模式的显色工作理解为由红(R)、绿(G)、蓝(B)3盏灯组成。关闭所有灯光,画面最暗,呈现为黑色(R:0,G:0,B:0);将3盏灯都开到最大,画面最亮,呈现为白色(R:255,G:255,B:255)。如果将红灯开到最大,并关闭绿、蓝两盏灯(R:255,G:0,B:0),那么红色区域将在"红"通道显示为白色,如图12-2所示。如果将绿灯开到最大,并关闭红、蓝两盏灯(R:0,G:255,B:0),那么绿色区域将在"绿"通道显示为白色,如图12-3所示。仅开启蓝灯并开到最大也是同样的道理(R:0,G:0,B:255),如图12-4所示。将3盏灯开到不同的亮度,便会形成不同的颜色,将多个不同颜色的点(像素)进行组合,就会形成一幅RGB颜色模式的图像。

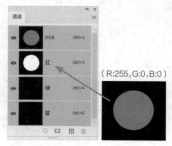

(R:255,G:0,B:0)

图12-2

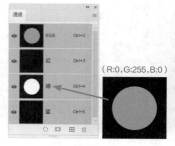

(R:0,G:255,B:0)

图12-3

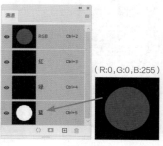

(R:0,G:0,B:255)

图12-4

打开一幅RGB模式的图像及其"通道"面板,如图12-5所示。可以看到,"通道"面板中有一个RGB复合通道和3个颜色通道

(红、绿、蓝),这3个颜色通道分别记录了对应颜色的亮度信息。默认状态下,Photoshop中的通道用黑、白、灰来记录颜色信息,即用灰度的方式来记录。为了更直观地观察通道,可以执行"编辑>首选项>界面"菜单命令,勾选"用彩色显示通道"选项,这样通道就会以彩色的方式显示。可以看到,较亮的区域原本偏白,较暗的区域原本偏黑,如图12-6所示。

默认

图12-5

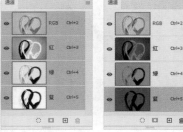

彩色

图12-6

> 👁 **知识课堂:** 用蒙版原理来理解通道
>
> 在Photoshop中,只有通道和蒙版是用黑、白、灰来显示的。那么,通道和蒙版是什么关系呢?下面我们用一个简单的操作进行演示。打开"学习资源>素材文件>CH12>12.2>少女.psd"文件,这是一个包含5个图层的文件,如图12-7所示。
>
>
>
>
>
> 图12-7
>
> 打开"通道"面板,然后按住Ctrl键并单击"红"通道,创建选区,接着在"图层"面板中选择"红"图层并单击"添加图层蒙版"按钮,创建图层蒙版,如图12-8所示。按住Ctrl键并单击"绿"通道,创建选区,然后选择"绿"图层并单击"添加图层蒙版"按钮,创建图层蒙版,接着按住Ctrl键并单击"蓝"通道,创建选区,再选择"蓝"图层并单击"添加图层蒙版"按钮,创建图层蒙版,这样就把通道中的亮度关系提取到了蒙版中,如图12-9所示。
>
>
>
> 创建选区
>
>
>
> 创建图层蒙版
>
> 图12-8

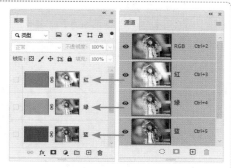

图12-9

打开"红""绿""蓝""黑"图层，并设置"红""绿""蓝"图层的混合模式为"滤色"，此时图像效果如图12-10所示。大家发现了吗？我们通过"红""绿""蓝"图层和根据通道生成的图层蒙版复原了图像。由此得出的结论是，通道相当于带有颜色的图层蒙版，所以我们可以用"黑透、白不透、灰半透"的蒙版原理来理解通道。

图12-10

♛重点
12.1.2 记录颜色浓度的CMYK通道

CMYK颜色模式是一种印刷模式，通道记录的是油墨的用量。假如我们在一张白纸上涂抹青色（C）颜料，涂抹得浓，"青色"通道内的图像就呈现为黑色；涂抹得少一些，"青色"通道内的图像就呈现为灰色；什么都不涂，"青色"通道就呈现为白色，如图12-11所示。其他颜色通道也是同样的道理，叠加4种颜色就可以呈现出色彩斑斓的画面。在印刷时，也是依次将4种颜色印到纸上的。

颜料浓 ◄—————————► 无颜料

图12-11

打开一幅CMYK模式的图像及其"通道"面板，如图12-12所示。可以看到，"通道"面板中有一个CMYK复合通道和4个颜色通道（青色、洋红、黄色、黑色），这4个通道分别记录了对应颜色的浓

度信息。现在用彩色显示通道，如图12-13所示。可以看到，颜色深的区域原本偏黑，颜色浅的区域原本偏白。

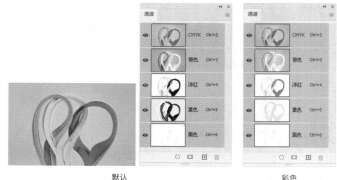

默认　　　　　　　　彩色
图12-12　　　　　　　图12-13

> ① **技巧提示：分离通道**
>
> 　　在印刷时，需要将CMYK模式图像的4个颜色通道进行拆分，分别用对应的灰度图像进行制版。执行"通道"面板菜单中的"分离通道"命令，如图12-14所示，可以将4个颜色通道分离出来，使其成为各自独立的灰度图像。分离通道后，可以单独对某一个通道进行编辑。
>
>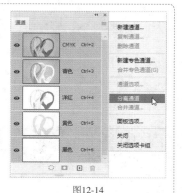
>
> 图12-14

12.1.3 分别记录明度和颜色的Lab通道

Lab颜色模式是一种模仿人眼的颜色模式，相较于RGB和CMYK颜色模式，Lab颜色模式的色域最广。RGB通道和CMYK通道均是将某种颜色的明度等信息保存在对应通道上，而Lab通道较为特殊，是将明度和颜色分别记录的。L（明度）通道没有色彩，仅保留图像的明度信息；a通道包含了从绿色到洋红色的颜色；b通道包含了从蓝色到黄色的颜色。

执行"图像>模式>Lab颜色"菜单命令，可将图像转换为Lab颜色模式，如图12-15所示。执行"编辑>首选项>界面"菜单命令，勾选"用彩色显示通道"选项，以彩色的方式显示通道，可以直观地看到通道中的颜色信息，如图12-16所示。

图12-15

a通道

b通道

图12-16

分别调整a通道和b通道的亮度，可以得到不同的色彩效果。调亮a通道时画面中的洋红色会增加，图像整体偏暖；调暗a通道时画面中的绿色会增加，图像整体偏冷；调亮b通道时画面中的黄色会增加，图像整体偏暖；调暗b通道时画面中的蓝色会增加，图像整体偏冷，如图12-17所示。

调亮a通道，洋红色增加

调暗a通道，绿色增加

调亮b通道，黄色增加

调暗b通道，蓝色增加

图12-17

★ 重点

✍ 案例训练：用Lab通道快速调出蓝调和橙调

案例文件	学习资源 > 案例文件 >CH12> 案例训练：用 Lab 通道快速调出蓝调和橙调 .psd
素材文件	学习资源 > 素材文件 >CH12> 素材01.jpg
难易程度	★ ☆ ☆ ☆ ☆
技术掌握	用通道调整图像

Lab颜色模式的明度和色彩信息是分开的，那么修改a通道和b通道便只会改变图像的色调。本例将用Lab通道快速调出蓝调和橙调，如图12-18所示。

蓝调

橙调

图12-18

01 打开"学习资源>素材文件>CH12>素材01.jpg"文件，执行"图像>模式>Lab颜色"菜单命令，将图像转换为Lab颜色模式，如图12-19所示。

图12-19

02 按快捷键Ctrl+J复制"背景"图层，只显示"图层1"。选择a通道，按快捷键Ctrl+A全选并按快捷键Ctrl+C复制，选择b通道，按快捷键Ctrl+V将a通道复制到b通道中，如图12-20所示。这样便制作出了蓝调图像，按快捷键Ctrl+2显示彩色图像，蓝调的最终效果如图12-21所示。

选择a通道　　　　　将a通道复制到b通道中

图12-20

图12-21

03 复制"背景"图层，选择b通道，按快捷键Ctrl+A将b通道全选，并按快捷键Ctrl+C进行复制，选择a通道，按快捷键Ctrl+V将b通道复制到a通道中，如图12-22所示。这样便制作出了橙调图像，按快捷键Ctrl+2显示彩色图像，如图12-23所示。

选择b通道　　　　　将b通道复制到a通道中

图12-22

图12-23

04 可以看到人物的皮肤受到了些许影响，为图层添加图层蒙版，将人物皮肤进行还原，橙调的最终效果如图12-24所示。

图12-24

♥重点

📝 **学后训练：用Lab通道调出黑白色调**

案例文件	学习资源>案例文件>CH12>学后训练：用Lab通道调出黑白色调.psd
素材文件	学习资源>素材文件>CH12>素材02.jpg
难易程度	★ ☆ ☆ ☆ ☆
技术掌握	用通道制作特殊效果

本例主要针对利用通道制作特殊效果的方法进行练习。原片的背景偏绿，处理后整体为黑白色调，更具神秘感，如图12-25所示。

图12-25

♥重点

📝 **学后训练：用RGB通道调出浓郁紫色调**

案例文件	学习资源>案例文件>CH12>学后训练：用RGB通道调出浓郁紫色调.psd
素材文件	学习资源>素材文件>CH12>素材03.jpg
难易程度	★ ☆ ☆ ☆ ☆
技术掌握	用通道制作特殊效果

RGB通道可以互换，互换后可以得到意想不到的色调。本例主要针对利用通道制作特殊效果的方法进行练习，如图12-26所示。

图12-26

12.2 通道的三大类型

在"通道"面板中，可以创建、存储、编辑和管理通道，如图12-27所示。在面板菜单中，可以执行"新建通道""删除通道""新建专色通道"等命令。在图12-27中可以看到颜色通道、Alpha通道和专色通道，这便是通道的3种类型，如图12-28所示。Alpha通道和专色通道是可以修改名称的，具体的修改方法和修改图层名称是一样的。

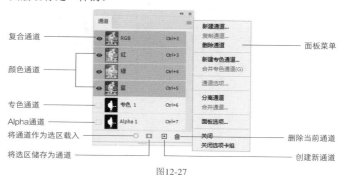

图12-27

图12-28

ⓘ **技巧提示：选择通道**

单击通道即可将其选中，文档窗口会显示所选通道中的灰度图像；按住Shift键并单击多个颜色通道，可以同时选取这几个颜色通道；单击复合通道，可以显示所有颜色通道和原本图像。按Ctrl+数字键可以快速选择通道，通道的快捷键显示于通道的右侧。

♥重点

12.2.1 颜色通道

颜色通道记录了图像的内容及颜色信息，可用于调色。当修改图像内容时，颜色通道中的灰度图像也会随之改变。不同颜色模式的图像，颜色通道也是不同的。RGB图像包含红、绿、蓝和一个复合通道，CMYK图像包含青色、洋红、黄色、黑色和一个复合通道，Lab图像包含明度、a、b和一个复合通道，位图、灰度、双色调和索引颜色的图像只有一个通道。将颜色通道拖曳至"通道"面板下方的"创建新通道"按钮🔳上，即可对其进行复制，如图12-29所示。

需要注意的是，颜色通道是无法调整顺序和重新命名的。

图12-29

> **⑦ 疑难问答：可以删除颜色通道吗？**
>
> 颜色通道是可以删除的，如果删除了某个颜色通道，那么复合通道也会被删除。例如，删除"通道"面板中的红通道，如图12-30所示。此时，图像的颜色呈现为由洋红色和黄色混合而成的橙色，如图12-31所示。

图12-30　　　　　　图12-31

👑重点
12.2.2　Alpha通道

Alpha通道主要用于存储选区。单击"通道"面板下方的"将选区储存为通道"按钮▣或执行"选择>存储选区"菜单命令，可以将画布中已有的选区存储到Alpha通道中。按住Ctrl键并单击Alpha通道缩览图，可以将选区载入到画布中。Alpha通道中的白色代表被全部选中的区域；灰色代表被部分选中的区域，即羽化的区域；黑色代表选区之外的区域。在默认情况下，单击Alpha通道将显示黑白图像，如图12-32所示。此时，可以用画笔类工具及各种滤镜对通道进行编辑。

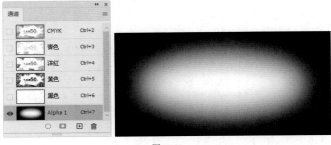

图12-32

灰度的显示方式对于编辑通道而言不是很方便，单击复合通道缩览图前面的◉图标，此时会显示图像并以一种半透明颜色（双击Alpha通道缩览图可以修改颜色）代替Alpha通道的灰度图像，其效果与快速蒙版状态下编辑选区的状态类似，如图12-33所示。

图12-33

12.2.3　专色通道

专色通道主要用来存储印刷用的专色，每个专色通道只能存储一种专色信息，其中黑色区域表示使用了专色的区域，白色区域表示无专色。例如，创建了一个有"代金券50元"的专色通道，那么印刷时便会使用专色油墨印刷这几个字，如图12-34所示。如果要新建专色通道，可以在"通道"面板的菜单中选择"新建专色通道"命令。

图12-34

> **① 技巧提示：专色油墨**
>
> 专色油墨是指一种预先混合好的特定彩色油墨，如荧光色、金属类金银色油墨等，用于替代或者补充印刷色（CMYK）油墨。如果要为印刷品局部添加特殊印刷工艺，也需要使用专色通道存储相关信息。特殊印刷工艺在平面设计中的应用十分广泛，可以为设计作品带来多种视觉效果。常见的特殊印刷工艺有印金、印银、烫金、烫银、起凸、压凹、UV和模切等。

12.3　混合通道

我们在之前的章节中已经多次接触到通道，还学习了通道抠图法等，这些操作都离不开通道和选区的互相转换，可以说通道的一大作用就是借用通道的黑白关系来创建选区，以此来进行抠图等操作。此外，因为通道记录了图像的颜色信息，所以使用通道还可以调整图像的亮度和色彩，以及制作特殊效果等。与图层一样，通道间也是可以混合的，这就不得不提到"应用图像"命令、"计算"命令和"通道混合器"命令，如图12-35所示。

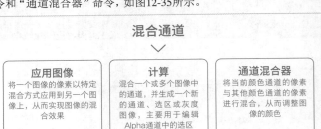

图12-35

12.3.1　用"应用图像"混合

菜单栏：图像>应用图像

打开"学习资源>素材文件>CH12>12.3>购物美女.jpg"文件，复制图层得到"图层1"。选择被混合的对象（可以是图层，也可以是通道），这里选择的是"图层1"的"红"通道，执行"图像>应用图像"菜单命令，在打开的"应用图像"对话框中设置"源"为"图层1"的"绿"通道，"混合"为"正片叠底"，如图12-36所示。

图12-36

确认操作后，得到的效果如图12-39所示。这个操作的效果便是将"绿"通道以"正片叠底"模式混入了"红"通道中。再为这个图层添加一个图层蒙版，将人物皮肤的颜色恢复正常，这样便调整出了一张蓝调复古风的照片，如图12-40所示。"应用图像"命令是直接将混合结果应用到目标图层（或通道）中的，这个操作是不可逆的，所以在操作前最好先复制图层，以便后续调整。

图12-39　　　　　　　　　　　图12-40

◉ **知识课堂：可以"混合"选区的Alpha通道**

在"混合"选项中，有两种混合模式对于修改选区十分有用，即"相加"与"减去"模式（"图层"面板中的混合模式没有"相加"模式）。这两种混合模式类似于选区的加、减运算，如图12-41所示。

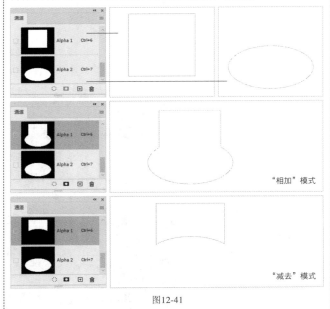

图12-41

? **疑难问答：如何在操作时看到颜色变化？**

在选择"红"通道后，文档窗口将显示通道的黑白图像，如图12-37所示。如果想实时地在文档窗口中看到图像颜色的变化，可以单击RGB通道缩览图的左侧，显示出 ◉ 图标，此时选择的仍然是"红"通道，但是文档窗口会显示彩色图像，如图12-38所示。

图12-37

图12-38

12.3.2 用"计算"混合

菜单栏： 图像>计算

"计算"命令相当于进阶版的"应用图像"命令，不仅可以混合一个图像中的通道，还可以混合多个图像中的通道，并生成一个新的通道、选区或灰度图像。其主要作用是编辑Alpha通道中的选区。"计算"命令中的混合模式与"应用图像"命令是相同的，区别在于使用"计算"命令混合通道后，将会得到新的Alpha通道，而不会改变原通道。

打开"学习资源>素材文件>CH12>12.3>小黄花.jpg"文件，执行"图像>计算"菜单命令,打开"计算"对话框,设置"源1"为"红"通道,"源2"为"绿"通道,"混合"为"正片叠底",如图12-42所示。

图12-42

"结果"用于设置计算完成后生成的对象。选择"新建文档"选项,可以创建一个灰度图像;选择"新建通道"选项,可以根据计算结果创建一个新的通道;选择"选区"选项,可以创建一个选区,如图12-44所示。

图12-44

12.3.3 用"通道混合器"混合

菜单栏: 图像>调整>通道混合器

"通道混合器"命令可以将当前颜色通道的像素与其他颜色通道的像素进行混合,从而调整图像的颜色。在使用"通道混合器"命令的过程中,进行加或减的颜色信息来自本通道或其他通道的同一图像位置,不会影响其他通道。

打开"学习资源>素材文件>CH12>12.3>混合颜色通道.psd"文件,如图12-45所示,其中有红、绿、蓝3个色块。为了便于观察"通

道混合器"命令的混合原理,打开"通道"面板以随时观察通道的变化,如图12-46所示。

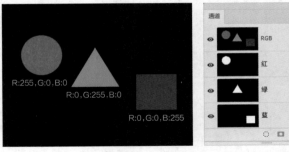

图12-45   图12-46

执行"图像>调整>通道混合器"菜单命令,打开"通道混合器"对话框,如图12-47所示。其中的"输出通道"表示目前调整的通道;"源通道"表示参与混合的通道,将一个源通道的滑块向左拖曳将减小该通道在输出通道中所占的百分比,向右拖曳滑块将增大该通道在输出通道中所占的百分比,取值范围为-200%~+200%;"常数"用于设置输出通道的灰度值。设置"输出通道"为"红",默认"源通道"的"红色"为+100%,其余颜色为0%,表示"红"通道为正常状态,没有进行混合。

图12-47

拖曳"红色"滑块至+200%,表示在"红"通道中添加红色,但是由于目前红色的色值已经到达了最大值(R为255),因此红色圆形的颜色没有变化,如图12-48所示。拖曳"红色"滑块至-200%,表示在"红"通道中减去红色,那么红色圆形的颜色就变成了黑色,如图12-49所示。

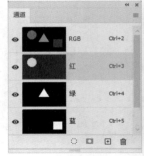
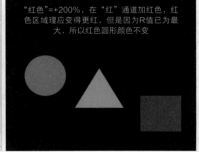

图12-48

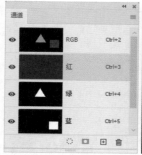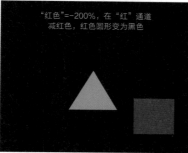

图12-49

恢复"红色"为+100%。拖曳"绿色"滑块至+200%，表示在"红"通道中添加绿色（三角形区域），通过将"红"通道和"绿"通道的颜色混合，绿色三角形的颜色变成了黄色，如图12-50所示。拖曳"绿色"滑块至-200%，表示在"红"通道中减去绿色。这张图像的"红"通道中没有绿色，所以颜色没有变化。

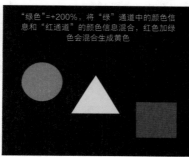

图12-50

> 🔗 **知识链接：替换图像中对象的颜色**
> 大家如果不了解黄色是怎样生成的，可以参阅"13.1.1 色彩混合原理"中的相关内容。

恢复"绿色"为0%。拖曳"蓝色"滑块至+200%，表示在"红"通道中添加蓝色（矩形区域），通过将"红"通道和"蓝"通道的颜色混合，蓝色矩形的颜色变成了洋红色，如图12-51所示。拖曳"蓝色"滑块至-200%，表示在"红"通道中减去蓝色。这张图像的"红"通道中没有蓝色，所以颜色没有变化。

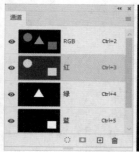

图12-51

> 👁 **知识课堂：用"通道混合器"来改变物体固有色**
> 当提到改变物体的颜色，我们常使用的命令是"色相/饱和度"，用这个命令来修改色相是很简单的，但有的时候效果可能不太理想。打开

"学习资源>素材文件>CH12>12.3>蓝色背景.jpg"文件，如图12-52所示。如果想将其改为红色，最方便的调整方式便是改变其色相，不过在调整后的效果中可以看到，有些颜色是不够纯的，红色的里面还掺杂了一些洋红色，如图12-53所示。对于这类反光材质的颜色修改，一般推荐使用"通道混合器"命令。

图12-52

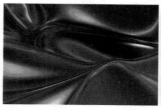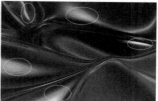

图12-53

打开图像的"通道"面板，如图12-54所示。如果我们想将该背景变为红色，那么需要将"红"通道调到最亮，"蓝"通道和"绿"通道调到最暗。在"背景"图层上方创建一个"通道混合器"调整图层，然后在"属性"面板中选择"红"通道。因为原有的"红"通道亮度较低，"蓝"通道亮度较高，我们需要在"红"通道中去掉红色（设置"红色"为0%），增加蓝色（设置"蓝色"为+100%），如图12-55所示。这样"红"通道就变亮了，如图12-56所示。此时，"红"通道和"蓝"通道都比较亮，背景变为了洋红色。

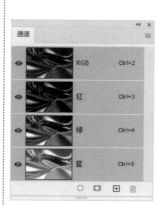

图12-54　　　　　图12-55

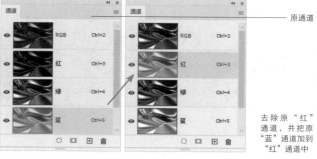

图12-56

原通道

去除原"红"通道，并把原"蓝"通道加到"红"通道中

调整前先将图像恢复到初始状态。要想获得较纯的红色，那么接下来就需要在"绿"通道和"蓝"通道中加入原本的"红"通道并去除自身的颜色，使它们变暗，如图12-57和图12-58所示。这样操作后，背景就会变为十分纯的红色，如图12-59所示。

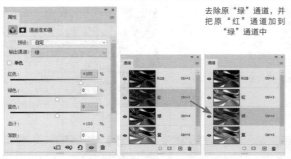
图12-57

去除原"绿"通道，并
把原"红"通道加到
"绿"通道中

图12-58

去除原"蓝"通道，并
把原"红"通道加到
"蓝"通道中

图12-59

如果想将背景调整为黄色，只需要接着在"绿"通道中去除原"红"通道并加入原"蓝"通道，"绿"通道变亮后就可以和"红"通道混合成黄色（颜色的混合原理将在下一章进行详细的讲解），如图12-60所示。可以看到，背景图有一些偏绿，这是由于原本的背景也不是纯蓝色，此时只需要在"绿"通道中加一些红色，减少一些蓝色即可，如图12-61所示。使用"通道混合器"命令可以调整出多种颜色，且颜色较纯。当明白调色原理后，这个命令将成为我们改变物体固有色的利器，大家可以动手尝试一下。

图12-60

图12-61

12.4 综合训练营

本章主要介绍了通道的相关操作。使用通道可以调整画面颜色，并打造出多种效果，本节共安排了两个使用通道制作特殊效果的综合训练。

👑重点
综合训练：打造黑金城市

案例文件	学习资源>案例文件>CH12>综合训练：打造黑金城市.psd
素材文件	学习资源>素材文件>CH12>素材04.jpg
难易程度	★★☆☆☆
技术掌握	用通道调整图像

常规调整黑金色调的方法是将各种颜色往黄色偏移，而使用Lab通道可以进行快速调整，如图12-62所示。

图12-62

👑重点
综合训练：制作燃烧的玫瑰

案例文件	学习资源>案例文件>CH12>综合训练：制作燃烧的玫瑰.psd
素材文件	学习资源>素材文件>CH12>素材05.jpg、素材06.jpg
难易程度	★★☆☆☆
技术掌握	用通道调整图像

用通道不仅可以得到想要的选区范围，还可以调整图像的颜色。本例将使用通道和调色命令制作燃烧的玫瑰，如图12-63所示。

图12-63

第13章 调色专场

本章主要介绍色彩相关知识，以及调整图像色彩和色调的方法。本章基于色彩混合原理深入讲解调色命令的原理和使用方法，以帮助大家调出预期的颜色。

学习重点 🔍

13.1 调色的理论基础

我们在调色时常常无法调出预期的颜色，这是因为我们对色彩混合原理及Photoshop中各个调色命令的原理不是很清楚。当我们了解这些内容后，会对调色命令有全新的认识。下面我们先来了解一下色彩混合原理。

★重点

13.1.1 色彩混合原理

我们都知道，白光是由7种颜色的色光组成的。牛顿曾做过色散实验，用三棱镜对太阳光进行分解，如图13-1所示。在这7种颜色中，有3种颜色不能由其他颜色混合得到，这便是三原色，即红色、绿色和蓝色。RGB颜色模式是一种发光模式，因此RGB颜色模式的三原色便是红色、绿色和蓝色，Photoshop就是基于RGB颜色模式进行调色的。

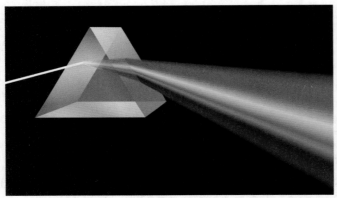

图13-1

下面我们来看看RGB模式的颜色是怎样进行混合的。打开"学习资源>素材文件>CH13>13.1>RGB颜色模式.psd"文件，如图13-2所示。图中3个圆形所在图层的混合模式为"滤色"，分别拖曳3个圆形，使其相互之间均有部分重叠区域，如图13-3所示。从图中可以看到，红色和绿色混合成了黄色，红色和蓝色混合成了洋红色，蓝色和绿色混合成了青色，红色、绿色和蓝色混合成了白色。

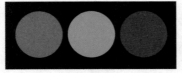

图13-2

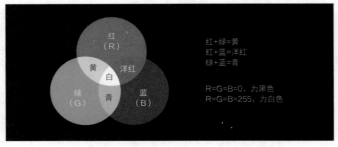

图13-3

此外，从图中还可以看到红色和青色、绿色和洋红色、蓝色和黄色也混合成了白色。在光学中，如果两种色光能够以适当的比例混合产生白光，那么就称这两种颜色为互补色。在色相环中，处于相对位置的颜色就是互补色，如图13-4所示。光学三原色对应的互补色为颜料三原色。

图13-4

在日常的生活中，通过发光呈现颜色的物体（如电视机和显示器等）较少，大多物体都是通过吸收一部分的光，并将其余的光反射的方式来呈现颜色的。CMYK颜色模式就是基于这种原理混合颜色的。打开"学习资源>素材文件>CH13>13.1>CMYK颜色模式.psd"文件，如图13-5所示。图中3个圆形所在图层的混合模式为"正片叠底"，分别拖曳3个圆形，使其相互之间均有部分重叠区域，如图13-6所示。从图中可以看到，洋红色油墨和黄色油墨组成了红色油墨，洋红色油墨和青色油墨组成了蓝色油墨，青色油墨和黄色油墨组成了绿色油墨。理论上，青、洋红和黄3种颜色的油墨按等比例混合会成为黑色，但是由于油墨的提纯技术有限，因此需要借助黑色油墨来印出黑色。

图13-5

图13-6

① 技巧提示：印刷时的黑色色值

在印刷时，如果要将文字或线框等元素印为黑色，通常会设置C=M=Y=0，K=100。如果不想让画面出现大面积的"死黑"，可以设置C=M=Y=0，K=80~90。

★重点

13.1.2 色彩搭配技巧

色彩是通过眼睛、大脑和生活经验所产生的一种对光的视觉效应。因为有光，所以才有色彩。白天时我们可以看到五彩缤纷的世界，而在漆黑的夜晚就什么都看不到了。我们看到的物体的颜色并不是它本身的颜色，而是它吸收了一部分特定波长的光，将未吸收的光反射到我们眼中，由此产生的神经信号经过视觉神经被传递给大脑，形成了物体的色彩信息。

我们在第5章中已经学习了HSB颜色模式，H表示色相，S表示饱和度，B表示明度。色相、饱和度和明度也被称为色彩三要素。

色相指的是色彩的相貌，简单说就是色彩的名称，例如红色、黄色、绿色等。

饱和度（也称纯度）指的是色彩的鲜艳程度，如图13-7所示。当颜色混入其他色彩时，其饱和度就会降低，当饱和度为0时，颜色会失去色彩。

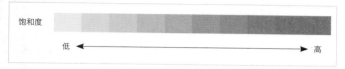

图13-7

明度指的是色彩的明亮程度，如图13-8所示。明度越高，颜色越亮；明度越低，颜色越暗。

图13-8

我们了解了色彩的基本属性，下面利用色相环对常用的配色技巧进行讲解。打开"学习资源>素材文件>CH13>13.1>色彩搭配.psd"文件。

第1种：单色系搭配。 在确定色相后，可以通过改变颜色的饱和度或明度来达到不同的配色效果。单色系不存在色相差别，整体效果比较单调，没有对比，如图13-9所示。

图13-9

第2种：同类色搭配。 同类色指的是同一色相的不同颜色。例如，红色中有深红、紫红、枣红、玫瑰红、大红等种类。在色相环中，相互间夹角为15°的颜色，可以形成同类色搭配，如图13-10和图13-11所示。

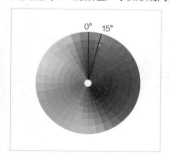

图13-10

图13-11

第3种：邻近色搭配。 在色相环中，相互间夹角为60°的颜色，可以形成邻近色搭配，如图13-12和图13-13所示。邻近色的色相接近，搭配后的色调统一、自然。

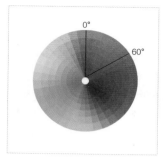

图13-12

图13-13

第4种：对比色搭配。 在色相环中，相互间夹角为120°的颜色，可以形成对比色搭配，如图13-14和图13-15所示。对比色的搭配给人以明快、有活力、饱满和华丽的印象。

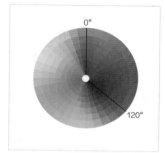

图13-14

图13-15

第5种：互补色搭配。 在色相环中，相互间夹角为180°的颜色，可以形成对比色搭配，如图13-16和图13-17所示。互补色的对比特别明显，在视觉上有很强的吸引力。

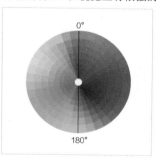

图13-16

图13-17

① 技巧提示：用色轮选取色彩

执行"窗口>颜色"菜单命令，打开"颜色"面板，在面板菜单中选择"色轮"选项，如图13-18所示。用色轮选取色彩，便于找到所选颜色的同类色、对比色和互补色等。

图13-18

⬥ 重点

13.1.3 色调和直方图

菜单栏: 窗口>直方图

图像的色彩可以向观者传递情感。而在去除色彩后,黑白图像将通过光影表达物体的质感和画面的空间感与层次感。图13-19所示为两个只包含黑、白、灰3种颜色的球体,由于这两个球体在光影和亮度上的差异,使得左侧的球体更像是一个金属球,右侧的球体更像是一个石膏球。

图13-19

Photoshop将色调范围定义为0(黑)~255(白),分为阴影、中间调和高光,如图13-20所示。色阶值越小,表示越暗;色阶值越大,表示越亮。

图13-20

想要更直观地了解图像亮度的分布情况,我们可以从直方图入手。打开"学习资源>素材文件>CH13>13.1>小船.jpg"文件,执行"窗口>直方图"菜单命令,打开"直方图"面板,如图13-21所示。可以看到,这幅图像的直方图都集中在右侧,说明图像中的亮部信息多,暗部信息少。而且直方图横跨了整个色调范围,说明图像中的细节较为丰富。

图13-21

默认的直方图是"颜色"直方图,在面板菜单中可以切换直方图的显示方式,如图13-22所示。当使用"扩展视图"和"全部通道视图"时,可以选取通道,如图13-23所示。"明度"直方图可以显示去掉颜色成分后的亮度信息,我们常用直方图来判断图像的亮度分布,因此通常选择"明度"通道。

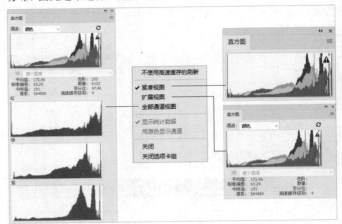

图13-22

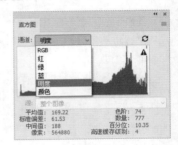

图13-23

我们在"明度"通道,以"紧凑视图"的显示方式来了解一下如何观察直方图,如图13-24所示。直方图的色调范围也是0(黑)~255(白),某处的"山峰"越高,表示此色阶的像素越多;"山峰"的范围越广,说明明度信息越多、像素分布越均匀、过渡越细腻。如果在调整过程中,直方图出现了梳齿状空隙,则表示色调出现了断裂,即色调分离,如图13-25所示。呈现这种直方图的图像细节减少,除了制作特殊效果,已经不再适合编辑了。

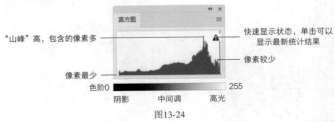

图13-24

① **技巧提示:容易出现色调分离的情况**
对于小尺寸、低分辨率的图像,如果多次调整或调整幅度较大,就比较容易出现色调分离的情况。

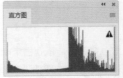

图13-25

13.2 调整图像的色调和色彩

Photoshop中的调色命令虽然很多，但基本上可以分为调整色调和调整色彩两大类。常用于调整色调的命令有"亮度/对比度""阴影/高光""色阶""曲线"等。常用于调整色彩的命令有"色相/饱和度""色彩平衡""可选颜色""颜色查找"等。

👑 重点

13.2.1 调整图像的亮度和对比度

菜单栏: 图像>调整>亮度/对比度

"亮度/对比度"命令可以调整图像的明暗程度，使图像看起来更加清晰、鲜艳。打开"学习资源>素材文件>CH13>13.2>大熊猫.jpg"文件，如图13-26所示。执行"图像>调整>亮度/对比度"菜单命令，打开"亮度/对比度"对话框，如图13-27所示。该命令可以提高（向右拖曳滑块）或降低（向左拖曳滑块）图像的亮度与对比度，操作起来十分简单。

图13-26　　　　　　　　　　　　图13-27

> ① 技巧提示: "亮度/对比度"命令的缺点
>
> 需要注意的是，"亮度/对比度"命令可能会导致图像细节的损失。如果需要尽可能多地保留图像细节，最好使用"色阶"命令或"曲线"命令进行调整，这些命令可以提供更精确和灵活的控制，以达到更好的效果。

亮度: 用于设置图像的亮度。当数值为正值时，图像变亮，如图13-28所示。当数值为负值时，图像变暗，如图13-29所示。

图13-28

图13-29

对比度: 用于设置图像亮度对比的强烈程度。当数值为正值时，图像的对比变强，如图13-30所示。当数值为负值时，图像的对比变弱，如图13-31所示。

图13-30

图13-31

自动 (自动(A))：单击该按钮，可以对图像的亮度和对比度进行自动调整。

使用旧版: 勾选该选项，将使用Photoshop CS3及其之前版本的调整方式，其调整强度较大。

> ◎ 知识课堂: 调整图层的妙用
>
> 在调整图像的色调和颜色时，执行"图像>调整"子菜单中的命令为不可修改的调整，而执行"图层>新建调整图层"子菜单中的命令，或者单击"图层"面板下方的"创建新的填充或调整图层"按钮 ◑，即可在当前图层上方创建调整图层，如图13-32所示。调整图层不会破坏原始图像，而且还可以随时对其参数进行修改。不再需要调整图层时，还可以将其关闭或者删除。
>
> 选择调整图层，即可在"属性"面板中调整相关参数，如图13-33所示。单击"属性"面板下方的 按钮，即可将调整图层创建为下方图层的剪贴蒙版，如图13-34所示。
>
>
>
> 图13-32
>
>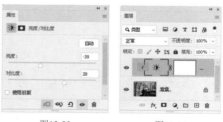
>
> 图13-33　　　　　　　图13-34

13.2.2 调整图像的阴影和高光

菜单栏： 图像>调整>阴影/高光

"阴影/高光"命令可以调整图像中过暗或过亮的区域，使图像在逆光或强光下保持颜色均衡，适用于校正由强逆光形成的剪影，或由于太接近相机闪光灯而有些发白的焦点。打开"学习资源>素材文件>CH13>13.2>种植.jpg"文件，如图13-35所示。执行"图像>调整>阴影/高光"菜单命令，打开"阴影/高光"对话框，如图13-36所示。Photoshop会自动进行调整，将暗部调亮一些，如图13-37所示。

勾选"显示更多选项"选项，可以完整地显示该对话框，如图13-38所示。

图13-35

图13-36

图13-37

图13-38

阴影："数量"选项用于控制阴影区域的亮度，其值越大，阴影区域就越亮；"色调"选项用于控制色调的修改范围，较小的值将会限制调整区域，只对较暗的区域进行校正；"半径"选项用于控制每个像素周围区域的大小，以决定像素是在阴影中还是在高光中。对于阴影区域过暗导致看不清内容的图像，可以通过调整"阴影"选项组中的参数进行改善，如图13-39所示。

图13-39

高光："数量"选项用于控制高光区域的亮度，其值越大，高光区域就越暗；"色调"选项用于控制色调的修改范围，较小的值将会限制调整区域，只对较亮的区域进行校正；"半径"选项用于控制每个像素周围区域的大小，以决定像素是在阴影中还是在高光中，如图13-40所示。

图13-40

调整："颜色"选项用于调整已修改区域的颜色；"中间调"选项用于调整中间调的对比度；"修剪黑色"和"修剪白色"决定了在图像中将多少阴影和高光剪切到新的极端阴影（色阶为0）和高光（色阶为255）颜色。

存储默认值 存储默认值(V)：单击该按钮，可以将当前设置存储为默认值。按住Shift键，该按钮会变为"复位默认值"按钮 复位默认值 ，单击即可恢复默认的数值。

👑 重点

13.2.3 通过色阶让图像变得通透

菜单栏： 图像>调整>色阶　　**快捷键：** Ctrl+L

"色阶"命令的功能十分强大，不仅可以分别调整图像的阴影、中间调和高光强度，以校正图像的色调范围和色彩平衡，还可以单独调整各个通道，从而校正图像的色彩。调整色阶可以使图像更加真实、细腻，从而提高图像的质量。色阶的操作比较简单，我们先通过"学习资源>素材文件>CH13>13.2>女孩与小鹿.jpg"文件演示一下基础操作，如图13-41所示。执行"图像>调整>色阶"菜单命令或按快捷键Ctrl+L，打开"色阶"对话框，如图13-42所示。

图13-41

图13-42

预设：可以选择预设色阶来调整图像，如图13-43所示。例如，选择"增加对比度2"选项，可以增加图像的对比度，如图13-44所示。

预设选项 ⚙.：单击该按钮，执行相应命令，可以保存当前设置的参数，或者载入外部的预设文件。

通道：可以选择一个通道进行调整，以改变图像的颜色，如图13-45所示。

图13-43

图13-44

图13-45

> **知识课堂：同时调整多个颜色通道**
>
> 如果要同时调整多个颜色通道，可以按住Shift键并在"通道"面板中选择需调整的通道，如图13-46所示，接着按快捷键Ctrl+L打开"色阶"对话框，这时"通道"菜单中显示"RG"，即红通道与绿通道的缩写，如图13-47所示。

图13-46

图13-47

输入色阶：拖曳滑块或输入数值，可以调整图像的阴影、中间调和高光。例如，向左拖曳中间调滑块，可以使图像变亮，如图13-48所示；向右拖曳中间调滑块，可以使图像变暗，如图13-49所示。

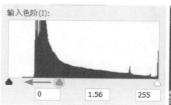 

图13-48

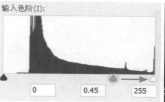 

图13-49

输出色阶：用于设置图像的亮度范围。缩小亮度范围，图像的对比度降低，颜色发灰，如图13-50所示。

图13-50

设置黑场 🖋：使用该吸管在图像中单击取样，可以将单击点处的像素及比其暗的像素变为黑色。

设置灰场 🖋：使用该吸管在图像中单击取样，可以根据单击点像素的亮度调整其他中间调的平均亮度。

设置白场 🖋：使用该吸管在图像中单击取样，可以将单击点处的像素及比其亮的像素变为白色。

自动 自动(A)：单击该按钮，可以自动调整图像的色阶，校正图像的颜色。

选项 选项(T)：单击该按钮，打开"自动颜色校正选项"对话框，如图13-51所示。在该对话框中可以修改自动颜色校正的默认设置。

图13-51

虽然通过"色阶"命令可以调整图像各个通道的颜色，但是我们一般使用该命令调整图像的明暗，提亮图像中的亮部，压暗图像中的暗部。通过这种调整方式可以扩展图像的色调范围，提高对比度，使图像变得更通透。常用的调整方法有以下3种。

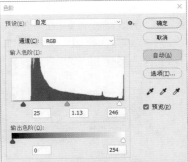

第1种：单击"色阶"对话框中的"自动"按钮 自动(A)，即可进行自动校正，如图13-52所示。

图13-52

第2种：使用"设置黑场"吸管 🖋 吸取画面中的暗部，压暗暗部，如图13-53所示。使用"设置白场"吸管 🖋 吸取画面中的亮部，提亮亮部，如图13-54所示。

图13-53

图13-54

第3种：单击"色阶"对话框中的"选项"按钮 选项(T)...，打开"自动颜色校正选项"对话框，选择"增强每通道的对比度"选项，如图13-55所示。

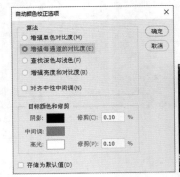

图13-55

图13-56

♛ 重点

13.2.4 被称为"调色之王"的曲线

菜单栏： 图像>调整>曲线　**快捷键：** Ctrl+M

在Photoshop的调色命令中，曲线被称为"调色之王"，这是因为曲线不仅可以调整图像的亮度和对比度，还可以校正偏色，调出特殊色调。

☞ 曲线的基础操作 --

相较色阶而言，曲线的操作较为复杂。在使用曲线调整图像之前，我们先来了解一下"曲线"对话框中的基本选项。打开"学习资源>素材文件>CH13>13.2>静物.jpg"文件，如图13-57所示。执行"图像>调整>曲线"菜单命令或按快捷键Ctrl+M，打开"曲线"对话框，如图13-58所示。

图13-57

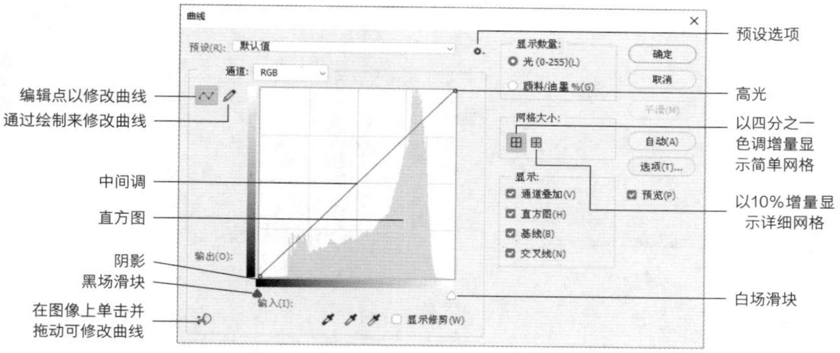

图13-58

预设： 可以选择预设曲线调整图像，共有9种预设效果，如图13-59所示。

通道： 可以选择要调整的颜色通道。

输入/输出： "输入"显示所选点调整前的色阶，"输出"显示所选点的新色阶。

设置黑场 ✐：使用该吸管在图像中单击取样，可以将单击点处的像素及比其暗的像素变为黑色。

设置灰场 ✐：使用该吸管在图像中单击取样，可以根据单击点像素的亮度调整其他中间调的平均亮度。

设置白场 ✐：使用该吸管在图像中单击取样，可以将单击点处的像素及比其亮的像素变为白色。

自动 自动(A)：单击该按钮，可以自动调整图像的色阶，校正图像的颜色。

选项 选项(T)...：单击该按钮，打开"自动颜色校正选项"对话框，如图13-60所示。在该对话框中可以修改自动颜色校正的默认设置。

图13-59

图13-60

显示修剪： 显示图像中发生修剪的位置。

编辑点以修改曲线 ∿：单击该按钮，在曲线上单击可以添加控制点，拖曳控制点可以改变曲线的形状，如图13-61所示，从而达到调整图像的目的，如图13-62所示。

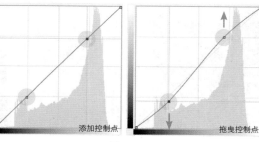

图13-61

图13-62

通过绘制来修改曲线：单击该按钮，可以拖曳鼠标绘制曲线，如图13-63所示。单击"平滑"按钮，可以将曲线变得平滑，如图13-64所示。单击"编辑点以修改曲线"按钮，曲线上会显示控制点。

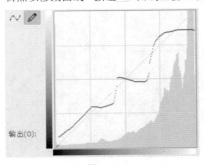
图13-63

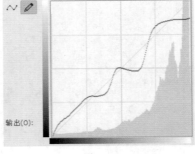
图13-64

显示数量：包含"光（0-255）"和"颜料/油墨%"两种显示方式。默认选择"光（0-255）"选项，为在RGB颜色模式下进行调色。"颜料/油墨%"选项为在CMYK模式下进行调色。

以四分之一色调增量显示简单网格：为默认显示网格的状态，此状态下的网格较为简单、稀疏。

以10%增量显示详细网格：单击该按钮，显示的网格更为细密。

在图像上单击并拖动可修改曲线：单击该按钮，鼠标指针会变为状，此时在需要调整的区域拖曳鼠标，可以调整图像亮度，如图13-65所示。

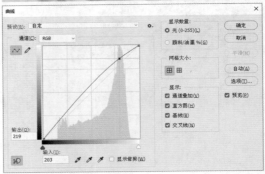
图13-65

曲线的工作原理

很多人在初学曲线时会觉得很难，这是因为他们只会根据一些常用的方法去调整曲线，而不清楚其中的原理。下面将使用"学习资源>素材文件>CH13>13.2>人物.jpg"文件讲解曲线的工作原理，如图13-66所示。在明白了曲线的工作原理之后，相信大家一定能调整出想要的效果。打开"曲线"对话框，分别选择曲线的两个端点，如图13-67和图13-68所示。可以看到左下方的点对应"输入"和"输出"的色阶都为0(黑)，右上方的点对应"输入"和"输出"的色阶都为255(白)。

图13-66

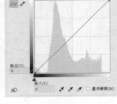
图13-67

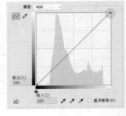
图13-68

从直方图中可以看到，画面的暗部和亮部均缺少信息，画面整体偏灰。解决方法很简单。将曲线左下方的端点向右拖曳，使其处于几乎碰到直方图的位置，如图13-69所示。可以看到，此时"输入"的色阶为31，"输出"的色阶为0，表示将0~31范围内的颜色都变为了黑色。接着将曲线右上角的端点向左拖曳，使其处于几乎碰到直方图的位置，如图13-70所示。可以看到，此时"输入"的色阶为234，"输出"的色阶为255，表示将234~255范围内的颜色都变为了白色。

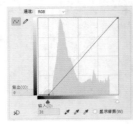

图13-69

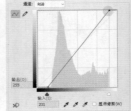

图13-70

将画面中的阴影调整得更黑，高光调整得更白，这样便提高了画面的对比度，受影响的区域如图13-71所示。可以看到，因为曲线中间的调整幅度最小，所以画面中受影响较小的区域为中间调。这种曲线的调整方式可以增大画面的对比度，但是因为是直线，所以过渡较为生硬。将曲线调整为S形，这样就可以在增大画面对比度的同时使过渡更为柔和，如图13-72所示。我们需要记住，在RGB通道中可以调整画面的亮度，向上调整曲线，画面变亮；向下调整曲线，画面变暗。

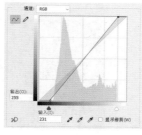

图13-71

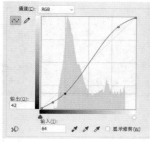

图13-72

① 技巧提示：复位曲线

如果想复位曲线，可以在"曲线"对话框中按住Alt键，此时"取消"按钮 取消 将会变为"复位"按钮 复位，如图13-73所示，单击即可恢复初始状态。在其他调整工具的对话框中，也可以用同样的方法复位参数。

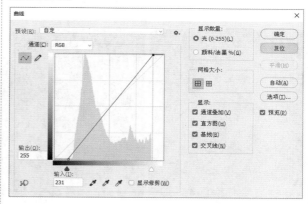

图13-73

除此之外，使用曲线还可以调整不同通道的亮度。在"红"通道中，向上拖曳曲线会使画面偏红，向下拖曳曲线会使画面偏青；在"绿"通道中，向上拖曳曲线会使画面偏绿，向下拖曳曲线会使画面偏洋红；在"蓝"通道中，向上拖曳曲线会使画面偏蓝，向下拖曳曲线会使画面偏黄，如图13-74所示。曲线改变图像色调基于的是色彩的混合原理，当一个颜色的占比减少时，该颜色的互补色就会增多。由此可以总结出曲线调色的规律，在某颜色通道中，向上调整曲线，画面偏向于某颜色且变亮；向下调整曲线，画面偏向于某颜色的互补色且变暗。

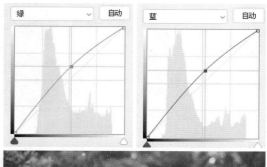

图13-74

下面来举个例子，假如想把调整亮度后的"人物.jpg"图像调成偏青色调，那么可以在"红"通道中向下拖曳曲线，此时画面偏青，且整体较暗，如图13-75所示。我们还可以在"绿"通道和"蓝"通道中分别向上拖曳曲线，绿色加蓝色也会混合成青色，这样画面整体较亮，如图13-76所示。在使用曲线调整画面时，我们需要根据需求选择调整方式。

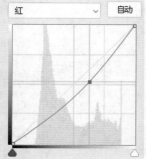

图13-75

图13-76

👑重点
🖑案例训练：用曲线提升画面层次感

案例文件	学习资源 > 案例文件 >CH13 > 案例训练：用曲线提升画面层次感 .psd
素材文件	学习资源 > 素材文件 >CH13> 素材 01.jpg
难易程度	★★★☆☆
技术掌握	用曲线调整光影

本例的原片的色调很温馨，但是整体的层次感不够，缺乏质感。使用曲线+蒙版可以提亮画面的亮部，压暗画面的暗部，以提升画面层次感，如图13-77所示。

图13-77

01 打开"学习资源>素材文件>CH13>素材01.jpg"文件，按快捷键Ctrl+J将"背景"图层复制一层，创建一个"色阶"调整图层，提升画面的对比度，如图13-78所示。

图13-78

02 对画面的亮部进行提亮。创建一个"曲线"调整图层（重命名为"提亮"），整体提亮画面，并为其蒙版填充黑色，如图13-79所示。

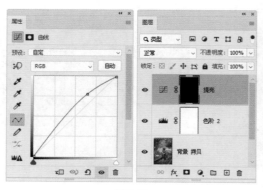

图13-79

03 使用白色的画笔涂抹"提亮"调整图层的蒙版，对亮部进行还原，涂抹时可以根据区域的大小和光的强度调整画笔的大小和流量等。涂抹后的蒙版如图13-80所示，调整后的效果如图13-81所示。

图13-80   图13-81

04 对画面的暗部进行压暗。创建一个"曲线"调整图层（重命名为"压暗"），整体压暗画面，并为其蒙版填充黑色，如图13-82所示。

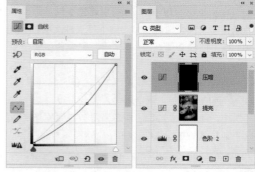

图13-82

05 使用白色的画笔涂抹"压暗"调整图层的蒙版，对暗部进行还原。涂抹后的蒙版如图13-83所示。调整后的效果如图13-84所示。

图13-83   图13-84

06 执行"图层>新建>图层"菜单命令，打开"新建图层"对话框，将"名称"设置为"中性
灰"，设置"模式"为"柔
光"，同时勾选"填充柔光
中性色（50%灰）"选项，
如图13-85所示。在这个
图层上可以对照片做更为
精细的调整，例如用白色
画笔涂抹人物的脸颊、头
发使其更亮，用黑色画笔
涂抹人物的衣褶使其更
暗，黑白的对比可以使画
面的质感更强，如图13-86
所示。

图13-85

图13-86

07 继续在"中性灰"图层进行涂抹，调整画面的细节，该图层的笔
触如图13-87所示。最终效果如图13-88所示。

图13-87　　　　　　　图13-88

学后训练：用曲线调出甜美风

案例文件	学习资源>案例文件>CH13>学后训练：用曲线调出甜美风.psd
素材文件	学习资源>素材文件>CH13>素材02.jpg
难易程度	★☆☆☆☆
技术掌握	用曲线调整色彩和光影

本例的原片饱和度过高，处理后的天空偏青色，樱花为淡粉色，
甜美感十足，如图13-89所示。

图13-89

学后训练：用曲线调出梦幻光感

案例文件	学习资源>案例文件>CH13>学后训练：用曲线调出梦幻光感.psd
素材文件	学习资源>素材文件>CH13>素材03.jpg
难易程度	★★☆☆☆
技术掌握	用曲线调整色彩和光影

本例的原片效果很写实，处理后的光感更为柔和，充满了梦幻
感，如图13-90所示。

图13-90

13.2.5 调整图像的色相和饱和度

色彩的三要素是色相、饱和度和明度。调整色相，可以使颜色
更精准；调整饱和度，可以使颜色更艳丽；调整明度，可以使颜色
更明亮。下面主要讲解色相和饱和度的调整方法。

色相/饱和度

菜单栏：图像>调整>色相/饱和度　　**快捷键：**Ctrl+U

"色相/饱和度"命令不仅可以分别调整图像的色相、饱和度
和明度，还可以制作出单色调的图像。打开"学习资源>素材文
件>CH13>13.2>猫咪.jpg"文件，如图13-91所示。执行"图像>调
整>色相/饱和度"
菜单命令或按快
捷键Ctrl+U，打
开"色相/饱和
度"对话框，如
图13-92所示。

图13-91

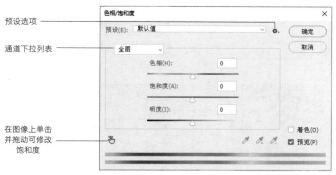

图13-92

预设：可以选择预设的选项调整图像。例如，选择"深褐"选项，可以将图像调整为复古风格，如图13-93所示。

预设选项 ：单击该按钮，执行相应命令，可以保存当前设置的参数，或者载入外部的预设文件。

图13-93

通道下拉列表：在该下拉列表中可以选择"全图""红色""黄色""绿色""青色""蓝色""洋红"通道以便调整。选择好通道以后，拖曳下面的滑块，即可分别对该通道的色相、饱和度和明度进行调整，如图13-94所示。

在图像上单击并拖动可修改饱和度 ：单击该按钮，在需要修改的颜色上向右拖动，可以增加颜色饱和度；向左拖动，可以降低颜色饱和度。按住Ctrl键，可以以相同的方式修改色相。

着色：勾选该选项，图像会变为单一色调，如图13-95所示。

图13-94   图13-95

---

① 技巧提示：柔光着色

在"色相/饱和度"对话框中勾选"着色"选项后，颜色会变得单一且呆板。对此，我们可以使用"色相/饱和度"调整图层对其进行着色，如图13-96所示，然后将该调整图层的混合模式调整为"柔光"，并适当降低"不透明度"的数值，这样获得的效果就比较自然，如图13-97所示。

图13-96   图13-97

我们在使用"色相/饱和度"命令时，拖曳"色相"滑块后经常会出现比较夸张的颜色，并且滑块所指向的颜色可能与画面呈现的颜色毫无关系，这是因为我们并不清楚"色相"的渐变颜色条都代表什么。打开"色相/饱和度"对话框，如图13-98所示。我们可以看到3条渐变颜色条，其中上方的"色相"渐变颜色条是色相环的展开图，下方的两条渐变颜色条分别代表调整前的颜色和调整后的颜色。

图13-98

在Photoshop的色相环中，每种颜色按照其在色轮中的位置被赋予一个度数，如红色为0°（也是360°），青色为180°等。图13-99所示为一个十二色相环。下面我们用这个色相环来讲解一下"色相/饱和度"命令的原理。当设置"色相"为60时，表示颜色按照色相环逆时针旋转了60°，以红色（0°）为参照，旋转

60°后，红色变为了黄色，如图13-100所示。那么，如果设置"色相"为-90，红色会变成什么颜色呢？大家可以动手试一试。没错，就是紫色，如图13-101所示。

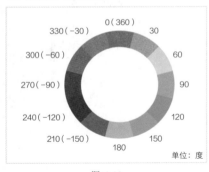  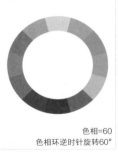 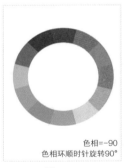

色相=60
色相环逆时针旋转60°

色相=-90
色相环顺时针旋转90°

图13-99   图13-100   图13-101

　　当选择了一个通道调整颜色时，"色相/饱和度"对话框下方的渐变颜色条之间会出现滑块。例如，选择"红色"通道后的对话框如图13-102所示，这组滑块可以控制色彩变化的影响范围。当我们如图13-103所示调整色相后，可以看到只有红色及其左右的颜色受到了影响，如图13-104所示。如果我们只想改变红色区域，可以拖曳下方滑块，使受影响的区域减少即可，如图13-105所示。

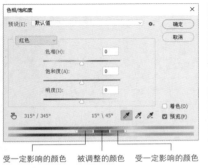  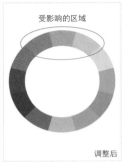

受一定影响的颜色　被调整的颜色　受一定影响的颜色

受影响的区域

调整前　　　　调整后

图13-102   图13-103   图13-104

 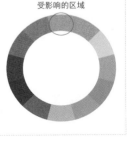

受影响的区域

图13-105

> ① 技巧提示：用"吸管工具"选取颜色
> 　　除了在通道中选取一种需要调整的颜色，还可以使用"吸管工具"单击图像吸取需要调整的颜色。使用"添加到取样"工具单击图像中的某种颜色，可以将颜色添加到选取的范围中；使用"从取样中减去"工具单击图像中的某种颜色，可以将颜色从选取的范围中去除。

☞ 自然饱和度--

菜单栏：图像>调整>自然饱和度

　　执行"图像>调整>自然饱和度"菜单命令，打开"自然饱和度"对话框，如图13-106所示。使用该命令可以在调整饱和度的同时，有效地控制因颜色过于饱和而出现的溢色现象。

　　自然饱和度：向左拖曳滑块，可以降低颜色的饱和度；向右拖曳滑块，可以提高颜色的饱和度。使用该命令可以给饱和度设置上限，使调整出的图像色彩更加自然。该命令在改善肤色上更加自然，如图13-107所示。

调整前　　　　调整后

图13-106   图13-107

饱和度：向左拖曳滑块，可以降低所有颜色的饱和度；向右拖曳滑块，可以提高所有颜色的饱和度。该命令的颜色调整更加剧烈，如图13-108所示。

? 疑难问答："饱和度"命令和"自然饱和度"命令有什么区别？

"饱和度"命令可以增加整个画面的饱和度，如果调整的幅度较大，图像很可能会因为色彩的过饱和而失真。"自然饱和度"命令在增加图像饱和度的时候会保护已经饱和的像素，即在调整时会大幅增加不饱和像素的饱和度，而对已经饱和的像素只做细微的调整，这样不仅能增加图像某一部分的色彩，还能使整幅图像的饱和度保持正常，可以很好地保护人像的肤色。

图13-108

♛ 重点

13.2.6 改变图像的色调

菜单栏： 图像>调整>色彩平衡　　**快捷键：** Ctrl+B

"色彩平衡"命令的作用是通过对图像特定区域的色彩进行调整，从而改变整个图像的色调。这个命令使用起来非常简单，我们在之前的案例中也使用过。其原理和"曲线"命令的原理非常相似，而且更易于理解。操作时只需拖曳滑块，便可使图像偏色。打开"学习资源>素材文件>CH13>13.2>大海.jpg"文件，如图13-109所示。执行"图像>调整>色彩平衡"菜单命令或按快捷键Ctrl+B，打开"色彩平衡"对话框，如图13-110所示。

图13-109

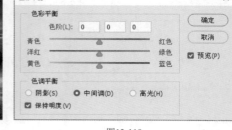

图13-110

可以看到，3个调整颜色的颜色条同样是基于色彩混合原理的，即当一个颜色的占比增加时，其互补色就会减少。使用该命令可以分别调整图像的阴影、中间调和高光部分的色彩，使图像更加真实或艺术化。向左拖曳滑块时，图像会变暗，如图13-111所示。向右拖曳滑块时，图像会变亮，如图13-112所示。其变化规律和曲线是一样的。此外，如果在调整图像的色调时不想改变图像的明度，可以勾选"保持明度"选项，如图13-113所示。

图13-111

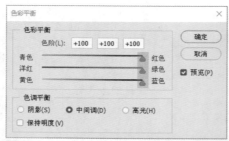

图13-112

图13-113

13.2.7 校正偏色图像

Photoshop中校正色偏的方法有很多，如使用"曲线"调整图层、"色彩平衡"调整图层等。其原理都是减少想减弱的颜色，并增加其补色。除了我们已经学过的命令，本节将介绍两种较为简单的操作方法。

☞ 照片滤镜

菜单栏：图像>调整>照片滤镜

"照片滤镜"是一种模拟在相机镜头前面加装彩色滤镜效果的命令，用以改变照片的色调和颜色，也可以用来校正照片的颜色。执行"图像>调整>照片滤镜"菜单命令，打开"照片滤镜"对话框，如图13-114所示。

图13-114

滤镜：在选项的下拉列表中有系统自带的多种滤镜，可以选择其中一种滤镜调整图像的颜色。例如，选择一种冷色调滤镜，可以将暖色调的图像调整为冷色调，如图13-115所示。

图13-115

颜色：单击该选项右侧的色块，可以打开"拾色器"对话框以自定义滤镜颜色。例如，因为太阳的照射，人脸颜色会偏橙，为其添加补色滤镜，即蓝色滤镜，可以校正图像颜色，使皮肤颜色更自然，如图13-116所示。

图13-116

密度：拖曳滑块可以控制着色的强度，数值越大，滤镜效果越明显。

保留明度：勾选该选项，可以使图像与滤镜颜色过渡得更自然。

☞ 自动颜色

菜单栏：图像>自动颜色

"自动颜色"命令可以自动调整图像中的颜色，使其更接近真实拍摄的颜色，特别适用于校正色偏。执行"图像>自动颜色"菜单命令，图像的颜色将会被自动校正，如图13-117所示。

图13-117

⬛ 重点
13.2.8 调整图像中的特定颜色

菜单栏：图像>调整>可选颜色

"可选颜色"命令对于调整图像中的特定颜色非常有用，且不会影响到其他主要颜色。执行"图像>调整>可选颜色"菜单命令，打开"可选颜色"对话框，如图13-118所示。在"颜色"下拉列表中可以选择要修改的颜色，如图13-119所示，然后就可以调整该颜色中青色、洋红、黄色和黑色的百分比了。

图13-118　　　　　图13-119

"可选颜色"命令中有那么多的颜色选项，可能大家在调整图像时不知道该如何选择颜色，更不知道该调整哪些颜色的百分比。下面我们使用色相环讲解一下这个命令的原理，一旦我们明白了调色原理，那么它将成为调整图像中特定颜色的利器。

首先我们要知道，这个命令是基于CMYK颜色模式的混色原理进行调色的，如图13-120所示。在"可选颜色"对话框中将"颜色"设置为"红色"，这就表示我们将调整图像中的红色，那么在色环中受影响的区域就是红色及其两旁的颜色，如图13-121所示。我们知道红色的互补色是青色，它们相加就是黑色，因此在红色中增加青色（向右拖曳"青色"滑块至+100%），红色将变为黑色，其他受影响的颜色也会变深。因为红色中没有青色，所以减少青色（向左拖曳"青色"滑块至-100%）时对于红色几乎没有影响，如图13-122所示。

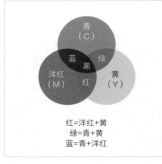

图13-120

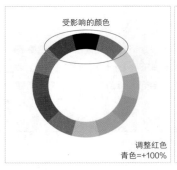

图13-121

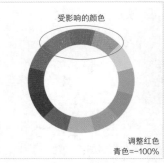

图13-122

根据CMYK颜色模式的混色原理,我们知道红色是由洋红和黄色相加得到的,那么无论往红色中加多少洋红和黄色,红色都几乎不变,如图13-123所示。当减少洋红时,黄色的相对占比就会增加,直至变为黄色。同理,当减少黄色时,洋红的相对占比就会增加,直至变为洋红,如图13-124所示。对于黑色而言,增加其含量,将会使图像变暗;减少其含量,将会使图像变亮,如图13-125所示。

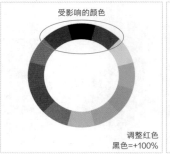

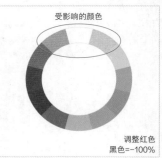

图13-125

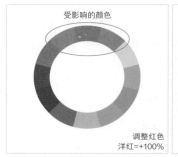

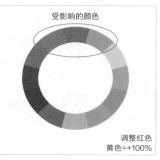

图13-123

通过上述分析,基本就能了解"可选颜色"命令的工作原理了,无论我们调整的是图像中的什么颜色,调整时都要参考CMYK颜色模式的混色原理,这样就能分析出颜色是如何变换的了。在选择图像颜色时,有3种较为特殊的颜色,即白色、黑色和中性色。我们只需记住,白色选定的是图像中的白色和亮部区域;黑色选定的是图像中的黑色和暗部区域;中性色相当于中性灰,选定的是图像中白色和黑色以外的区域。

在"可选颜色"对话框下方还可以选择"方法"。只需记住,"相对"调整的幅度小,"绝对"调整的幅度大即可。

👆 案例训练:用可选颜色调出秋日限定暖调

案例文件	学习资源 > 案例文件 >CH13> 案例训练:用可选颜色调出秋日限定暖调 .psd
素材文件	学习资源 > 素材文件 >CH13> 素材 04.jpg
难易程度	★★☆☆☆
技术掌握	用"可选颜色"等命令调色

本例的原片是在夏季拍摄的,如果想将照片调整为暖黄色的秋日景象,可以使用"可选颜色"命令将绿叶变成黄叶,然后添加光束,使照片呈现出暖色调,如图13-126所示。

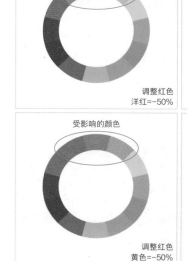

图13-124

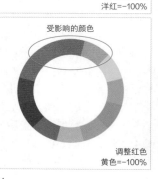

图13-126

01 打开"学习资源>素材文件>CH13>
素材04.jpg"文件,按快捷键Ctrl+J将
"背景"图层复制一层。用"污点修复
画笔工具" ✐.将脸上比较明显的瑕疵
去掉,完成后的效果如图13-127所示。

图13-127

> 🔗 知识链接:磨皮
>
> 　　本例的人物不是特写,并且讲解的重点为照片色调的调整,因此只
> 是粗略地修复了一些人物脸部的瑕疵。如果需要精修人物的话,大家可
> 以参阅"7.2 磨皮与塑形"中的相关内容。

02 要调出暖黄色的秋日景象,需去除画面中的绿色。创建一个"可
选颜色"调整图层,设置"颜色"为"绿色",选择"绝对"。绿色是
由青色和黄色混合而成的,所以在绿色中减去青色,绿色就会偏黄一
些,如图13-128所示。此时画面中的树叶还是偏绿的,绿色和洋红色
为互补色,所以添加洋红色便可再减少一些绿色,然后加入一些黄
色,画面中的绿色就被去除了,如图13-129所示。

图13-128

图13-129

03 目前画面的黄色调还不够,设置"颜色"为"黄色",在黄色中减
少青色,加一些洋红色和黄色,这样秋天的氛围就出来了,如图13-130
所示。

图13-130

04 调整后叶子
的饱和度有些高,
可以创建一个
"色相/饱和度"调
整图层,将红色
和黄色的饱和度
降低一些,如图
13-131所示,效果
如图13-132所示。

图13-131

图13-132

05 此时画面的颜色缺少一些层次感,我们可以使用"色彩平衡"
命令为阴影、中间调和高光加一些偏色效果。创建一个"色彩平
衡"调整图层,在阴影和中间调中加一些青色和蓝色,在高光中加
一些红色和黄色,如图13-133所示,效果如图13-134所示。

图13-133

图13-134

06 在画面的右上角加一束光效，烘托出秋日暖暖的氛围。按快捷键Shift+Ctrl+Alt+E将所有可见图层盖印到一个新的图层中，然后按快捷键Ctrl+Alt+2创建高光的选区，如图13-135所示。按快捷键Ctrl+J复制图层并命名为"光效"，然后执行"滤镜>模糊>径向模糊"菜单命令，打开"径向模糊"对话框，设置"数量"为100，"模糊方法"为"缩放"，接着在"中心模糊"控制框中拖曳中心点到右上角，单击"确定"按钮 确定，如图13-136所示。

图13-135

图13-136

07 设置"光效"图层的混合模式为"线性减淡"（添加），"不透明度"为72%，如图13-137所示。为"光效"图层添加一个图层蒙版，将阴影区域的光涂掉，整体的效果会更加自然，如图13-138所示。

图13-137

图13-138

① **技巧提示：肤色的调整**

在大面积调整画面颜色时，很可能使人物皮肤的颜色发生改变。我们可以使用图层蒙版将皮肤的颜色复原，或者单独对其进行调整。本案例的最终效果中皮肤所受影响不大，所以保持原样即可。

08 创建一个"色相/饱和度"调整图层，并设置为"光效"图层的剪贴蒙版，然后勾选"着色"选项并调整"色相"和"饱和度"，使光呈暖色，如图13-139所示。最终效果如图13-140所示。

图13-139

图13-140

👑 重点

📝 学后训练：用可选颜色调出自然白皙的肤色

案例文件	学习资源>案例文件>CH13>学后训练：用可选颜色调出自然白皙的肤色.psd
素材文件	学习资源>素材文件>CH13>素材05.jpg
难易程度	★★☆☆☆
技术掌握	用"可选颜色"命令调色

本例的原片是一张人物照，照片中人物的肤色偏黄。如果想将人物的皮肤调整为自然白皙的效果，可以使用"可选颜色"命令，然后单独选择"黄色"和"红色"进行调整，将皮肤中的黄色减少一些并加一些红色，即可得到自然白皙的肤色，如图13-141所示。

图13-141

☑ 学后训练：用可选颜色调出小清新色调

案例文件	学习资源>案例文件>CH13>学后训练：用可选颜色调出小清新色调.psd
素材文件	学习资源>素材文件>CH13>素材06.jpg
难易程度	★★☆☆☆
技术掌握	用"可选颜色"命令调色

本例将照片调出清新自然感，主要使用"可选颜色"命令去除照片中的黄色，并增加青色，如图13-142所示。

图13-142

13.2.9 替换图像中对象的颜色

菜单栏： 图像>调整>替换颜色

Photoshop中有多个可以替换对象颜色的命令和工具。我们已经在前面的内容中讲解过了如何使用"色相/饱和度"命令和"颜色替换工具" 🖌️来替换颜色。本节介绍另一种用起来相对方便的命令，那就是"替换颜色"命令。该命令包含了颜色选择和颜色调整两种选项，颜色选择方式与"色彩范围"命令基本相同，颜色调整则与"色相/饱和度"命令十分相似。

> 🔗 知识链接：替换图像中对象的颜色
>
> 大家如果忘了如何使用"色相/饱和度"命令和"颜色替换工具" 🖌️来替换颜色，可以参阅"6.3.2 颜色替换工具"和第8章"综合训练：设计一组电商同款五色裙子"中的相关内容。

打开"学习资源>素材文件>CH13>13.2>房子.jpg"文件，如图13-143所示。下面尝试用"替换颜色"命令来改变图中叶子的颜色。先按快捷键Ctrl+J复制图层，然后执行"图像>调整>替换颜色"菜单命令，打开"替换颜色"对话框，如图13-144所示。其中的黑白缩览图相当于图像的蒙版，白色表示被选中的区域，灰色表示部分被选中的区域，黑色表示未被选中的区域。

图13-143 图13-144

拖曳"色相"滑块，将叶子改为绿色，可以看到只有部分叶子的颜色被改变了，如图13-145所示。此时，选择"添加到取样"工具 🖌️并单击图像，将未在调整范围内的叶子选中，如图13-146所示。可以看到，墙面部分区域的颜色也被修改了，此时可以拖曳"颜色容差"滑块，使墙面的颜色恢复一些，然后调整一下"色相"，使叶子的颜色更为柔和，如图13-147所示。如果墙面或其他对象还有一些变色较为严重的区域，可以使用图层蒙版将其涂掉，露出原有色彩。

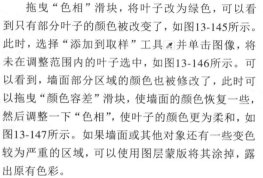

图13-145

图13-146

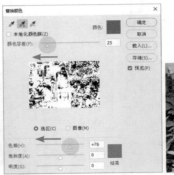

图13-147

13.2.10 获得一致的色调

菜单栏：图像>调整>匹配颜色

"匹配颜色"命令可以将源图像中的色调与目标图像中的色调进行
匹配，也可以匹配同一个图像中不同图层的色调。打开"学习资源>素
材文件>CH13>13.2"文件夹中的"桂花1.jpg"文件和"桂花2.jpg"文
件，如图13-148所示。这两张照片为同一场景下曝光不同的效果，下面
我们就用效果不好的图像（源图像）去匹配效果好的图像（目标图像）。

桂花1.jpg，源图像　　桂花2.jpg，目标图像

图13-148

执行"图像>调整>匹配颜色"菜单命令，打开"匹配颜色"对话
框。在"源"选项中选择"桂花2.jpg"，这样源图像的色调就与目标图
像的色调进行匹配了，如图13-149所示。

> ① 技巧提示：RGB颜色模式下才能使用"匹配颜色"命令
>
> 图像为RGB颜色模式时才可以使用"匹配颜色"命令。如果图像为其
> 他颜色模式，需要先将图像转为RGB颜色模式。

图13-149

13.2.11 映射渐变颜色

菜单栏：图像>调整>渐变映射

"渐变映射"命令可以根据图像的亮度将渐变颜色应用到图像上，从而改变图像的颜色。执行"图像>调整>渐变映射"菜单命令，
打开"渐变映射"对话框，如图13-150所示。默认状态下，Photoshop会基于前景色与背景色生成渐变，然后将渐变颜色条左侧的颜
色（黑色）映射到画面的暗部区域，中间的颜色（灰色）映射到中间调区域，右侧的颜色（白色）映射到画面的亮部区域，如图13-151
所示。

图13-150　　　　　　　　　　　图13-151

单击渐变颜色条，在打开的"渐变编辑器"对话框中可以编辑渐变颜色。选择一款预设的渐变色，就可以得到不同的效果，如图13-152所示。

打开"学习资源>素材文件>CH13>13.2>喝咖啡的男士.jpg"文件，创建一个"渐变映射"调整图层，然后调整一个"深蓝色→黄色"的渐变颜色，如图13-153所示。将"渐变映射"调整图层的混合模式调整为"柔光"，"不透明度"调整为70%，就可以得到一个很自然的色调，如图13-154所示。除此之外，用不同的渐变颜色和混合模式可以调整出意想不到的效果，大家动手尝试一下吧。

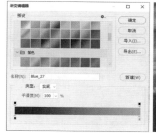
图13-152

图13-153

图13-154

👑重点
13.2.12 查找颜色与校准

菜单栏： 图像>调整>颜色查找

LUT是Look Up Table的缩写，直译为"查找表"。将每个像素的色彩信息输入到LUT中，可以重新定位色彩，从而呈现出不同的色彩效果。不同显示设备在输入和输出时可能会出现颜色偏差，使用"颜色查找"命令中的3D LUT文件可以使颜色在不同设备之间精确地传递和再现，可以说它是一种校准颜色的命令。此外，还可以使用3D LUT文件营造出多种色彩风格。执行"图像>调整>颜色查找"菜单命令，打开"颜色查找"对话框，选择不同的3D LUT文件可以得到不同的色彩效果，如图13-155和图13-156所示。

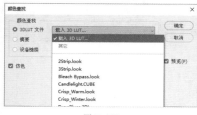
图13-155

图13-156

👆重点
✋案例训练：用颜色查找调出电影色调

案例文件	学习资源 > 案例文件 >CH13> 案例训练：用颜色查找调出电影色调 .psd
素材文件	学习资源 > 素材文件 >CH13> 素材07.jpg
难易程度	★★☆☆☆
技术掌握	用"颜色查找"等命令调色

本例的原片很有时尚感，如果想将照片调整成电影色调，可以使用"颜色查找"命令，调整前后效果如图13-157所示。

图13-157

01 打开"学习资源>素材文件>CH13>素材07.jpg"文件,创建一个"色阶"调整图层,减小画面对比度,使其整体色调变平,如图13-158所示。

> ? 疑难问答:为什么在使用"颜色查找"命令之前需要将画面的色调变平?
>
> 　　3D LUT是一种包含了色相、饱和度和明度信息的预设文件,能够改变图像的整体效果。如果原片有很强的对比度,使用"颜色查找"命令调整后会影响整体效果。在调整图像时,如果原片的光影质感等不是我们想要的,一般都会先将图像的色调变平,再重新赋予。

图13-158

02 创建一个"颜色查找"调整图层,设置"3DLUT文件"为"TealOrangePlusContrast.3DL",如图13-159所示。可以看到,画面整体的对比度有些强烈,所以设置"颜色查找"调整图层的"不透明度"为60%,如图13-160所示。

图13-159　　　　　　　　　　　　　　　图13-160

03 再创建一个"颜色查找"调整图层,设置"3DLUT文件"为"HorrorBlue.3DL",并设置该调整图层的"不透明度"为40%,如图13-161所示。

04 创建一个"曲线"调整图层,选择"绿"通道,在阴影中加一些绿色,如图13-162所示。接着选择"蓝"通道,在阴影中再加一些蓝色,如图13-163所示。最终效果如图13-164所示。

图13-161　　　　　　　　图13-162　　　　　　图13-163　　　　　　　　图13-164

♛ 重点

✎ **学后训练:用颜色查找调出温馨暖调**

案例文件	学习资源>案例文件>CH13>学后训练:用颜色查找调出温馨暖调.psd
素材文件	学习资源>素材文件>CH13>素材08.jpg
难易程度	★★☆☆☆
技术掌握	用"颜色查找"命令调色

　　本例的原片色调偏冷,使用"颜色查找"命令可以快速调整出偏粉橙的温馨色调,如图13-165所示。

图13-165

13.2.13 转换黑白图像

菜单栏: 图像>调整>黑白 **快捷键:** Alt+Shift+Ctrl+B

在Photoshop中有很多种将彩色图像转换为黑白图像的命令,这些命令的区别在于它们使用不同的算法和参数来处理图像,从而产生不同的效果,图13-166所示为使用不同命令生成的图像效果。执行"图像>模式>灰度"菜单命令可以去除图像的颜色信息,将图像转换为"灰度"模式,这种方法非常快速。"去色"命令也是非常快速的,且不会改变颜色模式。用"色相/饱和度"命令将图像的"饱和度"降为0在得到黑白图像的同时也不会改变颜色模式。除了"黑白"命令,其他命令都无法控制转换过程中图像的亮度和对比度。下面讲解一下如何使用"黑白"命令调整图像的亮度和对比度。

图13-166

打开"学习资源>素材文件>CH13>13.2>小棚子.jpg"文件,执行"图像>调整>黑白"菜单命令或按快捷键Alt+Shift+Ctrl+B,图像会变为黑白图像且会打开"黑白"对话框,如图13-167所示,在其中可以通过控制各个颜色通道的灰度值来控制转换后灰度图像的亮度。例如,向左拖曳绿色滑块,可以使图像中由绿色转换而来的灰色变得更暗,如图13-168所示。反之更亮,如图13-169所示。

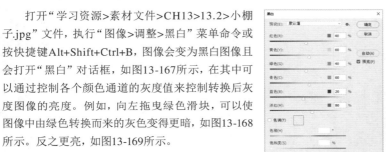

图13-167   图13-168   图13-169

要想调整图像中某种特定的颜色,可以将鼠标指针置于该颜色上,鼠标指针会变为✒状,如图13-170所示,然后左右拖曳鼠标即可调整该颜色的明暗。向左拖曳可以使该颜色变暗,如图13-171所示;向右拖曳可以使该颜色变亮,如图13-172所示。

图13-170   图13-171   图13-172

勾选"黑白"对话框下方的"色调"选项,可以用单色为黑白图像着色,并且可以调整单色图像的色相和饱和度,如图13-173所示。

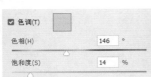

图13-173

> **知识课堂:** 为黑白图像上色
>
> 如果想为黑白图像上色,除了使用"画笔工具"✐进行绘制,还可以使用Neural Filters滤镜库中的滤镜进行上色。执行"滤镜>Neural Filters"菜单命令,在打开的Neural Filters面板中选择"着色"滤镜,系统会基于人工智能自动为图像进行上色,如图13-174所示。在Neural Filters面板下方还可以对上色的色彩进行调整。

图13-174

13.3 Camera Raw滤镜调色

我们已经在前面的章节中接触过Camera Raw滤镜，这款插件的功能有很多，常用来校正颜色、调整光影、改变色调和增加质感等。

☆ 重点

13.3.1 Camera Raw的界面组成

菜单栏： 滤镜>Camera Raw滤镜　　**快捷键：** Shift+Ctrl+A

Camera Raw滤镜是主要被用来编辑RAW格式图像的特殊插件，也可以用来处理JPEG和TIFF格式文件。执行"滤镜>Camera Raw滤镜"菜单命令或按快捷键Shift+Ctrl+A，打开Camera Raw滤镜，其操作界面如图13-175所示。其中，工具的用法和Photoshop是很相似的，常用的工具有"编辑"工具 和"蒙版"工具 等。

图13-175

> ⑦ **疑难问答：RAW格式和其他格式的图像有什么区别？**
>
> 　　RAW格式是一种原始图像数据格式，采用非破坏性的压缩方式，相较于其他格式具有更大的后期空间，通常用于数码相机拍摄的照片。这种格式记录了数码相机传感器的原始信息，包括光线、颜色、曝光度、噪声等，因此在后期处理中具有更高的可编辑性和灵活性。与其他格式相比，RAW格式在色彩连续性和丰富性上更具优势。
>
> 　　然而，RAW格式图片也有一些缺点。首先，由于其未经过处理和压缩，文件体积会更大，会占用更多的存储空间；其次，RAW格式图片的处理需要专业的软件和技能，因此需要更多的后期处理时间和经验。

☆ 重点

13.3.2 调整图像的光影与色调

工具箱： "编辑" 　　**快捷键：** E

Camera Raw滤镜主要的作用就是调整图像的光影和色调，这些参数大多集中在"编辑"工具 中。打开"学习资源>素材文件>CH13>13.3>插花.jpg"文件，然后按快捷键Shift+Ctrl+A，打开Camera Raw滤镜，接着选择"编辑"工具 或按E键，切换为"编辑"面板，单击面板上方的

"自动"按钮 自动，软件会利用人工智能的强大功能分析并自动调整图像，如图13-176所示。单击"黑白"按钮 黑白，会生成黑白图像，如图13-177所示。单击"切换到默认设置"按钮 ⬛ 可以将图像还原至初始状态。

图13-176　　　　　　　　图13-177

> ① 技巧提示：在"原图/效果图"视图之间切换
>
> 单击"在'原图/效果图'视图之间切换"按钮 ⬛，界面可以同时显示原图和效果图，便于观察调整后的效果，如图13-178所示。继续单击这个按钮，还可以调整排布方式。
>
>
>
> 图13-178

单击"基本"选项可以将其展开，在其中拖曳参数的滑块，即可调整图像的色温、色调、高光和阴影等，如图13-179所示。

白平衡：默认情况下，显示的是照片的初始白平衡，在下拉列表中选择"自动"选项可进行自动校正。

白平衡工具 ✐：与"色阶"和"曲线"中的"设置灰场"吸管 ✐ 类似，单击中性色区域，可以自动校正"色温"和"色调"。

图13-179

色温：可以调整图像的色温。图像颜色偏蓝时，色温较低，整体偏冷；图像颜色偏黄时，色温较高，整体偏暖，如图13-180所示。

降低色温，颜色偏蓝　　　提高色温，颜色偏黄

图13-180

色调：用于改变图像的色调。数值为负，图像偏绿色；数值为正，图像偏洋红色，如图13-181所示。

降低"色调"数值，　　　提高"色调"数值，
颜色偏绿　　　　　　颜色偏洋红

图13-181

曝光：用于调整图像整体的亮度。提高"曝光"值，图像整体变亮；降低"曝光"值，图像整体变暗。

对比度：用于调整图像整体的明暗反差，主要影响的是中间调。

高光：用于调整图像中的亮部区域，如图13-182所示。从理论上来说，提亮高光会使图像变得更加通透，但是从操作经验来看，高光变亮后会损失部分图片细节，因此操作时一般会压暗高光。

高光=-100　　　　　　高光=+100

图13-182

阴影：用于调整图像中的暗部区域，如图13-183所示。压暗暗部能提高亮部和暗部的反差，使照片更有层次感。

阴影=-100　　　　　　阴影=+100

图13-183

白色：指的是高光中最亮的区域。当压暗高光后，画面整体会变灰，此时增大"白色"值可以解决这个问题，如图13-184所示。

高光=-100，白色=+46

图13-184

黑色：指的是阴影中最暗的区域。当压暗阴影后，可能会出现"死黑"的情况，此时增大"黑色"值会恢复阴影的细节，如图13-185所示。

阴影=-100, 黑色=+50

图13-185

纹理：增加"纹理"值，图像的纹理会变得清晰；减少"纹理"值，图像的纹理会变得模糊，可用于人像磨皮。

清晰度：适当增加清晰度，会使图像变得更清晰，一般设置为5~10即可。

去除薄雾：可以减少图像中的朦胧感，使图像变得通透。

自然饱和度/饱和度：与Photoshop中调整相关参数的命令相同，一般在Photoshop中进行调整。

在"混色器"选项中可以分别调整不同颜色的色相、饱和度和明亮度，以更好地控制图像中的颜色。如果想改变叶片的颜色，可以直接调整"色相"选项卡中的对应颜色，如图13-186所示。如果无法确定要调整的颜色，可以使用"目标调整工具"进行选取。单击这个工具，画面中会出现一个选项栏，在其中可以选择"色相""饱和度""明亮度"，如图13-187所示。将鼠标指针置于要调整的区域，会出现所选颜色及调整范围，左右拖曳鼠标即可进行调整，如图13-188所示。

图13-186

图13-187

选择颜色

拖曳鼠标

图13-188

技巧提示：复位参数

在调整参数后，按住Alt键并将鼠标指针置于参数名称之上，这个参数的名称就会变为"复位"两字，如图13-189所示。单击"复位"两字即可将该参数复位。

调整参数后　　　按住Alt键

图13-189

在"颜色分级"选项中可以使用色轮调整阴影、中间调和高光中的色相。将图像的中间调和高光都调得偏黄色一些，阴影调得偏蓝色一些，就可以调整出不同色调的图像，如图13-190所示。

图13-190

👑 重点

13.3.3 绘制蒙版以控制局部图像

工具箱："蒙版" 🔍　　**快捷键：M**

在使用Camera Raw滤镜时，在"编辑"面板中调整参数都是针对画面整体的，而如果需要调整图像特定区域时，就离不开蒙版了。蒙版的概念对我们而言并不陌生，在之前的章节中我们已经知道蒙版遵循"黑透、白不透、灰半透"的基本原理。不过，用这个原理来理解Camera Raw滤镜中的蒙版就把它搞复杂了。其实，可以简单地将Camera Raw滤镜中的蒙版概括为"选哪里，改哪里"。"蒙版"面板中的工具可以定义编辑区域，如图13-191所示。

图13-191

☞ 自动选择

打开"学习资源>素材文件>CH13>13.3>发光灯泡.jpg"文件，然后按快捷键Shift+Ctrl+A打开Camera Raw滤镜，接着选择"蒙版"工具 🔍，切换为"蒙版"面板。在"蒙版"面板上方有3个醒目的按钮，单击这些按钮，可以自动选择图像中的主体、天空或背景。单击"主体"按钮 🔲，画面中的灯泡就被选中了，如图13-192所示。此时调整右侧界面中的参数，就可以修改所选对象（灯泡）的亮度、颜色和细节等，图13-193所示为将灯泡"曝光"增加2.00前后的对比效果。

图13-192

图13-193

> ① 技巧提示：修改蒙版的颜色和不透明度
>
> 蒙版的颜色是可以修改的。单击"显示叠加（自动）"右侧的"蒙版叠加颜色"按钮 ● 会打开"蒙版叠加颜色"面板，在其中可以调整叠加颜色，以及颜色的"亮度"和"不透明度"等，如图13-194所示。
>
>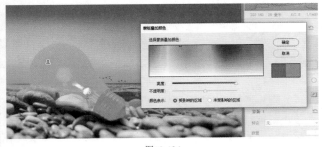
>
> 图13-194

单击"主体"右侧的 按钮，可以将所选区域与未选区域进行反相处理。此时，受影响的区域就变成背景了，整体曝光增加了

2.00，如图13-195所示。设置"曝光"为-0.80，背景就被压暗了，如图13-196所示。再次单击 按钮，可以再次进行反相处理。

图13-195　　　　　　　图13-196

天空和背景的蒙版也是很好理解的，一个是针对背景中有天空的区域，如图13-197所示；一个是针对除主体外的其他区域，如图13-198所示。

图13-197

图13-198

☞ 手动绘制

自动选择工具可以很好地处理主体与背景分明的图像，但是当图像中元素较多，或者想特定调整某个区域时，就需要对其进行手动绘制，这样可以更加精确地选取需要调整的区域。

选择某个对象

"物体"工具 与Photoshop中"对象选择工具" 的使用方法是相似的，可以画出或框选某个区域，软件会自动探测对象的边缘并生成蒙版。先单击"物体"工具 ，然后用大小合适的画笔画出所选区域，例如画在螺口区域，如图13-199所示。软件会按照对象边缘自动生成蒙版，此时便可对其进行调整，如图13-200所示。

图13-199　　　　　　　图13-200

单击▣按钮，可以框选想要选择的区域，如图13-201所示。创建选区后，两次选择的区域是共用一套参数的，相当于这两个区域同属于一个蒙版，即这个石头的"曝光"也被设置成了-2.00，如图13-202所示。

图13-201

图13-202

如果不想要这两个区域共用一套参数，我们可以在"对象2"上单击鼠标右键，然后在弹出的菜单中选择"删除'对象2'"命令，先将其删除，如图13-203所示。接着单击"创建新蒙版"按钮 ⊕ 创建新蒙版，在弹出的菜单中选择"选择对象"命令（即"物体"工具 ▣，只是名称不同，其他没有区别），如图13-204所示。再重新创建选区并调整，就可以分别进行参数设置了，如图13-205所示。

图13-203　　图13-204

图13-205

> ⓘ 技巧提示：在一个蒙版中增加或减少调整区域
>
> 如果需要在一个蒙版中增加或减少调整区域，可以单击"添加"按钮 添加 或"减去"按钮 减去，在弹出的菜单中选择工具创建调整区域，使用这些工具选取的区域均可作用在同一个蒙版上，如图13-206所示。
>
>
>
> 图13-206
>
> 在已添加的蒙版组件上单击鼠标右键，在弹出的菜单中可以进行删除、复制蒙版等操作，如图13-207所示。此外，执行"蒙版交叉对象"命令，还可以与其他蒙版组件生成交集区域。
>
>
>
> 图13-207

用画笔任意绘制

"画笔"工具 ✐ 与Photoshop中"画笔工具" ✐ 的使用方法是一样的，可以任意绘制并对所绘制的区域进行调整，如图13-208所示。画笔的"大小""羽化""浓度"等参数也是可以调整的，如果绘制错了，可以按住Alt键切换为"橡皮擦"工具 ◈ 将其涂掉。

图13-208

创建渐变范围

"线性渐变"工具 ▣ 和"径向渐变"工具 ◉ 与Photoshop中"渐变工具" ▣ 的使用方法是一样的，使用这两个工具绘制的区域拥有柔和的过渡效果。"线性渐变"工具 ▣ 绘制的区域的边缘是直的，如图13-209所示。"径向渐变"工具 ◉ 绘制的区域是椭圆的，如图13-210所示。绘制完成后，所绘制的区域是可以移动、缩放和旋转的，如图13-211所示。

图13-209

图13-210

图13-211

创建色彩范围

"色彩范围"工具 ❹ 可以将选定的颜色所在的区域创建为蒙版。选择该工具后,鼠标指针会变为 ❳ 状,单击要调整的颜色,即可将其全部选取。例如,想将偏黄色的石头都压暗一些,就可以单击黄色石头,如图13-212所示。但是画面中其他的黄色也被选中了,单击"减去"按钮 ❘ 减去 ,在弹出的菜单中选择"选择对象"命令,绘制选区将天空的黄色范围去掉,再单击"减去"按钮 ❘ 减去 ,在弹出的菜单中选择"画笔"命令,将海面的黄色范围也去掉,如图13-213所示。此时就可以只对黄色的石头进行调整了,如图13-214所示。

曝光=-0.50
对比度=-88

图13-212   图13-213   图13-214

☞ 人物

"蒙版"面板下方有个"人物"选项,当画面中有人物时,软件会根据人物自动创建蒙版。不仅可以选择人物整体,还可以选择人物的局部,如面部皮肤、身体皮肤、眉毛、牙齿和头发等。打开"学习资源>素材文件>CH13>13.3>女青年.jpg"文件,然后按快捷键Shift+Ctrl+A打开Camera Raw滤镜,选择"蒙版"工具 ❹ ,在"蒙版"面板下方会自动生成"人物1"选项,单击会出现人物蒙版的选项,如图13-215所示,再勾选需要调整的区域即可。

图13-215

例如,勾选"头发"选项,然后单击"创建"按钮 创建 就可以创建出头发的蒙版,如图13-216所示。接着调整色相,就可以很自然地改变人物发色,如图13-217所示。

图13-216

图13-217

> ① 技巧提示:多个人物蒙版
>
> 当画面中有多个人物时,系统会通过分析生成多个人物。此时可以针对单个人物或所有人物创建蒙版,如图13-218所示。
>
>
>
> 图13-218

♛ 重点

🖐 案例训练:用Camera Raw滤镜调出莫兰迪色调

案例文件	学习资源>案例文件>CH13>案例训练:用Camera Raw滤镜调出莫兰迪色调 .psd
素材文件	学习资源 > 素材文件 >CH13> 素材09.jpg
难易程度	★★★☆☆
技术掌握	Camera Raw 滤镜调色

莫兰迪色调的色彩纯度较低,其最大特点就是自带高级灰色调。本例的原片整体较明亮,如果想将照片调整为莫兰迪色调,可以使用Camera Raw滤镜进行调整,如图13-219所示。

图13-219

01 打开"学习资源>素材文件>CH13>素材09.jpg"文件,按快捷键Ctrl+J将"背景"图层复制一层,然后将图像转换为智能对象。执行"滤镜>Camera Raw滤镜"菜单命令或按快捷键Shift+Ctrl+A,打开Camera Raw滤镜,接着降低色温并使色调偏洋红一些,如图13-220所示。

图13-220

> ① 技巧提示:将图像转换为智能对象后再使用Camera Raw滤镜
> 在使用Camera Raw滤镜之前,先将图像转换为智能对象,调整后会生成智能滤镜,不仅不会破坏原始图像,还可以随时修改其参数或者将其删除。

02 画面的对比度还比较强烈,降低画面的亮度和对比度,适当调整"高光""阴影""白色"和"黑色",并减少"纹理"和"清晰度",使画面整体灰一些、平一些,如图13-221所示。

图13-221

03 在"混色器"选项中修改"色相",减少黄色和绿色等,使画面整体偏青一些,如图13-222所示。

图13-222

04 目前的画面颜色还比较艳丽,在"混色器"选项中修改一下各个颜色的饱和度,使整体偏灰一些,如图13-223所示。继续调整一下各个颜色的亮度,使画面整体的层次感更强一些,如图13-224所示。

图13-223

图13-224

05 这样整体色调的调整就完成了,已经有了一些莫兰迪色调的感觉。选择"颜色分级"选项,为图像的中间调和阴影添加一些蓝色,高光添加一些浅绿色,如图13-225所示。

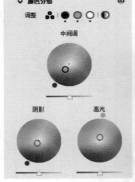

图13-225

06 画面整体的调整已经完成了,此时使用蒙版调整个别区域,增强画面的氛围感。选择"蒙版"工具,为地面添加一个"线性渐变"蒙版并压暗,如图13-226所示。

图13-226

07 单击"创建新蒙版"按钮 ⊕ 创建新蒙版，在弹出的菜单中选择"线性渐变"命令，在背景区域创建一个"线性渐变"蒙版并压暗，如图13-227所示。

图13-227

08 再创建一个"线性渐变"蒙版，微调一下背景和湖面的亮度、色温和色调，如图13-228所示。

图13-228

09 单击"创建新蒙版"按钮 ⊕ 创建新蒙版，在弹出的菜单中选择"选择主体"命令，创建一个"主体"蒙版，如图13-229所示。压暗人物，使其和背景更加融合，如图13-230所示。单击"确定"按钮 确定 ，完成设置。

图13-229　　　　　　图13-230

10 确认操作后，图层面板会生成Camera Raw滤镜及其蒙版。人的肤色偏青，用黑色的画笔涂抹滤镜的蒙版，将肤色还原一些，效果如图13-231所示。最终效果如图13-232所示。

图13-231

图13-232

⚜ 重点

学后训练：用Camera Raw滤镜调出胶片色调

案例文件	学习资源>案例文件>CH13>学后训练：用Camera Raw滤镜调出胶片色调.psd
素材文件	学习资源>素材文件>CH13>素材10.jpg
难易程度	★★☆☆☆
技术掌握	用Camera Raw滤镜调色

胶片色调的色彩风格独特，通常具有较低的饱和度、略微偏冷的色调及电影画面般的颗粒感。本例使用Camera Raw滤镜调出胶片色调，如图13-233所示。

图13-233

⚜ 重点

学后训练：用Camera Raw滤镜调出复古港风色调

案例文件	学习资源>案例文件>CH13>学后训练：用Camera Raw滤镜调出复古港风色调.psd
素材文件	学习资源>素材文件>CH13>素材11.jpg
难易程度	★★☆☆☆
技术掌握	用Camera Raw滤镜调色

本例是Camera Raw滤镜使用方法的训练，配合适当的图层混合模式以调出复古港风色调，如图13-234所示。

图13-234

✎ 重点

☑ 学后训练：用Camera Raw滤镜调出夏日清爽感

案例文件	学习资源>案例文件>CH13>学后训练：用Camera Raw滤镜调出夏日清爽感.psd
素材文件	学习资源>素材文件>CH13>素材12.jpg
难易程度	★★☆☆☆
技术掌握	用Camera Raw滤镜调色

本例使用Camera Raw滤镜改变图像的色调，使其充满夏日清爽感，如图13-235所示。

图13-235

ⓘ 技巧提示：将调整后的效果存储为预设

使用Camera Raw滤镜调色后，选择"预设"工具 ◉ ，然后单击"预设"面板中的"创建预设"按钮 ⊞ ，将调整效果存储为预设，如图13-236所示。这样可以直接将这个效果用到其他图像上，如图13-237和图13-238所示。

图13-236

图13-237

图13-238

13.4 综合训练营

本章主要介绍了调整图像色调和色彩的命令，使用这些命令不仅可以对图像的色彩和光影进行调整，还可以打造出多种风格的图像。本节共安排了两个使用调色命令制作特殊效果的综合训练。

♛ 重点

◈ 综合训练：制作夜幕降临的效果

案例文件	学习资源>案例文件>CH13>综合训练：制作夜幕降临的效果.psd
素材文件	学习资源>素材文件>CH13>素材13.jpg
难易程度	★★☆☆☆
技术掌握	调色命令的综合使用

本例将使用多个调色命令将白天变成黑夜。照片中的女孩手中提了一盏灯，灯光的绘制会使整个画面增色很多，如图13-239所示。

图13-239

♛ 重点

◈ 综合训练：制作古风人像

案例文件	学习资源>案例文件>CH13>综合训练：制作古风人像.psd
素材文件	学习资源>素材文件>CH13>素材14.psd
难易程度	★★☆☆☆
技术掌握	调色命令的综合使用

本例将使用多个调色命令制作古风人像。照片中的人像本身就有复古的感觉，将照片制作成工笔画的风格，使其更有韵味，如图13-240所示。

图13-240

第 **14** 章 滤镜与特效专场

本章主要介绍滤镜的使用原则和技巧，以及多种滤镜的功能和特点。使用滤镜不仅可以对图像进行调整，还可以创作出精彩纷呈的创意效果。

学习重点　　　　　　　　　　　　　　　　　　　　　Q

| · 使用滤镜的原则与技巧 | 354页 | · 集众多效果于一体的滤镜库 | 355页 |
| · 添加模糊效果 | 355页 | · 创造独特效果 | 360页 |

14.1 滤镜与滤镜库

Photoshop中的滤镜是一种功能强大的图像处理工具，它可以改变像素的位置和颜色，从而创造出多种多样的视觉效果。我们已经在之前章节接触过了"液化"滤镜、锐化类滤镜、模糊类滤镜和Camera Raw滤镜等。滤镜使用起来并不复杂，却可以让普通的图像呈现非凡的艺术效果。

👑 重点
14.1.1 使用滤镜的原则与技巧

使用滤镜时有一些原则和技巧，可大体总结为以下8点。大家掌握了这些要点，可以大大提高工作效率，更为熟练地使用滤镜。

第1点：使用滤镜处理图像时，要先选择需处理的图层（只能是一个图层），并使其处于可见状态。

第2点：如果创建了选区，那么滤镜只作用于选区之内的图像；如果没有选区，那么滤镜会作用于整个图像，如图14-1所示。此外，滤镜还可以用来处理图层蒙版和通道等。

第3点：滤镜的处理效果以像素为单位进行计算，所以用同样的参数处理不同分辨率的图像会产生不同效果，如图14-2所示。

创建选区　　　　滤镜只作用于选区之内　　　　滤镜作用于整个图像　　　　300像素/英寸　　　　72像素/英寸

图14-1　　　　　　　　　　　　　　　　　　图14-2

第4点：在CMYK颜色模式下，"滤镜"菜单中显示为灰色的滤镜是无法使用的，执行"图像>模式>RGB颜色"菜单命令，转换为RGB颜色模式后可启用这些滤镜。

第5点：当应用一个滤镜后，"滤镜"菜单中的第1行会出现该滤镜的名称，单击或按快捷键Alt+Ctrl+F可再一次应用该滤镜。应用滤镜过程中如果要终止操作，可以按Esc键。

❓ 疑难问答：为何无法再一次应用相同的滤镜？

如果按快捷键Alt+Ctrl+F时与计算机中其他程序的快捷键相互冲突，那么就无法通过按快捷键的方式再一次应用相同的滤镜。例如，腾讯QQ软件"屏幕翻译"的快捷键也是Alt+Ctrl+F，如图14-3所示。遇到这种情况，可以取消腾讯QQ的快捷键或将其改成其他快捷键。

图14-3

第6点：应用滤镜时通常会打开"滤镜库"或相应的对话框，在预览框中可以预览滤镜效果。拖曳预览框中的图像，可以观察其他区域的效果，如图14-4所示。单击▣按钮和▣按钮可以更改图像

的显示比例。在滤镜对话框中按住Alt键，"取消"按钮 [取消] 会变成"复位"按钮 [复位]，单击该按钮即可将滤镜参数恢复为默认设置。

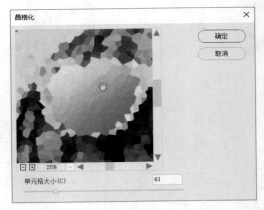

图14-4

第7点：只有"云彩"滤镜可以应用在没有像素的区域，其余滤镜都必须应用在包含像素的区域（某些外挂滤镜除外）。

第8点：应用于智能对象的滤镜为智能滤镜，与普通滤镜产生的效果相同，但是不会破坏原始图像。

🔗 知识链接：智能滤镜

智能滤镜属于"非破坏性滤镜"，可以对其进行隐藏、移除等操作。关于智能滤镜的具体用法请参阅"2.10.5 用智能对象保留调色与滤镜参数"中的相关内容。

♛重点

14.1.2 集众多效果于一体的滤镜库

菜单栏： 滤镜>滤镜库

"滤镜库"包含了许多不同类型的滤镜，如扭曲、素描、纹理和艺术效果等，在其中可以对一幅图像应用一个或多个滤镜。执行"滤镜>滤镜库"菜单命令，打开"滤镜库"对话框，如图14-5所示。

图14-5

效果预览窗口：用于预览应用滤镜后的效果，拖曳窗口中图像，可以移动图像。

缩放预览窗口：单击□按钮，可以缩小预览窗口的显示比例；单击□按钮，可以放大预览窗口的显示比例。此外，还可以在缩放列表中选择预设的缩放比例。

显示/隐藏滤镜缩览图□：单击该按钮，可以显示或隐藏滤镜缩览图。

滤镜库下拉列表：在该列表中可以将所选滤镜设置为其他滤镜。

参数设置面板：单击滤镜组中的一个滤镜，可以将该滤镜应用于图像，同时在参数设置面板中会显示该滤镜的参数选项。

当前选择的滤镜：单击一个效果图层，可以选择该滤镜，此时单击滤镜组中的其他滤镜，可以更改所选滤镜。拖曳效果图层，可以改变其位置，不同的图层顺序会产生不同的效果。

新建效果图层□：单击该按钮，可以新建一个效果图层。

删除效果图层□：单击该按钮，可以删除所选的效果图层。

14.2 添加模糊效果

Photoshop中"模糊"滤镜组和"模糊画廊"滤镜组中的滤镜都可用于添加模糊效果，但它们之间存在一些差别。"模糊"滤镜组中的滤镜是基于整个图像的，它会模糊图像中所有的像素；而"模糊画廊"滤镜组中的滤镜则是在图像中创建模糊的区域，可以控制哪些像素被模糊处理。

♛重点

14.2.1 模糊并去除杂色

菜单栏： 滤镜>模糊>表面模糊

打开"学习资源>素材文件>CH14>14.2>水果车.jpg"文件，如图14-6所示。执行"滤镜>模糊>表面模糊"菜单命令，打开"表面模糊"对话框，在其中可以设置模糊"半径"和"阈值"。"半径"用于设置模糊取样区域的大小，值越高，图像越模糊，如图14-7所示；反之则图像越清晰，如图14-8所示。"阈值"用于设置模糊取样色阶的大小，小于"阈值"值的像素将被排除在模糊区域之外。可以看到，使用"表面模糊"滤镜后，图像中的对象在保留边缘的同时变得模糊了，该滤镜适用于创建特殊效果并消除杂色或颗粒。

图14-6

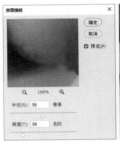

图14-7

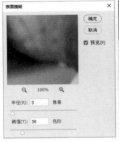

图14-8

👑重点

14.2.2　模糊全部图像

菜单栏： 滤镜>模糊>方框模糊　滤镜>模糊>高斯模糊

"方框模糊"滤镜和"高斯模糊"滤镜都可以使图像整体变得模糊。"方框模糊"滤镜是基于相邻像素的平均颜色值来模糊图像的。执行"滤镜>模糊>方框模糊"菜单命令，设置模糊"半径"为50像素，如图14-9所示。"高斯模糊"滤镜可以在图像中添加低频细节，使图像产生一种朦胧的模糊效果。执行"滤镜>模糊>高斯模糊"菜单命令，设置模糊"半径"为50像素，如图14-10所示。可以

看到，这两个滤镜的区别是"方框模糊"滤镜效果中的边界更清晰一些，而"高斯模糊"滤镜效果模糊得更为柔和，过渡更均匀。

图14-9

图14-10

👑重点

14.2.3　模糊特定范围

"模糊画廊"滤镜组提供了多个用于处理照片的滤镜，可以模拟出镜头特效，使用这些滤镜可以使特定区域变得模糊。

☞ 模糊特定点

菜单栏： 滤镜>模糊画廊>场景模糊

"场景模糊"滤镜可以用一个或多个图钉在图像的不同区域应用模糊效果，并可以调整每一个模糊点的范围和模糊量，用这个滤镜可以制作出很好的散景光。打开"学习资源>素材文件>CH14>14.2>晚餐.jpg"文件，如图14-11所示。执行"滤镜>模糊画廊>场景模糊"菜单命令，图像中央会出现一个图钉，如图14-12所示。将图钉拖曳至食物上，并设置"模糊"为0，如图14-13所示。单击图像可以继续添加图钉，并分别调整"模糊"值，如图14-14所示。

图14-11

图14-12　　　　　　　　图14-13　　　　　　　　图14-14

> ① 技巧提示：移动和删除图钉
> 在添加图钉后，拖曳图钉可以移动其位置。如果要删除图钉，可以在选取图钉后按Delete键。

在"效果"面板中，可以设置"光源散景""散景颜色""光照范围"，如图14-15所示。在"杂色"面板中，可以为画面添加杂色，如图14-16所示。

图14-15

图14-16

模糊焦点范围

菜单栏：滤镜>模糊画廊>光圈模糊

"光圈模糊"滤镜可以在图像上创建一个椭圆形的焦点范围，处于焦点范围内的图像保持清晰，而之外的图像会被模糊。打开"学习资源>素材文件>CH14>14.2>拍照.jpg"文件，执行"滤镜>模糊画廊>光圈模糊"菜单命令，会出现一个变换框，如图14-17所示。可以对变换框进行缩放和旋转操作，框内的4个点用于控制模糊区域与变换框中心的距离，如图14-18所示。

图14-17　　　　　　　　图14-18

模拟移轴摄影技术

菜单栏：滤镜>模糊画廊>移轴模糊

"移轴模糊"滤镜可以模拟出移轴摄影技术的拍摄效果。打开"学习资源>素材文件>CH14>14.2>风车.jpg"文件，执行"滤镜>模糊画廊>移轴模糊"菜单命令，图像上会出现一个多线条的矩形变换框，如图14-19所示。通过调整线条的角度、距离，可以调整模糊区域的范围和方向，如图14-20所示。

图14-19　　　　　　　　图14-20

任意路径模糊

菜单栏：滤镜>模糊画廊>路径模糊

"路径模糊"滤镜可以在图像中添加图钉并编辑路径，设置参数后可以得到对应路径形状的模糊效果。打开"学习资源>素材文件>CH14>14.2>抽象.jpg"文件，如图14-21所示。执行"滤镜>模糊画廊>路径模糊"菜单命令，在图像中绘制任意路径，图像将根据路径产生模糊效果，如图14-22所示。

图14-21　　　　　　　　　图14-22

> ◎ **知识课堂：**编辑路径的方法
>
> 　拖曳路径上的控制点，可改变路径的形状；按住Alt键并单击路径上的平滑点，可将其转换为角点；按住Alt键并单击路径上的角点，可将其转换为平滑点；按住Ctrl键并拖曳路径，可移动路径；按Ctrl+Alt键并拖曳路径，可复制路径；选择路径的端点，然后按Delete键，可删除路径。

👑 重点

14.2.4 模拟高速对象

菜单栏：滤镜>模糊>动感模糊　　滤镜>模糊>径向模糊　　滤镜>模糊画廊>旋转模糊

"动感模糊"滤镜可以沿指定的方向和距离进行模糊，产生的效果类似于在一定的曝光时间拍摄一个高速运动的对象。打开"学习资源>素材文件>CH14>14.2>摩托.jpg"文件，如图14-23所示。执行"滤镜>模糊>动感模糊"菜单命令，打开"动感模糊"对话框，在其中可以设置模糊的"角度"和"距离"，如图14-24所示。

图14-23　　　　　　　　　图14-24

"径向模糊"滤镜用于模拟视野缩放或物体旋转时所产生的柔化的模糊效果。在车轮处创建选区，如图14-25所示。执行"滤镜>模糊>径向模糊"菜单命令，可以模拟出车轮旋转的效果，如图14-26所示。拖曳"中心模糊"的控制框可以更改模糊的中心位置。

图14-25　　　　　　　　　图14-26

"旋转模糊"滤镜可以在图像上创建一个椭圆形的旋转模糊区域，十分便于直接为车轮添加模糊效果。执行"滤镜>模糊画廊>旋转模糊"菜单命令，会出现一个焦点范围变换框，如图14-27所示。移动并缩放这个变换框到车轮处，如图14-28所示。

图14-27　　　　　　　　　图14-28

"动感模糊"滤镜、"径向模糊"滤镜、"旋转模糊"滤镜可以使物体沿指定方向或角度进行模糊，很适合模拟高速对象，如奔驰的汽车等。下面我们就用一个案例讲解一下模拟高速对象的具体方法。

👑 重点

🖐 案例训练：用模糊滤镜制作飞驰的汽车

案例文件	学习资源 > 案例文件 > CH14 > 案例训练：用模糊滤镜制作飞驰的汽车 .psd
素材文件	学习资源 > 素材文件 > CH14 > 素材01.jpg
难易程度	★★☆☆☆
技术掌握	模拟高速对象的方法

本例将使用"动感模糊"滤镜和"旋转模糊"滤镜制作飞驰的汽车，如图14-29所示。

图14-29

01 打开"学习资源>素材文件>CH14>素材01.jpg"文件，将"背景"图层复制一层，然后使用"对象选择工具" 🔲 选中汽车，如图14-30所示。执行"选择>修改>扩展"菜单命令，设置"扩展量"为2像素，如图14-31所示。

图14-30　　　　　　　　　图14-31

02 按快捷键Ctrl+J复制汽车，并将得到的图层关闭。加载汽车的选区，接着选择"对象选择工具" ，在"背景 拷贝"图层中的选区上单击鼠标右键，在弹出的菜单中选择"删除和填充选区"命令，如图14-32所示。填充后的效果如图14-33所示。

图14-32

图14-33

03 将"背景 拷贝"图层转换为智能对象，然后执行"滤镜>模糊>动感模糊"菜单命令，设置"角度"为3度，"距离"为50像素，如图14-34所示。

图14-34

04 在智能滤镜的蒙版中，用黑色的画笔将远处和天空的模糊效果恢复一些，如图14-35所示。

图14-35

05 为车尾也加一些模糊效果。显示"图层1"，并将其转换为智能对象，执行"滤镜>模糊>动感模糊"菜单命令，设置"角度"为3度，"距离"为26像素，如图14-36所示。在智能滤镜的蒙版中，用黑色的画笔将车头和车中部的模糊效果恢复一些，如图14-37所示。

图14-36

图14-37

06 按快捷键Ctrl+Shift+Alt+E盖印可见图层。执行"滤镜>模糊画廊>旋转模糊"菜单命令，将变换框置于车左前轮上，移动并缩放这个变换框使其与车轮等大，设置"模糊角度"为15°，如图14-38所示。用同样的方法为左后车轮添加模糊效果，如图14-39所示。单击"确定"按钮 确定 确认操作。最终效果如图14-40所示。

图14-38

图14-39

图14-40

★ 重点

📝 学后训练：用模糊滤镜制作高速运动效果

案例文件	学习资源>案例文件>CH14>学后训练：用模糊滤镜制作高速运动效果.psd
素材文件	学习资源>素材文件>CH14>素材02.jpg
难易程度	★ ☆ ☆ ☆ ☆
技术掌握	模拟高速对象的方法

本例将使用"径向模糊"滤镜和"动感模糊"滤镜制作高速运动效果，如图14-41所示。

图14-41

14.2.5　模拟景深感

菜单栏：滤镜>模糊>镜头模糊

　　"镜头模糊"滤镜的模糊效果取决于模糊的"源"设置，可用于改变景深。如果图像中存在Alpha通道或图层蒙版，则可以使对象在焦点内，同时其他区域变模糊。打开"学习资源>素材文件>CH14>14.2>台灯.jpg"文件，并为主体创建选区，然后将选区存储到通道中，如图14-42所示。取消选区后，执行"滤镜>模糊>镜头模糊"菜单命令，打开"镜头模糊"对话框，设置"源"为Alpha1，如图14-43所示。

图14-42

图14-43

ⓘ **技巧提示：柔化选区**

　　在创建主体选区后，可以执行"选择>修改>羽化"菜单命令，将主体边缘变得柔和一些。

14.3　创造独特效果

　　Photoshop中包含100多种滤镜，除了我们之前已了解的滤镜，还有几组滤镜有着各自的特色，可以创造出独特的效果。

👑重点
14.3.1 风格化图像

菜单栏：滤镜>风格化

"风格化"滤镜组中的滤镜能够应用不同的风格和特效来改变图像的视觉效果。该滤镜组包含多种不同的滤镜，每个滤镜都有不同的效果和用途，这些滤镜使用起来都非常简单，下面我们就来看看这些滤镜的特点。

"查找边缘"滤镜可以自动查找图像中像素对比强烈的边界，并形成清晰的轮廓；"等高线"滤镜可以为每个颜色通道勾勒主要亮度区域，以获得与等高线图中的线条类似的效果，如图14-44所示。

图14-44

"风"滤镜可以生成一些细小的水平线条来模拟风吹过的感觉；"浮雕效果"滤镜可以通过勾勒图像或选区的轮廓，以及去除颜色来生成凹陷或凸起的浮雕效果；"油画"滤镜可以将图像转换为油画效果，如图14-45所示。

图14-45

"拼贴"滤镜可以将图像分为多个块状区域，并使其偏离原来的位置，以产生不规则拼砖的图像效果；"凸出"滤镜可以将图像分解成一系列大小相同且高低不同的立方体或椎体，以生成特殊的3D效果，如图14-46所示。

图14-46

👑重点
14.3.2 像素化图像

菜单栏：滤镜>像素化

"像素化"滤镜组中的滤镜可以将图像分块或平面化处理。"彩色半调"滤镜可以模拟在图像每个通道上使用放大的半调网屏的效果；"点状化"滤镜可以将图像中的颜色分解成随机分布的网点，并使用背景色作为网点之间的画布颜色；"晶格化"滤镜可以使图像中颜色相近的像素结成多边形色块；"马赛克"滤镜可以使像

素结为方形色块，创建出类似于马赛克的效果；"铜版雕刻"滤镜可以在图像中生成不规则的直线、曲线或斑点，使其产生年代久远的金属板效果，如图14-47所示。

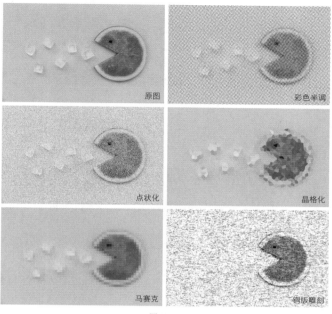
图14-47

👑重点
14.3.3 扭曲图像

"扭曲"滤镜组中的滤镜可以对图像进行几何扭曲、创建3D或其他整形操作。在处理图像时，这些滤镜可能会占用大量内存。

👉 添加水波效果--------------------------------

菜单栏：滤镜>扭曲>波浪 滤镜>扭曲>波纹 滤镜>扭曲>水波

"波浪"滤镜可以创建类似于波浪起伏的效果，如图14-48所示。

执行"滤镜>扭曲>波浪"菜单命令，打开"波浪"对话框，在其中可以设置波浪的强度（"生成器数"）和波长等，如图14-49所示。

图14-48

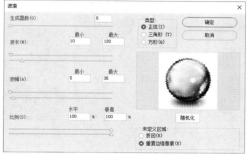
图14-49

"波纹"滤镜与"波浪"滤镜类似,但只能控制波纹的数量和大小。先创建河面的选区,如图14-50所示,然后执行"滤镜>扭曲>波纹"菜单命令,单独为河面添加波纹效果,如图14-51所示。

图14-50

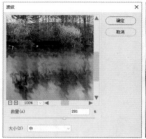

图14-51

"水波"滤镜可以制作较为真实的水波效果。先创建一个羽化选区,如图14-52所示,然后执行"滤镜>扭曲>水波"菜单命令,打开"水波"对话框,可以看到水波效果,如图14-53所示。

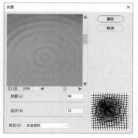

图14-52　　　　　　　　图14-53

☞ 添加极坐标扭曲-----------------------------------

菜单栏:滤镜>扭曲>极坐标

"极坐标"滤镜可以将图像的坐标从平面坐标转换到极坐标,或者从极坐标转换到平面坐标。执行"滤镜>扭曲>极坐标"菜单命令,打开"极坐标"对话框,为图像添加"极坐标"滤镜,如图14-54所示。勾选"平面坐标到极坐标"或"极坐标到平面坐标"选项,会出现不同的效果,如图14-55所示。

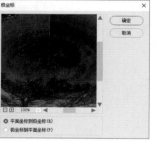

图14-54

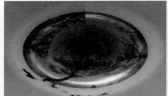

图14-55

☞ 添加挤压扭曲-----------------------------------

菜单栏:滤镜>扭曲>挤压　滤镜>扭曲>球面化

"挤压"滤镜可以将选区内的图像或整幅图像向外或向内挤压。执行"滤镜>扭曲>挤压"菜单命令,打开"挤压"对话框。"数量"值为负数时图像会向外挤压,如图14-56所示;"数量"值为正数时图像会向内挤压,如图14-57所示。

"球面化"滤镜可以将选区内的图像或整幅图像扭曲为球形,与"挤压"滤镜的效果很相似。执行"滤镜>扭曲>球面化"菜单命令,打开"球面化"对话框,如图14-58所示。

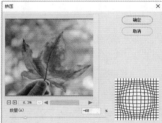

图14-56

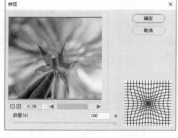
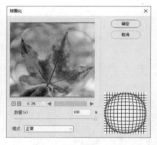

图14-57　　　　　　　　图14-58

☞ 添加切变扭曲-----------------------------------

菜单栏:滤镜>扭曲>切变

"切变"滤镜可以沿一条曲线扭曲图像,通过拖曳调整框中的曲线可以应用相应的扭曲效果。执行"滤镜>扭曲>切变"菜单命令为图像添加"切变"滤镜,通过调整曲线的形状可以控制图像的变形效果,如图14-59所示。

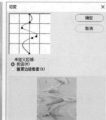

图14-59

添加旋转扭曲------

菜单栏： 滤镜>扭曲>旋转扭曲

"旋转扭曲"滤镜可以围绕图像的中心顺时针或逆时针旋转图像。执行"滤镜>扭曲>旋转扭曲"菜单命令为图像添加旋转扭曲效果，"角度"值为正时会沿顺时针方向进行扭曲，如图14-60所示；"角度"值为负时会沿逆时针方向进行扭曲，如图14-61所示。

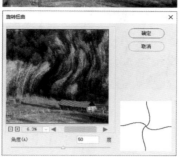

图14-60

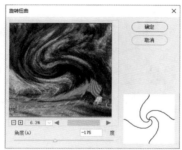

图14-61

添加置换扭曲------------------------------------

菜单栏： 滤镜>扭曲>置换

"置换"滤镜可以依据其他图像的亮度值重新排列当前图像的像素，使其产生位移效果。执行"滤镜>扭曲>置换"菜单命令对图像进行置换，在"置换"对话框中可以设置水平和垂直方向移动的距离及置换方式，如图14-62所示。确认操作后，打开一个PSD格式的文件，如图14-63所示。置换后的效果如图14-64所示。

图14-62

图14-63

图14-64

---

① **技巧提示：置换对象的格式**

在使用"置换"滤镜时，置换对象需为PSD格式图像。

🖐 案例训练：用扭曲滤镜制作立体星球

案例文件	学习资源 > 案例文件 >CH14> 案例训练：用扭曲滤镜制作立体星球 .psd
素材文件	学习资源 > 素材文件 >CH14> 素材03.jpg
难易程度	★ ★ ☆ ☆ ☆
技术掌握	制作球形旋转效果的方法

本例将使用"切变"滤镜和"极坐标"滤镜制作立体星球，如图14-65所示。

01 打开"学习资源>素材文件>CH14>素材03.jpg"文件，按快捷键Ctrl+J复制"背景"图层，然后执行"滤镜>扭曲>切变"菜单命令，打开"切变"对话框，向右拖曳调整框中线段的端点，如图14-66所示。按Enter键确认操作。

图14-65 图14-66

02 选择"仿制图章工具" 🖌，在选项栏中设置笔尖"大小"为400像素，"流量"和"不透明度"均为50%，"样本"为"所有图层"。按住Alt键并定义仿制源为天空区域，涂抹画面的分界线，使其过渡均匀，如图14-67所示。

图14-67

03 使用"矩形选框工具" □ 在画面下方创建选区,如图14-68所示,按快捷键Ctrl+J复制选区内容,然后执行"滤镜>模糊>高斯模糊"菜单命令,设置"半径"为50像素,如图14-69所示。

图14-68

图14-69

04 按快捷键Ctrl+T显示定界框,调整定界框以使模糊的范围变大一些,并向下拖曳,如图14-70所示。用同样的方法为画面上方也添加一些模糊效果,如图14-71所示。

图14-70

图14-71

05 按快捷键Ctrl+Shift+Alt+E盖印可见图层,然后选择"裁剪工具" □ ,设置裁剪的比例为"1:1(方形)",并取消勾选"删除裁剪的像素"选项,如图14-72所示。按Enter键确认操作。

06 按快捷键Ctrl+T显示定界框,将图像整体压缩为画布大小,如图14-73所示,然后将图像垂直翻转,如图14-74所示。

图14-72   图14-73   图14-74

07 执行"滤镜>扭曲>极坐标"菜单命令,选择"平面坐标到极坐标"选项,如图14-75所示。最终效果如图14-76所示。

图14-75   图14-76

▲ 重点

学后训练:用扭曲滤镜为布料添加褶皱

案例文件	学习资源>案例文件>CH14>学后训练:用扭曲滤镜为布料添加褶皱.psd
素材文件	学习资源>素材文件>CH14>素材04.jpg、素材05.jpg
难易程度	★ ☆ ☆ ☆ ☆
技术掌握	为布料添加褶皱的方法

本例将使用"置换"滤镜为布料添加褶皱,使其更为真实,如图14-77所示。

图14-77

14.3.4 应用杂色

"杂色"滤镜组中的滤镜可以添加或减少图像中的杂色,有助于改变图像的质感。

减少杂色

菜单栏： 滤镜>杂色>减少杂色

"减少杂色"滤镜可以基于整个图像或各个通道的参数设置来保留对象边缘并减少图像中的杂色。一般放大图像时其中会有很多杂点，如图14-78所示。执行"滤镜>杂色>减少杂色"菜单命令，打开"减少杂色"对话框，其中的"强度"选项可以控制所有图像通道的亮度杂色的减少量，"减少杂色"选项可以消除随机的颜色像素，如图14-79所示。

图14-78

图14-79

添加杂色

菜单栏： 滤镜>杂色>添加杂色

"添加杂色"滤镜可以在图像中添加随机像素，可以用来修缮图像中经过重大编辑的区域。打开一张图像，如图14-80所示。执行"滤镜>杂色>添加杂色"菜单命令，打开"添加杂色"对话框，在其中可以设置杂色的数量和分布等，如图14-81所示。

图14-80

图14-81

14.4 综合训练营

本章主要介绍了多种滤镜的使用方法。使用滤镜可以制作出多种创意效果，本节共安排了6个使用滤镜制作创意效果的综合训练。

★重点

◈ 综合训练：制作人物漫画

案例文件	学习资源>案例文件>CH14>综合训练：制作人物漫画.psd
素材文件	学习资源>素材文件>CH14>素材06.jpg
难易程度	★☆☆☆☆
技术掌握	"滤镜库"的使用方法

本例将使用"滤镜库"将图像转换为漫画风格，如图14-82所示。

图14-82

★重点

◈ 综合训练：制作江南水墨画

案例文件	学习资源>案例文件>CH14>综合训练：制作江南水墨画.psd
素材文件	学习资源>素材文件>CH14>素材07.jpg、素材08.png、素材09.png、素材10.jpg
难易程度	★★☆☆☆
技术掌握	滤镜的综合使用

本例的原片是江南场景，将其制作成水墨画后，更加凸显江南韵味，如图14-83所示。

图14-83

♛ 重点

⊗ 综合训练：制作冰冻手臂

案例文件	学习资源>案例文件>CH14>综合训练：制作冰冻手臂.psd
素材文件	学习资源>素材文件>CH14>素材11.jpg、素材12.png
难易程度	★★★☆☆
技术掌握	"滤镜库"的使用方法

使用"滤镜库"为图像添加滤镜效果是非常简单的，本例将使用"滤镜库"制作冰冻手臂效果，如图14-84所示。

图14-84

♛ 重点

⊗ 综合训练：制作故障风特效

案例文件	学习资源>案例文件>CH14>综合训练：制作故障风特效.psd
素材文件	学习资源>素材文件>CH14>素材13.jpg
难易程度	★★☆☆☆
技术掌握	用风格化滤镜做特效

本例的原片是一张正常拍摄的歌手照片，将其制作成故障风后，视觉效果更加震撼，如图14-85所示。

图14-85

♛ 重点

⊗ 综合训练：制作动态下雨效果

案例文件	学习资源>案例文件>CH14>综合训练：制作动态下雨效果.psd
素材文件	学习资源>素材文件>CH14>素材14.jpg
难易程度	★★☆☆☆
技术掌握	动态下雨效果的制作方法

本例将使用"添加杂色"滤镜制作下雨效果，然后通过"时间轴"面板为其添加动感，如图14-86所示。

图14-86

♛ 重点

⊗ 综合训练：制作背景凸出特效

案例文件	学习资源>案例文件>CH14>综合训练：制作背景凸出特效.psd
素材文件	学习资源>素材文件>CH14>素材15.png
难易程度	★★☆☆☆
技术掌握	用风格化滤镜做特效

我们在逛设计网站时，经常会看到一些画面相当"爆炸"的凸出效果海报，如图14-87所示。很多初学者都会被这种效果唬住，以为设计难度很高，其实不然，几步就可以设计出这种效果。

图14-87

第15章 用Firefly做设计

本章主要介绍AIGC技术与Firefly的用法，以及配合使用Photoshop和Firefly做设计的方法。巧妙地使用Firefly，可以帮助设计师将想法变成现实，创造出更多的创意效果。

学习重点 🔍

15.1 Firefly将创意变现实

Adobe Firefly是Adobe推出的AI创意生成工具，专注于图像和文本效果生成。它提供构思、创作和沟通的新方式，同时显著改善创意工作流程，广泛应用于各种创意领域，如设计、艺术和营销等。

15.1.1 AIGC技术与Firefly

相信大家对如今流行的人工智能都有一定的了解，那么AIGC具体指的是什么呢？AIGC是人工智能生成内容（Artificial Intelligence Generated Content）的缩写，指的是由人工智能生成的文本、图像、音频、视频等内容。Adobe Firefly是Adobe公司推出的一款基于人工智能的图像生成工具，它是AIGC技术在图像生成领域的应用之一。通过Firefly，Adobe将由人工智能驱动的"创意元素"直接带入工作流中，能够提高创作者的生产力和创意表达能力。Firefly可以帮助设计师和创意工作者快速创建各种复杂的、高质量的图像，并且无须复杂的操作，如图15-1所示。

图15-1

① 技巧提示：Firefly的版权问题
　　Adobe公司仅使用免版税媒体库Adobe Stock，以及经过版权公开授权和公共领域的内容训练Firefly模型。随着Firefly的发展，Adobe正在探索让创作者能够利用自己的资产训练机器学习模型的方法，以便他们能够生成与其独特风格、品牌和设计语言相匹配的内容，而不受其他创作者内容的影响。

15.1.2 Firefly的主要功能

随着Firefly的更新迭代，读者打开的页面可能与书中的有所差别。目前，Firefly开放了文字生成图像、生成式填充、文字效果和生成式重新着色4个功能，其他功能还在探索中。下面简单了解一下这些创意功能。

文字生成图像：根据详细的文字描述生成图像，如图15-2所示。

图15-2

生成式填充：使用画笔删除对象，或根据文字描述绘制新对象，如图15-3所示。

图15-3

文字效果：使用文字提示将样式或纹理应用到文本中，如图15-4所示。

图15-4

生成式重新着色：根据详细的文字描述为矢量图稿重新着色，如图15-5所示。

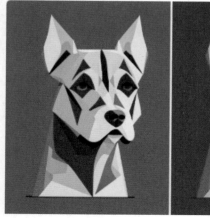

图15-5

创建3D场景并生成图像：创建3D场景并根据文字描述生成图像，如图15-6所示。

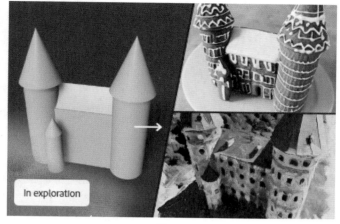

图15-6

扩展图像：单击即可扩展图像，如图15-7所示。

图15-7

个性化结果：根据上传的对象或图像风格生成图像，如图15-8所示。

图15-8

文字生成矢量图形：根据详细的文字描述生成可编辑的矢量图形，如图15-9所示。

图15-9

文字生成图案：根据详细的文字描述生成无缝平铺图案，如图15-10所示。

图15-10

文字生成笔刷：根据详细的文字描述生成Photoshop和Fresco的画笔，如图15-11所示。

图15-11

草图生成图像：将简单的线稿变成全彩图像，如图15-12所示。

图15-12

文字生成模板：根据详细的文字描述生成可编辑的模板，如图15-13所示。

图15-13

15.2 文字生成图像

Firefly的文字生成图像功能可以通过提示词生成图像。在Firefly的提示框中输入提示词，或者选择预设后即可直接生成图像。此外，还可以调整生成图片的宽高比、风格、样式、色彩和光影等。

👑重点
15.2.1 文字生成图像的操作界面

进入Adobe Firefly的主页，并登录Adobe账号，这样就可以开始使用Firefly了，如图15-14所示。默认的位置是"Home"（主页），单击"Text to image"（文字生成图像）右侧的"Generate"（生成）按钮 Generate 会进入文字生成图像的操作界面。界面中的图像都是根据提示词生成的，这些样式可供我们参考。如果想自己进行创作，在界面下方的提示框中输入文字即可生成图像，如图15-15所示。

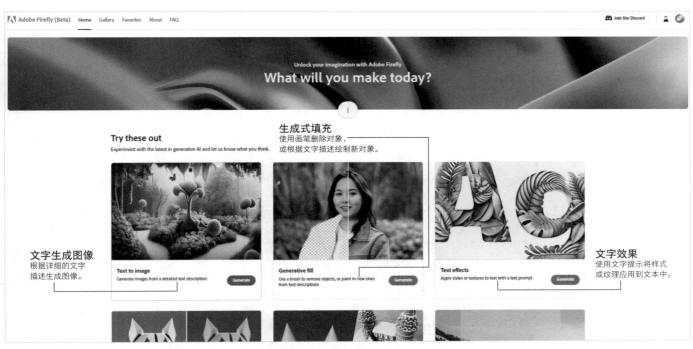

文字生成图像
根据详细的文字
描述生成图像。

生成式填充
使用画笔删除对象，
或根据文字描述绘制新对象。

文字效果
使用文字提示将样式
或纹理应用到文本中。

图15-14

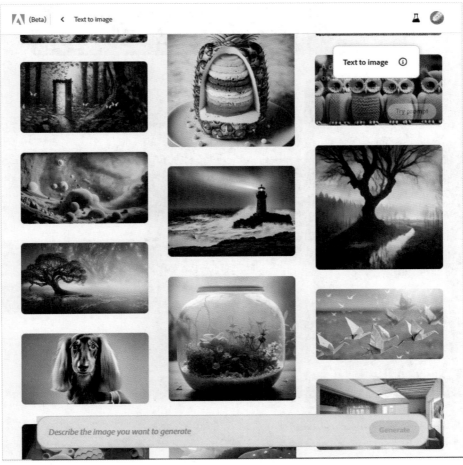

图15-15

　　首先通过已有的图像来了解一下这个功能的界面。将鼠标指针置于图像上时，图像上方会出现生成该图像的提示词，我们可以根据提示的内容来创造自己的作品。单击右下角的"Try prompt"（尝试提示）按钮 **Try prompt**，如图15-16所示，这样便可以按照这些提示词来生成图像，如图15-17所示。

图15-16

图15-17

Firefly会根据提示词生成4张不同效果的图像，将鼠标指针置于某张图像上时，会出现一些按钮，如图15-18所示。

更多 保存到本地
编辑
保存到收藏夹
评价此结果
Rate this result
Report
报告

图15-18

编辑☑：单击该按钮会弹出菜单，如图15-19所示。选择"Generative fill"（生成式填充）命令，会进入生成式填充界面，如图15-20所示。选择"Show similar"（显示类似）命令，会根据该图像生成类似的图像，如图15-21所示。选择"Use as reference image"（用作参考图像）命令，可将该图像作为参考图像，继续生成图像，如图15-22所示。在左侧的"Reference Image"框中可以控制参考图像和提示词的影响力，如图15-23所示。

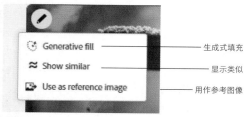

Generative fill — 生成式填充
Show similar — 显示类似
Use as reference image — 用作参考图像

图15-19

图15-20

知识链接：生成式填充
"Generative fill"是一项很实用的功能，可以任意涂抹并替换图像中的内容，具体用法请参阅"15.3 生成式填充"中的相关内容。

图15-21

图15-22

Reference Image — 参考图像
参考图像将影响后续效果，更新提示以查看新结果。
参考图像 提示词
控制参考图像和提示词的影响力

图15-23

更多⋯：单击该按钮会弹出菜单，选择"Copy to clipboard"（复制到剪贴板）命令，可以复制图像；选择"Submit to Firefly Gallery"（提交至Firefly库）命令，可以将图像提交到Firefly库中。

保存到本地⬇：单击该按钮，可以将图像保存到本地。

保存到收藏夹♡：单击该按钮，可以收藏图像。

👑 重点

15.2.2 图像的比例和类型

在生成的图像中任意选择一张图像，在界面的右侧可以看到这张图像的比例为1∶1，如图15-24所示。在"Aspect ratio"（比例）下拉列表中可选择图像的比例，如图15-25所示。Firefly共提供4种图像比例，大家可以根据需求选择任意一种比例。

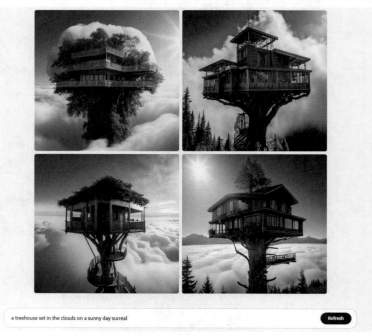

图15-24

图15-25

将图像的比例调整为16∶9，如图15-26所示。在"Aspect ratio"下方可以设置图像的"Content type"（内容类型），目前图像的内容类型是"None"（无）。Firefly共提供4种图像内容类型，分别是"None""Photo"（照片）、"Graphic"（绘画）和"Art"（艺术），如图15-27~图15-29所示。

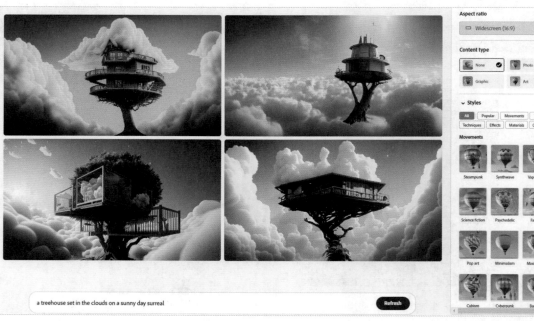

图15-26

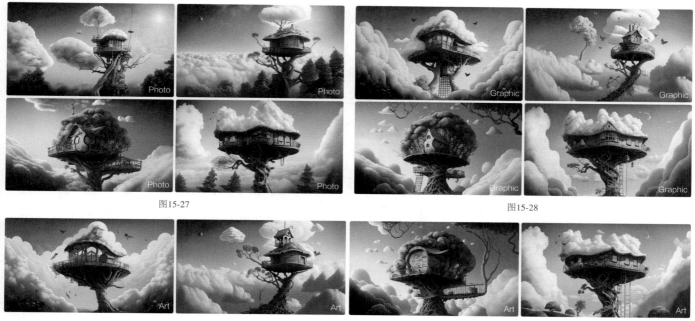

图15-27 | 图15-28

图15-29

👑 重点
15.2.3 图像的风格

在生成的图像中任意选择一张图像，提示词的下方会出现一些风格标签，如图15-30所示。Firefly提供了多种图像风格，使用这些风格能生成多种创意效果。在界面的右侧可以看到"Styles"（风格）下方除"All"（全部）外有7个风格选项，如图15-31所示。选择这些选项，下方会显示对应风格大类的不同风格效果，单击即可添加对应标签。先将图像已有的风格标签清除，然后添加"Steampunk"（蒸汽朋克）、"Bioluminescent"（生物发光的）和"Origami"（折纸艺术）风格标签，可生成图15-32所示的效果。

A unicorn in a magical grove, extremely detailed

Clear styles | 🎨 Concept art × | 🎨 Fantasy ×

Refresh

图15-30

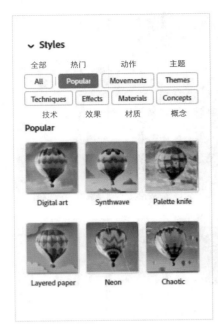

图15-31

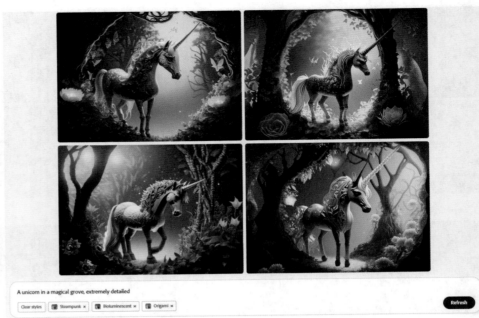

图15-32

👑重点

👆案例训练：用创意图像制作笔记本封面

案例文件	学习资源>案例文件>CH15>案例训练：用创意图像制作笔记本封面.psd
素材文件	学习资源>素材文件>CH15>素材01.psd
难易程度	★☆☆☆☆
技术掌握	文字生成图像的应用

本例将使用Firefly生成创意图像，然后将这些图像用作笔记本的封面，如图15-33所示。

创意图像

应用效果

图15-33

01 进入Adobe Firefly的主页，并登录Adobe账号。单击"Text to image"右侧的"Generate"按钮，如图15-34所示。

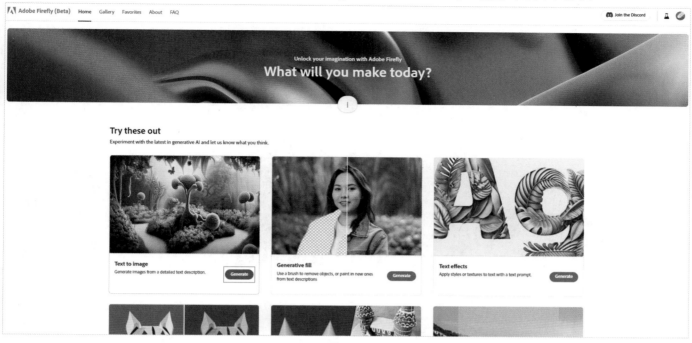

图15-34

02 在界面下方的提示框中输入"ocean sunset with pedestrians"（海洋日落与行人），单击"Generate"按钮，得到4张生成的图像。进一步细化对生成图像的要求，设置"Aspect ratio"为"Portrait（3：4）"，"Content type"为"Art"，并添加"Watercolor"（水彩）风格标签，单击"Generate"按钮，生成图像如图15-35所示。

图15-35

① 技巧提示：读者可以创造任意风格的图像

本例创造了一些水彩艺术风格的图像以制作笔记本的封面。读者可以发挥想象力，尽情创造各种风格的图像。

03 尝试增加一些提示词看看整体效果。在界面下方的提示框中重新输入 "Ocean sunset and pedestrians, dreamy and beautiful clouds"（海洋日落与行人，梦幻唯美的云彩），单击 "Generate" 按钮 Generate，生成图像如图15-36所示。分别单击这4张图像的保存到本地按钮，将这4张图像保存到本地。

图15-36

04 在Photoshop中按快捷键Ctrl+O，打开 "学习资源>素材文件>CH15>素材01.psd" 文件，如图15-37所示。双击组 "1" 中的 "2" 图层的缩览图，如图15-38所示。

05 打开智能对象 "2" 图层，将下载的一张图像拖曳至画布中，并等比放大到合适的大小，如图15-39所示。按Enter键确认操作，并按快捷键Ctrl+S键进行保存，回到 "素材01.psd" 的文档窗口中，效果如图15-40所示。

06 用同样的方法将其他图像分别置于剩下的封面智能对象中，即可生成一张水彩艺术风格的笔记本封面效果图，最终效果如图15-41所示。

图15-37

图15-38

图15-39

图15-40

图15-41

☑ 学后训练：用创意图像制作衣服上的图案

案例文件	学习资源>案例文件>CH15>学后训练：用创意图像制作衣服上的图案.psd
素材文件	学习资源>素材文件>CH15>素材02.psd
难易程度	★☆☆☆☆
技术掌握	文字生成图像的应用

本例将Firefly生成的图像用作T恤衫图案。使用的提示词是"Yang Hui's Triangle"（杨辉三角），在生成的图像中选取一个比较合适的应用到T恤衫上，如图15-42所示。

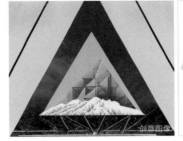
创意图像

应用效果

图15-42

15.2.4 图像的颜色和色调

使用Firefly可以调整图像的颜色和色调。输入提示词"A cute kitten and a little daisy"（一只可爱的小猫和一朵小雏菊），然后设置"Content type"为"Photo"，并添加"Concepts"（概念）风格中的"Beautiful"（美丽的）风格标签，单击"Generate"按钮 Generate ，生成图像如图15-43所示。

图15-43

在"Color and tone"（颜色和色调）下拉列表中可以选择图像的颜色和色调，如图15-44所示。可以将图像改为黑白效果，如图15-45所示，还可以将其调整为冷色调，如图15-46所示。大家可以自己动手尝试，选择心仪的色彩和色调。

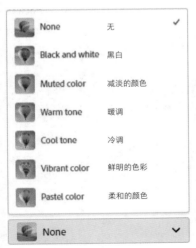

None	无	✓
Black and white	黑白	
Muted color	减淡的颜色	
Warm tone	暖调	
Cool tone	冷调	
Vibrant color	鲜明的色彩	
Pastel color	柔和的颜色	

None ⌄

图15-44

图15-45

图15-46

15.2.5 光照和构图

Firefly还可以改变图像的光照和构图。输入提示词"dream, retro, memory, furniture, empty"（梦境，复古，回忆，家具，空无一人），然后设置"Content type"为"None"，生成的图像如图15-47所示。在界面右侧的下方可以设置"Lighting"（光照）和"Composition"（构图）。

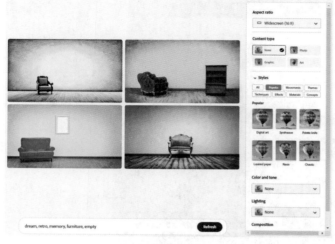

图15-47

Firefly目前提供了5种光照类型，默认情况下是"None"。设置"Lighting"为"Backlighting"（背光），效果如图15-48所示。此外，还有"Dramatic lighting"（戏剧性灯光）、"Golden hour"（黄金时段）、"Studio lighting"（演播室灯光）和"Low lighting"（低照明）。大家可以多多尝试，以获得不同的效果。

图15-48

Firefly中的构图是指观察者的视角或观察方向，通过调整构图可以带来不同的场景效果和视觉感受。除了默认的"None"，目前提供了7个构图方式，分别是"Blurry background"（模糊的背景）、"Close up"（特写）、"Wide angle"（广角）、"Narrow depth of field"（窄景深）、"Shot from below"（从下方拍摄）、"Shot from above"（从上方拍摄）和"Macrophotography"（微距摄影）。设置"Composition"为"Blurry background"，效果如图15-49所示。

图15-49

> **知识课堂：在Firefly库中汲取创意**
>
> Firefly库提供了一个平台，让用户可以展示他们的作品，并且还提供了丰富的学习资源，包括创作过程说明、技巧和提示等，以帮助用户更好地理解和欣赏生成艺术。在Firefly主页上方单击"Gallery"（库），页面上会出现许多生成艺术图像，如图15-50所示。选择一张喜欢的图像，即可进入编辑页面，如图15-51所示。将提示词替换为"A magical wonderland, boys exploring deep in the woods, stand by me"（神奇的仙境，男孩们在森林深处探索，站在我身边），其他设置保持不变，这样就能得到风格很相似的图像，如图15-52所示。

图15-50

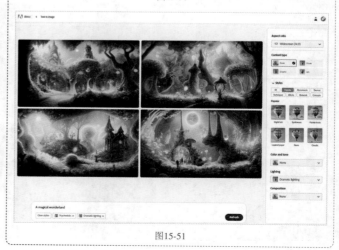

图15-51

图15-52

15.3 生成式填充

Firefly的生成式填充功能是一种基于人工智能技术的图像生成工具，可以根据提示词生成新的图像内容，新内容叠加原始图像生成新图像，并非传统的提取现有图像的各个部分进行生成的形式。现在我们就来看看这个功能的神奇之处吧！

☞ 重点

15.3.1 生成式填充的操作界面

在主页单击"Generative fill"右侧的"Generate"按钮 Generate，如图15-53所示，会进入操作界面，如图15-54所示。单击界面上方的"Upload image"（上传图像）按钮 Upload image 可以上传本地图像进行调整。

图15-53

图15-54

单击Firefly提供的演示图像可对该图像进行操作界面，如图15-55所示。

图15-55

☞ 重点

15.3.2 更换图像中的元素

选择"Insert"（插入）选项，鼠标指针会变成画笔范围，按[键和]键可以调整画笔大小。涂抹需要替换的区域，如图15-56所示，然后在界面下方的提示框中输入提示词"shining star"（闪闪的星星），单击"Generate"按钮 Generate，即可进行生成式填充，如图15-57所示。界面下方会提供4种结果，如果不满意可以单击"More"（更多）按钮，生成更多效果。

图15-56   图15-57

① 技巧提示：取消操作和保留以继续操作的方法
单击"Cancel"（取消）按钮 Cancel，会取消之前的操作。单击"Keep"（保持）按钮 Keep，会保留之前的操作。

如果想改变画面中的主体，可以将主体涂掉，如图15-58所示，然后输入提示词，如"A mossy stone with a flower on it"（一个长满青苔的石头，上面还有一朵花），单击"Generate"按钮 **Generate** ，生成效果如图15-59所示。

如果想改变画面的背景，可以单击"Background"（背景）选项，系统会自动去除背景，如图15-60所示，然后输入提示词，如"garden"（花园），单击"Generate"按钮 **Generate** 会自动生成背景，如图15-61所示。

图15-58

图15-59

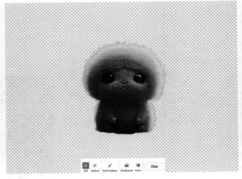

图15-60

图15-61

◎ **知识课堂：文字生成图像后的二次加工**

在根据提示词生成图像后，如果对其效果不满意，可以利用生成式填充功能修改画面的效果。根据提示词"frozen rose"（冰冻的玫瑰）生成的图像如图15-62所示。选择右上角的图像进行修改，单击该图像的 ✎ 按钮，在弹出的菜单中选择"Generative fill"命令，即可进入生成式填充功能的操作界面，如图15-63所示。

图15-62

图15-63

★ 重点

15.3.3 去除图像中的元素

当想去除图像中的元素时，可以选择"Remove"（消除）选项，然后涂抹需要去除的区域，如图15-64所示。单击"Remove"按钮 **Remove** 会自动填补被去除的区域，如图15-65所示。

图15-64

图15-65

选择"Insert"选项，将冰块的四周涂掉，然后输入提示词"fog and ice crystals"（雾气和冰晶）并生成，如图15-66所示。单击"Keep"按钮 Keep ，再涂掉一些区域，接着输入提示词"crushed ice"（碎冰）并生成，如图15-67所示。

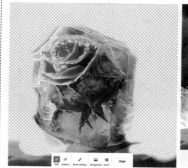

图15-66

图15-67

👑重点

15.3.4 用本地图像生成创意效果

生成式填充功能也可以修改上传的本地图像并生成创意效果。在"学习资源>素材文件>CH15>15.3"文件夹中找到"女孩.png"文件，将其拖曳至网页界面的上方，如图15-68所示。文件打开后如图15-69所示。

单击"Background"选项，系统会自动去除背景，如图15-70所示，然后输入提示词"blue sky white clouds and sea"（蓝天白云和大海），单击"Generate"按钮 Generate 会自动生成背景，如图15-71所示。

选择一个效果比较好的背景，单击"Keep"按钮 Keep ，然后再涂掉树枝上方的区域，如图15-72所示。接着输入提示词"seagull"（海鸥）并生成，如图15-73所示。

选好海鸥后单击"Keep"按钮 Keep 。选择"Remove"选项，涂抹掉女孩的边缘，如图15-74所示。单击"Remove"按钮 Remove 并选择一个更自然的结果，如图15-75所示。

图15-68

图15-69

图15-70

图15-71

图15-72

图15-73

图15-74

图15-75

① 技巧提示：尽情创意

通过生成式填充可以任意替换背景和元素，大家尽情地发挥创意吧，会得到很多意想不到的效果，如图15-76所示。

图15-76

👑 重点

✋ **案例训练：用生成式填充去除画面中的多余人物**

案例文件	无
素材文件	学习资源>素材文件>CH15>素材03.jpg
难易程度	★★☆☆☆
技术掌握	生成式填充的应用

本例使用生成式填充功能去除画面中的多余人物，如图15-77所示。画面中的人物偏多，用生成式填充可以轻松将其去除，整体操作很简单，让我们一起来感受一下Firefly的强大功能。

图15-77

01 进入Adobe Firefly的主页，并登录Adobe账号。单击"Generative fill"右侧的"Generate"按钮 Generate ，如图15-78所示。

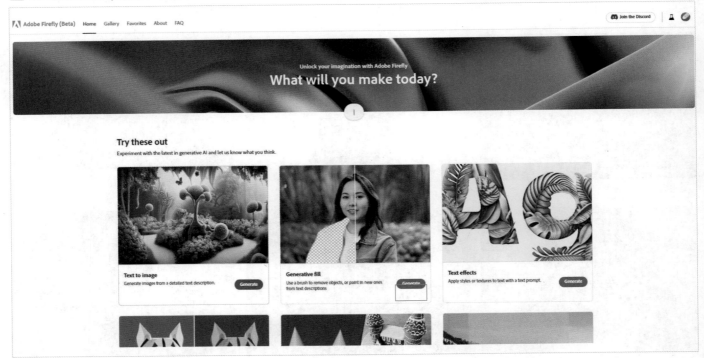

图15-78

02 进入操作界面后，在"学习资源>素材文件>CH15"文件夹中找到"素材03.jpg"文件，并将其拖曳至网页界面的上方，如图15-79所示。打开文件后，如图15-80所示。

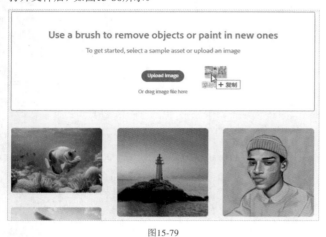

图15-79

图15-80

03 将背景中的人物涂抹掉，在界面底部的提示框中输入提示词"street"（街道），如图15-81所示，单击"Generate"按钮，选择一个人物较少且效果较好的图像，如图15-82所示。

图15-81

图15-82

04 单击"Keep"按钮 保留当前操作，然后继续涂抹还有行人的区域，并输入提示词"deserted street"（空无一人的街道），如图15-83所示，单击"Generate"按钮，选择一个较好的结果，如图15-84所示。

图15-83

图15-84

05 单击"Keep"按钮 ⬤Keep 保留当前操作，然后继续涂抹还有行人的区域，并输入提示词"street with no person"（无人的街道），如图15-85所示，单击"Generate"按钮 ⬤Generate ，选择一个较好的结果，如图15-86所示。

06 画面中还有一些多余的人物，效果不佳。此时可以重复上述操作，也可以选择"Remove"选项，涂抹需要消除的区域，如图15-87所示。单击"Remove"按钮 ⬤Remove ，效果如图15-88所示。选择一个较好的结果，最终效果如图15-89所示。

图15-85

图15-86

图15-87

图15-88

图15-89

☛重点

📝 **学后训练：用生成式填充给女生换装扮**

案例文件	无
素材文件	学习资源>素材文件>CH15>素材04.jpg
难易程度	★★☆☆☆
技术掌握	生成式填充的应用

　　本例使用生成式填充功能为女生更换装扮，包括发型、服装和饰品等。使用的提示词是"curly hair"（卷发）、"white purple dress"（白色和紫色裙子）、"purple flowers"（紫色花朵）、"earrings"（耳环）和"white bracelet"（白色手链），如图15-90所示。

图15-90

15.4 添加文字效果

Firefly可以为输入的文字生成具有特殊效果的样式，大家可以从已有的样式中选择自己想要的风格和主题，如花朵、鳞片和食物等，也可以通过提示词生成新样式。

👑重点
15.4.1 添加文字效果的操作界面

在主页单击"Text effects"（文字效果）右侧的"Generate"按钮 Generate，如图15-91所示，进入操作界面，如图15-92所示。

图15-91　　　　　　图15-92

在界面下方的文字内容输入框中输入文字内容，如"Firefly"，在提示词输入框中输入提示词，如"dreamy, ambilight, loose"（梦幻、流光溢彩、松弛），然后单击"Generate"按钮 Generate 进行生成，如图15-93所示。界面的下方有4种可选效果，此外还可以修改文字的内容、匹配形状、字体，以及字体和背景的颜色。

图15-93

❓ 疑难问答：Firefly能生成中文字体效果吗？

Firefly支持生成中文字体效果，但目前只能使用黑体等比较基础的字体，如图15-94所示。对于过细的笔画，生成的效果可能会欠佳，元素容易被断开，或者飞到文字范围以外，如图15-95所示。

图15-94　　　　　　图15-95

"Match shape"（匹配形状）默认为"Medium"（中等的），将其调整为"Tight"（紧的），会将图案限制在文字轮廓之内，如图15-96所示；将其调整为"Loose"（松的），会出现图案溢出的效果，如图15-97所示。

图15-96

图15-97

选择不同的字体也会呈现不同的效果，如图15-98~图15-100所示，大家可以自己多去尝试一下。特效字一般作为素材使用，所以可以将背景改为透明状态，如图15-101所示。

图15-98

图15-99

图15-100

图15-101

> ① 技巧提示：保存字体的方法
>
> 在字体生成后，将鼠标指针放到字体图片上，右上角会出现 ⬇ 按钮，如图15-102所示，单击该按钮即可下载生成的字体。
>
>
>
> 图15-102

15.4.2 多种文字效果的选择

除了可以直接写明预期的效果，Firefly还提供了很多提示示例以供参考和选用。单击界面右侧的"Sample prompts"（提示示例）右侧的"View all"（查看全部）选项，会显示所有提示示例，如图15-103所示。单击即可生成相应效果，如图15-104~图15-106所示。

图15-103

图15-104

图15-105

图15-106

🖐 **案例训练：用创意字体制作倒计时海报**

案例文件	学习资源>案例文件>CH15>案例训练：用创意字体制作倒计时海报.psd
素材文件	学习资源>素材文件>CH15>素材05.jpg、素材06.png~素材08.png
难易程度	★★☆☆☆
技术掌握	添加文字效果的应用

本例将使用Firefly生成创意字体效果，然后使用生成的字体制作海报，如图15-107所示。

创意字体　　　　　　　　　　　　　应用效果

图15-107

01 进入Adobe Firefly的主页，并登录Adobe账号。单击"Text effects"右侧的"Generate"按钮 进入操作界面。在文字内容的输入框中输入数字"5"，并在提示词输入框中输入提示词"ribbons, festive, red and yellow"（丝带，喜庆的，红色和黄色），单击"Generate"按钮 进行生成。在界面右侧进一步设置"Text Color"（字体颜色）为红色，单击"Generate"按钮 ，生成后选择一个较好的效果，如图15-108所示，将其保存到本地。

图15-108

> ⑦ 疑难问答：Firefly生成的文字或图像的分辨率不够怎么办？
>
> 在Photoshop中使用Firefly生成的文字或图像进行设计时，如果其分辨率不够，可以使用Neural Filters滤镜库中"超级缩放"滤镜对其进行放大。

02 打开Photoshop，按快捷键Ctrl+N新建一个"宽度"为210毫米，"高度"为297毫米，"分辨率"为300像素/英寸，"颜色模式"为"CMYK颜色"的文档。新建图层并将其填充为（C:0，M:90，Y:91，K:0），如图15-109所示。

> ⓘ 技巧提示：海报印刷的常用尺寸
> 海报印刷的常用尺寸有420mm × 570mm、500mm × 700mm、570mm × 840mm、600mm × 900mm、700mm × 1000mm和900mm × 1200mm，本例中的海报尺寸为A4大小，该尺寸对于打印十分方便。

03 在"学习资源>素材文件>CH15"文件夹中找到"素材05.jpg"文件，并将其拖曳至画布中，然后调整到合适大小，如图15-110所示。将这个图层的混合模式调整为"柔光"，"不透明度"调整为45%，如图15-111所示。

图15-110

图15-111

04 将Firefly生成的数字拖曳至画布中，并放到合适的位置，设置图层名称为"Firefly5"，如图15-112所示。放大可以看到数字的边缘有点粗糙，先创建数字的选区，然后执行"选择>修改>平滑"菜单命令，设置"取样半径"为10像素，使选区变得平滑，接着执行"选择>修改>收缩"菜单命令，设置"收缩量"为2像素，再按快捷键Ctrl+J复制图层并命名为"图层2"。调整前后的效果如图15-113所示。

图15-112

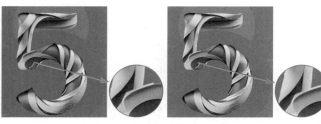
图15-113

05 关闭"Firefly5"图层，然后选择"图层2"，如图15-114所示。为这个图层分别添加内发光和投影样式，参数如图15-115和图15-116所示。添加后的效果如图15-117所示。

图15-114

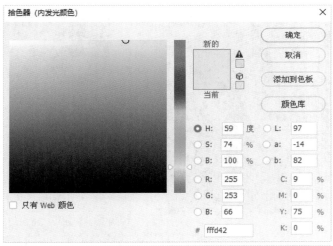

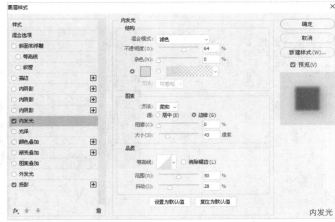
图15-115

389

图15-116

图15-117

06 将"素材06.png"拖曳至画布中作为背景的装饰元素，并置于"图层2"的下方，如图15-118所示。

07 在画面中添加装饰线条、标志与文案信息，并适当调整已有元素的大小和位置，最终效果如图15-119所示。

图15-118

图15-119

♕ 重点

☑ 学后训练：用创意字体制作促销海报

案例文件	学习资源>案例文件>CH15>学后训练：用创意字体制作促销海报.psd
素材文件	学习资源>素材文件>CH15>素材09.jpg、素材10.png
难易程度	★★☆☆☆
技术掌握	添加文字效果的应用

本例使用Firefly生成3个气球效果的数字，使用的提示词是"purple balloon, gold"（紫色气球，金色），然后利用生成的字体制作促销海报，如图15-120所示。

创意字体

应用效果

图15-120

♕ 重点

☑ 学后训练：用创意字体制作童趣海报

案例文件	学习资源>案例文件>CH15>学后训练：用创意字体制作童趣海报.psd
素材文件	无
难易程度	★★☆☆☆
技术掌握	添加文字效果的应用

本例使用Firefly生成图像和文字，并制作童趣海报。生成图像时使用的提示词是"Forest background with some small animals, in bright colors"（有一些小动物的森林背景，颜色鲜艳），生成文字效果时使用的是Firefly自带的样式，如图15-121所示。读者也可以尝试其他提示词，发挥想象力生成各种有趣的效果。

创意图像

创意字体

应用效果

图15-121

15.5 生成式重新着色

Firefly中的生成式重新着色功能可以根据文字说明为矢量图稿重新着色，此外还可以用界面中提供的参考颜色进行搭配，以快速生成多种配色效果。

👑重点

15.5.1 生成式重新着色的操作界面

在主页单击"Generative recolor"（生成式重新着色）右侧的"Generate"按钮 Generate ，如图15-122所示，会进入操作界面，如图15-123所示。单击界面上方的"Upload SVG"（上传SVG格式文件）按钮 Upload SVG 可上传本地矢量文件并对其进行调整。

单击Firefly提供的演示图形可对该图形进行操作，如图15-124所示。

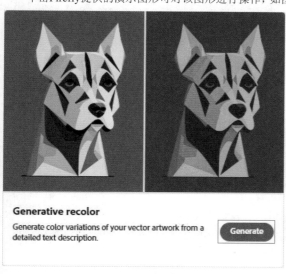

图15-122

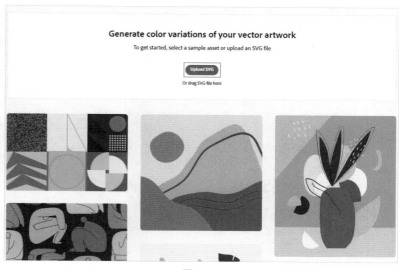

图15-123

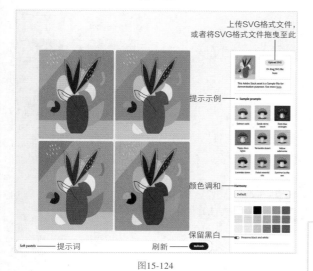

图15-124

界面右侧的"Sample prompts"中提供了多种配色示例以供参考和使用。例如，选择"Lavender storm"（薰衣草风暴）选项，就会生成此类风格的配色，如图15-125所示。

图15-125

"Harmony"（颜色调和）下拉列表提供了多种颜色调和方式，常用的有"Complementary"（互补色）、"Analogous"（邻近色）、"Triad"（三分色）和"Square"（正方形配色），如图15-126所示。选择"Square"并重新生成，效果如图15-127所示。

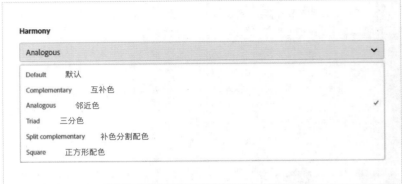

图15-126

图15-127

🌟重点

15.5.2 为本地图形重新着色

生成式重新着色功能也可以为上传的本地SVG格式图形重新着色。在"学习资源>素材文件>CH15>15.4"文件夹中找到"汽车.svg"文件，然后将其拖曳至操作界面的右上角，如图15-128所示。打开文件后，就可以任意更换汽车的配色了，如图15-129所示。

对于复制的矢量图，也可以快速地生成不同配色方案，如图15-130所示。这是一个很实用的矢量配色功能。

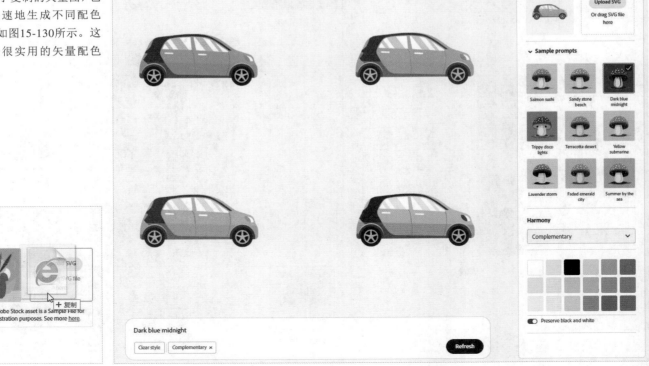

图15-128

图15-129

图15-130

15.6 综合训练营

　　本章主要介绍Firefly目前开放的文字生成图像、生成式填充、文字效果和生成式重新着色4个功能，以及使用Firefly做设计的方法，本节共安排了两个针对Firefly使用的综合训练。

👑重点

◈ 综合训练：设计时空旅行海报

案例文件	学习资源>案例文件>CH15>综合训练：设计时空旅行海报.psd
素材文件	学习资源>素材文件>CH15>素材11.png~素材13.png
难易程度	★★☆☆☆
技术掌握	文字生成图像的应用

　　本例将使用Firefly生成创意图像，并用其设计时空旅行手机海报，如图15-131所示。

图15-131

👑 重点

◈ 综合训练：设计一组街舞海报

案例文件	学习资源>案例文件>CH15>综合训练：设计一组街舞海报.psd
素材文件	学习资源>素材文件>CH15>素材14.png、素材15.png、素材16.jpg
难易程度	★★☆☆☆
技术掌握	文字生成图像的应用

本例将使用Firefly生成创意图像，并用其设计一组街舞海报，如图15-132和图15-133所示。

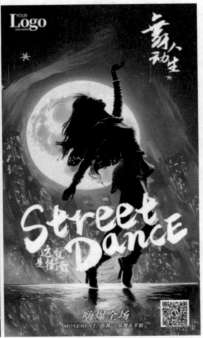

图15-132

图15-133

第 16 章 综合设计实训

通过前面的学习，我们了解了Photoshop的使用方法和设计要点，以及Firefly的使用方法。本章将融合之前学习的内容，进行电商设计、海报设计、Logo设计、包装设计、UI设计和创意合成。

学习重点

16.1 电商设计：春夏新风尚

案例文件	学习资源>案例文件>CH16>电商设计：春夏新风尚.psd
素材文件	学习资源>素材文件>CH16>素材01.jpg、素材02.jpg、素材03.psd
难易程度	★★★☆☆
技术掌握	Banner的制作方法

本例将综合运用前面所学的内容，制作以"春夏新风尚"为主题的Banner，效果如图16-1所示。Banner是互联网广告的一种基本形式，在电商网站中十分常见。

图16-1

> 🔗 知识链接：本章案例的步骤详解
>
> 大家可以自行设计或者参照视频完成案例。如果还有不清楚的知识点，可以参阅"学习资源>附赠PDF>综合设计实训步骤详解.pdf"中的相关内容，其中包含本章所有案例的详细步骤。

16.2 海报设计：极光音乐会

案例文件	学习资源>案例文件>CH16>海报设计：极光音乐会.psd
素材文件	学习资源>素材文件>CH16>素材04.png、素材05.jpg
难易程度	★★☆☆☆
技术掌握	海报的制作方法

本例将综合运用前面所学的内容，制作以"极光音乐会"为主题的海报，如图16-2所示。海报的背景图是由Firefly生成，并在Photoshop中合成的。

图16-2

16.3 Logo设计：慧慧枭

案例文件	学习资源>案例文件>CH16>Logo设计：慧慧枭.psd
素材文件	无
难易程度	★★☆☆☆
技术掌握	Logo的制作方法

在设计Logo时，可以从品牌名称中获取灵感。本例将借助Firefly设计某品牌的Logo，如图16-3所示。

创意图像

HUIHUIXIAO
应用效果

图16-3

16.4 包装设计：端午粽香

案例文件	学习资源>案例文件>CH16>包装设计：端午粽香
素材文件	学习资源>素材文件>CH16>素材06.jpg、素材07.png~素材10.png、素材11.psd、素材12.psd
难易程度	★★☆☆☆
技术掌握	包装的制作方法

包装不仅可以在流通过程中保护产品，还可以促进销售，厂商对包装设计的需求一直很旺盛。本例将设计粽子礼盒包装，并用样机制作成品展示效果图，效果如图16-4所示。

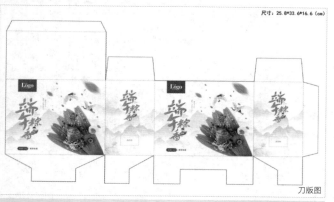
尺寸：25.8*33.6*16.6 (cm)
刀版图

成品展示

图16-4

16.5 UI设计：习题库

案例文件	学习资源>案例文件>CH16>UI设计：习题库.psd
素材文件	学习资源>素材文件>CH16>素材13.png、素材14.psd、素材15.png、素材16.png
难易程度	★★☆☆☆
技术掌握	App首页的制作方法

在设计首页时，通常需要考虑页面布局、色彩搭配、字体选择、图片展示和信息交互等因素，以确保用户能够快速了解软件的功能和特点，并引导用户进行后续操作。本例将制作一个习题库App的首页，效果如图16-5所示。

图16-5

16.6 创意合成：梦幻海底

案例文件	学习资源>案例文件>CH16>创意合成：梦幻海底.psd
素材文件	学习资源>素材文件>CH16>素材17.png~素材19.png
难易程度	★★★☆☆
技术掌握	滤镜的综合使用

使用Photoshop进行图片合成可以创造出新的视觉效果，被广泛应用于电影海报设计、电商视觉设计、创意艺术设计等设计实践中。本例将合成梦幻海底场景，如图16-6所示。

图16-6

附录

Photoshop工具及对应快捷键索引

工具	快捷键	主要功能	工具	快捷键	主要功能
移动工具 +	V	选择/移动图层	橡皮擦工具	E	擦除图像
画板工具	V	创建/修改画板	背景橡皮擦工具	E	擦除取样颜色的像素
矩形选框工具	M	创建矩形选区	魔术橡皮擦工具	E	擦除色彩相似的区域
椭圆选框工具	M	创建椭圆选区	渐变工具	G	在画布或选区中填充渐变色
单行选框工具		创建高度为1像素的选区	油漆桶工具	G	填充前景色或图案
单列选框工具		创建宽度为1像素的选区	模糊工具		使图像中的某区域变模糊
套索工具	L	创建不规则形状的选区	锐化工具		使图像中的某区域变清晰
多边形套索工具	L	创建由多段直线相连接而成的选区	涂抹工具		混合图像中的颜色
磁性套索工具	L	自动识别对象的边缘并创建选区	减淡工具	O	使图像中的某区域变亮
对象选择工具	W	自动选择对象并生成选区	加深工具	O	使图像中的某区域变暗
快速选择工具	W	通过向外扩展与查找边缘创建选区	海绵工具	O	改变图像某区域的颜色饱和度
魔棒工具	W	选取图像中和取样处颜色相似的区域	钢笔工具	P	绘制任意形状的路径
裁剪工具	C	裁剪图像	自由钢笔工具	P	绘制出任意形状并自动生成锚点
透视裁剪工具	C	裁切图像,并校正透视导致的扭曲	弯度钢笔工具	P	根据绘制锚点的位置自动生成平滑的曲线
切片工具	C	将图像剪切为适合网页设计的较小选区	添加锚点工具		在路径中添加锚点
切片选择工具	C	选择/移动图像的切片或者调整其大小	删除锚点工具		删除路径中的锚点
图框工具	K	为图像创建占位符图框并将其转换为智能对象	转换点工具		转换锚点的类型
吸管工具	I	拾取颜色	横排文字工具	T	创建横排点文字、段落文字、路径文字、变形文字
颜色取样器工具	I	显示图像中的颜色值	直排文字工具	T	创建直排点文字、段落文字、路径文字、变形文字
标尺工具	I	测量图像中的距离和角度	横排文字蒙版工具	T	创建横排文字选区
注释工具	I	创建可附加到图像或文件的文本注释	直排文字蒙版工具	T	创建直排文字选区
计数工具	I	计算图像中的对象数量	路径选择工具	A	选择一个或多个路径
污点修复画笔工具	J	通过自动识别快速地去除图片中瑕疵	直接选择工具	A	选择路径段或锚点
修复画笔工具	J	通过取样修复图片中的瑕疵	矩形工具	U	创建矩形和圆角矩形
修补工具	J	使用图像中像素替换选区内容	椭圆工具	U	创建椭圆形和圆形
内容感知移动工具	J	移动图像中的区域并自动填充	三角形工具	U	创建三角形
红眼工具	J	消除红眼	多边形工具	U	创建多边形
画笔工具	B	绘制各种线条、修改蒙版和通道等	直线工具	U	创建直线或者带有箭头的线段
铅笔工具	B	绘制硬边线条	自定形状工具	U	创建多种形状
颜色替换工具	B	替换图像中的颜色	抓手工具	H	平移画布
混合器画笔工具	B	混合图像和画笔颜色	旋转视图工具	R	旋转画布
仿制图章工具	S	复制局部图像	缩放工具	Z	放大或缩小视图
图案图章工具	S	绘制预设图案或自定义图案	切换前景色与背景色	X	互换前景色和背景色
历史记录画笔工具	Y	将图像恢复到编辑过程中某一步时的状态	默认前景色和背景色	D	将前景色和背景色恢复为默认设置
历史记录艺术画笔工具	Y	将图像恢复到某一步,并为其创建多种样式与风格	以快速蒙版模式编辑	Q	进入快速蒙版编辑模式
			更改屏幕模式	F	切换显示模式

Photoshop命令及对应快捷键索引

"文件"菜单

命令	快捷键	命令	快捷键
		关闭全部	Alt+Ctrl+W
		存储	Ctrl+S
新建	Ctrl+N	存储为	Shift+Ctrl+S
打开	Ctrl+O	存储副本	Alt+Ctrl+S
在Bridge中浏览	Alt+Ctrl+O	恢复	F12
打开为	Alt+Shift+Ctrl+O	打印	Ctrl+P
关闭	Ctrl+W	打印一份	Alt+Shift+Ctrl+P
		退出	Ctrl+Q

"编辑"菜单

命令	快捷键
还原	Ctrl+Z
重做	Shift+Ctrl+Z
切换最终状态	Alt+Ctrl+Z
渐隐	Shift+Ctrl+F
剪切	Ctrl+X
拷贝	Ctrl+C
合并拷贝	Shift+Ctrl+C
粘贴	Ctrl+V
选择性粘贴>原位粘贴	Shift+Ctrl+V
选择性粘贴>贴入	Alt+Shift+Ctrl+V
内容识别缩放	Alt+Shift+Ctrl+C
自由变换	Ctrl+T
变换>再次	Shift+Ctrl+T
颜色设置	Shift+Ctrl+K
键盘快捷键	Alt+Shift+Ctrl+K
菜单	Alt+Shift+Ctrl+M
首选项>常规	Ctrl+K

"图像"菜单

命令	快捷键
调整>色阶	Ctrl+L
调整>曲线	Ctrl+M
调整>色相/饱和度	Ctrl+U
调整>色彩平衡	Ctrl+B
调整>黑白	Alt+Shift+Ctrl+B
调整>反相	Ctrl+I
调整>去色	Shift+Ctrl+U
自动色调	Shift+Ctrl+L
自动对比度	Alt+Shift+Ctrl+L
自动颜色	Shift+Ctrl+B
图像大小	Alt+Ctrl+I
画布大小	Alt+Ctrl+C

"图层"菜单

命令	快捷键
新建>图层	Shift+Ctrl+N
新建>通过拷贝的图层	Ctrl+J
新建>通过剪切的图层	Shift+Ctrl+J
快速导出为PNG	Shift+Ctrl+'
导出为	Alt+Shift+Ctrl+'
创建剪贴蒙版	Alt+Ctrl+G
图层编组	Ctrl+G
取消图层编组	Shift+Ctrl+G
隐藏图层	Ctrl+,
排列>置为顶层	Shift+Ctrl+]
排列>前移一层	Ctrl+]
排列>后移一层	Ctrl+[
排列>置为底层	Shift+Ctrl+[

锁定图层	Ctrl+/
合并图层	Ctrl+E
合并可见图层	Shift+Ctrl+E

"选择"菜单

命令	快捷键
全部	Ctrl+A
取消选择	Ctrl+D
重新选择	Shift+Ctrl+D
反选	Shift+Ctrl+I
所有图层	Alt+Ctrl+A
查找图层	Alt+Shift+Ctrl+F
选择并遮住	Alt+Ctrl+R
修改>羽化	Shift+F6

"滤镜"菜单

命令	快捷键
上次滤镜操作	Alt+Ctrl+F
自适应广角	Alt+Shift+Ctrl+A
Camera Raw滤镜	Shift+Ctrl+A
镜头校正	Shift+Ctrl+R
液化	Shift+Ctrl+X
消失点	Alt+Ctrl+V

"视图"菜单

命令	快捷键
校样颜色	Ctrl+Y
色域警告	Shift+Ctrl+Y
放大	Ctrl++
缩小	Ctrl+-
按屏幕大小缩放	Ctrl+0
100%	Ctrl+1
显示额外内容	Ctrl+H
显示>目标路径	Shift+Ctrl+H
显示>网格	Ctrl+'
显示>参考线	Ctrl+;
标尺	Ctrl+R
对齐	Shift+Ctrl+;
参考线>锁定参考线	Alt+Ctrl+;

"窗口"菜单

命令	快捷键
动作	Alt+F9
画笔设置	F5
图层	F7
信息	F8
颜色	F6